Java
数据结构和算法基础

Java
语言实现

柳伟卫◎著

北京大学出版社
PEKING UNIVERSITY PRESS

内 容 简 介

随着云计算、大数据、人工智能、虚拟现实等应用的兴起，企业对于开发人员的算法要求也越来越高。本书全面讲解在 Java 编程中涉及的常用数据结构及算法，辅以大量的实战案例，图文并茂，让读者易于理解掌握。同时，案例的选型偏重于解决实际问题，具有很强的应用性、趣味性。全书示例采用 Java 语言编写，书中示例也可以作为面试使用。

本书分为以下几部分。

第一部分：预备知识（第 1~2 章），介绍数据结构和算法的基本概念，并演示如何搭建开发环境、编写测试用例。

第二部分：数据结构（第 3~13 章），介绍常见的数据结构，包括数组、链表、矩阵、栈、队列、跳表、散列、树、图等。

第三部分：常用算法（第 14~19 章），介绍常用的算法，包括分而治之、动态规划、贪心算法、回溯、遗传算法、蚂蚁算法等。

第四部分：商业实战（第 20 章），介绍汉诺塔游戏的实现。

本书主要面向对 Java 数据结构及算法感兴趣的学生、开发人员、架构师。

图书在版编目(CIP)数据

数据结构和算法基础：Java语言实现 / 柳伟卫著. — 北京：北京大学出版社，2021.11
ISBN 978–7–301–32587–2

Ⅰ.①数… Ⅱ.①柳… Ⅲ.①数据结构②JAVA语言–程序设计 Ⅳ.①TP311.12②TP312.8

中国版本图书馆CIP数据核字(2021)第197383号

书　　　　名	数据结构和算法基础（Java语言实现）	
	SHUJU JIEGOU HE SUANFA JICHU (Java YUYAN SHIXIAN)	
著作责任者	柳伟卫　著	
责 任 编 辑	张云静　吴秀川	
标 准 书 号	ISBN 978–7–301–32587–2	
出 版 发 行	北京大学出版社	
地　　　址	北京市海淀区成府路205 号　　100871	
网　　　址	http://www. pup. cn　　　新浪微博:@ 北京大学出版社	
电 子 信 箱	pup7@ pup. cn	
电　　　话	邮购部 010–62752015　发行部 010–62750672　编辑部 010–62570390	
印 刷 者	三河市北燕印装有限公司	
经 销 者	新华书店	
	787毫米×1092毫米　16开本　37.5印张　851千字	
	2021年11月第1版　2021年11月第1次印刷	
印　　　数	1–3000册	
定　　　价	119.00 元	

本书献给我的父母，愿他们健康长寿！

前言
Preface

写作背景

算法和数据结构是程序的灵魂，在计算机类培训课程中属于必开的课程。虽然实际工作中大多数人并不是专业的算法工程师，不以算法为深，但不可否认算法在工作中的重要性，初级工程师与高级工程师的差距也许就在对于算法的理解上。理解算法，运用合理的数据结构，可以让程序更加高效。

随着云计算、大数据、人工智能、虚拟现实等应用的兴起，企业对于开发人员的算法技术要求也越来越高。不会算法或不精通算法，也许就会错过很多就业良机。另外，在求职时，算法是面试的必考类型。

鉴于算法和数据结构在编程中的重要性，笔者迫不及待地希望将工作中常用的算法介绍给大家。因此，笔者陆续在个人开源网站 https://github.com/waylau/java-data-structures-and-algorithms-in-action 上发表了众多关于算法的技术博客。2020 年年底，笔者将之前算法相关的个人博客整理成册，遂有了本书。

赠送资源

附赠书中相关案例源代码，下载网址为 https://github.com/waylau/java-data-structures-and-algorithms-in-action。

读者可以扫描下方二维码关注"博雅读书社"微信公众号，输入本书 77 页的资源下载码，即可获得本书的下载学习资源。

本书涉及的技术和相关版本

技术的版本非常重要，因为不同版本之间存在兼容性问题，而且不同版本的软件对应的功能也不同。本书列出的技术在版本上相对较新，都是经过笔者大量测试的，读者在自行编写代码时，可以参考本书列出的版本，从而避免版本兼容性产生的问题。建议读者将相关开发环境设置得与本书一致，或者不低于本书所列配置。本书所涉及的技术及相关版本参考如下。

- JDK 15。
- Apache Maven 3.6.3。
- Eclipse IDE for Java Developers 2020-09 (4.17.0)。
- JUnit 5.6.2。

勘误和交流

本书如有勘误，会在 https://github.com/waylau/java-data-structures-and-algorithms-in-action/issues 上进行发布。笔者在编写本书过程中，已竭尽所能地为读者呈现最好、最全的实用功能，但不妥之处在所难免，欢迎读者批评指正。读者可以通过以下方式联系笔者。

- 博客：https://waylau.com。
- 邮箱：waylau521@gmail.com。
- 微博：http://weibo.com/waylau521。
- 开源社区：https://github.com/waylau。

致谢

感谢北京大学出版社的各位工作人员为本书的出版所做的努力。

感谢我的父母、妻子和两个女儿。由于撰写本书，牺牲了很多陪伴家人的时间，在此感谢家人对我工作的理解和支持。

柳伟卫

目录
Contents

第1章

绪论

本章介绍数据结构及算法的基本概念。程序主要由数据结构和算法组成，而程序的性能主要由算法的复杂度决定。算法的复杂度又可分为空间复杂度和时间复杂度，在实际编程中主要考虑的是时间复杂度。在时间复杂度方面，主要采用渐近记法表示算法的性能。

1.1 引言

对于接触过计算机基础知识的读者而言，下面这个公式应该并不陌生：

$$算法 + 数据结构 = 程序$$

提出这一公式并以此作为其一本专著书名 [①] 的瑞士计算机科学家 Niklaus Wirth 于 1984 年获得了图灵奖。

程序（Program）由数据结构（Data Structure）和算法（Algorithm）组成，这意味着程序的性能直接由程序采用的数据结构和算法决定。

1.1.1 数据结构概述

数据结构可以简单理解为承载数据元素的容器，该容器中的数据元素之间存在一种或多种特性关系。例如，在 Java 中，Map 和 List 就是非常常见的数据结构，它们提供了非常方便的方法用于将数据元素添加到这类容器中，同时也提供了在容器中查找数据的方法。

举一个实际的例子，假设有一个学生信息管理系统需要管理学生的信息，在 Java 中可以将学生的信息存储在 List<Student> 结构中，代码如下：

```java
List<Student> studentList = new ArrayList<>();
```

学生类型 Student 的代码如下：

```java
public class Student {
    private Integer age; // 年龄
    private String name; // 姓名
    private String phoneNumer; // 电话号码
    private String address; // 地址

    public Student(Integer age, String name, String phoneNumer, String address) {
        super();
        this.age = age;
        this.name = name;
        this.phoneNumer = phoneNumer;
        this.address = address;
    }

    public Integer getAge() {
        return age;
    }
```

[①] 该书名为 *Algorithms + Data Structures = Programs*，于 1975 年由 Prentice Hall 出版社出版。

```
public void setAge(Integer age) {
    this.age = age;
}

public String getName() {
    return name;
}

public void setName(String name) {
    this.name = name;
}

public String getPhoneNumer() {
    return phoneNumer;
}

public void setPhoneNumer(String phoneNumer) {
    this.phoneNumer = phoneNumer;
}

public String getAddress() {
    return address;
}

public void setAddress(String address) {
    this.address = address;
}
}
```

理论上，学生的所有信息都可以在 Student 类型中进行映射，但实际上，在设计计算机系统时往往只会记录与该系统相关的信息，如学生的年龄、姓名、电话号码、地址等，而并不记录诸如学生的爱好、偶像等信息，因为这些信息对于学生信息管理系统而言毫无意义。

研究数据结构时，主要从 3 个方面入手，这 3 个方面称为数据结构的三要素，具体如下。

（1）数据的物理结构。

（2）数据的逻辑结构。

（3）数据的操作（算法）。

1. 物理结构

数据的物理结构是指数据在计算机中的存储形式，因此物理结构又称存储结构。

物理结构可分为 4 种，即顺序存储结构、链式存储结构、索引存储结构、散列存储结构，其优缺点如表 1-1 所示。

表 1-1   各种物理结构的优缺点

物理结构	特征	优点	缺点
顺序存储结构	一段连续的内存空间	能随机访问	插入、删除效率低，大小固定
链式存储结构	不连续的内存空间	大小动态扩展，插入、删除效率高	不能随机访问
索引存储结构	整体无序，但索引块之间有序，需要额外空间存储索引表	对顺序查找的一种改进，查找效率高	需额外空间存储索引表
散列存储结构	数据元素的存储位置与散列值之间建立确定对应关系	查找基于数据本身即可找到，查找效率高，存取效率高	存取随机，不便于顺序查找

2. 逻辑结构

逻辑结构分为 4 种类型，即集合结构、线性结构、树形结构和图形结构，如图 1-1 所示。

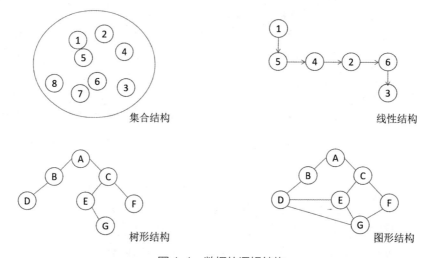

图 1-1   数据的逻辑结构

（1）集合结构：数据元素同属一个集合，单个数据元素之间没有任何关系。

（2）线性结构：类似于线性关系，即线性结构中的数据元素之间是一对一的关系。线性结构也称为线性表（Linear List）。

（3）树形结构：数据元素之间是一对多的关系。

（4）图形结构：数据元素之间是多对多的关系。

因此，数据的逻辑结构通常可以用一个二元组来表示：

```
Data_Structure = （D, R）
```

其中，D 是数据元素的有限集，R 是 D 上关系的有限集。

在上述分类基础上，数据的逻辑结构还可以进一步细化，衍生出多种常见的抽象数据类型，包括数组、链表、矩阵、栈、队列、跳表、散列、树、图等。同时，本书也会给出上述抽象数据类型的 Java 实现[①]。

1.1.2　什么是算法

算法就是解决问题的步骤。例如，要将大象装进冰箱，需要分为三个步骤（图 1-2）。

第一步，把冰箱门打开；

第二步，把大象放进去；

第三步，把冰箱门关上。

在计算机科学领域，算法是用来描述一种有限、确定、有效的并适合用计算机程序来实现的解决问题的方法[②]。算法是计算机科

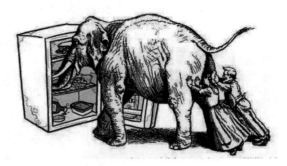

图 1-2　把大象装进冰箱

学的基础，是该领域研究的核心。那么如何理解算法的有限性、确定性和有效性呢？

有限性：算法在有限的执行步骤之后一定会结束，不会产生无限循环。

确定性：算法的每一个指令和步骤都是简洁明确的。

有效性：算法的步骤是清晰可行的，换言之，即便用户用纸笔计算也能求解出答案。

1.1.3　算法的描述

要定义一个算法，可以用自然语言、流程图、伪代码（Pseudocode）的方式描述解决某个问题的过程，或是编写一段程序来实现该过程。例如，在前面所举的学生信息管理系统例子中，我们希望实现添加用户、删除用户、查询用户 3 个算法。

1. 自然语言描述算法

可以采用自然语言方式描述添加用户、删除用户、查询用户三个算法。

添加用户：将用户信息添加到系统中。如果已经添加过该用户的信息，则提示用户；否则将用户信息添加到系统中，并给出提示。

删除用户：将用户信息从系统中删除。如果用户信息不存在于系统中，则提示用户；否则将用户信息从系统中删除，并给出提示。

查询用户：查询系统中所有的用户信息。如果系统中不存在用户，则提示用户；否则将用户信息查询出来返回，并将用户信息输出。

[①] 本书不会对 Java 语言本身做过多的介绍。如果读者想深入了解 Java 语言，可以参阅笔者所著的《Java 核心编程》，该书在 2020 年由清华大学出版社出版。

[②] 出自 Robert Sedgewick 和 Kevin Wayne 所著的《算法》一书，该书第 4 版在 2016 年由人民邮电出版社出版。

使用自然语言描述的好处是任何人都能看懂，但是，相比于伪代码或程序语言而言，使用自然语言描述有时会显得烦琐。

2. 流程图描述算法

流程图（Flow Diagram）是一种通用的、非正式的图形符号表示法，可以清楚描述步骤和判断。图 1-3 所示为用流程图描述添加用户、删除用户、查询用户这 3 个算法。

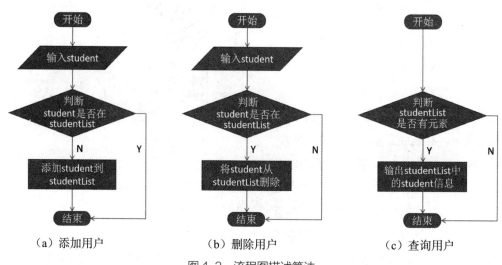

图 1-3　流程图描述算法

相比自然语言而言，采用流程图可以很清楚地看到操作的流向及经过的步骤。但需要注意的是，流程图应该只描述核心的操作步骤及关键的节点判断，而不是事无巨细地把所有操作都描述出来，否则只会让整个图看上去复杂且难以让人理解。

3. 伪代码描述算法

伪代码是一种非正式的，类似于英语结构的用于描述模块结构图的语言。可以采用伪代码的方式来描述添加用户、删除用户、查询用户这 3 个算法。

添加用户的伪代码如下：

```
input(student)
if student in studentList
    print "Student exsit"
else
    add student in studentList
    print "Add student success"
```

删除用户的伪代码如下：

```
input(student)
if student in studentList
    remove student from studentList
    print "Remove student success"
```

```
else
    print "Student not exsit"
```

查询用户的伪代码如下：

```
if student in studentList
    output studentList
else
    print "No student exsit"
```

伪代码结构清晰，代码简单，可读性好，并且与自然语言类似，介于自然语言与编程语言之间，伪代码以编程语言的书写形式指明算法职能。使用伪代码时，不用拘泥于具体实现。相比程序语言（如 Java、C++、C 等），伪代码更类似于自然语言。它虽然不是标准的语言，却可以将整个算法运行过程用接近自然语言的形式（可以使用任何一种用户熟悉的文字，关键是把程序的意思表达出来）描述出来。

4. 程序语言描述算法

程序语言描述算法实际上就是用程序语言实现算法。不同的编程语言其语法不尽相同，以下是采用 Java 语言的方式来描述添加用户、删除用户、查询用户这 3 个算法。

```java
import java.util.ArrayList;
import java.util.List;

public class StudentInfoManageSystem {

    private List<Student> studentList = new ArrayList<>();

    public void addStudent(Student student) {
        // 如果已经添加过该用户的信息，则提示用户
        // 否则将用户信息添加到系统中，并给出提示
        if (studentList.contains(student)) {
            System.out.println("Student exsit");
        } else {
            studentList.add(student);
            System.out.println("Add student success");
        }
    }

    public void removeStudent(Student student) {
        // 如果用户信息不存在于系统中，则提示用户
        // 否则将用户信息从系统中删除，并给出提示
        if (studentList.contains(student)) {
            studentList.remove(student);
            System.out.println("Remove student success");
        } else {
            System.out.println("Student not exsit");
        }
    }
```

```java
public List<Student> getStudentList() {
    // 如果系统中不存在用户，则提示用户
    // 否则将用户信息查询出来返回，并将用户信息输出
    if (studentList.isEmpty()) {
        System.out.println("No student exsit");
    } else {
        for (Student s : studentList) {
            System.out.format("Student info: name %s, age %d, phone %s,
                address %s%n", s.getName(), s.getAge(), s.getPhoneNumer(),
                s.getAddress());
        }
    }

    return studentList;
}
}
```

为了演示上述算法，还需要一个应用入口。这里用 StudentInfoManageSystemDemo 类来表示应用主程序，代码如下：

```java
import java.util.ArrayList;
import java.util.List;

public class StudentInfoManageSystemDemo {

    public static void main(String[] args) {
        // 初始化系统
        StudentInfoManageSystem system = new StudentInfoManageSystem();

        // 初始化用户信息
        Student student = new Student(32, "Way Lau", "17088888888", "Shenzhen");

        // 添加用户
        system.addStudent(student);

        // 再次添加用户
        system.addStudent(student);

        // 第一次查询所有用户
        List<Student> studentList = system.getStudentList();

        // 删除用户
        system.removeStudent(student);

        // 再次删除用户
        system.removeStudent(student);
```

```
    // 查询所有用户
    studentList = system.getStudentList();

  }

}
```

运行上述程序，控制台输出内容如下：

```
Add student success
Student exsit
Student info: name Way Lau, age 32, phone 17088888888, address Shenzhen
Remove student success
Student not exsit
No student exsit
```

程序语言描述算法一步到位，写出的算法可直接交予计算机处理。对于懂得这类程序语言的开发者而言，运行程序即可马上验证算法的正确性。当然，其缺点也较为明显。

（1）不便于体现自顶向下、逐步求解的思想。

（2）程序语言包含很多细节内容，会"淹没"算法的主要思想。

因此，在描述某个算法时，往往将几种描述方式结合起来使用。

1.2 程序的性能

评价一个程序好坏的指标非常多，如易用性、稳定性、可维护性等，但其中最为重要的评价指标是性能，性能是其他评价指标的基础。

例如，在 Web 网站响应时间方面，业界的评判标准是如下。

（1）在 2s 之内给客户响应被认为是"非常有吸引力"的用户体验。

（2）在 5s 之内给客户响应被认为是"比较不错"的用户体验。

（3）在 10s 之内给客户响应被认为是"糟糕"的用户体验。

（4）如果超过 10s 还没有得到响应，那么大多数用户会认为这次请求是失败的。

由此可以得出结论，Web 网站的性能越好，处理时间越短，响应时间越短，则会有更好的用户体验。

1.2.1 程序的性能

程序性能（Program Performance）是指运行一个程序所需的内存大小和时间。有两个专业术语可以代表程序在运行时占用的内存大小和时间，即空间复杂度（Space Complexity）和时间复杂度（Time Complexity）。

1. 空间复杂度

程序的空间复杂度是指运行完一个程序所需的内存大小。需要关注程序空间复杂度的原因有以下几点。

（1）如果程序将要运行在一个多用户计算机系统中，可能需要指明分配给该程序的内存大小。

（2）对于任何一个计算机系统，想提前知道是否有足够可用的内存来运行该程序。

（3）一个问题可能有若干个内存需求各不相同的解决方案。例如，对于某类应用程序有两个不同的版本，这两个版本分别占用的内存空间为 1GB 和 2GB，占用内存越大，运行速度越快。如果当前的计算机少于 2GB 的内存，则只能选择 1GB 的版本；如果计算机大于 2GB 的内存，则只可选择 2GB 的版本。

（4）可以利用空间复杂度来估算一个程序所能解决的问题的最大规模。例如，在学生信息管理系统中，一个 student 类型的对象可能占用 1kB 的内存。当可利用的内存总量为 1024kB 时，那么最多可以处理 1024 个学生的信息。

2. 时间复杂度

程序的时间复杂度是指运行完该程序所需要的时间。需要关注程序的时间复杂度的原因有以下几点。

（1）有些系统需要用户提供运行时间上限，一旦达到该上限，客户端程序将被强制结束。例如，数据库的客户端连接会话往往会设置一个超时时间，当客户端的执行时间大于会话的超时时间时，该会话会被终止。这种办法可以避免某个客户端长时间占用系统资源而导致整个系统不可用。

（2）交互式程序往往要求实时响应。例如，访问 Web 网站，用户总是期望网页能够及时响应。

（3）如果一个问题有多种解决方案，那么具体采用哪种方案主要取决于这些方案的性能差异。对于各种方案的时间和空间的性能，需要权衡考虑。例如，在一个实时性要求比较高的场景下，往往会将经常访问的数据缓存在内存中（如 Redis），从而提升查询的效率，这就是一个典型的牺牲空间性能换取时间性能的场景。

简言之，空间复杂度和时间复杂度越小的程序，其性能越高。如果空间复杂度和时间复杂度两者不可兼得，则需要权衡。

1.2.2　程序的性能

可以采用两种方式来确定一个程序的性能，一种是实验的方式，另一种是分析的方式。

1. 采用实验的方式确定程序的性能

在实际工作中，采用实验的方式来测试程序的性能通常就是指性能测试（Performance Testing）。性能测试是通过自动化的测试工具模拟多种正常、峰值及异常负载条件来对系统的各项性能指标进行测试。负载测试和压力测试都属于性能测试，两者可以结合进行。通过负载测试，确定在各种工作负载下系统的性能,目标是测试当负载逐渐增加时,系统各项性能指标的变化情况。压力测试是指通过确定一个系统的瓶颈或不能接受的性能点来获得系统能提供的最大服务级别。

举一个 JDK(Java Development Kit,Java 开发工具包)性能测试的例子,该测试是通过在被测试的每个发行版上使用相同的 Java 字节码编译的 Java 程序来查看 GC(Garbage Collection,垃圾回收器)的性能。为了保证测试受干扰的因素降至最低,每次都使用相同的选项。每个发行版选取极具代表性的三个版本,即 JDK 8、JDK 14 和 JDK 15。性能测试结果如图 1-4 所示(数据越大性能越好)[①]。

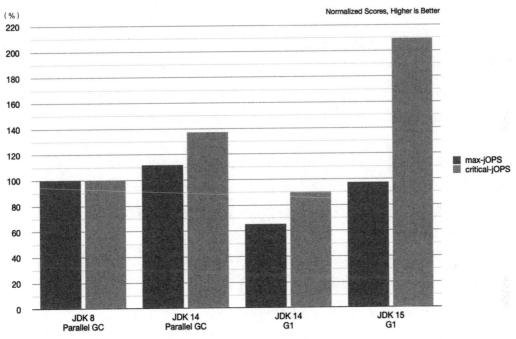

图 1-4　性能测试结果

2. 采用分析的方式确定程序的性能

虽然采用实验的方式获取的测试数据更接近实际程序的性能情况,但并非所有的场景都能采用实验的方式。例如:

(1)正在开发的一个新算法,该算法还未正式开发完成。

(2)测试资源有限,并非任何人都具备性能测试的环境。

在上述情况下,可以使用分析的方式来确定程序的性能。分析的方式就是通过阅读程序代码,分析程序使用的算法,估算出程序的性能情况。

本书主要采用分析的方式来确定程序的性能。

---

① 数据来源:https://kstefanj.github.io/2020/04/16/g1-ootb-performance.html。

1.3 渐近记法

1.2 节介绍了程序的性能，也介绍了评估性能的方式。那么，我们是否就能测算出算法需要运行的时间呢？

1.3.1 大O标记法

直接回答上述问题并非易事，原因在于即使是同一算法，针对不同的输入，运行的时间也并不相同。以排序问题为例，输入序列的规模、组成和次序都不是确定的，这些因素都会影响排序算法的运行时间。在所有因素中，输入的规模是最重要的一个。假设要对学生按照成绩排序，那么显然，当学生的规模很小时（如 50 个）所耗费的排序时间肯定要比规模很大时（如 50 万个）短。

因此，在实际分析算法的时间复杂度时，通常只考虑输入规模这一主要因素。如果将某一算法为了处理规模为 n 的问题所需的时间记作 $T(n)$，那么随着问题规模 n 的增长，运行时间 $T(n)$ 就将称为算法的时间复杂度。

由于小规模的问题所需的处理时间相对更少，不同算法在效率方面的差异并不明显；而只有在处理大规模的问题时，这方面的差异才有质的区别。因此，在评价算法的运行时间时，往往可以忽略其在处理小规模问题时的性能，转而关注其在处理足够大规模问题时的性能，即渐进复杂度（Asmpototic Complexity）。

另外，通常并不需要知道 $T(n)$ 的确切大小，而只需要对其上界做出估计。例如，如果存在正常数 a、N 和一个函数 $f(n)$，使得对于任何 $n>N$，都有

$$T(n)<a \times f(n)$$

即可认为在 n 足够大之后，$f(n)$ 给出了 $T(n)$ 的一个上界。对于这种情况，记之为

$$T(n) = O(f(n))$$

这里的 O 称为大 O 记号（Big-O Notation），是希腊字母 omicron 的大写形式。从上述例子可以看出，大 O 记号实质上是对算法执行效率的一种保守估计——对于规模为 n 的任意输入，算法的运行时间都不会超过 $O(f(n))$。换言之，大 O 记号是对算法执行效率最差情况的估算。

大 O 记号是渐进记法的一种。渐进记法一直是人们用于分析算法和数据结构的重要工具。其核心思想是：提供一种资源表示形式，主要用于分析某项功能在应对一定规模参数时需要的资源（通常是时间，有时也会是内存）。常用的渐进记法还包括大 Θ 记号、大 Ω 记号。

1.3.2 大Ω标记法

如果存在正常数 a、N 和一个函数 $g(n)$，使得对于任何 $n>N$，都有

$$T(n) > a \times g(n)$$

即可认为在 n 足够大之后，$g(n)$ 给出了 $T(n)$ 的一个下界。对于这种情况，记之为

$$T(n) = \Omega(g(n))$$

这里的 Ω 称为大 Ω 记号（Big-Ω Notation），是希腊字母 omega 的大写形式。大 Ω 记号与大 O 记号正好相反，它是对算法执行效率的一种乐观估计 —— 对于规模为 n 的任意输入，算法的运行时间都不会低于 $\Omega(g(n))$。换言之，大 O 记号是对算法执行效率最好情况的估算。

1.3.3 大 Θ 标记法

如果存在正常数 $a < b$、N 和一个函数 $h(n)$，使得对于任何 $n > N$，都有

$$a \times h(n) < T(n) < b \times h(n)$$

即可认为在 n 足够大之后，$h(n)$ 给出了 $T(n)$ 的一个确界。对于这种情况，记之为

$$T(n) = \Theta(h(n))$$

这里的 Θ 称为大 Θ 记号（Big-Θ Notation），是希腊字母 theta 的大写形式。大 Θ 记号是对算法执行效率的一种准确估计 —— 对于规模为 n 的任意输入，算法的运行时间都与 $\Theta(h(n))$ 同阶。

1.3.4 渐近记法总结

综上所述，渐近记法的含义如表 1-2 所示。

表 1-2　渐近记法的含义

符号	含义
O	渐进小于或等于
Ω	渐进大于或等于
Θ	渐进等于

在上面度量算法复杂度的三种记号中，大 O 记号是最基本的，也是最常用到的。本书后续的算法复杂度也主要采用大 O 记号来表示。

1.4 算法复杂度等级及其分析

1.3 节介绍了算法复杂度的度量规则，接下来对各个具体算法的复杂度进行分析。按照渐进复

杂度的思想，可以将算法的复杂度按照高低划分为若干典型的级别，这种分类方法也称为函数的界或函数的阶。

1.4.1 常数的时间复杂度 $O(1)$

首先看一个"取非极端元素"问题：给定整数子集 S，$+\infty > |S| = n \geqslant 3$，从中找出一个元素 $a \in S$，使得 $a \neq \max(S)$ 且 $a \neq \min(S)$，即在最大、最小者之外取出任意一个数。

这一问题可以用以下伪代码描述的算法解决：

```
x = S[0]
y = S[1]
z = S[2]
list = sort(x, y, z)
output list[1]
```

针对上述问题，可以注意到，既然 S 是有限集，故其中的最大、最小元素各有且仅有一个。因此，无论 S 的规模有多大，在前三个元素 $S[0]$、$S[1]$ 和 $S[2]$ 中必包含至少一个非极端元素。于是，可以取 $x = S[0]$、$y = S[1]$ 和 $z = S[2]$，这只需执行 3 次基本操作，耗费 $O(3)$ 时间。接下来，为了确定这 3 个元素的大小次序，最多需要做 3 次比较，也是 $O(3)$ 时间。最后，输出居中的那个元素只需 $O(1)$ 时间。

综合起来，上述问题的运行时间为

```
T(n) = O(3) + O(3) + O(1) = O(7) = O(1)
```

也就是说，上述问题的算法具有常数的时间复杂度。

1.4.2 对数的时间复杂度 $O(\log n)$

考虑如下"进制转换"问题：给定任一十进制整数，将其转换为三进制表示。例如：

```
23(10) = 212(3)
101(10) = 10202(3)
```

这一问题可以用以下伪代码描述的算法解决：

```
while(n != 0)
    n mod 3     // 取模
    n = n/3     // 整除
```

下面以 101(10) 为例进行介绍。第一轮循环，输出：

```
101 mod 3 = 2
n = 100/3 = 33
```

第二轮循环，输出：

```
33 mod 3 = 0
n = 33/3 = 11
```

　　第三轮循环，输出：

```
11 mod 3 = 2
n = 11/3 = 3
```

　　第四轮循环，输出：

```
3 mod 3 = 0
n = 3/3 = 1
```

　　第五轮循环，输出：

```
1 mod 3 = 1
n = 1/3 = 0
```

　　至此算法结束。注意，以上各个数位是按照从低到高的次序输出的，所以转换后的结果应该是 $10202_{(3)}$。

　　下面以整数 n 的大小作为输入规模来分析上述算法的运行时间。该算法由若干次循环构成，每一轮循环内部都只需进行 2 次基本操作（取模、整除）。为了确定需要进行的循环轮数，可以注意到以下事实：每经过一轮循环，n 都至少减少至 1/3。于是，至多经过 $1+\log 3^n$ 次循环即可减小至 0。

　　也可以从另一个角度来解释这一结果。该算法的任务是依次给出三进制表示的各个数位，其中每一轮循环都恰好给出其中的 1 个数位。因此，总共需要进行的循环轮数应该恰好等于 n 的三进制表示的位数，即 $1+\log 3^n$。因此，该算法需要运行的时间为

$$O(2 \times (1+\log 3^n)) = O(\log 3^n)$$

　　鉴于大 O 记号的性质，通常会忽略对数函数的常底数。例如，这里的底数为常数 3，故通常将上述复杂度记作 $O(\log n)$。此时，称这类算法具有对数的时间复杂度。

1.4.3　线性的时间复杂度 $O(n)$

　　考虑如下"数组求和"问题：给定 n 个整数，计算它们的总和。

　　这一问题可以用以下伪代码描述的算法解决：

```
input(S))
s = 0
for a in S    // 遍历数据 S 中的元素 a
    s += a
output s
```

　　上述算法对 s 的初始化需要 $O(1)$ 时间。该算法的主体部分是一个循环，每一轮循环中只需进

行一次累加运算，这属于基本操作，可以在 $O(1)$ 时间内完成。每经过一轮循环，都对一个元素进行累加，故总共需要进行 n 轮循环。因此，上述算法的运行时间为

$$O(1) + O(1) \times n = O(n+1) = O(n)$$

此时，称这类算法具有线性的时间复杂度。

1.4.4 平方的时间复杂度 $O(n^2)$

下面看一个经典的排序问题：将 n 个整数排成一个非降序列。

排序算法种类繁多，这里采用冒泡排序。冒泡排序算法又称为交换排序法，是从观察水中气泡变化构思而成的。其原理是从第一个元素开始，比较相邻元素的大小，若大小顺序有误，则对调后再进行下一个元素的比较，就仿佛气泡从水底逐渐冒升到水面一样。如此扫描 1 次之后，就可以确保最后一个元素位于正确的顺序。接着逐步进行第 2 次扫描，直至完成所有元素的排序为止。

以下是伪代码描述的冒泡排序算法：

```
input(S)
for (i=0; i>0; i--)        // 扫描次数，比较 n 个值
    for (j=0; j<i; j++)    // 比较、交换次数
        if S[j] > S[j+1]   // 比较，如果前面的数比后面的数大，则发生交换
            temp = S[j]
            S[j] = S[j+1]
            S[j+1] = temp  // 后面的数和前面的发生交换
output S
```

为了对 n 个整数进行排序，冒泡排序必须执行 $n-1$ 次扫描，最坏情况和平均情况均比较次数如下：

$$(n-1) + (n-2) + (n-3) + \cdots + 3 + 2 + 1 = n(n-1)/2$$

执行次数为 $n(n-1)/2$，鉴于大 O 记号的特性，低次项可以忽略，常系数可以简化为 1，故时间复杂度为

$$T(n) = O(n^2)$$

这类算法称为具有平方的时间复杂度。对于其他一些算法，n 的次数可能更高，但只要其次数为常数，就统称为多项式时间复杂度。

1.4.5 指数的时间复杂度 $O(2^n)$

再来考虑指数函数的计算问题：给定非负整数 n，计算 2^n。

为了解决这一问题，可以用以下伪代码描述该算法：

```
input(n)
power = 1
while (0 < n--)
    power = power * 2
output power
```

上述算法总共需要进行 n 次迭代，每次迭代只涉及常数次基本操作，故总共需要运行 $O(n)$ 时间。按照如上定义，问题的输入规模为 n，故有 $O(n) = O(2^n)$。此时，称这样的算法具有指数的时间复杂度。

从常数、对数、线性到平方时间复杂度，算法的效率不断下降，但就实际应用而言，这类算法的效率还在允许的范围内。然而，在多项式时间复杂度与指数时间复杂度之间有一道巨大的鸿沟，通常认为指数复杂度的算法无法应用于实际问题之中，它们不是有效的算法，甚至不能称为算法。因此，在实际项目中，应该避免设计出指数时间复杂度的算法。

1.4.6　算法复杂度总结

算法复杂度常见的表示形式为常数级 $O(1)$、对数级 $O(\log n)$、线性级度 $O(n)$、平方级 $O(n^2)$、指数级 $O(2^n)$，其运算时间的典型函数增长情况如图 1-5 所示。

简单来说，当 n 足够大时，复杂度与时间效率有如下关系（c 是一个常量）：

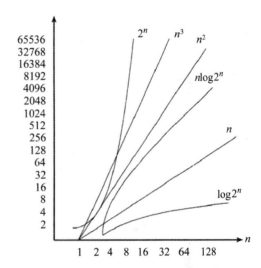

图 1-5　不同算法复杂度运算时间的典型函数增长情况

$$c<\log 2^n<n<n\log 2^n<n^2<n^3<2^n<3^n$$

1.5 总结

本章主要介绍了数据结构及算法的基本概念。

程序的性能主要由算法的复杂度决定，而算法的复杂度可以采用渐近记法来表示。

渐近记法主要有 3 种，分别是大 O 标记法、大 Ω 标记法和大 Θ 标记法。在实际工作中，最常用的是大 O 标记法。

算法复杂度又可以分为若干等级，分别是常数级、对数级、线性级、平方级、指数级。

1.6 习题

1. 简述数据结构的概念。

2. 简述算法的概念。

3. 如何确定程序的性能？

4. 什么是渐近记法？

5. 有哪些渐近记法？

6. 算法复杂度有哪些等级？

第2章
开发环境搭建及测试

本章介绍如何搭建 Java 开发环境，并演示如何编写测试用例。

本章适合 Java 初学者。如果读者对于 Java 开发有一定经验，则可以跳过本章的学习。

2.1 安装JDK

JDK 版本分为 Oracle 公司发布的版本和 OpenJDK 发布的版本，两者授权上有比较大的差异，但在 API（Application Programming Interface，应用程序接口）的使用上差异不大。因此，从学习角度来看，选择哪个版本都可以。

Oracle 公司发布的 JDK 下载地址为 https://www.oracle.com/technetwork/java/javase/downloads/index.html。

OpenJDK 发布的 JDK 下载地址为 http://jdk.java.net/15。

根据不同的操作系统选择不同的安装包。以 Windows 环境为例，可通过 jdk-15_windows-x64_bin.exe 或 jdk-15_windows-x64_bin.zip 来进行安装。.exe 文件的安装方式较为简单，按照界面提示单击"下一步"按钮即可。

下面演示 .zip 安装方式。

2.1.1 解压.zip文件到指定位置

将 jdk-15_windows-x64_bin.zip 文件解压到指定的目录下即可。例如，本书放置在了"D:"位置，该位置下包含的文件如图 2-1 所示。

电脑 > 本地磁盘 (D:) > Program Files > jdk-15			
名称	修改日期	类型	大小
bin	2020/10/7 18:10	文件夹	
conf	2020/10/7 18:10	文件夹	
include	2020/10/7 18:10	文件夹	
jmods	2020/10/7 18:11	文件夹	
legal	2020/10/7 18:11	文件夹	
lib	2020/10/7 18:11	文件夹	
release	2020/8/12 5:45	文件	2 KB

图 2-1　解压文件

2.1.2 设置环境变量

创建系统变量 JAVA_HOME，其值指向 JDK 的安装目录，如图 2-2 所示。

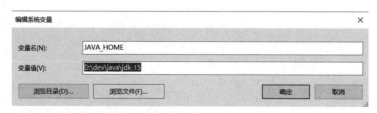

图 2-2　系统变量

在用户变量 Path 中增加 %JAVA_HOME%，如图 2-3 所示。

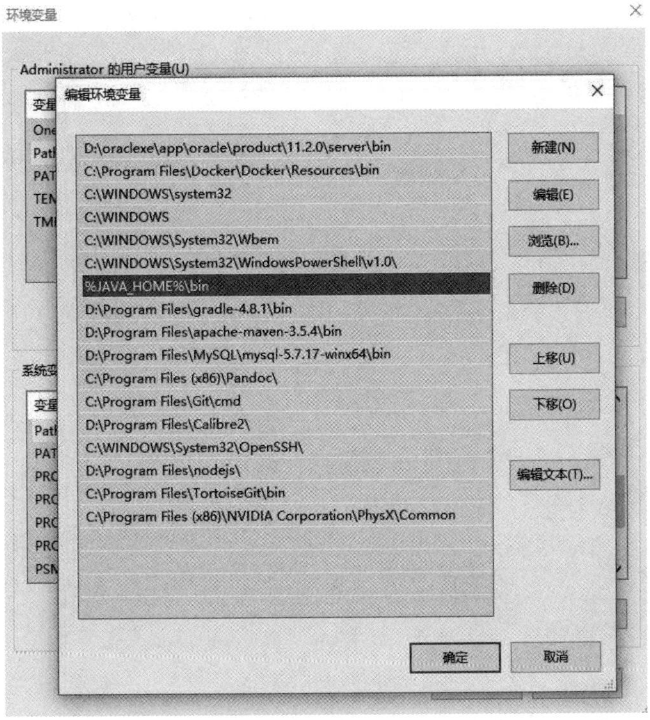

图 2-3　用户变量

注意：JDK 14 已经无须再安装 JRE，设置环境变量时也不用设置 CLASSPATH。

2.1.3　验证安装

执行 java -version 命令，进行安装的验证。如果显示如下信息，则说明 JDK 已经安装完成。

```
>java -version
openjdk version "15" 2020-09-15
OpenJDK Runtime Environment (build 15+36-1562)
OpenJDK 64-Bit Server VM (build 15+36-1562, mixed mode, sharing)
```

如果显示的内容还是安装前的老 JDK 版本，则可按照如下步骤解决。首先，卸载老版本 JDK，如图 2-4 所示。

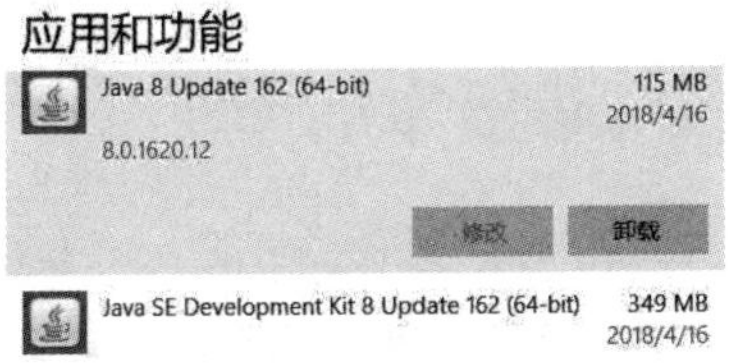

其次，在命令行输入如下指令，设置 JAVA_HOME 和 Path：

图 2-4　卸载老版本 JDK

```
>SET JAVA_HOME=D:\dev\java\jdk-15

>SET Path=%JAVA_HOME%\bin
```

2.2 安装Maven

Maven 的下载页面为 http://maven.apache.org/download.cgi，找到最新的下载包下载即可。本例为 apache-maven-3.6.3-bin.zip。

2.2.1 安装

首先解压 .zip，将 apache-maven-3.6.3 文件夹复制至任意目录下，本例为 D:Files-maven-3.6.3。

接着在环境变量中添加一个系统变量，变量名为 M2_HOME，变量值为 D:Files-maven-3.6.3，如图 2-5 所示。

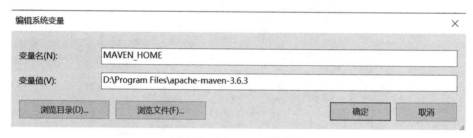

图 2-5　Maven 系统变量

最后，在环境变量的系统变量的 Path 中添加一个 %M2_HOME%。

在命令行中输入 mvn –version，验证 Maven 是否安装成功。如出现图 2-6 所示的画面，则证明安装成功。

图 2-6　Maven 安装成功

2.2.2 设置本地仓库

找到 Maven 安装目录的 conf 目录，该目录下的 settings.xml 文件即为 Maven 的配置文件。

创建一个文件夹作为仓库，本例为 "D:"。

在配置文件中找到被注释的 <localRepository>/path/to/local/repo</localRepository> 并启用，写上仓库的路径，即 <localRepository>D:\workspaceMaven</localRepository>。

2.2.3 设置镜像

Maven 默认的中央仓库的服务器在国外，因此有时下载速度会很慢。为了加快下载速度，可以设置镜像，选择国内的地址。

在配置文件中找到 <mirrors> 节点，在该节点下添加如下镜像：

```
<mirror>
    <id>nexus-aliyun</id>
    <mirrorOf>*</mirrorOf>
    <name>Nexus aliyun</name>
    <url>http://maven.aliyun.com/nexus/content/groups/public</url>
</mirror>
```

2.3 安装IDE

常用的 Java 开发工具有很多，如 IDE（Integrated Development Environment，集成开发环境）类的有 Visual Studio Code、Eclipse、WebStorm、NetBeans、IntelliJ IDEA 等，用户可以选择自己熟悉的 IDE。

Eclipse 采用 Java 语言开发，对 Java 有着一流的支持，而且这款 IDE 还是免费的，用户可以随时下载使用。

Eclipse 的下载地址为 https://www.eclipse.org/downloads/packages。

本书使用的是 eclipse-java-2020-09-R-win32-x86_64.zip 来进行安装，下面演示 .zip 安装方式。

2.3.1 解压.zip文件到指定位置

将 eclipse-java-2020-09-R-win32-x86_64.zip 文件解压到指定的目录下即可。例如，本书将其放置在 D:\dev\java\eclipse-java-2020-09-R-win32-x86_64\eclipse，该位置下包含的文件如图 2-7 所示。

图 2-7 解压文件

双击 eclipse.exe 文件，即可打开 Eclipse。

2.3.2　配置工作区间

默认工作区间如图 2-8 所示，用户也可以指定自己的工作区间。

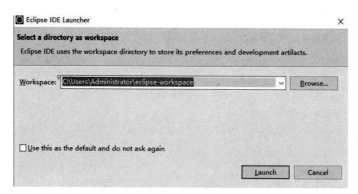

图 2-8　默认工作区间

2.3.3　配置JDK

默认情况下，Eclipse 会自动按照系统变量 JAVA_HOME 查找安装的 JDK，无须特殊配置。

如果要自定义 JDK 版本，可以在 Window → Preferences → Installed JREs 下找到配置界面，如图 2-9 所示。

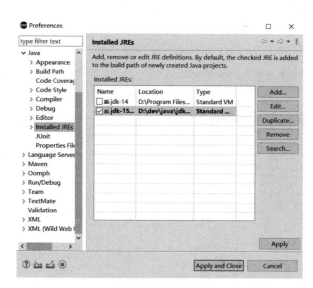

图 2-9　配置 JDK

2.3.4　配置Maven

默认情况下，Eclipse 会使用内嵌的 Maven。

如果要配置为自己本地安装的 Maven，可以在 Window → Preferences → Maven 找到配置界面，如图 2-10 所示。

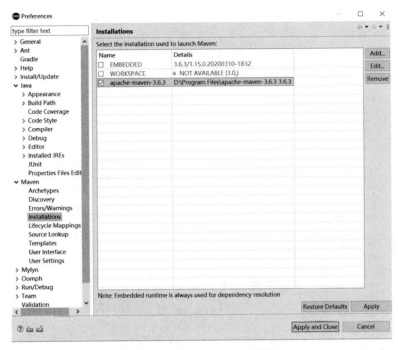

图 2-10　配置 Maven 安装目录

同时，将 Maven 的配置指向本地安装的 Maven 的配置文件，如图 2-11 所示。

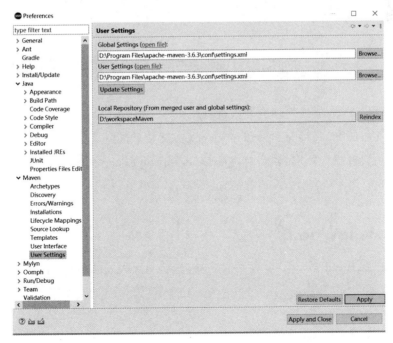

图 2-11　配置 Maven 配置文件

2.3.5　设置字符编码

设置字符编码，建议使用 UTF-8，如图 2-12 所示。

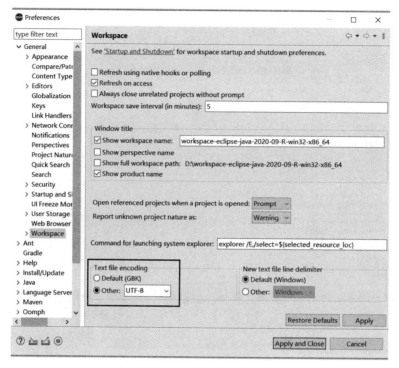

图 2-12　设置字符编码

2.4 实战：编写单元测试用例

本书示例采用 Maven 项目管理的方式进行组织，书中所有示例源码均可以在 https://github.com/waylau/java-data-structures-and-algorithms-in-action 网站上找到。读者可以新建一个任意名称的 Maven 项目，也可以参照本书将项目命名为 java-data-structures-and-algorithms-in-action。

按照编程惯例，第一个编写程序通常是 Hello World 程序。

2.4.1　创建HelloWorld类

创建 com.waylau.java.demo 包，并在该包下创建名为 HelloWorld 的类。HelloWorld 代码如下：

```
package com.waylau.java.demo;

/**
```

```
* Hello World.
*
* @since 1.0.0 2020 年 4 月 12 日
* @author <a href="https://waylau.com">Way Lau</a>
*/
public class HelloWorld {

    private String words;

    public HelloWorld(String words) {
        this.words = words;
    }

    public String getWords() {
        return words;
    }

}
```

HelloWorld 代码比较简单，HelloWorld 实例化后，当调用 getWords() 方法时，会将实例化时的入参 words 返回。

至此，一个简单的 Java 程序就开发完成了。

2.4.2　使用JUnit5

JUnit 是用于单元测试的非常方便的工具。Eclipse 已经集成了 JUnit 类库，要使用 JUnit，只需要在项目中引入该类库即可。以下是 Maven 项目的 pom.xml 文件中关于 JUnit 的描述：

```
...
<dependencies>
    <dependency>
        <groupId>org.junit.jupiter</groupId>
        <artifactId>junit-jupiter</artifactId>
        <version>${junit-jupiter.version}</version>
        <scope>test</scope>
    </dependency>
</dependencies>
...
```

2.4.3　编写JUnit5测试用例

依照惯例，测试用例写在 Maven 工程的 test 目录下。如图 2-13 所示，HelloWorldTests 就是 HelloWorld 的测试用例。

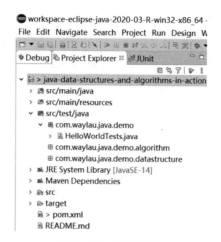

图 2-13　测试用例

HelloWorldTests 代码如下：

```java
package com.waylau.java.demo;

import org.junit.jupiter.api.Test;
import static org.junit.jupiter.api.Assertions.assertEquals;

/**
 * HelloWorld Test.
 *
 * @since 1.0.0 2020 年 4 月 12 日
 * @author <a href="https://waylau.com">Way Lau</a>
 */
class HelloWorldTests {

    @Test
    void testGetWords() {
        var words = "Hello World";
        var hello = new HelloWorld(words);

        assertEquals(words, hello.getWords());
    }
}
```

其中：

（1）@Test 注解的方法就是一个测试用例。

（2）org.junit.jupiter.api.Assertions.assertEquals 是 JUnit 提供的静态方法，用来判断两个对象是否相等。断言结果是两个对象相等，则代表测试通过。

在代码上单击鼠标右键，则可以看到运行该测试用例的按钮 "JUnit Test"，如图 2-14 所示。

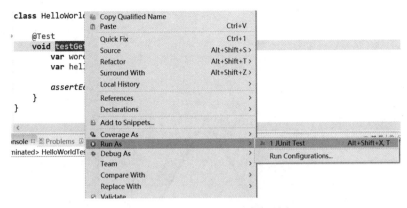

图 2-14　运行 JUnit5 测试用例

运行结果为绿色代表测试通过，为红色代表测试失败。图 2-15 所示为测试通过界面。

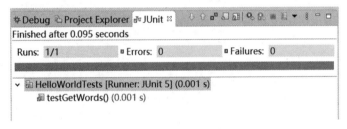

图 2-15　JUnit5 测试通过界面

2.5 总结

本章介绍了 Java 开发环境的搭建，包括 JDK、Maven 及 Eclipse 的安装，同时也演示了如何基于 JUnit 5 来编写测试用例。

本章的学习不是必须的，如果读者对于 Java 开发有一定经验，则可以跳过本章的学习。

2.6 习题

1. 在本地计算机完成 Java 开发环境的搭建，内容包括 JDK、Maven 及 Eclipse 的安装。
2. 使用 JUnit 5 编写一个测试用例，并运行通过。

第3章

顺序表

线性结构是最为常见的一种逻辑结构，线性结构也称为线性表。根据存储方式的不同，线性表还可以分为顺序表（顺序存储结构）和链表（链式存储结构）。

本章介绍顺序表。

3.1 Java数组初探

数组描述方法将元素存储在一个数组中，用一个数学公式来确定每个元素的存储位置，即在数组中的索引。这是一种最简单的存储结构，所有元素依次存储在一片连续的存储空间中，这就是通常所说的顺序表。

以下是 Java 数组使用的例子：

```java
// 声明数组
int[] anArray;

// 分配内存空间
anArray = new int[10];

// 初始化元素
anArray[0] = 100;
anArray[1] = 200;
anArray[2] = 300;
anArray[3] = 400;
anArray[4] = 500;
anArray[5] = 600;
anArray[6] = 700;
anArray[7] = 800;
anArray[8] = 900;
anArray[9] = 1000;

// 获取元素值
System.out.println("Element at index 0: " + anArray[0]);
System.out.println("Element at index 1: " + anArray[1]);
System.out.println("Element at index 2: " + anArray[2]);
System.out.println("Element at index 3: " + anArray[3]);
System.out.println("Element at index 4: " + anArray[4]);
System.out.println("Element at index 5: " + anArray[5]);
System.out.println("Element at index 6: " + anArray[6]);
System.out.println("Element at index 7: " + anArray[7]);
System.out.println("Element at index 8: " + anArray[8]);
System.out.println("Element at index 9: " + anArray[9]);
```

其中：

（1）int[] 用于声明一个 int 类型的数组，这意味着该数组中的数据元素只能存放 int 类型的数据。

（2）new int[10] 是实例化数组对象，其中 10 指明了数组的空间大小。

（3）anArray[0] 中的 0 是数组的索引。对于一个空间为 10 的数组而言，索引从 0 开始，至 9 结束。通过索引可以很方便地对数组中的数据元素进行存取操作。但需要注意的是，如果操作数组时超过了空间的限制（如 anArray[10] = 66666），则会报数组越界异常 java.lang.ArrayIndexOutOfBoundsException。

数组既可以存放基本的数据类型，也可以存放复杂的数据类型。以下是几种常见数据类型的使用示例：

```
// 基本数据类型
int[] intArray = { 1, 2, 3, 4, 5 };
double[] doubleArray = { 1.1D, 22.62D, 33.3D, 44.4D };
boolean[] booleanArray = { true, false };
char[] charArray = { 'd', 'e', 'w', 'a', 'y', 'f', 'e', 'd' };
String[] stringArray = { "C", "C++", "Java" };

// 复杂数据类型
Student student1 = new Student(32, "Way Lau", "17088888888", "Shenzhen");
Student student2 = new Student(28, "Ken Sun", "17000000000", "Shenzhen");
Student[] studentArray = { student1, student2 };
```

有关数组的内容还会在第 5 章深入探讨。

3.2 线性表数据结构

介绍了 Java 数组之后，再介绍线性表数据结构就易于理解了。

线性表也称为有序表（Ordered List），是具有相同数据类型的 n（$n \geqslant 0$）个元素的有序集合，通常记为

```
(a[0], a[1], a[2],…, a[n-1])
```

3.2.1 线性表特征

线性表具有以下特征。

（1）表中的元素个数 n 称为表的长度，n=0 时称为空表。

（2）当 $1<i<n$ 时：

①第 i 个元素 $a[i]$ 的直接前驱是 $a[i-1]$，$a[0]$ 无直接前驱；

②第 i 个元素 $a[i]$ 的直接后继是 $a[i+1]$，$a[n-1]$ 无直接后继。

（3）所有元素的类型必须相同，且不能出现缺项。

（4）每个数据元素既可以是基本的数据类型，也可以是复杂的数据类型。

3.2.2 线性表抽象类型List

在 Java 语言中，接口 java.util.List<E> 用于表示线性表。List 定义了如下核心的接口：

```
package java.util;

import java.util.function.UnaryOperator;
```

```java
public interface List<E> extends Collection<E> {
    // 查询操作
    int size();
    boolean isEmpty();
    boolean contains(Object o);
    Iterator<E> iterator();
    Object[] toArray();
    <T> T[] toArray(T[] a);

    // 修改操作
    boolean add(E e);
    boolean remove(Object o);

    // 整体修改操作
    boolean containsAll(Collection<?> c);
    boolean addAll(Collection<? extends E> c);
    boolean addAll(int index, Collection<? extends E> c);
    boolean removeAll(Collection<?> c);
    boolean retainAll(Collection<?> c);

    default void replaceAll(UnaryOperator<E> operator) {
        Objects.requireNonNull(operator);
        final ListIterator<E> li = this.listIterator();
        while (li.hasNext()) {
            li.set(operator.apply(li.next()));
        }
    }

    @SuppressWarnings({"unchecked", "rawtypes"})
    default void sort(Comparator<? super E> c) {
        Object[] a = this.toArray();
        Arrays.sort(a, (Comparator) c);
        ListIterator<E> i = this.listIterator();
        for (Object e : a) {
            i.next();
            i.set((E) e);
        }
    }

    void clear();

    // 比较与散列
    boolean equals(Object o);
    int hashCode();

    // 按位置访问操作
    E get(int index);
    E set(int index, E element);
    void add(int index, E element);
```

```
    E remove(int index);

    // 搜索操作
    int indexOf(Object o);
    int lastIndexOf(Object o);

    // 迭代器
    ListIterator<E> listIterator();
    ListIterator<E> listIterator(int index);

    // 视图
    List<E> subList(int fromIndex, int toIndex);

    ...
}
```

可以看到 List 的接口非常丰富，包括查询、修改、按位置访问、搜索、迭代等操作。

除此之外，从 Java 9 开始，List 还添加了众多的静态方法，其中核心方法如下：

```
// 自 Java 9
@SuppressWarnings("unchecked")
static <E> List<E> of() {
    return (List<E>) ImmutableCollections.ListN.EMPTY_LIST;
}

static <E> List<E> of(E e1) {
    return new ImmutableCollections.List12<>(e1);
}

static <E> List<E> of(E e1, E e2) {
    return new ImmutableCollections.List12<>(e1, e2);
}

static <E> List<E> of(E e1, E e2, E e3) {
    return new ImmutableCollections.ListN<>(e1, e2, e3);
}

static <E> List<E> of(E e1, E e2, E e3, E e4) {
    return new ImmutableCollections.ListN<>(e1, e2, e3, e4);
}

static <E> List<E> of(E e1, E e2, E e3, E e4, E e5) {
    return new ImmutableCollections.ListN<>(e1, e2, e3, e4, e5);
}

static <E> List<E> of(E e1, E e2, E e3, E e4, E e5, E e6) {
    return new ImmutableCollections.ListN<>(e1, e2, e3, e4, e5, e6);
}
```

```
static <E> List<E> of(E e1, E e2, E e3, E e4, E e5, E e6, E e7) {
    return new ImmutableCollections.ListN<>(e1, e2, e3, e4, e5, e6, e7);
}

static <E> List<E> of(E e1, E e2, E e3, E e4, E e5, E e6, E e7, E e8) {
    return new ImmutableCollections.ListN<>(e1, e2, e3, e4, e5, e6, e7, e8);
}

static <E> List<E> of(E e1, E e2, E e3, E e4, E e5, E e6, E e7, E e8, E e9) {
    return new ImmutableCollections.ListN<>(e1, e2, e3, e4, e5, e6, e7,
                                            e8, e9);
}

static <E> List<E> of(E e1, E e2, E e3, E e4, E e5, E e6, E e7, E e8, E e9,
E e10) {
    return new ImmutableCollections.ListN<>(e1, e2, e3, e4, e5, e6, e7,
                                            e8, e9, e10);
}

@SafeVarargs
@SuppressWarnings("varargs")
static <E> List<E> of(E... elements) {
    switch (elements.length) { // implicit null check of elements
        case 0:
            @SuppressWarnings("unchecked")
            var list = (List<E>) ImmutableCollections.ListN.EMPTY_LIST;
            return list;
        case 1:
            return new ImmutableCollections.List12<>(elements[0]);
        case 2:
            return new ImmutableCollections.List12<>(elements[0],
elements[1]);
        default:
            return new ImmutableCollections.ListN<>(elements);
    }
}

// 自 Java 10
static <E> List<E> copyOf(Collection<? extends E> coll) {
    return ImmutableCollections.listCopy(coll);
}
```

3.2.3　自定义线性表抽象类型List

　　Java 提供的接口 java.util.List<E> 固然丰富，但受限于篇幅，本书不能一一介绍。因此，我们需要自定义线性表抽象类型 List 作为 java.util.List<E> 接口的简化版本。自定义 List 的代码如下：

```
public interface List<E> {
    // 统计顺序表里数据元素的个数
    int size();

    // 判断顺序表里数据元素是否为空
    boolean isEmpty();

    // 判断是否包含某个数据元素
    boolean contains(Object o);

    // 添加数据元素
    boolean add(E e);

    // 按照索引获取数据元素
    E get(int index);

    // 按照索引设置数据元素
    E set(int index, E element);

    // 按照索引移除数据元素
    E remove(int index);

    // 添加到表头
    void addFirst(E e);

    // 添加到表尾
    void addLast(E e);

    // 移除表头
    E removeFirst();

    // 移除表尾
    E removeLast();
}
```

3.2.4　顺序表特征

顺序表可以理解为线性表的一种特殊场景，其线性表的元素按照逻辑顺序存放在一组地址连续的存储单元中。Java 中的数组就是一种典型的顺序表。

顺序存储总是在内存中占用一片连续存储空间，该连续存储空间的首地址用数组名或一个引用变量来表示。

顺序存储最重要的特征是存储结构直接反映了逻辑结构，数据元素之间的关系是以元素在计算机内"物理位置相邻"来体现的。换言之，当知道了线性表中的 $a[i]$ 元素的存储位置后，就能直接找到 $a[i]$ 元素的前驱 $a[i-1]$ 和后继 $a[i+1]$，即线性表的逻辑关系（前驱、后继关系）直接反映在存储结构中。

图 3-1 展示了顺序表元素的逻辑关系及存储关系。假设元素 $a[0]$ 的内存地址是 $\text{Loc}(a[0])$，而每个元素在计算机内占 c 个存储单元，则第 i 个元素 $a[i]$ 的地址可由以下公式得出：

$$\text{Loc}(a[i]) = \text{Loc}(a[0]) + (n-1) \times c$$

index	数据元素	存储地址
0	a_0	$\text{Loc}(a_0)$
1	a_1	$\text{Loc}(a_0) + c$
2	a_2	$\text{Loc}(a_0) + 2 \times c$
3	a_3	$\text{Loc}(a_0) + 3 \times c$
$\vdots$	$\vdots$	
$n-1$	a_{n-1}	$\text{Loc}(a_0) + (n-1) \times c$

图 3-1　顺序表元素的逻辑关系及存储关系

3.3 实战：使用数组实现顺序表SequentialList

本节将基于 Java 数组实现顺序表 SequentialList，SequentialList 将实现自定义的 List 接口。

3.3.1　成员变量及构造函数

SequentialList 成员变量及构造函数代码如下：

```java
public class SequentialList<E> implements List<E> {
    // 默认容量
    private static final int DEFAULT_CAPACITY = 10;

    // 顺序表中的数据元素
    private Object[] elementData;

    // 实际顺序表中的元素个数
    // 不能直接取 elementData.length
    private int size;

    // 初始化
    public SequentialList(int capacity) {
        elementData = new Object[capacity];
    }

    public SequentialList() {
        this(DEFAULT_CAPACITY);
    }
    ...
}
```

上述代码中：

（1）初始化时可设置容量。如果未设置容量，则会按照常量 DEFAULT_CAPACITY 的值 10 作为容量。

（2）elementData 是一个数组结构，用于存储数据元素。

（3）size 用于记录当前已经存入顺序表的元素。需要注意的是，size 不能直接取 elementData.length。elementData.length 是数组的长度（初始化时的容量）。

（4）初始化 SequentialList 的时间复杂度是 $O(1)$。

3.3.2　统计数据元素的个数

统计数据元素的个数，就是返回当前已经放入 elementData 的个数。代码如下：

```java
public int size() {
    return size;
}
```

统计数据元素的个数的时间复杂度是 $O(1)$。

3.3.3　判断顺序表里数据元素是否为空

判断顺序表里数据元素是否为空，就是判断 size 是否为 0。代码如下：

```java
public boolean isEmpty() {
    return size == 0;
}
```

上述代码类似于如下 if-else 语句：

```java
public boolean isEmpty() {
    if (size == 0) {
        return true;
    } else {
        return false;
    }
}
```

上述代码的时间复杂度是 $O(1)$。

3.3.4　判断是否包含某个数据元素

判断顺序表中是否包含某个数据元素，就需要遍历顺序表中的所有元素，与传入的参数进行逐个比较，代码如下：

```java
public boolean contains(Object o) {
    // 遍历数组，判断是否存在指定的数据元素
    // o 可能为 null，也可能不为 null，需分开处理
    if (o == null) {
        for (int i =0; i < size; i++) {
            if (elementData[i] == null) {
                return true;
            }
        }
    } else {
        for (int i =0; i < size; i++) {
            if (elementData[i].equals(o)) {
                return true;
            }
        }
    }
    return false;
}
```

细心的读者可能发现，上述遍历用了两个不同的处理分支。这是因为在 Java 语言中，不同的数据类型其比较方式是不同的。如果是基本数据类型或是 null，则可以采用 == 进行比较，否则需要使用 equals 进行比较。因此，首先要对传入的 o 进行判断，即 o 是否为 null。

上述代码的时间复杂度是 $O(n)$。

3.3.5　添加数据元素

添加数据元素，就是把数据元素添加到数组 elementData 的最后，并且 size 要加一位。代码如下：

```java
public boolean add(E e) {
    // 判断是否越界
    if (size == elementData.length) {
        throw new IndexOutOfBoundsException("list is full");
    }

    elementData[size] = e;   // 添加到数组的最后
    size = size + 1;         // size 累加 1 位
    return true;
}
```

这里需要注意的是，添加元素前要判断数组是否满了。如果数组满了就不能添加数据元素，同时还要抛出 IndexOutOfBoundsException 异常。

上述代码的时间复杂度是 $O(1)$。

3.3.6 按照索引获取数据元素

按照索引获取数据元素，此处的索引其实就对应数组中的索引。代码如下：

```java
public E get(int index) {
    // 判断是否越界
    if (index<0 || index> elementData.length-1) {
        throw new IndexOutOfBoundsException("index " + index + " out of
            bounds");
    }

    return (E)elementData[index];
}
```

这里需要注意的是，如果给定的索引超过了实际容量，还要抛出 IndexOutOfBoundsException 异常。

上述代码的时间复杂度是 $O(1)$。

3.3.7 按照索引设置数据元素

按照索引设置数据元素时，需要区分两种情况（图 3-2）。

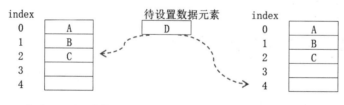

（a）索引已经设置过数据元素　　　（b）索引未设置过数据元素

图 3-2　按照索引设置数据元素

（1）索引已经设置过数据元素。这种场景比较简单，直接覆盖索引上的原值即可。如图 3-2（a）所示，用数据元素 D 覆盖数据元素 C。

（2）索引未设置过数据元素。如图 3-2（b）所示，由于索引 4 上并没有设置过数据元素，因此除了将数据元素 D 写入数组索引 4 外，还要考虑 size 的变化，这里 size 的值由原来的 3 改为 5（索引 4 + 1）。

代码如下：

```java
public E set(int index, E element) {
    // 判断是否越界
    if (index < 0 || index > elementData.length - 1) {
        throw new IndexOutOfBoundsException("index " + index + " out of
            bounds");
    }

    E oldValue = (E)elementData[index];
```

```
elementData[index] = element;

// 有可能 index 对应的位置之前并未设置
if (index > size - 1) {
    size = index + 1;
}

return oldValue;
}
```

这里需要注意的是，如果给定的索引超过了实际容量，抛出 IndexOutOfBoundsException 异常。

上述代码的时间复杂度是 $O(1)$。

3.3.8　按照索引移除数据元素

按照索引移除数据元素，需要将被移除数据元素的所有后继元素往前移动一位（图 3-3）。

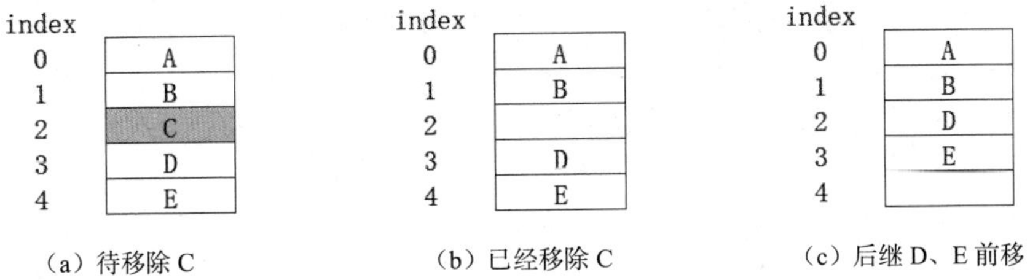

（a）待移除 C　　　　　　　（b）已经移除 C　　　　　　（c）后继 D、E 前移

图 3-3　按照索引移除数据元素

数据元素前移后，数组中最后一个数据元素需置为 null。代码如下：

```
public E remove(int index) {
    // 判断是否越界
    if (index < 0 || index > elementData.length - 1) {
        throw new IndexOutOfBoundsException("index " + index + " out of
        bounds");
    }

    E result = (E) elementData[index];

    for (int j = index; j < size - 1; j++) {
        elementData[j] = elementData[j + 1]; // 数据元素前移
    }

    elementData[--size] = null; // 最后的数据置 null

    return result;
}
```

这里需要注意的是，如果给定的索引超过了实际容量，还要抛出 IndexOutOfBoundsException 异常。

上述代码的时间复杂度是 $O(n)$。

3.3.9　添加到表头

添加到表头就是把所有的数据元素往后移动一位，然后把新添加的数据元素放到索引为 0 的位置。代码如下：

```java
public void addFirst(E e) {
    // 判断是否已满
    if (size == elementData.length) {
        throw new IndexOutOfBoundsException("list is full");
    }

    // 判断原数组是否为空
    // 如果为空，则新添加的数据元素直接放到索引为 0 的位置
    // 如果不为空，则原有数组的数据元素都要往后移动一位
    // 新添加的数据元素放到索引为 0 的位置
    if(!isEmpty()) {
        for (int j = size - 1; j >=0; j--) {
            elementData[j+1] = elementData[j]; // 数据元素后移
        }
    }

    elementData[0] = e;
    size ++;
}
```

这里需要注意的是：

（1）添加前需要判断数组是否已经满。如果满了，则抛出 IndexOutOfBoundsException 异常。

（2）添加前需判断原数组是否为空。如果为空，则新添加的数据元素直接放到索引为 0 的位置；如果不为空，则原有数组的数据元素都要往后移动一位，再把新数据元素放到索引为 0 的位置。

上述代码的时间复杂度是 $O(n)$。

3.3.10　添加到表尾

添加到表尾等同于 add() 方法。代码如下：

```java
public void addLast(E e) {
    add(e);
}
```

上述代码的时间复杂度是 $O(1)$。

3.3.11　移除表头

移除表头等同于使用 remove() 方法移除索引为 0 的数据元素。代码如下：

```
public E removeFirst() {
    return remove(0);
}
```

上述代码的时间复杂度是 $O(n)$。

3.3.12　移除表尾

移除表尾等同于使用 remove() 方法移除索引为 size-1 的数据元素。代码如下：

```
public E removeLast() {
    return remove(size - 1);
}
```

与移除表头不同的是，移除表尾数据元素无须前移。因此，上述代码的时间复杂度是 $O(1)$。

3.3.13　时间复杂度分析总结

在上述方法中，size()、isEmpty()、add()、get()、set()、addLast()、removeLast() 的时间复杂度都是 $O(1)$，而 contains()、remove()、addFirst()、removeFirst() 方法的时间复杂度是 $O(n)$。由此可见，顺序表这种数据结构整体来说方便插入、查找数据元素，而不利于删除数据元素。

另外需要注意的是，在顺序表表尾执行插入、删除效率高，而在表头执行插入、删除效率低。因此，当实现第 6 章介绍的栈这种数据结构时，如果是基于顺序表来实现，则会选择表尾作为入栈、出栈位置。

3.3.14　单元测试

SequentialListTests 是 SequentialList 类的单元测试。这里针对 SequentialList 类的所有方法都提供了详细的测试用例。需要注意的是，测试并非只是测试正常的场景，还要测试异常的场景（如 IndexOutOfBoundsException 异常）。代码如下：

```
import static org.junit.jupiter.api.Assertions.assertEquals;
import static org.junit.jupiter.api.Assertions.assertFalse;
import static org.junit.jupiter.api.Assertions.assertNull;
import static org.junit.jupiter.api.Assertions.assertThrows;
import static org.junit.jupiter.api.Assertions.assertTrue;

import org.junit.jupiter.api.Test;

class SequentialListTests {

    @Test
    void testSize() {
```

```java
    // 实例化 SequentialList
    List<String> list = new SequentialList<String>(5);
    assertTrue(list.size() == 0);

    list.add("Java");
    assertTrue(list.size() == 1);
}

@Test
void testIsEmpty() {
    // 实例化 SequentialList
    List<String> list = new SequentialList<String>(5);
    assertTrue(list.isEmpty());

    list.add("Java");
    assertFalse(list.isEmpty());
}

@Test
void testContains() {
    // 实例化 SequentialList
    List<String> list = new SequentialList<String>(5);
    list.add("Java");
    list.add("C++");
    list.add("C");
    list.add("Python");
    list.add("TypeScript");

    // 判断存在
    assertTrue(list.contains("Java"));

    // 判断不存在
    assertFalse(list.contains("Java++"));
}

@Test
void testAdd() {
    // 实例化 SequentialList
    List<Integer> list = new SequentialList<Integer>(5);
    list.add(1);
    list.add(2);
    list.add(3);
    list.add(4);
    list.add(5);

    Throwable excpetion = assertThrows(IndexOutOfBoundsException.class,
      () -> {
        list.add(6); // 抛异常
    });
```

```
        assertEquals("list is full", excpetion.getMessage());
}

@Test
void testGet() {
    // 实例化 SequentialList
    List<String> list = new SequentialList<String>(5);
    list.add("Java");
    list.add("C++");
    list.add("C");

    // 判断存在
    assertEquals("C++", list.get(1));

    // 判断不存在
    assertNull(list.get(4));
}

@Test
void testSet() {
    // 实例化 SequentialList
    List<String> list = new SequentialList<String>(5);
    list.add("Java");
    list.add("C++");
    list.add("C");

    // 判断存在
    assertEquals("C", list.set(2, "Python"));

    // 判断不存在
    assertEquals(null, list.set(4, "TypeScript"));
}

@Test
void testRemove() {
    // 实例化 SequentialList
    List<String> list = new SequentialList<String>(5);
    list.add("Java");
    list.add("C++");
    list.add("C");

    // 判断存在
    assertEquals("C", list.remove(2));

    // 判断不存在
    int index = 6;
    Throwable excpetion = assertThrows(IndexOutOfBoundsException.class,
      () -> {
        list.remove(index); // 抛异常
```

```
        });

        assertEquals("index " + index + " out of bounds", excpetion.
          getMessage());
    }

    @Test
    void testAddFirst() {
        // 实例化 SequentialList
        List<String> list = new SequentialList<String>(5);
        list.addFirst("Java");
        list.addFirst("C++");
        list.addFirst("C");

        // 判断存在
        assertEquals("C", list.get(0));
        assertEquals("C++", list.get(1));
        assertEquals("Java", list.get(2));
    }

    @Test
    void testAddLast() {
        // 实例化 SequentialList
        List<String> list = new SequentialList<String>(5);
        list.addLast("Java");
        list.addLast("C++");
        list.addLast("C");

        // 判断存在
        assertEquals("Java", list.get(0));
        assertEquals("C++", list.get(1));
        assertEquals("C", list.get(2));
    }

    @Test
    void testRemoveFirst() {
        // 实例化 SequentialList
        List<String> list = new SequentialList<String>(5);
        list.add("Java");
        list.add("C++");
        list.add("C");

        // 判断存在
        assertEquals("Java", list.removeFirst());
        assertEquals("C++", list.removeFirst());
        assertEquals("C", list.removeFirst());
    }

    @Test
```

```
void testRemoveLast() {
    // 实例化 SequentialList
    List<String> list = new SequentialList<String>(5);
    list.add("Java");
    list.add("C++");
    list.add("C");

    // 判断存在
    assertEquals("C", list.removeLast());
    assertEquals("C++", list.removeLast());
    assertEquals("Java", list.removeLast());
}
}
```

上述测试用例，都可以用 JUnit 的断言来判断程序运行结果是否与预期相符。上述代码中使用的断言含义如下。

● assertEquals：判断两个对象是否相等。

● assertFalse：判断结果是否是 false。

● assertTrue：判断结果是否是 true。

● assertNull：判断结果是否是 null。

● assertThrows：判断结果是否是抛出了异常。

3.4 顺序表的动态扩容

Java 原生数组及顺序表 SequentialList 都存在一个问题，即容量的问题。当所要添加的元素超过预先设置的容量时，就会报 IndexOutOfBoundsException 异常。那么是否存在一种动态扩容机制，当顺序表中的容量不够时，就自动增加容量？

3.4.1　顺序表的动态扩容原理

顺序表的动态扩容原理为当顺序表的元素个数超过容量时，就判读为需要扩容。其步骤如下。

（1）重新申请一个更长的数组空间。

（2）将原数组的内容复制到新的数组空间。

（3）删除原数组的内容。

因此，扩容操作的时间复杂度是 $O(n)$。

顺序表的动态扩容一般有以下两种策略。

（1）新数组的容量是原数组容量的 2 倍。

（2）新数组的容量是原数组容量 + 扩容增量。

如图 3-4（a）所示，原数组容量是 5，当想添加一个新元素 F 时，发现容量已满，此时即触发动态扩容。图 3-4（b）是将新数组的容量设置为原数组容量的 2 倍，变成容量 10；而图 3-4（c）则是在原数组容量的基础上添加了 1 个扩容增量，所以最终新数组的容量为 6。

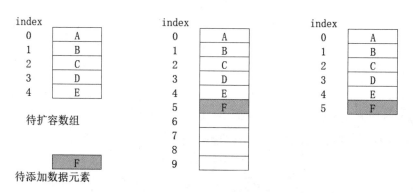

（a）待扩客数组和待添加数据元素 （b）原数组容量的 2 倍 （c）原数组容量 + 扩容增量

图 3-4 顺序表的动态扩容原理

3.4.2 动态扩容机制的选择

单从 3.4.1 小节的例子来看，一般会认为图 3-4（c）所示的方案较好，因为最终图 3-4（c）所示的方案要比图 3-4（b）所示的方案占用更少的存储空间。这里假设另外一个场景，即再新加一个数据元素到顺序表会怎样？

如图 3-5 所示，当想添加一个新元素 G 时，图 3-4（b）因为经过之前的扩容容量变成 10，够用，所以不会触发扩容机制就能直接添加 G 到数组中；而图 3-4（c）由于之前的扩容是增量扩容，因此在添加 G 时又会触发一次扩容，最终新数组的容量为 7。一般而言，扩容是比较消耗性能的。

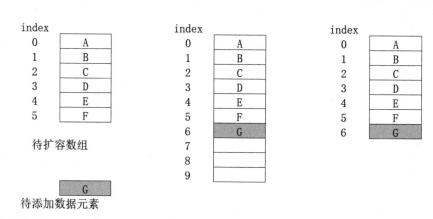

（a）待扩客数组和待添加数据元素 （b）容量够用，无须扩容 （c）再次触发扩容

图 3-5 动态扩容机制的选择

所以，这就涉及一个动态扩容机制的选择问题。具体而言，动态扩容机制的选择取决于当前程序的应用场景。

（1）假如能估算出整体数据元素的规模，那么以数据元素的规模作为顺序表的初始化容量，这样就避免了扩容的发生。

（2）假如添加元素的个数及次数是有限度的或是偶发的，那么建议选择原数组容量 + 扩容增量的方式。

（3）假如添加元素的个数及次数是无法估算的，那么建议选择原数组容量的 2 倍的方式。

3.4.3　ArrayList动态扩容分析

Java 提供了 ArrayList 和 Vector 两种抽象数据类型来支持顺序表的动态扩容功能，它们都实现了 java.util.List<E> 接口。

以下是一个 ArrayList 使用示例：

```java
import static org.junit.jupiter.api.Assertions.assertTrue;

import java.util.ArrayList;
import java.util.List;

import org.junit.jupiter.api.Test;

class ArrayListTests {

    @Test
    void testAdd() {
        // 实例化 ArrayList
        List<Integer> list = new ArrayList<Integer>(5);
        list.add(1);
        list.add(2);
        list.add(3);
        list.add(4);
        list.add(5);

        // 触发扩容
        list.add(6);

        assertTrue(6 == list.size());
    }

}
```

对比 SequentialList 的 add() 方法可以发现，ArrayList 和 SequentialList 的用法几乎完全一致，唯一的区别是 ArrayList 在添加数据原始时，如果超过了初始容量会触发扩容，不会抛出类似 SequentialList 的 IndexOutOfBoundsException 异常。

那么 ArrayList 到底采用哪种动态扩容机制呢？我们可以从 add() 方法入手，以下是源码：

```java
public void add(int index, E element) {
    rangeCheckForAdd(index);
    modCount++;
    final int s;
    Object[] elementData;
    if ((s = size) == (elementData = this.elementData).length)
        elementData = grow();    // 触发扩容
    System.arraycopy(elementData, index,
                        elementData, index + 1,
                        s - index);
    elementData[index] = element;
    size = s + 1;
}
```

下面重点介绍触发扩容的 grow() 方法：

```java
private Object[] grow() {
    return grow(size + 1);
}

private Object[] grow(int minCapacity) {
    int oldCapacity = elementData.length;
    if (oldCapacity > 0 || elementData != DEFAULTCAPACITY_EMPTY_ELEMENTDATA) {
        int newCapacity = ArraysSupport.newLength(oldCapacity,
                minCapacity - oldCapacity, /* minimum growth */
                oldCapacity >> 1           /* preferred growth */);
        return elementData = Arrays.copyOf(elementData, newCapacity);
    } else {
        return elementData = new Object[Math.max(DEFAULT_CAPACITY, minCapacity)];
    }
}
```

可以看到，上述 grow() 方法又会调用另外一个需要传参的 grow() 方法，而所要传递的参数是 size + 1。size + 1 就是最终新数组的容量，即 ArrayList 的扩容方式采用的是原数组容量 + 扩容增量。

3.4.4　Vector动态扩容分析

以下是一个 Vector 使用示例：

```java
import static org.junit.jupiter.api.Assertions.assertTrue;

import java.util.List;
import java.util.Vector;

import org.junit.jupiter.api.Test;

class VectorTests {
```

```
@Test
void testAdd() {
    // 实例化 ArrayList
    List<Integer> list = new Vector<Integer>(5);
    list.add(1);
    list.add(2);
    list.add(3);
    list.add(4);
    list.add(5);

    // 触发扩容
    list.add(6);

    assertTrue(6 == list.size());
}
```

可以看出 Vector 和 ArrayList 的用法完全一致。那么 Vector 到底采用哪种动态扩容机制呢？我们可以从 add() 方法入手，以下是源码：

```
ppublic synchronized boolean add(E e) {
    modCount++;
    add(e, elementData, elementCount);
    return true;
}

private void add(E e, Object[] elementData, int s) {
    if (s == elementData.length)
        elementData = grow();   // 触发扩容
    elementData[s] = e;
    elementCount = s + 1;
}
```

下面重点介绍触发扩容的 grow() 方法：

```
private Object[] grow() {
    return grow(elementCount + 1);
}

private Object[] grow(int minCapacity) {
    int oldCapacity = elementData.length;
    int newCapacity = ArraysSupport.newLength(oldCapacity,
            minCapacity - oldCapacity, /* minimum growth */
            capacityIncrement > 0 ? capacityIncrement : oldCapacity
                                    /* preferred growth */);
    return elementData = Arrays.copyOf(elementData, newCapacity);
}
```

可以看到，上述 grow() 方法又会调用另外一个需要传参的 grow() 方法，而所要传递的参数是 elementCount + 1。elementCount + 1 就是最终新数组的容量，即 Vector 的扩容方式采用的也是原数组容量 + 扩容增量。

3.4.5　选择ArrayList还是Vector

从上面的示例可以看出，ArrayList 和 Vector 在用法上完全一致，那么 Java 为什么会提供两个类似功能的数据类型呢？ 细心的读者可能会发现，在 Vector 的方法上是有 synchronized 关键字的，而 ArrayList 没有，这意味着如果是在有线程安全要求的应用中，则需要选择使用 Vector，否则推荐使用 ArrayList。

3.5 总结

本章介绍了线性表和顺序表的概念。通过数组的方式，我们成功地实现了顺序表 SequentialList。

同时，本章也介绍了数组和 SequentialList 在容量上的限制，因此又介绍了顺序表中动态扩容的机制原理，以及两种常用的顺序表 ArrayList 和 Vector 的使用。

3.6 习题

1. 简述线性表和顺序表的概念。

2. 基于数组的方式实现顺序表。

3. 简述数组有哪些限制。

4. 简述顺序表中动态扩容的机制原理。

5. 在 Java 中 ArrayList 和 Vector 有哪些区别？

第4章
链表

本章主要介绍链表，包括单向链表、循环链表和双向链表。

4.1 动态分配内存

第 3 章介绍了数组及自定义实现的顺序表 SequentialList，这些数据结构都存在一个问题，即容量存在限制。当所要添加元素超过预先设置的容量时，就会报 IndexOutOfBoundsException。当然，这些问题也可以采用动态扩容的机制来解决，如使用 ArrayList 和 Vector 就能在顺序表里的容量不够时自动增加容量。

还有一类数据结构天然不需要考虑扩容问题，即链表（链式存储结构）。在计算机中用一组任意的存储单元存储线性表的数据元素称为链式存储结构。这组存储单元可以是连续的，也可以是不连续的，因此在存储数据元素时可以动态分配内存。

链表中的数据元素的逻辑顺序是通过链表中的指针链接次序实现的。根据不同的链表实现方式，又可以把链表分为单向链表（Singly Linked List）、循环链表（Circular Linked List）和双向链表（Daubly Linked List）。

注意：在 Java 中没有指针的概念，可以将指针理解为对象的引用。

4.2 单向链表描述

本节介绍单向链表。

4.2.1　单向链表概述

图 4-1 展示的是一个典型的单向链表。单向链表也称为单链表，是链表的一种，其特点是链表的链接方向是单向的，对链表的访问要通过顺序读取，从头部开始。单向链表是由一个个节点（Node）组装起来的，其中每个节点都由指针成员变量指向列表中的下一个节点。

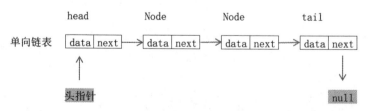

图 4-1　单向链表

单向链表由节点构成，头指针指向第一个节点（第一个节点也被称为表头节点），而最后一个节点的指针指向 null。

从图 4-1 中可以看出单向链表的存储结构的特点。

（1）每个节点由数据域（data）和指针域（next）组成。

（2）比顺序存储结构的存储密度小。链式存储结构中每个节点都由数据域与指针域两部分组成，相比顺序存储结构增加了存储空间。

（3）逻辑上相邻的节点物理上不必相邻。

（4）插入、删除灵活。不必移动节点，而只需改变节点中的指针；因此无须事先分配内存容量。

（5）查找节点时链式存储要比顺序存储慢。

（6）由于簇是随机分配的，因此数据删除后覆盖概率降低，数据被恢复的可能性提高。

在 Java 中，单向链表的节点可以定义如下：

```java
class Node<E> {
    E data;
    Node<E> next;
}
```

4.2.2　插入单向链表

这里用图片演示单向链表的插入过程。图 4-2 展示的是一个插入前的单向链表，待插入数据元素 E 准备插入数据元素 B 和数据元素 C 之间。

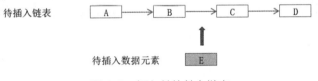

图 4-2　插入前的单向链表

图 4-3 展示的是单向链表插入过程。首先，数据元素 B 和数据元素 C 之间的指针需要断开；其次，数据元素 B 的指针指向数据元素 E，而数据元素 E 的指针指向数据元素 C；最后，单向链表插入完成之后的效果如图 4-4 所示。

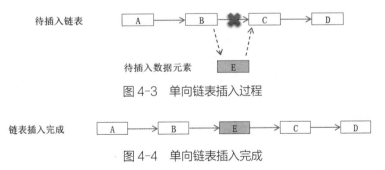

图 4-3　单向链表插入过程

图 4-4　单向链表插入完成

4.2.3　移除单向链表

这里用图片演示单向链表的移除过程。图 4-5 展示的是移除前的单向链表，数据元素 E 是待移除的数据元素。

图 4-5　移除前的单向链表

图 4-6 展示的是单向链表移除过程。首先，数据元素 B 和数据元素 E 之间的指针需要断开，同时数据元素 E 和数据元素 C 之间的指针也需要断开；其次，数据元素 B 的指针指向数据元素 C；最后，单向链表移除数据元素完成之后的效果如图 4-7 所示。

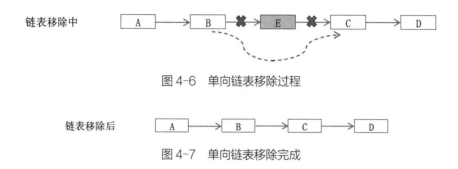

图 4-6　单向链表移除过程

图 4-7　单向链表移除完成

4.3 实战：实现单向链表SinglyLinkedList

本节将实现单向链表 SinglyLinkedList。SinglyLinkedList 将实现自定义的 List 接口。

4.3.1　成员变量及构造函数

SinglyLinkedList 成员变量及构造函数代码如下：

```java
public class SinglyLinkedList<E> implements List<E> {
    // 实际链表中的元素个数
    private int size = 0;

    // 头节点
    private Node<E> first;

    // 尾节点
    private Node<E> last;

    public SinglyLinkedList() {
    }

    private static class Node<E> {
        E data;
        Node<E> next;

        Node(E element, Node<E> next) {
```

```
        this.data = element;
        this.next = next;
    }
}

...
```

上述代码中：

（1）first 表示头节点。

（2）last 表示尾节点。

（3）size 用于记录当前已经存入链表的元素。

（4）Node 是节点的抽象，是 SinglyLinkedList 类的内部类。

4.3.2 统计数据元素的个数

统计数据元素的个数，即返回当前已经放入链表中的个数。代码如下：

```
public int size() {
    return size;
}
```

统计数据元素的个数的时间复杂度是 $O(1)$。

4.3.3 判断链表里数据元素是否为空

判断链表里数据元素是否为空，即判断 size 是否为 0。代码如下：

```
public boolean isEmpty() {
    return size() == 0;
}
```

上述代码的时间复杂度是 $O(1)$。

4.3.4 判断链表是否包含某个数据元素

判断链表是否包含某个数据元素，就需要遍历链表中所有的元素，与传入的参数进行逐个比较。
代码如下：

```
public boolean contains(Object o) {
    // 遍历数组，判断是否存在指定的数据元素
    // o 可能为 null，也可能不为 null，需分开处理
    if (o == null) {
        for (Node<E> x = first; x != null; x = x.next) {
            if (x.data == null) {
                return true;
```

```
            }
        }
    } else {
        for (Node<E> x = first; x != null; x = x.next) {
            if (o.equals(x.data)) {
                return true;
            }
        }
    }

    return false;
}
```

上述代码遍历用了两个不同的处理分支，这是因为在 Java 语言中，不同的数据类型其比较方式是不同的。如果是基本数据类型或是 null，则可以采用 == 进行比较，否则就需要使用 equals 进行比较。因此，首先要对传入的 o 进行判断，即 o 是否为 null。

上述代码的时间复杂度是 $O(n)$。

4.3.5 添加数据元素

添加数据元素，就是把数据元素添加到链表的最后，并且 size 要加一位。代码如下：

```
public boolean add(E e) {
    final Node<E> l = last;

    // 构造一个新节点
    final Node<E> newNode = new Node<>(e, null);
    last = newNode;

    // 判断尾节点，尾节点为 null，则证明链表是空的
    // 如果链表为空，新增加的节点就作为头节点
    // 如果链表不为空，则原尾节点的 next 指向新增加的节点
    if (l == null) {
        first = newNode;
        last = newNode;
    } else {
        l.next = newNode;
    }

    size++;  // size 累加 1 位

    return true;
}
```

这里需要注意的是，添加元素前要判断链表是否为空。如果链表为空，则新增加的节点就作为头节点；如果链表不为空，则原尾节点的 next 指向新增加的节点。

上述代码的时间复杂度是 $O(1)$。

4.3.6 按照索引获取数据元素

按照索引获取数据元素，此处的索引其实就对应于链表中的索引。代码如下：

```
public E get(int index) {
    // 判断是否越界
    if (index < 0 || index > size - 1) {
        throw new IndexOutOfBoundsException("index " + index + " out of
            bounds");
    }

    Node<E> x = first;

    // 遍历链表
    for (int i = 0; i < index; i++) {
        x = x.next;
    }

    return x.data;
}
```

这里需要注意的是：

（1）要获取链表中的数据元素，并不能像数组或顺序表那样直接可以通过索引拿到，而要通过头节点往后续节点遍历才能获得。

（2）如果给定的索引超过了实际的链表大小，还要抛出 IndexOutOfBoundsException 异常。

上述代码的时间复杂度是 $O(n)$。

4.3.7 按照索引设置数据元素

按照索引设置数据元素，直接覆盖索引上的原值即可。代码如下：

```
public E set(int index, E element) {
    // 判断是否越界
    if (index < 0 || index > size - 1) {
        throw new IndexOutOfBoundsException("index " + index + " out of
            bounds");
    }

    Node<E> x = first;

    // 遍历链表
    for (int i = 0; i < index; i++) {
        x = x.next;
    }

    E oldVal = x.data;
```

```
    x.data = element;

    return oldVal;
}
```

这里需要注意的是：

（1）要获取链表中的数据元素，同样需要通过头节点往后续节点遍历。

（2）如果给定的索引超过了实际的链表大小，还要抛出 IndexOutOfBoundsException 异常。

上述代码的时间复杂度是 $O(n)$。

4.3.8　按照索引移除数据元素

链表按照索引移除数据元素时，并不需要像数组或顺序表那样将被移除数据元素的所有后继元素往前移动一位，而是待删除数据元素的前驱节点的 next 直接指向待删除数据元素的后继节点即可。代码如下：

```java
public E remove(int index) {
    // 判断是否越界
    if (index < 0 || index > size - 1) {
        throw new IndexOutOfBoundsException("index " + index + " out of
            bounds");
    }

    // x 为待删除的节点；p 为待删除的前驱节点
    Node<E> x, p;

    // index 为 0 则说明待删除的节点是头节点
    // 此时不存在待删除的前驱节点
    if (index == 0) {
        x = first;     // 待删除的节点是头节点
        first = first.next; // 新头节点为原头节点的后继节点
    } else {
        // 从头节点开始遍历链表，查找待删的前驱节点
        // index 为待删节点的索引，则 index-1 为待删节点的前驱节点索引
        p = first;
        for (int i = 0; i < index -1 ; i++) {
            p = p.next;
        }

        x = p.next; // 找到待删节点
        p.next = x.next; // 待删除的前驱节点的 next 指向待删除节点的后继节点
    }

    final E element = x.data;

    x.data = null; // 删除待删节点
```

```
    size--;  // 链表元素个数减 1
    return element;
}
```

这里需要注意的是：

（1）查找待删除节点的前驱节点 p 是关键，因为需要将 p 的 next 指向待删除节点的后继节点。

（2）如果给定的索引超过了实际容量，还要抛出 IndexOutOfBoundsException 异常。

上述代码 index 等于 0 的时间复杂度是 $O(1)$，否则时间复杂度是 $O(n)$。

4.3.9　添加到表头

添加到表头就是把新加的节点作为头节点，原头节点作为新加节点的后继节点。代码如下：

```
public void addFirst(E e) {
    final Node<E> f = first;

    // 构造一个新节点
    final Node<E> newNode = new Node<>(e, null);
    first = newNode;

    // 判断首节点，首节点为 null，则证明链表为空
    // 如果链表为空，则新增加的节点就作为尾节点
    // 如果链表不为空，则新增加的节点的 next 指向原首节点
    if (f == null) {
        last = newNode;
    } else {
        newNode.next = f;
    }

    size++; // size 累加 1 位
}
```

这里需要注意的是，添加前需判断原头节点是否为空。如果为空，则尾节点等同于新添加的数据元素；如果不为空，则原头节点作为新加节点的后继节点。

上述代码的时间复杂度是 $O(1)$。

4.3.10　添加到表尾

添加到表尾等同于 add() 方法。代码如下：

```
public void addLast(E e) {
    add(e);
}
```

上述代码的时间复杂度是 $O(1)$。

4.3.11 移除表头

移除表头等同于使用 remove() 方法移除索引为 0 的数据元素。代码如下：

```
public E removeFirst() {
    return remove(0);
}
```

因为当索引等于 0 时，remove() 方法的时间复杂度是 $O(1)$，所以 removeFirst() 方法的时间复杂度也是 $O(1)$。

4.3.12 移除表尾

移除表尾等同于使用 remove() 方法移除索引为 size-1 的数据元素。代码如下：

```
public E removeLast() {
    return remove(size - 1);
}
```

与移除表头不同的是，移除表尾数据元素是从头往后遍历，因此上述代码的时间复杂度是 $O(n)$。

4.3.13 时间复杂度分析总结

在上述方法中，size()、isEmpty()、add()、addFirst()、addLast()、removeFirst() 方法的时间复杂度都是 $O(1)$，而 contains()、get()、set()、remove()、removeLast() 方法的时间复杂度是 $O(n)$。由此可见，单向链表这种数据结构方便插入元素，而不利于查找和删除数据元素。另外需要注意到，单向链表使用表头比表尾更加适合进行增加、删除操作。因此，当实现第 6 章介绍的栈这种数据结构时，如果是基于单向链表来实现栈，则会选择表头作为栈顶。

对比顺序表，单向链表的特点如下：

（1）单向链表在动态分配内存这方面比较占优势。在新增节点时，顺序表如果要触发动态扩容，则时间复杂度是 $O(n)$；而单向链表的时间复杂度一直是 $O(1)$。

（2）在其他操作上，如查找和删除数据元素，单向链表在时间复杂度方面不及顺序表。

（3）在承载相同数据量的情况下，单向链表占用的空间要比顺序表大。

4.3.14 单元测试

SinglyLinkedListTests 是 SinglyLinkedList 类的单元测试。这里针对 SinglyLinkedList 类的所有方法都提供了详细的测试用例。需要注意的是，测试并非只是测试正常的场景，还要测试异常的场景（如 IndexOutOfBoundsException 异常）。代码如下：

```java
/**
 * Welcome to https://waylau.com
 */
package com.waylau.java.demo.datastructure;

import static org.junit.jupiter.api.Assertions.assertEquals;
import static org.junit.jupiter.api.Assertions.assertFalse;
import static org.junit.jupiter.api.Assertions.assertThrows;
import static org.junit.jupiter.api.Assertions.assertTrue;

import org.junit.jupiter.api.Test;

/**
 * SinglyLinkedList Test
 *
 * @since 1.0.0 2020 年 5 月 4 日
 * @author <a href="https://waylau.com">Way Lau</a>
 */
class SinglyLinkedListTests {

    @Test
    void testSize() {
        // 实例化 SinglyLinkedList
        List<String> list = new SinglyLinkedList<String>();
        assertTrue(list.size() == 0);

        list.add("Java");
        assertTrue(list.size() == 1);
    }

    @Test
    void testIsEmpty() {
        // 实例化 SinglyLinkedList
        List<String> list = new SinglyLinkedList<String>();
        assertTrue(list.isEmpty());

        list.add("Java");
        assertFalse(list.isEmpty());
    }

    @Test
    void testContains() {
        // 实例化 SinglyLinkedList
        List<String> list = new SinglyLinkedList<String>();
        list.add("Java");
        list.add("C++");
        list.add("C");
        list.add("Python");
        list.add("TypeScript");
```

```java
        // 判断存在
        assertTrue(list.contains("Java"));

        // 判断不存在
        assertFalse(list.contains("Java++"));
}

@Test
void testAdd() {
    // 实例化 SinglyLinkedList
    List<Integer> list = new SinglyLinkedList<Integer>();
    list.add(1);
    list.add(2);
    list.add(3);
    list.add(4);
    list.add(5);

    assertFalse(list.isEmpty());
}

@Test
void testGet() {
    // 实例化 SinglyLinkedList
    List<String> list = new SinglyLinkedList<String>();
    list.add("Java");
    list.add("C++");
    list.add("C");

    // 判断存在
    assertEquals("C++", list.get(1));

    // 判断不存在
    int index = 6;
    Throwable excpetion = assertThrows(
            IndexOutOfBoundsException.class, () -> {
                list.get(index);// 抛异常
            });

    assertEquals("index " + index + " out of bounds",
            excpetion.getMessage());
}

@Test
void testSet() {
    // 实例化 SinglyLinkedList
    List<String> list = new SinglyLinkedList<String>();
    list.add("Java");
    list.add("C++");
```

```
        list.add("C");

        // 判断存在
        assertEquals("C", list.set(2, "Python"));

        // 判断不存在
        int index = 6;
        Throwable excpetion = assertThrows(
                IndexOutOfBoundsException.class, () -> {
                    list.set(index, "Python");// 抛异常
                });

        assertEquals("index " + index + " out of bounds",
                excpetion.getMessage());
    }

    @Test
    void testRemove() {
        // 实例化 SinglyLinkedList
        List<String> list = new SinglyLinkedList<String>();
        list.add("Java");
        list.add("C++");
        list.add("C");

        // 判断存在
        assertEquals("C", list.remove(2));

        assertEquals("Java", list.get(0));
        assertEquals("C++", list.get(1));

        // 判断不存在
        int index = 6;
        Throwable excpetion = assertThrows(
                IndexOutOfBoundsException.class, () -> {
                    list.remove(index); // 抛异常
                });

        assertEquals("index " + index + " out of bounds",
                excpetion.getMessage());
    }

    @Test
    void testAddFirst() {
        // 实例化 SinglyLinkedList
        List<String> list = new SinglyLinkedList<String>();
        list.addFirst("Java");
        list.addFirst("C++");
        list.addFirst("C");
```

```java
    // 判断存在
    assertEquals("C", list.get(0));
    assertEquals("C++", list.get(1));
    assertEquals("Java", list.get(2));
}

@Test
void testAddLast() {
    // 实例化 SinglyLinkedList
    List<String> list = new SinglyLinkedList<String>();
    list.addLast("Java");
    list.addLast("C++");
    list.addLast("C");

    // 判断存在
    assertEquals("Java", list.get(0));
    assertEquals("C++", list.get(1));
    assertEquals("C", list.get(2));
}

@Test
void testRemoveFirst() {
    // 实例化 SinglyLinkedList
    List<String> list = new SinglyLinkedList<String>();
    list.add("Java");
    list.add("C++");
    list.add("C");

    // 判断存在
    assertEquals("Java", list.removeFirst());
    assertEquals("C++", list.removeFirst());
    assertEquals("C", list.removeFirst());
}

@Test
void testRemoveLast() {
    // 实例化 SinglyLinkedList
    List<String> list = new SinglyLinkedList<String>();
    list.add("Java");
    list.add("C++");
    list.add("C");

    // 判断存在
    assertEquals("C", list.removeLast());
    assertEquals("C++", list.removeLast());
    assertEquals("Java", list.removeLast());
}
}
```

4.4 循环链表的描述

相比于单向链表，单向循环链表（Singly Linked Circular List，简称循环链表，也称为环形链表）是将尾节点与头节点链接起来。

图 4-8 展示的是一个典型的单向循环链表。与单向链表不同，单向循环链表的尾节点 next 并不是指向 null，而是指向头节点，从而形成一个闭环。

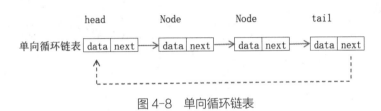

图 4-8　单向循环链表

从图 4-8 可以看出单向循环链表的存储结构的特点。

（1）可以从任何一个节点开始遍历所有节点。该特点使得某些运算易于实现，如约瑟夫问题。

（2）回收整个链表所需要的时间是固定的，与长度无关。

（3）插入一个节点需要改变两个链接。

（4）当判断是否到达表尾时，可以通过查看该节点指针是否指向头节点来判，如果指针指向头节点，说明已经到达表尾。

在 Java 中，单向循环链表的节点与单向链表的节点一样，都可以用下面的定义：

```java
class Node<E> {
    E data;
    Node<E> next;
}
```

4.5 实战：实现循环链表SinglyLinkedCircularList

本节将实现单向循环链表 SinglyLinkedCircularList。SinglyLinkedCircularList 将实现自定义的 List 接口。

4.5.1 成员变量及构造函数

SinglyLinkedCircularList 成员变量及构造函数代码如下：

```java
public class SinglyLinkedCircularList<E> implements List<E> {
    // 实际链表中的元素个数
    private int size = 0;
```

```
    // 头节点
    private Node<E> first;

    // 尾节点
    private Node<E> last;

    public SinglyLinkedCircularList() {
    }

    private static class Node<E> {
        E data;
        Node<E> next;

        Node(E element, Node<E> next) {
            this.data = element;
            this.next = next;
        }
    }

    ...
```

上述代码与 SinglyLinkedList 类似，其中：

（1）first 表示头节点。

（2）last 表示尾节点。

（3）size 用于记录当前已经存入链表的元素。

（4）Node 是节点的抽象，是 SinglyLinkedCircularList 类的内部类。

4.5.2　统计数据元素的个数

统计数据元素的个数，即返回当前已经放入链表中的个数。代码如下：

```
public int size() {
    return size;
}
```

统计数据元素的个数的时间复杂度是 $O(1)$。

4.5.3　判断链表里数据元素是否为空

判断链表里数据元素是否为空，即判断 size 是否为 0。代码如下：

```
public boolean isEmpty() {
    return size() == 0;
}
```

上述代码的时间复杂度是 $O(1)$。

4.5.4 判断是否包含某个数据元素

判断链表是否包含某个数据元素，就需要遍历链表中所有的元素，与传入的参数进行逐个比较。代码如下：

```java
public boolean contains(Object o) {
    // 遍历数组，判断是否存在指定的数据元素
    // o 可能为 null，也可能不为 null，需分开处理
    if (o == null) {
        // 遍历链表
        for (Node<E> x = first; x != null; x = x.next) {
            if (x.data == null) {
                return true;
            }

            // 设置退出机制，避免死循环
            if (x.next == first) {
                break;
            }
        }
    } else {
        for (Node<E> x = first; x != null; x = x.next) {
            if (o.equals(x.data)) {
                return true;
            }

            // 设置退出机制，避免死循环
            if (x.next == first) {
                break;
            }
        }
    }

    return false;
}
```

上述遍历用了两个不同的处理分支，这是因为在 Java 语言中，不同的数据类型其比较方式是不同的。如果是基本数据类型或是 null，则可以采用 == 进行比较，否则就需要使用 equals 进行比较。因此，首先要对传入的 o 进行判断，即 o 是否为 null。

与 SinglyLinkedList 相比，SinglyLinkedCircularList 在遍历节点时设置了退出机制。当判断是否到达表尾时，可以通过查看该节点指针是否指向头节点来判断，如果指针指向头节点，说明已经到达表尾。到达标尾后，就要退出遍历，否则可能会陷入死循环。毕竟 SinglyLinkedCircularList 是循环链表，next 指针是永远有后继的。

上述代码的时间复杂度是 $O(n)$。

4.5.5　添加数据元素

添加数据元素，即把数据元素添加到链表的最后，并且 size 要加一位。代码如下：

```java
public boolean add(E e) {
    final Node<E> l = last;

    // 构造一个新节点
    // 新节点的 next 指向头节点
    final Node<E> newNode = new Node<>(e, first);
    last = newNode;

    // 判断尾节点，尾节点为 null，则证明链表为空
    // 如果链表为空，则新增加的节点就作为头节点
    // 如果链表不为空，则原尾节点的 next 指向新增加的节点
    if (l == null) {
        first = newNode;
        last = newNode;
    } else {
        l.next = newNode;
    }

    size++;  // size 累加一位

    return true;
}
```

这里需要注意的是：

（1）新节点的 next 指向头节点。

（2）添加元素前要判断链表是否为空。如果链表为空，则新增加的节点就作为头节点；如果链表不为空，则原尾节点的 next 指向新增加的节点。

上述代码的时间复杂度是 $O(1)$。

4.5.6　按照索引获取数据元素

按照索引获取数据元素，此处的索引其实就对应于链表中的索引。代码如下：

```java
public E get(int index) {
    // 判断是否越界
    if (index < 0 || index > size - 1) {
        throw new IndexOutOfBoundsException("index " + index + " out of
            bounds");
    }

    Node<E> x = first;
```

```
    // 遍历链表
    for (int i = 0; i < index; i++) {
        x = x.next;
    }

    return x.data;
}
```

上述方法与 SinglyLinkedList 的方法一致。

这里需要注意的是：

（1）要获取链表中的数据元素，并不能像数组或顺序表那样可以直接通过索引拿到，而是通过头节点往后续节点遍历才能获得。

（2）如果给定的索引超过了实际的链表大小，还要抛出 IndexOutOfBoundsException 异常。

上述代码的时间复杂度是 $O(n)$。

4.5.7　按照索引设置数据元素

按照索引设置数据元素，直接覆盖索引上的原值即可。代码如下：

```
public E set(int index, E element) {
    // 判断是否越界
    if (index < 0 || index > size - 1) {
        throw new IndexOutOfBoundsException("index " + index + " out of
            bounds");
    }

    Node<E> x = first;

    // 遍历链表
    for (int i = 0; i < index; i++) {
        x = x.next;
    }

    E oldVal = x.data;
    x.data = element;

    return oldVal;
}
```

上述方法与 SinglyLinkedList 的方法一致。

这里需要注意的是：

（1）要获取链表中的数据元素，同样需要通过头节点往后续节点遍历。

（2）如果给定的索引超过了实际的链表大小，还要抛出 IndexOutOfBoundsException 异常。

上述代码的时间复杂度是 $O(n)$。

4.5.8 按照索引移除数据元素

链表按照索引移除数据元素，并不需要像数组或顺序表那样将被移除数据元素的所有后继元素往前移动一位，而是将待删除数据元素的前驱节点的 next 直接指向待删除数据元素的后继节点即可。代码如下：

```
public E remove(int index) {
    // 判断是否越界
    if (index < 0 || index > size - 1) {
        throw new IndexOutOfBoundsException("index " + index + " out of
            bounds");
    }

    // x 为待删除的节点，p 为待删除的前驱节点
    Node<E> x, p;

    // index 为 0 则说明待删除的节点是头节点
    // 此时不存在待删除的前驱节点
    if (index == 0) {
        x = first;      // 待删除的节点是头节点
        first = first.next; // 新头节点为原头节点的后继节点
    } else {
        // 从头节点开始遍历链表，查找待删除的前驱节点
        // index 为待删除节点的索引，则 index-1 为待删除节点的前驱节点索引
        p = first;
        for (int i = 0; i < index -1 ; i++) {
            p = p.next;
        }

        x = p.next; // 找到待删除节点
        p.next = x.next; // 待删除的前驱节点的 next 指向待删除节点的后继节点
    }

    final E element = x.data;

    x.data = null; // 删除待删节点
    size--;   // 链表元素个数减 1
    return element;
}
```

上述方法与 SinglyLinkedList 的方法一致。

这里需要注意的是：

（1）查找待删除节点的前驱节点 p 是关键，因为需要将 p 的 next 指向待删除节点的后继节点。

（2）如果给定的索引超过了实际容量，还要抛出 IndexOutOfBoundsException 异常。

上述代码 index 等于 0 的时间复杂度是 $O(1)$，否则时间复杂度是 $O(n)$。

4.5.9 添加到表头

添加到表头就是把新加的节点作为头节点，原头节点作为新加节点的后继节点。代码如下：

```java
public void addFirst(E e) {
    final Node<E> f = first;

    // 构造一个新节点
    // 新节点的 next 指向原头节点
    final Node<E> newNode = new Node<>(e, f);
    first = newNode;

    // 判断首节点，首节点为 null，则证明链表为空
    // 如果链表为空，则新增加的节点就作为尾节点
    // 如果链表不为空，则尾节点的 next 指向新增加的节点
    if (f == null) {
        last = newNode;
    } else {
        last.next = newNode;
    }

    size++; // size 累加一位
}
```

这里需要注意的是，添加前需判断原头节点是否为空。如果为空，则新增加的节点就作为尾节点；如果不为空，则尾节点的 next 指向新增加的节点。

上述代码的时间复杂度是 $O(1)$。

4.5.10 添加到表尾

添加到表尾等同于 add() 方法代码如下：

```java
public void addLast(E e) {
    add(e);
}
```

上述代码的时间复杂度是 $O(1)$。

4.5.11 移除表头

移除表头等同于使用 remove() 方法移除索引为 0 的数据元素。代码如下：

```java
public E removeFirst() {
    return remove(0);
}
```

因为当索引等于 0 时，remove() 方法的时间复杂度是 $O(1)$，所以 removeFirst() 方法的时间复杂度也是 $O(1)$。

4.5.12　移除表尾

移除表尾等同于使用 remove() 方法移除索引为 size-1 的数据元素。代码如下：

```java
public E removeLast() {
    return remove(size - 1);
}
```

与移除表头不同的是，移除表尾数据元素是从头往后遍历，因此上述代码的时间复杂度是 $O(n)$。

4.5.13　时间复杂度分析总结

在上述方法中，size()、isEmpty()、add()、addFirst()、addLast()、removeFirst() 方法的时间复杂度都是 $O(1)$，而 contains()、get()、set()、remove()、removeLast() 方法的时间复杂度是 $O(n)$。由此可见，单向循环链表这种数据结构方便插入元素，而不利于查找和删除数据元素。另外需要注意到，单向循环链表使用表头比表尾更加适合进行增加、删除操作。因此，当实现第 6 章介绍的栈这种数据结构时，如果是基于单向循环链表来实现栈，则会选择表头作为栈顶。这一点与SinglyLinkedList 是一致的。

4.5.14　单元测试

SinglyLinkedCircularListTests 是 SinglyLinkedCircularList 类 的 单 元 测 试。这 里 针 对SinglyLinkedCircularList 的所有方法都提供了详细的测试用例。需要注意的是，测试并非只是测试正常的场景，还要测试异常的场景（如 IndexOutOfBoundsException 异常）。代码如下：

```java
package com.waylau.java.demo.datastructure;

import static org.junit.jupiter.api.Assertions.assertEquals;
import static org.junit.jupiter.api.Assertions.assertFalse;
import static org.junit.jupiter.api.Assertions.assertThrows;
import static org.junit.jupiter.api.Assertions.assertTrue;

import org.junit.jupiter.api.Test;

class SinglyLinkedCircularListTests {

    @Test
    void testSize() {
        // 实例化SinglyLinkedCircularList
        List<String> list = new SinglyLinkedCircularList<String>();
```

```
        assertTrue(list.size() == 0);

        list.add("Java");
        assertTrue(list.size() == 1);
}

@Test
void testIsEmpty() {
    // 实例化 SinglyLinkedCircularList
    List<String> list = new SinglyLinkedCircularList<String>();
    assertTrue(list.isEmpty());

    list.add("Java");
    assertFalse(list.isEmpty());
}

@Test
void testContains() {
    // 实例化 SinglyLinkedCircularList
    List<String> list = new SinglyLinkedCircularList<String>();
    list.add("Java");
    list.add("C++");
    list.add("C");
    list.add("Python");
    list.add("TypeScript");

    // 判断存在
    assertTrue(list.contains("Java"));

    // 判断不存在
    assertFalse(list.contains("Java++"));
}

@Test
void testAdd() {
    // 实例化 SinglyLinkedCircularList
    List<Integer> list = new SinglyLinkedCircularList<Integer>();
    list.add(1);
    list.add(2);
    list.add(3);
    list.add(4);
    list.add(5);

    assertFalse(list.isEmpty());
}

@Test
void testGet() {
    // 实例化 SinglyLinkedCircularList
    List<String> list = new SinglyLinkedCircularList<String>();
```

```java
        list.add("Java");
        list.add("C++");
        list.add("C");

        // 判断存在
        assertEquals("C++", list.get(1));

        // 判断不存在
        int index = 6;
        Throwable excpetion = assertThrows(
                IndexOutOfBoundsException.class, () -> {
                    list.get(index);// 抛异常
                });

        assertEquals("index " + index + " out of bounds",
                excpetion.getMessage());
    }

    @Test
    void testSet() {
        // 实例化 SinglyLinkedCircularList
        List<String> list = new SinglyLinkedCircularList<String>();
        list.add("Java");
        list.add("C++");
        list.add("C");

        // 判断存在
        assertEquals("C", list.set(2, "Python"));

        // 判断不存在
        int index = 6;
        Throwable excpetion = assertThrows(
                IndexOutOfBoundsException.class, () -> {
                    list.set(index, "Python");// 抛异常
                });

        assertEquals("index " + index + " out of bounds",
                excpetion.getMessage());
    }

    @Test
    void testRemove() {
        // 实例化 SinglyLinkedCircularList
        List<String> list = new SinglyLinkedCircularList<String>();
        list.add("Java");
        list.add("C++");
        list.add("C");

        // 判断存在
        assertEquals("C", list.remove(2));
```

```
        assertEquals("Java", list.get(0));
        assertEquals("C++", list.get(1));

        // 判断不存在
        int index = 6;
        Throwable excpetion = assertThrows(
                IndexOutOfBoundsException.class, () -> {
                    list.remove(index); // 抛异常
                });

        assertEquals("index " + index + " out of bounds",
                excpetion.getMessage());
    }

    @Test
    void testAddFirst() {
        // 实例化 SinglyLinkedCircularList
        List<String> list = new SinglyLinkedCircularList<String>();
        list.addFirst("Java");
        list.addFirst("C++");
        list.addFirst("C");

        // 判断存在
        assertEquals("C", list.get(0));
        assertEquals("C++", list.get(1));
        assertEquals("Java", list.get(2));
    }

    @Test
    void testAddLast() {
        // 实例化 SinglyLinkedCircularList
        List<String> list = new SinglyLinkedCircularList<String>();
        list.addLast("Java");
        list.addLast("C++");
        list.addLast("C");

        // 判断存在
        assertEquals("Java", list.get(0));
        assertEquals("C++", list.get(1));
        assertEquals("C", list.get(2));
    }

    @Test
    void testRemoveFirst() {
        // 实例化 SinglyLinkedCircularList
        List<String> list = new SinglyLinkedCircularList<String>();
        list.add("Java");
        list.add("C++");
```

```
    list.add("C");

    // 判断存在
    assertEquals("Java", list.removeFirst());
    assertEquals("C++", list.removeFirst());
    assertEquals("C", list.removeFirst());
}

@Test
void testRemoveLast() {
    // 实例化 SinglyLinkedCircularList
    List<String> list = new SinglyLinkedCircularList<String>();
    list.add("Java");
    list.add("C++");
    list.add("C");

    // 判断存在
    assertEquals("C", list.removeLast());
    assertEquals("C++", list.removeLast());
    assertEquals("Java", list.removeLast());
}
}
```

4.6 双向链表描述

双向链表也称为双链表，其每个节点都具有两个指针，其中一个指针指向前驱节点，另一个指针指向后继节点。

图 4-9 展示的是一个典型的双向链表。

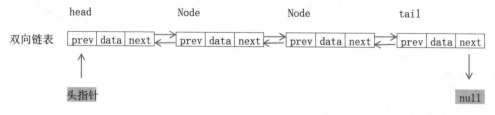

图 4-9　双向链表

从图 4-9 可以看出，双向链表与单向链表相比，其最大的特点是可以在任意节点找到前驱节点。这样，双向链表既支持从前往后遍历，又支持从后往前遍历。当然，相比单向链表，在相同数据量下，双向链表会占用更多的存储空间。

双向链表也有循环结构，称之为双向循环链表（Doubly Linked Circular List）。双向循环链表的尾节点指针指向了头节点。图 4-10 展示的是一个典型的双向循环链表。

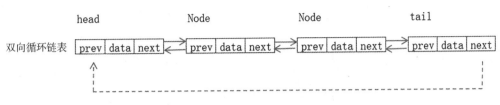

图 4-10 双向循环链表

限于篇幅，双向循环链表不再做深入的探讨。

在 Java 中，双向循环链表的节点与双向链表的节点一样，都可以用下面的定义：

```java
class Node<E> {
    E data;
    Node<E> next;
    Node<E> prev;
}
```

4.7 实战：实现双向链表LinkedList

Java 原生提供了 java.util.LinkedList<E>，用于实现双向链表。LinkedList 同时实现了 java.util.List<E> 和 java.util.Deque<E> 接口。

接下来对 LinkedList 的核心接口进行详细讲解。

4.7.1 接口定义

以下是 LinkedList 实现的 java.util.List<E> 核心接口：

```java
// 统计链表里数据元素的个数
int size();

// 判断链表里数据元素是否为空
boolean isEmpty();

// 判断链表里是否包含某个数据元素
boolean contains(Object o);

// 添加数据元素
boolean add(E e);

// 按照索引获取数据元素
E get(int index);

// 按照索引设置数据元素
```

```
E set(int index, E element);

// 按照索引移除数据元素
E remove(int index)
```

以下是 LinkedList 实现的 java.util.Deque<E> 核心接口：

```
// 添加到表头
void addFirst(E e);

// 添加到表尾
void addLast(E e);

// 移除表头
E removeFirst();

// 移除表尾
E removeLast();
```

4.7.2　成员变量及构造函数

LinkedList 成员变量及构造函数代码如下：

```
public class LinkedList<E>
    extends AbstractSequentialList<E>
    implements List<E>, Deque<E>, Cloneable, java.io.Serializable
{
    // 实际链表中的元素个数
    transient int size = 0;

    // 头节点
    transient Node<E> first;

    // 尾节点
    transient Node<E> last;

    public LinkedList() {
    }

    public LinkedList(Collection<? extends E> c) {
        this();
        addAll(c);
    }

    private static class Node<E> {
        E item;
        Node<E> next;
        Node<E> prev;
```

```
        Node(Node<E> prev, E element, Node<E> next) {
            this.item = element;
            this.next = next;
            this.prev = prev;
        }
    }

    ...
```

上述代码与 SinglyLinkedList 类似，其中：

（1）first 表示头节点。

（2）last 表示尾节点。

（3）size 用于记录当前已经存入链表的元素。

（4）Node 是节点的抽象，是 LinkedList 类的内部类。

4.7.3 统计数据元素的个数

统计数据元素的个数，即返回当前已经放入链表中的个数。代码如下：

```
public int size() {
    return size;
}
```

统计数据元素的个数的时间复杂度是 $O(1)$。

4.7.4 判断链表里数据元素是否为空

判断链表里数据元素是否为空，即判断 size 是否为 0。代码如下：

```
public boolean isEmpty() {
    return size() == 0;
}
```

上述代码的时间复杂度是 $O(1)$。

4.7.5 判断链表是否包含某个数据元素

判断链表是否包含某个数据元素，就需要遍历链表中所有的元素，与传入的参数逐个进行比较。代码如下：

```
public boolean contains(Object o) {
    return indexOf(o) >= 0;
```

```
}

public int indexOf(Object o) {
    int index = 0;
    if (o == null) {
        for (Node<E> x = first; x != null; x = x.next) {
            if (x.item == null)
                return index;
            index++;
        }
    } else {
        for (Node<E> x = first; x != null; x = x.next) {
            if (o.equals(x.item))
                return index;
            index++;
        }
    }
    return -1;
}
```

上述遍历用了两个不同的处理分支，这是因为在 Java 语言中，不同的数据类型其比较方式是不同的。如果是基本数据类型或是 null，则可以采用 == 进行比较，否则就需要使用 equals 进行比较。因此，首先要对传入的 o 进行判断，即 o 是否为 null。

上述方法基本与 SinglyLinkedList 类似。

上述代码的时间复杂度是 $O(n)$。

4.7.6 添加数据元素

添加数据元素，即把数据元素添加到链表的最后，并且 size 要加一位。代码如下：

```
public boolean add(E e) {
    linkLast(e);
    return true;
}

void linkLast(E e) {
    final Node<E> l = last;
    final Node<E> newNode = new Node<>(l, e, null);
    last = newNode;
    if (l == null)
        first = newNode;
    else
        l.next = newNode;
    size++;
    modCount++;
}
```

这里需要注意的是：

（1）新节点的 next 指向头节点，prev 指向原最后节点。

（2）添加元素前要判断链表是否为空。如果链表为空，则新增加的节点就作为头节点；如果链表不为空，则原尾节点的 next 指向新增加的节点。

上述代码的时间复杂度是 $O(1)$。

4.7.7　按照索引获取数据元素

按照索引获取数据元素，此处的索引其实就对应于链表中的索引。代码如下：

```java
public E get(int index) {
    checkElementIndex(index);
    return node(index).item;
}

private void checkElementIndex(int index) {
    if (!isElementIndex(index))
        throw new IndexOutOfBoundsException(outOfBoundsMsg(index));
}

Node<E> node(int index) {
    if (index < (size >> 1)) {
        // 从前往后遍历
        Node<E> x = first;
        for (int i = 0; i < index; i++)
            x = x.next;
        return x;
    } else {
        // 从后往前遍历
        Node<E> x = last;
        for (int i = size - 1; i > index; i--)
            x = x.prev;
        return x;
    }
}
```

这里需要注意的是：

（1）上述方法与 SinglyLinkedList 的不同点在于，其既支持从前往后遍历，又支持从后往前遍历，因此遍历的效率要比 SinglyLinkedList 高。

（2）如果给定的索引超过了实际的链表大小，checkElementIndex() 方法会抛出 IndexOutOfBoundsException 异常。

上述代码的时间复杂度是 $O(n)$。

4.7.8 按照索引设置数据元素

按照索引设置数据元素，直接覆盖索引上的原值即可。代码如下：

```java
public E set(int index, E element) {
    checkElementIndex(index);
    Node<E> x = node(index);
    E oldVal = x.item;
    x.item = element;
    return oldVal;
}

private void checkElementIndex(int index) {
    if (!isElementIndex(index))
        throw new IndexOutOfBoundsException(outOfBoundsMsg(index));
}

Node<E> node(int index) {
    if (index < (size >> 1)) {
        // 从前往后遍历
        Node<E> x = first;
        for (int i = 0; i < index; i++)
            x = x.next;
        return x;
    } else {
        // 从后往前遍历
        Node<E> x = last;
        for (int i = size - 1; i > index; i--)
            x = x.prev;
        return x;
    }
}
```

这里需要注意的是：

（1）LinkList 与 SinglyLinkedList 的不同点在于，其既支持从前往后遍历，又支持从后往前遍历，因此遍历的效率要比 SinglyLinkedList 高。

（2）如果给定的索引超过了实际的链表大小，checkElementIndex() 方法会抛出 IndexOutOf BoundsException 异常。

上述代码的时间复杂度是 $O(n)$。

4.7.9 按照索引移除数据元素

链表按照索引移除数据元素，并不需要像数组或顺序表那样将被移除数据元素的所有后继元素往前移动一位，而是将待删除数据元素的前驱节点的 next 直接指向待删除数据元素的后继节点即可。代码如下：

```java
public E remove(int index) {
    checkElementIndex(index);
    return unlink(node(index));
}

private void checkElementIndex(int index) {
    if (!isElementIndex(index))
        throw new IndexOutOfBoundsException(outOfBoundsMsg(index));
}

Node<E> node(int index) {
    if (index < (size >> 1)) {
        // 从前往后遍历
        Node<E> x = first;
        for (int i = 0; i < index; i++)
            x = x.next;
        return x;
    } else {
        // 从后往前遍历
        Node<E> x = last;
        for (int i = size - 1; i > index; i--)
            x = x.prev;
        return x;
    }
}

E unlink(Node<E> x) {
    final E element = x.item;
    final Node<E> next = x.next;
    final Node<E> prev = x.prev;

    if (prev == null) {
        first = next;
    } else {
        prev.next = next;
        x.prev = null;
    }

    if (next == null) {
        last = prev;
    } else {
        next.prev = prev;
        x.next = null;
    }

    x.item = null;
    size--;
    modCount++;
    return element;
}
```

这里需要注意的是：

（1）LinkedList 与 SinglyLinkedList 的不同点在于，其既支持从前往后遍历，又支持从后往前遍历，因此遍历的效率要比 SinglyLinkedList 高。

（2）如果给定的索引超过了实际的链表大小，checkElementIndex() 方法会抛出 IndexOutOf BoundsException 异常。

上述代码的时间复杂度是 $O(n)$。

4.7.10　添加到表头

添加到表头就是把新加的节点作为头节点，原头节点作为新加节点的后继节点。代码如下：

```java
public void addFirst(E e) {
    linkFirst(e);
}

private void linkFirst(E e) {
    final Node<E> f = first;
    final Node<E> newNode = new Node<>(null, e, f);
    first = newNode;
    if (f == null)
        last = newNode;
    else
        f.prev = newNode;
    size++;
    modCount++;
}
```

这里需要注意的是，添加前需判断原头节点是否为空。如果为空，则新增加的节点就作为尾节点；如果不为空，则原头节点的 prev 指向新增加的节点。

上述代码的时间复杂度是 $O(1)$。

4.7.11　添加到表尾

添加到表尾等同于 add() 方法。代码如下：

```java
public void addLast(E e) {
    linkLast(e);
}

void linkLast(E e) {
    final Node<E> l = last;
    final Node<E> newNode = new Node<>(l, e, null);
    last = newNode;
    if (l == null)
        first = newNode;
```

```
else
    l.next = newNode;
size++;
modCount++;
}
```

上述代码的时间复杂度是 $O(1)$。

4.7.12　移除表头

移除表头就是移除头节点，原头节点的后继节点作为新的头节点。代码如下：

```
public E removeFirst() {
    final Node<E> f = first;
    if (f == null)
        throw new NoSuchElementException();
    return unlinkFirst(f);
}

private E unlinkFirst(Node<E> f) {
    final E element = f.item;
    final Node<E> next = f.next;
    f.item = null;
    f.next = null; // help GC
    first = next;
    if (next == null)
        last = null;
    else
        next.prev = null;
    size--;
    modCount++;
    return element;
}
```

上述方法的时间复杂度是 $O(1)$。

4.7.13　移除表尾

移除表尾等同于移除尾节点，原尾节点的前驱节点作为尾节点。代码如下：

```
public E removeLast() {
    final Node<E> l = last;
    if (l == null)
        throw new NoSuchElementException();
    return unlinkLast(l);
}

private E unlinkLast(Node<E> l) {
```

```
    final E element = l.item;
    final Node<E> prev = l.prev;
    l.item = null;
    l.prev = null; // help GC
    last = prev;
    if (prev == null)
        first = null;
    else
        prev.next = null;
    size--;
    modCount++;
    return element;
}
```

上述代码的时间复杂度是 $O(1)$。

4.7.14　时间复杂度分析总结

在上述方法中，size()、isEmpty()、add()、addFirst()、addLast()、removeFirst()、removeLast() 方法的时间复杂度都是 $O(1)$，而 contains()、get()、set()、remove() 方法的时间复杂度是 $O(n)$。由此可见，双向链表这种数据结构方便插入元素，而不利于查找和删除数据元素。这一点与 SinglyLinkedList 一致。另外需要注意到，双向链表适合在表头和表尾进行增加、删除操作。因此，当实现第 6 章介绍的栈这种数据结构时，如果是基于双向链表来实现栈，则可以选择任意表头或表尾作为栈顶。

对比单向链表，双向链表的特点如下。

（1）虽然查找和删除数据元素的时间复杂度都是 $O(n)$，但由于双向链表既支持从前往后遍历，又支持从后往前遍历，因此遍历的效率要比单向链表高。

（2）在承载相同数据量的情况下，双向链表占用的空间要比单向链表大。

4.7.15　单元测试

LinkedListTests 是 LinkedList 类的单元测试。这里针对 LinkedList 的所有核心方法都提供了详细的测试用例。这里需要注意的是，测试并非只是测试正常的场景，还要测试异常的场景（如 IndexOutOfBoundsException 异常）。代码如下：

```
import static org.junit.jupiter.api.Assertions.assertEquals;
import static org.junit.jupiter.api.Assertions.assertFalse;
import static org.junit.jupiter.api.Assertions.assertNotNull;
import static org.junit.jupiter.api.Assertions.assertThrows;
import static org.junit.jupiter.api.Assertions.assertTrue;
import java.util.Deque;
import java.util.LinkedList;
import java.util.List;
```

```java
import org.junit.jupiter.api.Test;

class LinkedListTests {

    @Test
    void testSize() {
        // 实例化 LinkedList
        List<String> list = new LinkedList<String>();
        assertTrue(list.size() == 0);

        list.add("Java");
        assertTrue(list.size() == 1);
    }

    @Test
    void testIsEmpty() {
        // 实例化 LinkedList
        List<String> list = new LinkedList<String>();
        assertTrue(list.isEmpty());

        list.add("Java");
        assertFalse(list.isEmpty());
    }

    @Test
    void testContains() {
        // 实例化 LinkedList
        List<String> list = new LinkedList<String>();
        list.add("Java");
        list.add("C++");
        list.add("C");
        list.add("Python");
        list.add("TypeScript");

        // 判断存在
        assertTrue(list.contains("Java"));

        // 判断不存在
        assertFalse(list.contains("Java++"));
    }

    @Test
    void testAdd() {
        // 实例化 LinkedList
        List<Integer> list = new LinkedList<Integer>();
        list.add(1);
        list.add(2);
        list.add(3);
        list.add(4);
        list.add(5);
```

```java
        assertFalse(list.isEmpty());
    }

    @Test
    void testGet() {
        // 实例化 LinkedList
        List<String> list = new LinkedList<String>();
        list.add("Java");
        list.add("C++");
        list.add("C");

        // 判断存在
        assertEquals("C++", list.get(1));

        // 判断不存在
        int index = 6;
        Throwable excpetion = assertThrows(
                IndexOutOfBoundsException.class, () -> {
                    list.get(index);// 抛异常
                });

        assertNotNull(excpetion.getMessage());
    }

    @Test
    void testSet() {
        // 实例化 LinkedList
        List<String> list = new LinkedList<String>();
        list.add("Java");
        list.add("C++");
        list.add("C");

        // 判断存在
        assertEquals("C", list.set(2, "Python"));

        // 判断不存在
        int index = 6;
        Throwable excpetion = assertThrows(
                IndexOutOfBoundsException.class, () -> {
                    list.set(index, "Python");// 抛异常
                });

        assertNotNull(excpetion.getMessage());
    }

    @Test
    void testRemove() {
        // 实例化 LinkedList
        List<String> list = new LinkedList<String>();
```

```java
        list.add("Java");
        list.add("C++");
        list.add("C");

        // 判断存在
        assertEquals("C", list.remove(2));

        assertEquals("Java", list.get(0));
        assertEquals("C++", list.get(1));

        // 判断不存在
        int index = 6;
        Throwable excpetion = assertThrows(
                IndexOutOfBoundsException.class, () -> {
                    list.remove(index); // 抛异常
                });

        assertNotNull(excpetion.getMessage());
    }

    @Test
    void testAddFirst() {
        // 实例化 LinkedList
        LinkedList<String> list = new LinkedList<String>();
        list.addFirst("Java");
        list.addFirst("C++");
        list.addFirst("C");

        // 判断存在
        assertEquals("C", list.get(0));
        assertEquals("C++", list.get(1));
        assertEquals("Java", list.get(2));
    }

    @Test
    void testAddLast() {
        // 实例化 LinkedList
        LinkedList<String> list = new LinkedList<String>();
        list.addLast("Java");
        list.addLast("C++");
        list.addLast("C");

        // 判断存在
        assertEquals("Java", list.get(0));
        assertEquals("C++", list.get(1));
        assertEquals("C", list.get(2));
    }

    @Test
    void testRemoveFirst() {
```

```
        // 实例化 LinkedList
        LinkedList<String> list = new LinkedList<String>();
        list.add("Java");
        list.add("C++");
        list.add("C");

        // 判断存在
        assertEquals("Java", list.removeFirst());
        assertEquals("C++", list.removeFirst());
        assertEquals("C", list.removeFirst());
    }

    @Test
    void testRemoveLast() {
        // 实例化 LinkedList
        LinkedList<String> list = new LinkedList<String>();
        list.add("Java");
        list.add("C++");
        list.add("C");

        // 判断存在
        assertEquals("C", list.removeLast());
        assertEquals("C++", list.removeLast());
        assertEquals("Java", list.removeLast());
    }

}
```

4.8 总结

本章介绍了线性结构中的链表结构，包括单向链表、循环链表和双向链表，并演示了如何通过 Java 来实现上述数据结构。

4.9 习题

1. 什么是链表？

2. 链表有哪些类型？具有什么特征？

3. 用 Java 实现单向链表。

4. 用 Java 实现循环链表。

5. 分析双向链表的时间复杂度情况。

第5章
数组和矩阵

第 3 章已经初步介绍了 Java 数组的用法，本章继续探讨数组，以及和数组非常类似的概念——矩阵。

5.1 数组

数组是有序的元素序列，是用于储存多个相同类型数据的集合。

5.1.1 数组的声明和初始化

Java 数组的声明有两种方式：

```
type arrayName[];  // [] 在变量名称的后面
type[] arrayName;  // [] 在类型的后面（推荐）
```

第一种是 [] 在变量名称的后面，而第二种是 [] 紧跟在类型的后面。两种方式都是合法的，但业界一般都推荐采用第二种方式。

以下是一个 Java 数组初始化的示例：

```
int[] array = new int[] { 1, 2, 3, 4, 5 };
```

上述示例为数组 array 分配了一个长度为 5 个 int 型的内存空间，并分别赋初始值 1、2、3、4 和 5。

上述方法还可以进一步简化，代码如下：

```
int[] array = { 1, 2, 3, 4, 5 };
```

这里需要注意的是，对于返回值类型为数组类型的方法来说，可以使用"return new int[3]"，也可以使用"return new int[]{1, 2, 3}"，但不可以使用"return {1, 2, 3}"，即数组的简化方法不能脱离数组的声明，"{1, 2, 3}"并不能返回一个数组对象。

5.1.2 数组的默认值

数组在分配内存空间时会全部赋上默认值。例如：

```
int[] array = new int[5];
```

上述代码分配了长度为 5 的内存空间，因为没有赋初始化值，所以会全部赋为默认值 0。换言之，上述代码等效于下面的代码：

```
int[] array = new int[] { 0, 0, 0, 0, 0 };
```

表 5-1 是常用的 Java 基本数据类型的数组默认初始值。

表 5-1　Java 基本数据类型的数组默认初始值

数组类型	默认初始值
byte	0

数组类型	默认初始值
short	0
int	0
long	0
char	编码为 0 的字符
float	0.0
double	0.0
boolean	false

对于引用类型，数组默认初始值都是 null，如 String 类型。

5.1.3 二维数组及多维数组

上面介绍的示例是 Java 的一维数组。实际上，除了一维数组外，Java 也支持多维数组。维度大于 1 的数组即为多维数组。二维数组是多维数组的一种，Java 语言把二维数组看成数组的数组。

不同于 C 和 C++ 二维数组分配的是连续内存，Java 的多维数组分配的并非连续内存，所以不要求二维数组的每一维的大小相同。实质上，Java 多维数组还是一维数组，只不过该一维数组的元素比较特殊，是由低一维的数组这种引用类型的引用构成的。

二维数组常见的定义方式如下：

```
int[][] twoDArray = new int[3][2];
```

上述代码创建了一个 3×2 的二维数组，twoDArray 里有三个数组元素，这三个数组元素都是长度为 2 的一维数组的引用。

由于二维数组相当于由一维数组这种引用类型的引用组成的，因此下面的数组 twoDArray2 等价于 twoDArray3：

```
// twoDArray2 等价于 twoDArray3
int[][] twoDArray2 = new int[3][];
int[][] twoDArray3 = { null, null, null };
```

数组还可以分别赋上长度不同的一维数组。例如：

```
int[][] twoDArray4 = new int[3][];
twoDArray4[0] = new int[1];
twoDArray4[1] = new int[2];
twoDArray4[2] = new int[3];

int[][] twoDArray5 = { { 1, 2 }, { 1, 3, 5 }, { 2 } };
```

5.1.4 数组常用操作

Java 数组提供了丰富的操作，下面进行总结。

1. 访问数组元素

不管是一维数组还是多维数组，都可以通过索引来访问数组元素。

下面是一个二维数组的访问数组元素的示例：

```
String[][] names = { { "Mr. ", "Mrs. ", "Ms. " }, { "Way", "Lau" } };

assertEquals("Mr. Way", names[0][0] + names[1][0]);

assertEquals("Ms. Lau", names[0][2] + names[1][1]);
```

2. for循环

使用 for 循环，可以方便遍历数组中的所有元素。

下面是一个 for 循环数组的示例：

```
private String[] books = { "《分布式系统常用技术及案例分析》",
                "《Spring Boot 企业级应用开发实战》",
                "《Spring Cloud 微服务架构开发实战》",
                "《Spring 5 开发大全》",
                "《Cloud Native 分布式架构原理与实践》",
                "《Angular 企业级应用开发实战》",
                "《大型互联网应用轻量级架构实战》",
                "《Java 核心编程》",
                "《MongoDB+Express+Angular+Node.js 全栈开发实战派》",
                "《Node.js 企业级应用开发实战》",
                "《Netty 原理解析与开发实战》" };

@Test
void testFor() {
        System.out.println(" 老卫作品集: ");

        for (int i = 0; i < books.length; i++) {
                System.out.println(books[i]);
        }
}
```

上述代码中，books 是一个字符串数组。通过 books.length 可以获取到数组的长度。我们知道，数组的索引是从 0 开始，至 books.length-1 结束的。因此，通过 for 循环就能把数组中的所有元素都遍历出来。

执行上述程序，可以看到控制台输出内容如下：

```
老卫作品集:
《分布式系统常用技术及案例分析》
《Spring Boot 企业级应用开发实战》
```

```
《Spring Cloud 微服务架构开发实战》
《Spring 5 开发大全》
《Cloud Native 分布式架构原理与实践》
《Angular 企业级应用开发实战》
《大型互联网应用轻量级架构实战》
《Java 核心编程》
《MongoDB+Express+Angular+Node.js 全栈开发实战派》
《Node.js 企业级应用开发实战》
《Netty 原理解析与开发实战》
```

3. for-each循环

使用 for-each 循环语句是一种更为便利的遍历方式。

下面是一个 for-each 循环数组的示例：

```java
private String[] books = { "《分布式系统常用技术及案例分析》",
                "《Spring Boot 企业级应用开发实战》",
                "《Spring Cloud 微服务架构开发实战》",
                "《Spring 5 开发大全》",
                "《Cloud Native 分布式架构原理与实践》",
                "《Angular 企业级应用开发实战》",
                "《大型互联网应用轻量级架构实战》",
                "《Java 核心编程》",
                "《MongoDB+Express+Angular+Node.js 全栈开发实战派》",
                "《Node.js 企业级应用开发实战》",
                "《Netty 原理解析与开发实战》" };


@Test
void testForEach() {
        System.out.println(" 老卫作品集: ");

        for (String book : books) {
                System.out.println(book);
        }
}
```

上述代码中，book 是一个变量，用于指代遍历数组 books 过程中的当前数组元素。与 for 循环遍历不同，for-each 循环无须索引。

虽然 for-each 循环似乎更为简便，但有些场景中还是更加适合使用 for 循环，如当要按照索引查询某个数组元素时。

4. 复制数组

使用引用赋值是一种最为简单的赋值数组的方式。示例如下：

```java
String[] oldArray = { "Java",
        "Python",
        "C",
        "Dart" };
```

```
// 引用赋值
String[] newArray = oldArray;
```

上述代码通过 newArray = oldArray 的方式将 oldArray 中的元素复制给了 newArray。但需要注意的是，数组 newArray、oldArray 都引用了相同的数据元素，这意味着修改 newArray 中的数据元素，则 oldArray 中的数据元素也会相应发生改变。代码如下：

```
// 改变 newArray 中的元素
newArray[2] = "C++";

// oldArray 中的元素也会随之改变
assertEquals("C++", oldArray[2]);
```

如果期望新数组不要和旧数组有任何引用关系，则可以使用 java.util.Arrays 的 copyOf() 方法。Arrays 可以理解为 Java 数组的一个工具类。代码如下：

```
String[] oldArray = { "Java",
        "Python",
        "C",
        "Dart" };

String[] newArray = Arrays.copyOf(oldArray, oldArray.length);;

// 改变 newArray 中的元素
newArray[2] = "C++";

// oldArray 中的元素不会随之改变
assertEquals("C", oldArray[2]);
```

Arrays.copyOf() 方法的第一个参数是原数组，第二个参数是新数组的长度。通过第二个参数，我们可以很容易实现数组的扩容。代码如下：

```
String[] newArray2 = Arrays.copyOf(oldArray, oldArray.length*2);;
```

上述代码中，新数组扩容为原数组的 2 倍。

5. 排序

除复制数组外，Arrays 还提供了排序方法。代码如下：

```
String[] array = { "Java",
                "Python",
                "C",
                "Dart" };

System.out.println("排序前：");

for (String letter : array) {
    System.out.println(letter);
```

```
}

Arrays.sort(array);

System.out.println("排序后: ");

for (String letter : array) {
    System.out.println(letter);
}
```

Arrays.sort() 方法会对数组进行排序，其排序规则是按照自然排序（Natural Ordering）的方式。

执行上述程序，控制台输出内容如下：

```
排序前:
Java
Python
C
Dart
排序后:
C
Dart
Java
Python
```

5.2 矩阵

在数学中，矩阵（Matrix）是一个按照长方阵列排列的复数或实数集合，其最早来自方程组的系数及常数构成的方阵。这一概念由 19 世纪英国数学家凯利首先提出。

矩阵是高等代数学中的常见工具，也常见于统计分析等应用数学学科中。在物理学中，矩阵于电学、力学、光学和量子物理学等领域都有应用；在计算机科学中，三维动画制作也需要用到矩阵。矩阵的运算是数值分析领域的重要问题，将矩阵分解为简单矩阵的组合可以在理论和实际应用上简化矩阵的运算。对一些应用广泛而形式特殊的矩阵，如稀疏矩阵和准对角矩阵，有特定的快速运算算法。

由 $m \times n$ 个数排成的 m 行 n 列的数表称为 m 行 n 列的矩阵，简称 $m \times n$ 矩阵，如图 5-1 所示。

$$A = \begin{bmatrix} a_{11} & a_{12} & \cdots & a_{1n} \\ a_{21} & a_{22} & \cdots & a_{2n} \\ a_{31} & a_{32} & \cdots & a_{3n} \\ \vdots & \vdots & \ddots & \vdots \\ a_{m1} & a_{m2} & \cdots & a_{mn} \end{bmatrix}$$

在 Java 中，可以用数组来表示矩阵。矩阵可以简单理解为数值类型的二维数组。

图 5-1　$m \times n$ 矩阵

5.3 特殊矩阵

假若值相同的元素或零元素在矩阵中的分布有一定规律，则称此类矩阵为特殊矩阵。
以下是一些常见的特殊矩阵。

- 零矩阵：内部元素全部为 0 的矩阵，如图 5-2 所示。
- 方阵：行数和列数相等的矩阵。如图 5-3 所示，该矩阵称为 n 阶方阵。

$$\begin{bmatrix} 0 & 0 & \cdots & 0 \\ 0 & 0 & \cdots & 0 \\ \vdots & \vdots & \ddots & \vdots \\ 0 & 0 & \cdots & 0 \end{bmatrix} \qquad A = \begin{bmatrix} a_{11} & a_{12} & \cdots & a_{1n} \\ a_{21} & a_{22} & \cdots & a_{2n} \\ \vdots & \vdots & \ddots & \vdots \\ a_{n1} & a_{n2} & \cdots & a_{nn} \end{bmatrix}$$

图 5-2　零矩阵　　　　　　　　　图 5-3　n 阶方阵

- 对角矩阵：主对角线之外的元素皆为 0 的矩阵，如图 5-4 所示。
- 单位矩阵：主对角线上的元素均为 1 的对角矩阵，如图 5-5 所示。

$$A = \begin{bmatrix} a_{11} & & & 0 \\ & a_{22} & & \\ & & \ddots & \\ 0 & & & a_{nn} \end{bmatrix} \qquad A = \begin{bmatrix} 1 & & & 0 \\ & 1 & & \\ & & \ddots & \\ 0 & & & 1 \end{bmatrix}_{n \times n}$$

图 5-4　对角矩阵　　　　　　　　　图 5-5　单位矩阵

- 上 / 下三角形矩阵：主对角线以下 / 上元素全为 0 的矩阵，如图 5-6 所示。

$$A = \begin{bmatrix} a_{11} & a_{12} & \cdots & a_{1n} \\ & a_{22} & \cdots & a_{2n} \\ & & \ddots & \vdots \\ 0 & & & a_{nn} \end{bmatrix} \qquad B = \begin{bmatrix} b_{11} & & & 0 \\ b_{21} & b_{22} & & \\ \vdots & & \ddots & \\ b_{n1} & b_{n2} & \cdots & b_{nn} \end{bmatrix}$$

图 5-6　上 / 下三角形矩阵

- 行 / 列矩阵：矩阵中只有一行 / 一列元素的矩阵，如图 5-7 所示。

$$A = \begin{bmatrix} a_1 & a_2 & \cdots & a_n \end{bmatrix}_{1 \times n} \qquad B = \begin{bmatrix} b_1 \\ b_2 \\ \vdots \\ b_m \end{bmatrix}_{m \times 1}$$

图 5-7　行 / 列矩阵

特殊矩阵种类繁多，在此不再一一列举。之所以介绍特殊矩阵的概念，是因为特殊矩阵在某些算法实现时有着重要的意义，如后文会介绍的压缩算法。

5.4 稀疏矩阵

在矩阵中，若数值为 0 的元素数目远远多于非 0 元素的数目，并且非 0 元素分布没有规律，则称该矩阵为稀疏矩阵（Sparse Matrix）；与之相反，若非 0 元素数目占大多数，则称该矩阵为稠密矩阵（Dense Matrix）。定义非 0 元素的总数与矩阵所有元素的总数为矩阵的稠密度。与之相区别的是，如果非 0 元素的分布存在规律（如上三角矩阵、对角矩阵），则称该矩阵为特殊矩阵。

本节主要介绍稀疏矩阵。

5.4.1　稀疏矩阵的应用

稀疏矩阵的应用非常广泛，如在机器学习领域，稀疏矩阵可以实现如下场景。

（1）用户是否看过电影库中的所有电影。

（2）用户是否购买了产品目录中的产品。

（3）歌曲目录中每首歌曲的收听次数。

……

此外，稀疏矩阵还在数据压缩方面有广泛应用。

5.4.2　稀疏矩阵的表示方法

稀疏矩阵的表示方法有如下几种。

1. Coordinate

Coordinate（COO）是一种坐标形式的稀疏矩阵，使用三个数组，即 values、rows 和 columns 保存非 0 元素的信息。这三个数组的长度相同。

（1）values：实数或复数数据，包括矩阵中的非 0 元素，顺序任意。

（2）rows：数据所处的行。

（3）columns：数据所处的列。

图 5-8 是一个 COO 表示的稀疏矩阵。

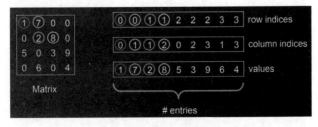

图 5-8　COO 表示的稀疏矩阵

COO 存储的主要优点是灵活、简单，仅存储非 0 元素及每个非 0 元素的坐标。但是，COO 不支持元素的存取和增删，一旦创建之后，除了将之转换成其他格式的矩阵外，几乎无法对其做任何操作和矩阵运算。

2. Diagonal（DIA）

如果稀疏矩阵有且仅包含非 0 元素的对角线，则采用 DIA 可以减少非 0 元素定位的信息量。这种存储格式对有限元素或有限差分离散化的矩阵尤其有效。

DIA 通过两个数组确定：values 和 distance。

（1）values：对角线元素的值。

（2）distance：第 i 个 distance 是当前第 i 个对角线和主对角线的距离。

图 5-9 是一个 DIA 表示的稀疏矩阵。

图 5-9　DIA 表示的稀疏矩阵

3. Compressed Sparse Row

Compressed Sparse Row（CSR）通过四个数组确定：values、columns、pointerB 和 pointerE。

（1）values：一个实（复）数，包含矩阵 A 中的非 0 元素，以行优先的形式保存。

（2）columns：第 i 个整型元素代表矩阵 A 第 i 列。

（3）pointerB：第 j 个整型元素给出矩阵 A 第 j 行中第一个非 0 元素的位置，等价于 pointerB(j)-pointerB(1)+1。

（4）pointerE：第 j 个整型元素给出矩阵 A 第 j 行最后一个非 0 元素的位置，等价于 pointerE(j)-pointerB(1)。

图 5-10 是一个 CSR 表示的稀疏矩阵。

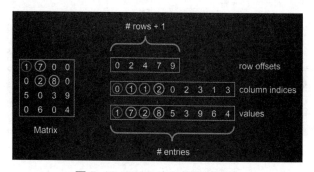

图 5-10　CSR 表示的稀疏矩阵

4. Compressed Sparse Column

Compressed Sparse Column（CSC）类似于 CSR 格式，只是用的是列压缩而不是行压缩。换句话说，矩阵 ***A*** 的 CSC 格式和矩阵 ***A*** 的转置的 CSR 格式是一样的。

同样，CSC 也由四个数组确定：values、columns、pointerB 和 pointerE，含义类同 CSR。

其他的还有诸如 Skyline、Block Compressed Sparse Row(BSR)、ELLPACK (ELL)、Hybrid (HYB) 等，可以参阅 Intel 公司发布的数学内核库文档 https://software.intel.com/en-us/mkl-developer-reference-c。

5.4.3　稀疏矩阵数据压缩原理

稀疏矩阵是如何实现数据压缩的呢？接下来通过 COO 格式来解析数据压缩原理。

1. 初始化稀疏矩阵

图 5-11 是一个 10 × 10 稀疏矩阵。稀疏矩阵中的数据元素除了 1、2、3、4、5 外，其他的都是 0。为了便于说明，在矩阵外围标注了索引。

假设 1 个数据元素占有的空间是 1 个单位，那么该 10 × 10 稀疏矩阵则会占用 100 个单位空间。

	0	1	2	3	4	5	6	7	8	9
0	0	0	1	0	0	0	0	0	0	0
1	0	0	0	0	4	0	0	0	0	0
2	0	0	0	0	0	0	0	0	0	0
3	0	0	0	0	0	0	0	0	0	0
4	0	0	0	0	0	0	0	0	0	0
5	3	0	0	0	0	0	0	0	0	0
6	0	0	0	0	0	0	0	0	0	0
7	0	0	0	0	0	0	0	0	2	0
8	0	0	0	0	0	0	0	0	0	0
9	0	0	0	0	0	5	0	0	0	0

图 5-11　10 × 10 稀疏矩阵

2. 用COO表示的稀疏矩阵

接下来采用 COO 来表示图 5-11 所示的稀疏矩阵。

首先从第 0 行数据开始处理。从第 0 列开始遍历直到第 9 列，并把非 0 数据记录下来；在第 0 行第 2 列找到了数据 1，用 COO 记录下来，结果如图 5-12 所示。

当第 0 行遍历完成之后，接着遍历第 1 行。同样地，也是从第 0 列开始遍历直到第 9 列，并把非 0 数据记录下来；在第 1 行第 4 列找到了数据 4，用 COO 记录下来，结果如图 5-13 所示。

rows	0
columns	2
values	1

图 5-12　用 COO 表示第 0 行第 2 列数据

rows	0	1
columns	2	4
values	1	4

图 5-13　用 COO 表示第 1 行第 4 列数据

接着遍历第 2 行。同样地，也是从第 0 列开始遍历直到第 9 列，并把非 0 数据记录下来。在第 2 行没有找到任何非 0 数据，因此无须用 COO 记录下来。

接着遍历第 3~5 行。直到在第 5 行第 0 列，找到了数据 3，因此用 COO 记录下来，结果如图 5-14 所示。

rows	0	1	5
columns	2	4	0
values	1	4	3

图 5-14　用 COO 表示第 5 行第 0 列数据

接下来的遍历过程不再一一列举，还会在第 7 行第 8 列找到数据 2，在第 9 行第 5 列找到数据 5。最终，用 COO 记录下来所有找到的数据，结果如图 5-15 所示。

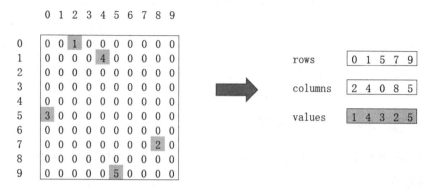

图 5-15　用 COO 表示的稀疏矩阵

用 COO 表示的数据会占用 15 个单位空间。

3. 小结

从上面的示例过程可以看出，使用 COO 来表示稀疏矩阵，从最初的 100 个单位空间，压缩到 15 个单位空间（每个非 0 数据占 3 个单位空间），压缩效果明显。

随着稀疏矩阵中非 0 数据增多，相应地用 COO 表示所占用的空间也会增多。这里考虑极端情况：当稀疏矩阵非 0 数据达到 33 个时，用 COO 表示将占用 99 个单位空间；当稀疏矩阵非 0 数据达到 34 个时，用 COO 表示将占用 102 个单位空间，比稀疏矩阵原来的 100 个单位空间还要大，已经失去了压缩的意义。

因此，通过上述例子，我们可以得出如下结论：只有当稀疏矩阵非 0 数据的个数少于 1/3 时，使用 COO 表示才能得到压缩的效果。

5.5 实战：稀疏矩阵实现"五子棋"数据压缩

本节演示如何在"五子棋"游戏中实现数据压缩。

5.5.1　"五子棋"游戏概述

"五子棋"是全国智力运动会竞技项目之一，是一种两人对弈的纯策略型棋类游戏。图 5-16 展示的是一款在线"五子棋"游戏界面。

"五子棋"的棋具与围棋通用，是传统黑白棋种。在进

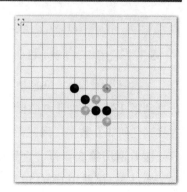

图 5-16　"五子棋"游戏

行"五子棋"游戏时，通常双方分别使用黑白两色的棋子，下在棋盘竖线与横线的交叉点上，先形成五子连线者获胜。

5.5.2　"五子棋"游戏转为稀疏矩阵

我们将"五子棋"棋盘简化为 15 道盘，盘面可以理解为一个 15×15 的矩阵，利用稀疏矩阵可以保存棋盘的战况。假设落在棋盘上的黑子记为 1，白子记为 2，未落子的地方都是 0。因此，所有的战况都可以保存在稀疏矩阵中，效果如图 5-17 所示。

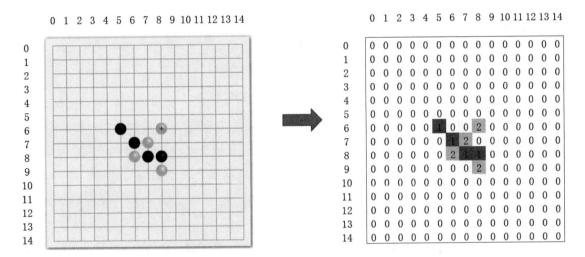

图 5-17　"五子棋"游戏转为稀疏矩阵

上述稀疏矩阵可以用 Java 数组表示，代码如下：

```java
// 初始化 " 五子棋 " 盘面
int[][] gomokuMatrix = new int[15][15];
gomokuMatrix[6][5] = 1;
gomokuMatrix[6][8] = 2;
gomokuMatrix[7][6] = 1;
gomokuMatrix[7][7] = 2;
gomokuMatrix[8][6] = 2;
gomokuMatrix[8][7] = 1;
gomokuMatrix[8][8] = 1;
gomokuMatrix[9][8] = 2;
```

5.5.3　用COO表示的稀疏矩阵

为了起到压缩作用，将上面的稀疏矩阵转化为用 COO 表示，如图 5-18 所示。

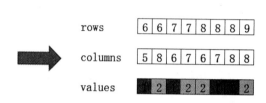

图 5-18　用 COO 表示的稀疏矩阵

那么如何在 Java 中实现将稀疏矩阵转为 COO 表示呢？观察图 5-18 可以看出，稀疏矩阵转 COO 表示的结果也是一个矩阵，只不过行高是 3，列宽等同于稀疏矩阵非 0 元素的个数。因此，稀疏矩阵转 COO 表示的结果可以用数组 cooMatrix 来表示。代码如下：

```java
int num = …; // num 为稀疏矩阵非 0 元素的个数
int[][] cooMatrix = [3][num];
```

那么 num 如何求得呢？自然是要遍历稀疏矩阵中的元素才能求得。代码如下：

```java
int num = 0; // num 为稀疏矩阵非 0 元素的个数

for (int row = 0; row < matrix.length; row++) {
    for (int column = 0; column < matrix[row].length; column++) {
        // 查找非 0 元素
        if (matrix[row][column] != 0) {
            num++;
        }
    }
}
```

上述代码中，只要找到了一个非 0 元素，就将 num 累积 1。

当数组 cooMatrix 初始化完成之后，即可进行赋值。这里需要再次遍历稀疏矩阵中的元素才能找到非 0 元素的信息，并放入 cooMatrix 中。代码如下：

```java
// 给 COO 表示的稀疏矩阵赋值
int cooNum = 0; // 记录放入 COO 的非 0 元素个数
for (int row = 0; row < matrix.length; row++) {
    for (int column = 0; column < matrix[row].length; column++) {
```

```
            // 查找非 0 元素
        if (matrix[row][column] != 0) {
            cooMatrix[0][cooNum] = row;
            cooMatrix[1][cooNum] = column;
            cooMatrix[2][cooNum] = matrix[row][column];

            cooNum ++;
        }
    }
}
```

完整的矩阵转为 COO 表示的静态方法如下：

```
public class MatrixUtil {

    /**
     * 将矩阵转为 COO 表示
     *
     * @param matrix 矩阵
     * @return COO 表示
     */
    public static int[][] MatrixToCOO(
            int[][] matrix) {
        int num = 0; // num 为稀疏矩阵非 0 元素的个数

        for (int row = 0; row < matrix.length; row++) {
            for (int column = 0; column < matrix[row].length; column++) {
                // 查找非 0 元素
                if (matrix[row][column] != 0) {
                    num++;
                }
            }
        }

        System.out.println(" 稀疏矩阵非 0 元素的个数 :" + num);

        // 初始化 COO 表示的稀疏矩阵
        int[][] cooMatrix = new int[3][num];

        // 给 COO 表示的稀疏矩阵赋值
        int cooNum = 0; // 记录放入 COO 的非 0 元素个数
        for (int row = 0; row < matrix.length; row++) {
            for (int column = 0; column < matrix[row].length; column++) {

                // 查找非 0 元素
                if (matrix[row][column] != 0) {
                    cooMatrix[0][cooNum] = row;
                    cooMatrix[1][cooNum] = column;
                    cooMatrix[2][cooNum] = matrix[row][column];
```

```
                              cooNum ++;
                    }
               }
          }

          System.out.println(" 放入 COO 的非 0 元素个数 :" + cooNum);

          return cooMatrix;
     }


     public static void printMatrix(int[][] matrix) {
          for (int row = 0; row < matrix.length; row++) {
               for (int column = 0; column < matrix[row].length; column++) {

                    // 输出元素
                    System.out.print(matrix[row][column] + " ");

               }
               System.out.println("");
          }
     }
}
```

MatrixUtil 类是矩阵的工具类，其中 MatrixToCOO() 方法用于将矩阵转为 COO 表示；而
printMatrix() 方法则是将矩阵中的数据输出，方便查看。

5.5.4　测试MatrixToCOO()方法

为了验证 MatrixToCOO() 方法，编写以下示例代码：

```
public class MatrixDemo {

     /**
      * @param args
      */
     public static void main(String[] args) {
          int rowNum = 15;
          int columnNum = 15;

          // 初始化五子棋盘面
          int[][] gomokuMatrix = new int[rowNum][columnNum];
          gomokuMatrix[6][5] = 1;
          gomokuMatrix[6][8] = 2;
          gomokuMatrix[7][6] = 1;
          gomokuMatrix[7][7] = 2;
          gomokuMatrix[8][6] = 2;
          gomokuMatrix[8][7] = 1;
```

```
        gomokuMatrix[8][8] = 1;
        gomokuMatrix[9][8] = 2;

        // 输出矩阵
        MatrixUtil.printMatrix(gomokuMatrix);

        // 转为 COO 表示
        int[][] cooMatrix = MatrixUtil
                .MatrixToCOO(gomokuMatrix);

        // 输出矩阵
        MatrixUtil.printMatrix(cooMatrix);
    }

}
```

gomokuMatrix 就是"五子棋"盘面转成的矩阵。cooMatrix 是 gomokuMatrix 转为 COO 表示后的矩阵。

运行上述程序，观察控制台的输出内容：

```
0 0 0 0 0 0 0 0 0 0 0 0 0 0 0
0 0 0 0 0 0 0 0 0 0 0 0 0 0 0
0 0 0 0 0 0 0 0 0 0 0 0 0 0 0
0 0 0 0 0 0 0 0 0 0 0 0 0 0 0
0 0 0 0 0 0 0 0 0 0 0 0 0 0 0
0 0 0 0 0 0 0 0 0 0 0 0 0 0 0
0 0 0 0 0 1 0 0 2 0 0 0 0 0 0
0 0 0 0 0 0 1 2 0 0 0 0 0 0 0
0 0 0 0 0 0 2 1 1 0 0 0 0 0 0
0 0 0 0 0 0 0 0 2 0 0 0 0 0 0
0 0 0 0 0 0 0 0 0 0 0 0 0 0 0
0 0 0 0 0 0 0 0 0 0 0 0 0 0 0
0 0 0 0 0 0 0 0 0 0 0 0 0 0 0
0 0 0 0 0 0 0 0 0 0 0 0 0 0 0
0 0 0 0 0 0 0 0 0 0 0 0 0 0 0
稀疏矩阵非 0 元素的个数 :8
放入 COO 的非 0 元素个数 :8
6 6 7 7 8 8 8 9
5 8 6 7 6 7 8 8
1 2 1 2 2 1 1 2
```

可以验证，上述输出内容与图 5-18 中的数据完全一致。

5.5.5　COO表示转为稀疏矩阵

将 COO 表示转为稀疏矩阵，其用意就是把压缩后的数据再还原为压缩前的数据，如图 5-19 所示。

109

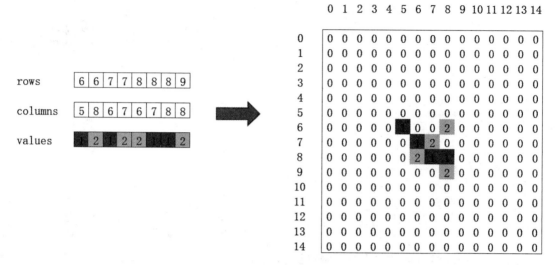

图 5-19　COO 表示转为稀疏矩阵

需要注意的是，只有 COO 表示是无法转为稀疏矩阵的，必须要为稀疏矩阵指定行数和列数。代码如下：

```
/**
* COO 表示转为稀疏矩阵
*
* @param cooMatrix COO 表示
* @param rowNum    行数
* @param columnNum 列数
* @return 稀疏矩阵
*/
public static int[][] COOToMatrix(int[][] cooMatrix,
        int rowNum, int columnNum) {
    int[][] matrix = new int[rowNum][columnNum];

    // 遍历列
    for (int column = 0; column < cooMatrix[2].length; column++) {
        // 查找非 0 元素的信息
        int matrixRow = cooMatrix[0][column];
        int matrixcolumn = cooMatrix[1][column];
        int matrixValue = cooMatrix[2][column];

        // 非 0 元素的信息转为稀疏矩阵中的元素
        matrix[matrixRow][matrixcolumn] = matrixValue;
    }

    return matrix;
}
```

在上述代码中，由于 cooMatrix 的行数是固定的，而列是动态的，因此需要遍历列来获取非

0 元素的信息。因为 cooMatrix 任意行的列数都是一样的，所以在取列数时可以取 cooMatrix[2].length，也可以取 cooMatrix[1].length。

5.5.6 测试COOToMatrix()方法

为了验证 COOToMatrix() 方法，编写以下示例代码：

```
public class MatrixDemo {

    /**
     * @param args
     */
    public static void main(String[] args) {
        int rowNum = 15;      // 棋盘行数
        int columnNum = 15;   // 棋盘列数

        // 初始化"五子棋"盘面
        int[][] gomokuMatrix = new int[rowNum][columnNum];
        gomokuMatrix[6][5] = 1;
        gomokuMatrix[6][8] = 2;
        gomokuMatrix[7][6] = 1;
        gomokuMatrix[7][7] = 2;
        gomokuMatrix[8][6] = 2;
        gomokuMatrix[8][7] = 1;
        gomokuMatrix[8][8] = 1;
        gomokuMatrix[9][8] = 2;

        // 输出矩阵
        MatrixUtil.printMatrix(gomokuMatrix);

        // 转为 COO 表示
        int[][] cooMatrix = MatrixUtil
                .MatrixToCOO(gomokuMatrix);

        // 输出矩阵
        MatrixUtil.printMatrix(cooMatrix);

        // COO 表示转为稀疏数组
        int[][] matrix = MatrixUtil.COOToMatrix(cooMatrix,
                rowNum, columnNum);

        // 输出矩阵
        MatrixUtil.printMatrix(matrix);

    }

}
```

运行上述程序，观察控制台的输出内容：

```
0 0 0 0 0 0 0 0 0 0 0 0 0 0 0 0
0 0 0 0 0 0 0 0 0 0 0 0 0 0 0 0
0 0 0 0 0 0 0 0 0 0 0 0 0 0 0 0
0 0 0 0 0 0 0 0 0 0 0 0 0 0 0 0
0 0 0 0 0 0 0 0 0 0 0 0 0 0 0 0
0 0 0 0 1 0 0 2 0 0 0 0 0 0 0 0
0 0 0 0 0 1 2 0 0 0 0 0 0 0 0 0
0 0 0 0 0 2 1 1 0 0 0 0 0 0 0 0
0 0 0 0 0 0 0 2 0 0 0 0 0 0 0 0
0 0 0 0 0 0 0 0 0 0 0 0 0 0 0 0
0 0 0 0 0 0 0 0 0 0 0 0 0 0 0 0
0 0 0 0 0 0 0 0 0 0 0 0 0 0 0 0
0 0 0 0 0 0 0 0 0 0 0 0 0 0 0 0
0 0 0 0 0 0 0 0 0 0 0 0 0 0 0 0
稀疏矩阵非 0 元素的个数 :8
放入 COO 的非 0 元素个数 :8
6 6 7 7 8 8 8 9
5 8 6 7 6 7 8 8
1 2 1 2 2 1 1 2
0 0 0 0 0 0 0 0 0 0 0 0 0 0 0 0
0 0 0 0 0 0 0 0 0 0 0 0 0 0 0 0
0 0 0 0 0 0 0 0 0 0 0 0 0 0 0 0
0 0 0 0 0 0 0 0 0 0 0 0 0 0 0 0
0 0 0 0 0 0 0 0 0 0 0 0 0 0 0 0
0 0 0 0 1 0 0 2 0 0 0 0 0 0 0 0
0 0 0 0 0 1 2 0 0 0 0 0 0 0 0 0
0 0 0 0 0 2 1 1 0 0 0 0 0 0 0 0
0 0 0 0 0 0 0 2 0 0 0 0 0 0 0 0
0 0 0 0 0 0 0 0 0 0 0 0 0 0 0 0
0 0 0 0 0 0 0 0 0 0 0 0 0 0 0 0
0 0 0 0 0 0 0 0 0 0 0 0 0 0 0 0
0 0 0 0 0 0 0 0 0 0 0 0 0 0 0 0
0 0 0 0 0 0 0 0 0 0 0 0 0 0 0 0
```

可以验证，上述输出内容与图 5-19 中的数据完全一致。

5.6 总结

本章介绍了数组和矩阵的概念。矩阵是数学中的概念，而数组是计算机中的数据结构。在计算机中，矩阵可以用二维数组表示。

矩阵有许多类型，其中特别介绍了特殊矩阵和稀疏矩阵。

本章最后通过"五子棋"游戏讲解了稀疏矩阵如何用 COO 来表示，从而实现数据压缩。

5.7 习题

1. 简述数组的特征。

2. Java 数组有哪些常用操作？

3. 简述矩阵与数组的区别。

4. 列举常见的特殊矩阵。

5. 简述稀疏矩阵数据压缩原理。

6. 用 Java 程序实现矩阵数据压缩及还原。

第6章

栈

栈和队列两者都是运算受限的线性表。之所以"运算受限"，是因为相较数组而言，栈被限定仅在表尾进行插入和删除操作，而队列则被限定在表尾进行插入、在表头进行删除操作。

本章介绍栈的相关知识点。

6.1 基本概念及应用场景

栈（Stack）又名堆栈，是一种运算受限的线性表。栈被限定仅在表尾进行插入和删除操作，这种数据结构实现了 FILO（First In Last Out，先进后出）或是 LIFO（Last In First Out，后进先出）的工作方式。

图 6-1 很形象地将栈比作一摞书。当我们想放书时，总是把书堆在书堆的最上面；而想取书时，总是从书堆的最上面取一本。

6.1.1 栈的基本概念

在对栈有了基本认识之后，下面介绍栈的基本概念。

图 6-1　栈就像一摞书

在图 6-2 中，进行插入和删除操作的这一端称为栈顶（Top）；相对地，把另一端称为栈底（Bottom）。向一个栈插入新元素称为入栈（Push），也称为进栈或压栈。它是把新元素放到栈顶元素的上面，使之成为新的栈顶元素。从一个栈中删除元素称为出栈（Pop），也称为退栈。它是把栈顶元素删除，使其相邻的元素成为新的栈顶元素。

根据存储结构的不同，栈还分为两种。

（1）用顺序表实现的栈称为顺序栈。

（2）用链表实现的栈称为链栈。

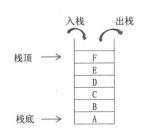

图 6-2　栈的基本概念

既然栈是一种数据结构，那么它必然也有自己的操作。栈支持的操作有以下几种。

（1）size：报告栈的规模。

（2）empty：判断栈是否为空。

（3）push：将元素 e 插至栈顶（入栈）。

（4）pop：删除栈顶对象，并返回该对象的引用（出栈）。

（5）peek：引用栈顶对象，但不删除。

6.1.2 栈的应用场景

栈的应用非常广泛，以下是几个常见的应用场景。

1. 递归操作

在计算机中，递归是非常常见的操作。当一个函数被调用时，一个返回地址（被调函数一旦执行完，接下去要执行的程序指令的地址）和被调函数的局部变量及形参的值都要存储在递归工作栈中。当执行一次返回时，被调函数的局部变量和形参的值被恢复为调用之前的值（这些值存储在递归工作栈的顶部），而且程序从返回地址处继续执行，该返回地址也存储在递归工作栈的顶部。

2. 括号匹配

假设我们需要对给定字符串的左右括号进行匹配，例如，有如下字符串：

```
(a*(b+c)+d)
```

观察上述字符串，发现在位置 0 和 3 有左括号，在位置 7 和 10 有右括号。位置 0 的左括号和位置 10 的右括号是一对，它们是匹配的；而位置 3 的左括号和位置 7 的右括号是一对，它们是匹配的。

那么如何在程序中实现上述的括号匹配呢？这时就需要用到栈。可以从左到右进行扫描，将扫描到的左括号保存到栈中。每当扫描到一个右括号，就将它与栈顶的左括号相匹配，并将匹配的左括号从栈顶删除。

图 6-3 演示了括号匹配过程。

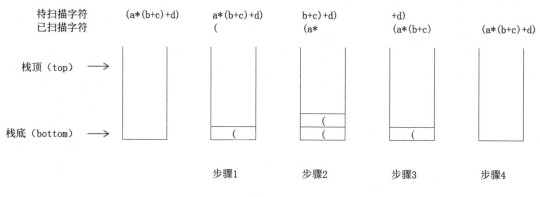

图 6-3　括号匹配过程

3. "汉诺塔"问题

"汉诺塔"（Towers of Hanoi）问题来自大梵天创世的一个古老传说。大梵天创造世界时做了三根金刚石柱子，在一根柱子上从下往上按照大小顺序摆着 64 片黄金圆盘。大梵天命令婆罗门把圆盘从下面开始按大小顺序重新摆放在另一根柱子上，并且规定在小圆盘上不能放大圆盘，在三根柱子之间一次只能移动一个圆盘。当所有的圆盘都从梵天穿好的那根柱子上移到另外一根柱子上时，世界就将在一声霹雳中消灭，而汉诺塔、庙宇和众生也都将同归于尽。

如果要解决"汉诺塔"问题，则可以把圆盘和塔抽象为栈结构，如图 6-4 所示。

4. 其他

栈的其他应用场景还包括迷宫老鼠、开关盒布线、"八皇后"问题等，这里不再一一赘述。

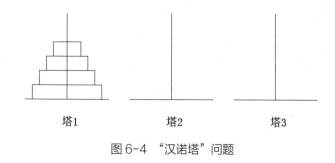

图 6-4　"汉诺塔"问题

6.2 抽象数据类型

在 Java 中，可以用如下 Stack 接口代码表示栈的抽象数据类型：

```java
public interface Stack<E> {

    int size(); // 报告栈的规模

    boolean isEmpty(); // 判断栈是否为空

    E push(E e); // 将元素 e 插至栈顶（入栈）

    E pop(); // 删除栈顶对象，并返回该对象的引用（出栈）

    E peek(); // 引用栈顶对象，但不删除

}
```

6.3 数组描述

利用数组实现的栈称为顺序栈。栈中的数据元素用一个一维数组来存储。理论上来说，栈底位置可以设置在数组的任意端，但为了符合使用习惯，一般将索引为 0 的数据元素作为栈底，而栈顶是随着插入和删除操作而变化的。这是因为在顺序表表尾执行插入（addLast()）、删除（removeLast()）效率高，而在表头执行插入（addFirst()）、删除（removeFirst()）效率低。

6.4 实战：使用数组实现栈SequentialListStack

本节将演示如何基于数组来实现栈。

第 3 章使用数组实现了顺序表 SequentialList。因此，栈中的数组可以采用顺序表 SequentialList 来代替。需要注意的是，顺序表在表尾执行 addLast()、removeLast() 操作时，时间复杂度都是 $O(1)$，因选择表尾作为栈顶，往往比表头更加适合。

6.4.1　成员变量及构造函数

SequentialListStack 继承自 Stack 接口，同时使用顺序表 SequentialList 类型来作为其成员变量，当入栈时就把数据元素存储在 SequentialList 中。

SequentialListStack 成员变量及构造函数代码如下：

```
public class SequentialListStack<E> implements Stack<E> {
    // 栈中的数据元素
    private SequentialList<E> sequentialList;

    public SequentialListStack(int capacity) {
        sequentialList = new SequentialList<E>(capacity);
    }

    ...
}
```

需要注意的是，构造 SequentialListStack 时需要初始化栈的容量。

6.4.2　统计栈的规模

统计栈的规模，其实就是统计 sequentialList 中数据元素的个数。代码如下：

```
public int size() {
    return sequentialList.size();
}
```

统计栈的规模的时间复杂度是 $O(1)$。

6.4.3　判断栈中的数据元素是否为空

判断栈中的数据元素是否为空，即判断 sequentialList 是否为空。代码如下：

```
public boolean isEmpty() {
    return sequentialList.isEmpty();
}
```

判断栈中的数据元素是否为空的时间复杂度是 $O(1)$。

6.4.4　入栈

入栈操作，即把数据元素添加到 sequentialList 的最后。代码如下：

```
public E push(E e) {
    // 表尾作为栈顶
    sequentialList.addLast(e);
    return e;
}
```

这里需要注意的是，sequentialList 内部在添加元素前会判断数组是否已满。如果已满，就不能添加数据元素，同时还要抛出 IndexOutOfBoundsException 异常。

上述代码的时间复杂度是 $O(1)$。

6.4.5　出栈

出栈就是按照索引从 sequentialList 中移除最后的数据元素。代码如下：

```
public E pop() {
    // 表尾作为栈顶
    return sequentialList.removeLast();
}
```

由于移除操作是在 sequentialList 最后那个数据元素执行，不会涉及后继元素往前移动一位的操作，因此时间复杂度是 $O(1)$。

6.4.6　引用栈顶对象

引用栈顶对象，其本质是按照索引从 sequentialList 中查找最后的那个数据元素。代码如下：

```
public E peek() {
    return sequentialList
            .get(sequentialList.size() - 1);
}
```

按照索引从 sequentialList 中查找最后的那个数据元素，此处的索引其实就对应于 sequentialList 内部数组中的索引，因此时间复杂度是 $O(1)$。

6.4.7　时间复杂度分析总结

在上述方法中，size()、isEmpty()、push() 、pop()、peek() 方法的时间复杂度都是 $O(1)$。由此可见，采用顺序表 SequentialList 实现的栈的执行是非常高效的。

6.4.8　单元测试

SequentialListStackTests 是 SequentialListStack 类的单元测试。这里针对 SequentialListStack 的所有方法都提供了详细的测试用例。这里需要注意的是，测试并非只是试测正常的场景，还要测试异常的场景（如 IndexOutOfBoundsException 异常）。代码如下：

```
import static org.junit.jupiter.api.Assertions.assertEquals;
import static org.junit.jupiter.api.Assertions.assertFalse;
import static org.junit.jupiter.api.Assertions.assertThrows;
import static org.junit.jupiter.api.Assertions.assertTrue;
import org.junit.jupiter.api.Test;

class SequentialListStackTests {

    @Test
```

```java
void testSize() {
    // 实例化 SequentialListStack
    Stack<String> stack = new SequentialListStack<String>(
            5);
    assertTrue(stack.size() == 0);

    stack.push("Java");
    assertTrue(stack.size() == 1);
}

@Test
void testIsEmpty() {
    // 实例化 SequentialListStack
    Stack<String> stack = new SequentialListStack<String>(
            5);
    assertTrue(stack.isEmpty());

    stack.push("Java");
    assertFalse(stack.isEmpty());
}

@Test
void testPush() {
    // 实例化 SequentialListStack
    Stack<Integer> stack = new SequentialListStack<Integer>(
            5);
    stack.push(1);
    stack.push(2);
    stack.push(3);
    stack.push(4);
    stack.push(5);

    Throwable excpetion = assertThrows(
            IndexOutOfBoundsException.class, () -> {
                stack.push(6); // 抛异常
            });

    assertEquals("list is full",
            excpetion.getMessage());
}

@Test
void testPop() {
    // 实例化 SequentialListStack
    Stack<String> stack = new SequentialListStack<String>(
            5);
    stack.push("Java");
    stack.push("C++");
    stack.push("C");
```

```
        assertEquals("C", stack.pop());

        assertTrue(stack.size() == 2);

    }

    @Test
    void testPeek() {
        // 实例化 SequentialListStack
        Stack<String> stack = new SequentialListStack<String>(
                5);
        stack.push("Java");
        stack.push("C++");
        stack.push("C");

        assertEquals("C", stack.peek());

        assertTrue(stack.size() == 3);
    }

}
```

6.5 链表描述

如果用链表来实现栈，则称其为链栈。可以把链表头看成栈顶，把链表尾看成栈底，如图 6-5 所示。

这里需要注意的是，考虑将链表头部而非链表尾部作为栈顶的一端，是因为这样可以避免在实现数据入栈和出栈操作时做大量遍历链表的耗时操作。

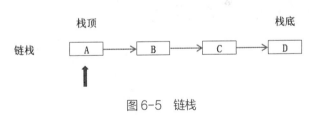

图 6-5　链栈

链表的头部作为栈顶，意味着：

（1）在实现数据"入栈"操作时，需要将数据从链表的头部插入。

（2）在实现数据"出栈"操作时，需要删除链表头部的首元节点。

因此，链栈实际上就是一个只能采用头插法插入或删除数据的链表。

6.6 实战：使用链表实现栈SinglyLinkedListStack

本节将演示如何基于单向链表来实现栈。

第 4 章已经实现了单向链表 SinglyLinkedList。因此，栈中的单向链表可以采用 SinglyLinkedList 来代替。需要注意的是，单向链表在表头执行 addFirst() 和 removeFirst() 操作时，时间复杂度都是 $O(1)$，因此选择表头作为栈顶往往比表尾更加合适。

6.6.1 成员变量及构造函数

SinglyLinkedListStack 继承自 Stack 接口，同时使用顺序表 SinglyLinkedList 类型作为其成员变量。当入栈时就把数据元素存储在 SinglyLinkedList 中。

SinglyLinkedListStack 成员变量及构造函数代码如下：

```java
public class SinglyLinkedListStack<E> implements Stack<E> {
    // 栈中的数据元素
    private SinglyLinkedList<E> singlyLinkedList;

    public SinglyLinkedListStack() {
        singlyLinkedList = new SinglyLinkedList<E>();
    }

    ...
}
```

6.6.2 统计栈的规模

统计栈的规模，其实就是统计 SinglyLinkedList 中数据元素的个数。代码如下：

```java
public int size() {
    return singlyLinkedList.size();
}
```

统计栈的规模的时间复杂度是 $O(1)$。

6.6.3 判断栈中的数据元素是否为空

判断栈中的数据元素是否为空，即判断 SinglyLinkedList 是否为空。代码如下：

```java
public boolean isEmpty() {
    return singlyLinkedList.isEmpty();
}
```

判断栈中的数据元素是否为空的时间复杂度是 $O(1)$。

6.6.4 入栈

由于选择了表头作为栈顶，因此入栈操作就是把数据元素添加到 SinglyLinkedList 的表头。代码如下：

```
public E push(E e) {
    // 表头作为栈顶
    singlyLinkedList.addFirst(e);
    return e;

}
```

上述代码的时间复杂度是 $O(1)$。

6.6.5 出栈

由于选择了表头作为栈顶，因此出栈操作就是从 SinglyLinkedList 中移除头节点。代码如下：

```
public E pop() {
    // 表头作为栈顶
    return singlyLinkedList.removeFirst();
}
```

上述代码的时间复杂度是 $O(1)$。

6.6.6 引用栈顶对象

引用栈顶对象，其本质是按照索引从 SinglyLinkedList 中查找第一个数据元素。代码如下：

```
public E peek() {
    return singlyLinkedList.get(0);
}
```

上述代码的时间复杂度是 $O(1)$。

6.6.7 时间复杂度分析总结

在上述方法中，size()、isEmpty()、push()、pop()、peek() 方法的时间复杂度都是 $O(1)$。由此可见，采用单向链表 SinglyLinkedList 实现的栈的执行是非常高效的。

6.6.8 单元测试

SinglyLinkedListStackTests 是 SinglyLinkedListStack 类的单元测试。这里针对 SinglyLinkedListStack 的所有方法都提供了详细的测试用例。这里需要注意的是，测试并非只是试测正常的场景，还要测试异常的场景（如 IndexOutOfBoundsException 异常）。代码如下：

```java
import static org.junit.jupiter.api.Assertions.assertEquals;
import static org.junit.jupiter.api.Assertions.assertFalse;
import static org.junit.jupiter.api.Assertions.assertThrows;
import static org.junit.jupiter.api.Assertions.assertTrue;
import org.junit.jupiter.api.Test;

class SinglyLinkedListStackTests {

    @Test
    void testSize() {
        // 实例化 SinglyLinkedListStack
        Stack<String> stack = new SinglyLinkedListStack<String>();
        assertTrue(stack.size() == 0);

        stack.push("Java");
        assertTrue(stack.size() == 1);
    }

    @Test
    void testIsEmpty() {
        // 实例化 SinglyLinkedListStack
        Stack<String> stack = new SinglyLinkedListStack<String>();
        assertTrue(stack.isEmpty());

        stack.push("Java");
        assertFalse(stack.isEmpty());
    }

    @Test
    void testPush() {
        // 实例化 SinglyLinkedListStack
        Stack<Integer> stack = new SinglyLinkedListStack<Integer>();
        stack.push(1);
        stack.push(2);
        stack.push(3);
        stack.push(4);
        stack.push(5);

        assertTrue(stack.size() == 5);
    }

    @Test
    void testPop() {
        // 实例化 SinglyLinkedListStack
        Stack<String> stack = new SinglyLinkedListStack<String>();
        stack.push("Java");
        stack.push("C++");
        stack.push("C");

        assertEquals("C", stack.pop());

        assertTrue(stack.size() == 2);
```

```
    }

    @Test
    void testPeek() {
        // 实例化 SinglyLinkedListStack
        Stack<String> stack = new SinglyLinkedListStack<String>();
        stack.push("Java");
        stack.push("C++");
        stack.push("C");

        assertEquals("C", stack.peek());

        assertTrue(stack.size() == 3);
    }

}
```

6.7 总结

本章介绍了栈的概念，栈是一种运算受限的线性表。

根据实现的不同，栈可以采用数组实现，也可以采用链表实现。本章也给出了 SequentialListStack 和 SinglyLinkedListStack 两种实现方式的具体代码细节。

6.8 习题

1. 简述栈的特征。

2. 采用数组实现一个栈的数据结构。

3. 采用链表实现一个栈的数据结构。

第7章

队列

本章介绍队列。队列也是一种运算受限的线性表，被限定在表尾进行插入、在表头进行删除操作。

7.1 基本概念及应用场景

队列（Queue）与栈类似，也是一种运算受限的线性表。队列被限定在表尾进行插入、在表头进行删除操作，这种数据结构实现了 FIFO（First In First Out，先进先出）或是 LILO（Last In Last Out，后进后出）的工作方式。

图 7-1 很形象地将队列比作现实生活中的排队。排在队列前面的总是会最先得到处理，而排在队列后面的总是会最后得到处理。

图 7-1 现实生活中队列

7.1.1 队列的基本概念

在对队列有了基本认识之后，下面介绍队列的基本概念，如图 7-2 所示。

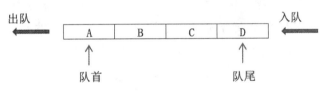

图 7-2 队列的基本概念

在图 7-2 中，进行插入操作的这一端称为队尾（Tail），把另一端称为队首（Head）。向一个队列插入新元素称为入队（Enqueue），它是把新元素放到队尾元素之后，使之成为新的队尾元素；从一个队列中删除元素称为出队（Dequeue），它是把队首元素删除，使其相邻的元素成为新的队首元素。

根据存储结构的不同，队列还分为两种。

（1）用顺序表实现的队列称为顺序队列。

（2）用链表实现的队列称为链队列。

既然队列是一种数据结构，那么它必然也有自己的操作。队列支持的操作有以下几种。

（1）add：增加一个元素。如果队列已满，则抛出一个 IIIegaISlabEepeplian 异常。

（2）offer：添加一个元素并返回 true。如果队列已满，则返回 false。

（3）remove：移除并返回队列头部的元素。如果队列为空，则抛出一个 NoSuchElementException 异常。

（4）poll：移除并返回队列头部的元素。如果队列为空，则返回 null。

（5）element：返回队列头部的元素。如果队列为空，则抛出 NoSuchElementException 异常。

（6）peek：返回队列头部的元素。如果队列为空，则返回 null。

队列通常以 FIFO 的方式对元素进行排序，但也有例外，如优先级队列。优先级队列会根据提供的比较器对元素进行排序。

7.1.2　队列的应用场景

队列的应用非常广泛，以下是几个常见的应用场景。

1. 异步处理

举一个现实中的场景。当用户注册邮箱后，需要发送注册邮件和注册短信。其传统的做法有以下两种。

（1）串行方式：将注册信息写入数据库成功后，发送注册邮件，再发送注册短信。以上三个任务全部完成后，返回给客户。

（2）并行方式：将注册信息写入数据库成功后，发送注册邮件的同时发送注册短信。以上三个任务完成后，返回给客户端。其与串行方式的差别是可以提高处理的时间。

假设三个业务节点每个使用 50ms，不考虑网络等其他开销，则串行方式的时间是 150ms，并行的时间可能是 100ms。

因为 CPU 在单位时间内处理的请求数是一定的，假设 CPU 1s 内吞吐量是 100 次，则串行方式 1s 内 CPU 可处理的请求量是 7 次（1000/150），并行方式处理的请求量是 10 次（1000/100）。

从上面的案例描述可以看出，传统的方式在系统的性能方面（并发量、吞吐量、响应时间等）会有瓶颈。那么如何解决这个问题呢？引入队列就可以实现异步处理。

在引入队列后，用户的响应时间相当于注册信息写入数据库的时间，即 50ms。注册邮件，发送短信写入消息队列后直接返回，因此写入消息队列的速度很快，基本可以忽略，用户的响应时间可能是 50ms。因此，引入队列后，系统的吞吐量提高到每秒 20QPS，比串行提高了 3 倍，比并行提高了两倍。

2. 应用解耦

举一个现实中的场景。用户下单后，订单系统需要通知库存系统。其传统的做法是订单系统调用库存系统的接口。这种传统模式主要的缺点是，假如库存系统无法访问，则订单系统调用库存系统将失败，从而导致订单失败，订单系统与库存系统耦合。

如何解决以上问题呢？引入队列后就能实现应用的解耦。

（1）订单系统：用户下单后，订单系统完成持久化处理，将消息写入消息队列，返回用户订单，下单成功。

（2）库存系统：订阅下单的消息，采用拉 / 推方式获取下单信息，库存系统根据下单信息进行库存操作。

假如在下单时库存系统不能正常使用，也不影响正常下单，因为下单后订单系统写入队列后就不再关心其他的后续操作，实现了订单系统与库存系统的应用解耦。

3. 流量削峰

流量削峰也是队列的常用场景，一般在秒杀或团抢活动中使用广泛。

在秒杀活动中，一般会因为流量过大导致流量暴增，应用"挂掉"。为解决这个问题，一般需要在应用前端加入队列,这样就可以控制活动的人数,缓解短时间内高流量给应用带来的压力。其具体实现是,用户所有的请求在服务器接收后,首先写入队列。假如队列长度超过最大数量,则直接抛弃用户请求或跳转到错误页面。

4. 日志处理

日志处理是指将队列用在日志处理中,如 Kafka 的应用,解决大量日志传输问题。日志处理系统一般包含以下组件。

(1)日志采集客户端:负责日志数据采集,定时写入 Kafka 队列。

(2)Kafka 消息队列:负责日志数据的接收、存储和转发。

(3)日志处理应用:订阅并消费 Kafka 队列中的日志数据。

5. 消息通信

消息通信是指,利用消息队列来实现高效的通信机制。消息通讯可以应用于诸如点对点消息队列、聊天室等。

(1)点对点通信:客户端 A 和客户端 B 使用同一队列进行消息通信。

(2)聊天室通信:客户端 A、客户端 B、客户端 N 订阅同一主题,进行消息发布和接收,实现类似聊天室的效果。

以上实际是消息队列的两种消息模式,即点对点模式(图 7-3)和发布订阅模式(图 7-4)。

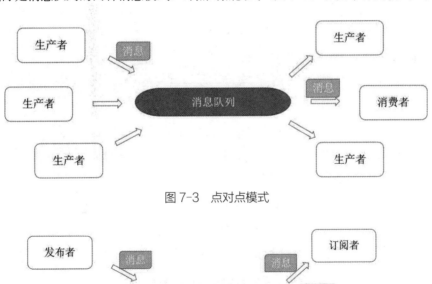

图 7-3　点对点模式

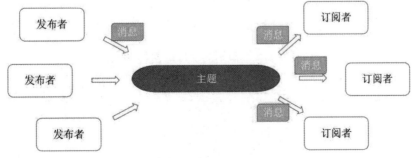

图 7-4　发布订阅模式

7.2 抽象数据类型

本节介绍队列的抽象数据类型。Java 提供了用于表示队列的 Queue 接口。

7.2.1 Queue接口

关于队列的抽象数据类型，Java 提供了原生的队列接口 Queue。代码如下：

```java
package java.util;

public interface Queue<E> extends Collection<E> {
    // 增加一个元素。如果队列已满，则抛出 IIIegaISlabEepeplian 异常
    boolean add(E e);

    // 添加一个元素并返回 true。如果队列已满，则返回 false
    boolean offer(E e);

    // 移除并返回队列头部的元素。如果队列为空，则抛出 NoSuchElementException 异常
    E remove();

    // 移除并返问队列头部的元素。如果队列为空，则返回 null
    E poll();

    // 返回队列头部的元素。如果队列为空，则抛出 NoSuchElementException 异常
    E element();

    // 返回队列头部的元素。如果队列为空，则返回 null
    E peek();
}
```

从上述接口定义可以看出，Queue 接口继承自 Collection 接口。因此，Queue 接口除拥有 Collection 接口的所有功能外，还额外提供了插入、移除和检查操作。其中，每种方法都以两种形式存在。

（1）一种在操作失败时抛出异常。

（2）另一种返回特殊值 null 或 false，具体返回的内容取决于具体操作。

对于第二种形式而言，这是专门为与容量受限的队列实现一起使用而设计的，因为在大多数实现中队列的插入操作不会失败。表 7-1 所示为 Queue 接口不同操作的两种形式的对比。

表 7-1　Queue 接口不同操作的两种形式的对比

操作	抛出异常	返回特定值
插入	add(e)	offer(e)
移除	remove()	poll()
检查	element()	peek()

offer() 方法在可能的情况下插入一个元素，否则返回 false。offer() 方法不同于 Collection.add() 方法，后者只能通过引发未经检查的异常才能添加元素。offer() 方法用于正常情况下（而不是在例外情况下）发生故障，如在固定容量队列或有界队列中使用。

remove() 和 poll() 方法可删除并返回队列的头部。从队列中删除的确切元素是队列的排序策略的函数，具体情况因实现而异。仅当队列为空时，remove() 方法和 poll() 方法的行为不同：remove() 方法引发异常，而 poll() 方法返回 null。

element() 和 peek() 方法返回但不删除队列的头部。

队列实现通常不允许插入 null 元素，尽管某些实现（如 LinkedList）也不允许插入 null。即使在允许的实现中，也不应将 null 插入 Queue 中，因为 null 有时被用作有特殊含义的返回值，比如在 poll 方法中 null 返回值表示队列不包含任何元素。

7.2.2 队列的分类

Java 为队列提供了丰富的实现。根据实现不同，队列又可以分为以下几种场景。

1. 是否阻塞

阻塞是指当队列为空时，消费资源是否阻塞；当队列（有界队列）满时，插入数据是否阻塞。

Java 提供了 java.util.concurrent.BlockingQueue<E> 接口以表示阻塞队列。常见的阻塞队列有 ArrayBlockingQueue、LinkedBlockingQueue、DelayQueue、PriorityBlockingQueue、SynchronousQueue、LinkedBlockingDeque 等。

Java 提供了非阻塞队列，如 ConcurrentLinkedQueue 和 ConcurrentLinkedDeque 等。

2. 单向还是双向

单向队列是最常见的队列，从队列的前面删除元素，从队列的后面插入元素，与现实中的排队道理相同。

相比于单向队列，双向队列可以从队列的两头分别进行入队和出队操作。

Java 提供了 java.util.Deque<E> 接口以表示双向队列，它继承自 Queue 接口。

单向队列也可被用作 LIFO 或 LIFO。

（1）FIFO：先进先出就是队列的功能。

（2）LIFO：后进先出就是栈的功能。

常见的双向队列有 ArrayDeque、ConcurrentLinkedDeque、LinkedList、LinkedBlockingDeque 等。

Java 提供了 BlockingDeque 接口。BlockingDeque 接口是一种阻塞双端队列，向其中加入元素或从中取出元素都是线程安全的。

由于 BlockingDeque 是一个接口类，因此使用时需要使用它的实现类。Java 提供了 BlockingDeque 接口的实现类 LinkedBlockingDeque。LinkedBlockingDeque 是双向链表实现的双向并发阻塞队列。LinkedBlockingDeque 还是可选容量的（防止过度膨胀），即可以指定队列的容量，如果不指定，默认容量大小等于 Integer.MAX_VALUE。该阻塞队列支持线程安全。

3. 是否有界

判断一个队列是否有界的依据是队列在初始化时是否设置了容量。以 ArrayBlockingQueue 为例，ArrayBlockingQueue 在初始化时强制要求以容量作为构造函数的参数之一，这便是有界的；LinkedList 是无界的，队列的长度会随着入队元素的增多而不断增长。

LinkedBlockingQueue 比较特殊，在初始化时可以指定容量，也可以不指定容量。当初始化 LinkedBlockingQueue 指定容量时，是有界队列；当初始化 LinkedBlockingQueue 未指定容量时，其内部会以 Integer.MAX_VALUE 值作为容量。当然，因为 Integer.MAX_VALUE 值非常大，近似无限大，所以 LinkedBlockingQueue 未指定容量时也可以近似认为是无界队列。

在实际项目中，推荐优先选择使用有界队列，这是因为无界队列可能产生 OOM（Out Of Memory，内存溢出）问题，而 OOM 对系统是致命的。

4. 内部数据结构

队列的内部不同的数据结构对业务运行有着不同的影响。队列的内部数据结构有数组、链表、堆等，不同数据结构会影响 GC、CPU 缓存，长时间运行后，使用链表会产生大量的碎片，对 GC 造成很大的压力；而使用数组的话，由于内存空间是连续的，更有利于 CPU 缓存的发挥。

根据存储结构的不同，队列还可以分为以下两种。

（1）用顺序表实现的队列称为顺序队列。

（2）用链表实现的队列称为链队列。

线性队列有空间浪费的问题，可以利用环形队列来解决。其中，指针 head 用于以逆时针方向指向队列中第一个元素的前一个位置，tail 则指向队列当前的最后位置。一开始 head 和 tail 均预设为 -1，表示为空队列。也就是说，如果 head=tail，则为空队列。 这样设计的好处是，当环形队列为空队列和满队列时，head 和 tail 都会指向同一个地方。为更方便判断，仅允许队列最多存放 $n-1$ 个数据，即要浪费最后一个空间。当 tail 指针的下一个是 head 的位置时，就认定队列已满，无法再将数据加入。所以，一个环形队列最多只能放 $n-1$ 个元素。

5. 是否无锁

加锁的开销是巨大的，在高并发场景下，无锁的性能一般是有锁的数倍，所以要根据实际应用特点来选择合适的队列实现。

常用的并发队列有阻塞队列和非阻塞队列，前者使用锁实现，后者则使用 CAS（Compare and Swap）非阻塞算法实现，使用非阻塞队列一般性能比较好。

6. 其他特殊功能

有很多队列都有特殊功能，来满足特殊的场景。例如，SynchronousQueue 没有缓存，用于 handoff 场景；PriorityQueue、PriorityBlockingQueue 支持按优先级入队；DelayedQueue 支持延时出队；Disruptor 除具有超强的性能外，还支持多消费者复杂的消费模式。

优先级队列（Priority Queue）为一种不必遵守队列特性 FIFO 的有序表，其中每一个元素都赋予一个优先权 (Priority)，加入元素时可任意加入，但有最高优先权者（Highest Priority Out First，HPOF）最先输出。

比如，在计算机中 CPU 的工作调度就是按照优先权来执行调度，其内部实现也会使用到优先级队列。

7.2.3 常见的队列实现

基于上面的场景，本小节整理了常用的 10 个队列的实现，如表 7-2 所示。

表 7-2 常用的 10 个队列的实现

队列	是否阻塞	单向还是双向	是否有界	内部数据结构	是否无锁	特殊功能
ArrayBlockingQueue	阻塞	单向	是	数组	有锁	NA
LinkedBlockingQueue	阻塞	单向	是	链表	有锁	NA
SynchronousQueue	阻塞	单向	否	单一元素	有锁	支持 HandOff 功能
LinkedTransferQueue	阻塞	单向	否	链表	有锁	功能为 LinkedBlockingQueue 与 SynchronousQueue 的超集
PriorityBlockingQueue	阻塞	单向	否	堆	有锁	支持优先级队列
DelayQueue	阻塞	单向	否	堆	有锁	支持延时出队
LinkedBlockingDeuqe	阻塞	双向	否	链表	有锁	NA
ConcurrentLinkedQueue	非阻塞	单向	否	链表	有锁	NA
ConcurrentLinkedDeque	非阻塞	双向	否	链表	有锁	NA
Disruptor	阻塞	单向	是	环形数组	无锁	超强性能，支持多种生产者-消费者模式

7.3 阻塞队列 BlockingQueue

阻塞队列 BlockingQueue 是一种支持额外操作的队列，其附加操作如下。

（1）当队列为空时，获取元素的线程会等待队列变为非空。

（2）当队列满时，存储元素的线程会等待队列可用。

Java 提供了 java.util.concurrent.BlockingQueue<E> 接口，以提供对阻塞队列的支持。该接口是 Java Collections Framework 的一个成员。

7.3.1 BlockingQueue的方法

BlockingQueue 对不能立即满足的操作有不同的处理方法，这些方法共有四种形式（表 7-3）。

（1）抛出一个异常。

（2）返回一个特殊值，根据操作的不同可能返回 null 或 false。

（3）无限期地阻塞当前线程，直到操作成功。

（4）在放弃之前只阻塞给定的最大时间限制。

表 7-3　BlockingQueue 的方法

方法	抛出异常	返回特殊值	一直阻塞	超时退出
插入方法	add(e)：队列未满时返回 true，队列满则抛出异常	offer(e)：队列未满时返回 true，队列满时返回 false，非阻塞立即返回	put(e)：队列未满时直接插入，没有返回值；队列满时会阻塞等待，一直等到队列未满时再插入	offer(e,time,unit)
移除方法	remove()：队列不为空时返回队首值并移除，队列为空时抛出异常	poll()：队列不为空时返回队首值并移除，队列为空时返回 null，都是非阻塞则立即返回	take()：队列不为空时返回队首值并移除；当队列为空时会阻塞等待，一直等到队列不为空时再返回队首值	poll(time,unit)：设定等待的时间，如果在指定时间内队列还为空则返回 null，不为空则返回队首值
检查方法	element()：队列不为空时返回队首值但不移除，队列为空时抛出异常	peek()：队列不为空时返回队首值但不移除，队列为空时返回 null	不可用	不可用

BlockingQueue 不接受 null 值，当尝试 add、put 或 offer 一个 null 值时，将抛出 NullPointerException 异常。null 值有特殊的用意，用来表示 poll 操作失败。

BlockingQueue 可以有容量限制，如果不指定容量，则默认容量大小是 Integer.MAX_VALUE。任何时候，只要超过了剩余容量（Remaining Capacity），则新的元素不能被放入队列中。

BlockingQueue 实现被设计为主要用于生产者 - 消费者队列，但还支持 Collection 接口。因此，使用 remove(x) 可以从队列中删除任意元素。然而，这些操作通常不会非常有效地执行，并且只用于偶尔使用，如在取消排队的消息时。

BlockingQueue 实现是线程安全的，所有排队方法都使用内部锁或其他并发控制形式自动实现其效果。但是，除非在实现中指定了 otherwise，否则批量 Collection 操作 addAll、containsAll、retainAll 和 removeAll 不一定是自动执行的。因此，在只添加 c 中的某些元素之后，addAll(c) 可能会失败（抛出异常）。

BlockingQueue 本质上不支持任何类型的 close 或 shutdown 操作，以指示不再添加任何项。这些特性的需求和使用往往依赖于具体的实现。例如，一种常见的策略是生产者插入特殊的对象（如 end-of-stream 或 poison），当被消费者采用时，这些对象将得到相应的解释。

7.3.2 BlockingQueue的使用示例

以下是一个典型的生产者 - 消费者场景的使用示例。注意，一个 BlockingQueue 可以安全地与多个生产者和多个消费者一起使用。

```
class Producer implements Runnable {
  private final BlockingQueue queue;
  Producer(BlockingQueue q) { queue = q; }
  public void run() {
    try {
      while (true) { queue.put(produce()); }
    } catch (InterruptedException ex) { ... 异常处理 ...}
  }
  Object produce() { ... }
}

class Consumer implements Runnable {
  private final BlockingQueue queue;
  Consumer(BlockingQueue q) { queue = q; }
  public void run() {
    try {
      while (true) { consume(queue.take()); }
    } catch (InterruptedException ex) { ... 异常处理 ...}
  }
  void consume(Object x) { ... }
}

class Setup {
  void main() {
    BlockingQueue q = new SomeQueueImplementation();
    Producer p = new Producer(q);
    Consumer c1 = new Consumer(q);
    Consumer c2 = new Consumer(q);
    new Thread(p).start();
    new Thread(c1).start();
    new Thread(c2).start();
  }
}}
```

7.3.3 BlockingQueue的内存一致性影响

BlockingQueue 的内存一致性影响与其他并发集合一样，某个线程将数据元素放入 BlockingQueue

的操作，happen-before 于另一个线程访问或删除 BlockingQueue 中该数据元素的操作。

1. happens-before的含义

happen-before 规则用来描述两个操作之间的顺序关系，这两个操作可以在一个线程内，也可以不在一个线程内。此顺序并不严格意味着执行时间上的顺序，而是前一个操作的结果要对后一个操作可见。

happens-before 关系的定义如下：

● 如果一个 happens-before 另一个操作，那么第一个操作的执行结果对第二个操作可见，而且第一个操作的执行顺序排在第二个操作之前。

● 两个操作之间存在 happens-before 关系，并不意味着 Java 平台的具体实现必须按照 happens-before 关系指定的顺序来执行。如果重排序之后的执行结果与按照 happens-before 关系执行的结果一致，那么这种重排序并不非法。

例如，如果在程序执行顺序上 A 先于 B，并且 A 修改了共享变量，而 B 正好使用该共享变量，那么 A 需要 happen-before 于 B，即 A 对共享变量的修改需要在 B 执行时对 B 可见。

2. happens-before规则

happens-before 规则如下。

（1）程序顺序规则：一个线程中的每个操作，happens-before 于该线程中的任意后续操作。

（2）监视器锁规则：对一个锁的解锁，happens-before 于随后对该锁的加锁。

（3）volatile 规则：对一个 volatile 域的写，happens-before 于任意后续对该 volatile 域的读。

（4）传递性：如果 A happens-before B，并且 B happens-before C，那么 A happens-before C。

（5）start() 规则：如果线程 A 执行操作 ThreadB.start()，那么 A 线程的 ThreadB.start() 操作 happens-before 于线程 B 中的任意操作。

（6）join() 规则：如果线程 A 执行操作 ThreadB.join() 并成功返回，那么线程 B 的任意操作 happens-before 于线程 A 从 ThreadB.join() 操作成功返回。

对所有这些规则的说明：A happens-before B 并不意味着 A 一定要先在 B 之前发生，而是说如果 A 已经发生在了 B 前面，那么 A 的操作结果一定要对 B 可见。

7.4 数组实现的阻塞队列ArrayBlockingQueue

ArrayBlockingQueue 是基于数组实现的有界阻塞队列。该队列对元素进行 FIFO 排序，队列的首元素是在该队列中驻留时间最长的元素，队列的尾元素是在该队列中停留时间最短的元素。新的元素被插入队列的尾部，队列检索操作获取队列头部的元素。

ArrayBlockingQueue 是一个经典的有界缓冲区（Bounded Buffer），其中内部包含一个固定大小的数组，用于承载包含生产者插入的和消费者提取的元素。ArrayBlockingQueue 的容量一旦创建，不可更改。试图将一个元素放入一个满队列将导致操作阻塞，试图从空队列中取出一个元素也同样会阻塞。

ArrayBlockingQueue 支持排序的可选公平策略，用于等待生产者和消费者线程。默认情况下不保证此顺序，然而一个由公平性设置为 true 构造的队列允许线程以 FIFO 顺序访问。公平性一般会降低吞吐量，但可以减少可变性，避免线程"饿死"。

ArrayBlockingQueue 类及其迭代器实现了 Collection 和 Iterator 接口的所有可选方法。ArrayBlockingQueue 是 Java Collections Framework 的一个成员。

7.4.1 ArrayBlockingQueue的声明

ArrayBlockingQueue 的接口和继承关系如下：

```
public class ArrayBlockingQueue<E> extends AbstractQueue<E>
        implements BlockingQueue<E>, java.io.Serializable {
    ...

}
```

完整的接口继承关系如图 7-5 所示。

从上述代码可以看出，ArrayBlockingQueue 既实现了 BlockingQueue<E> 和 java.io.Serializable 接口，又继承了 java.util.AbstractQueue<E> 接口。其中，AbstractQueue 是 Queue 接口的抽象类，其核心代码如下：

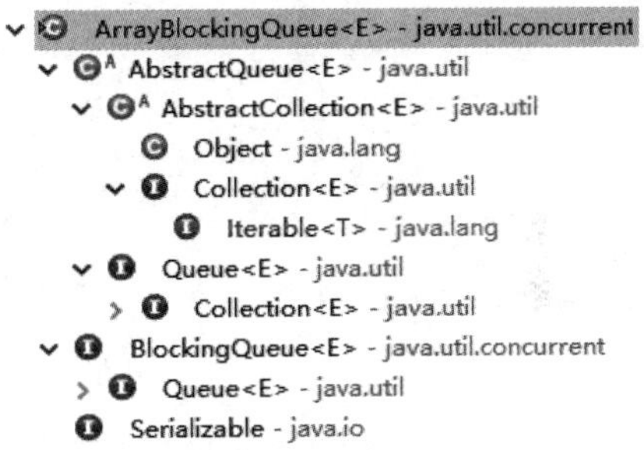

图 7-5　接口继承关系

```
package java.util;

public abstract class AbstractQueue<E>
    extends AbstractCollection<E>
    implements Queue<E> {

    protected AbstractQueue() {

    }

    public boolean add(E e) {
        if (offer(e))
            return true;
        else
```

```
        throw new IllegalStateException("Queue full");
    }

    public E remove() {
        E x = poll();

        if (x != null)
            return x;
        else
            throw new NoSuchElementException();
    }

    public E element() {
        E x = peek();

        if (x != null)
            return x;
        else
            throw new NoSuchElementException();
    }

    public void clear() {
        while (poll() != null);
    }

    public boolean addAll(Collection<? extends E> c) {
        if (c == null)
            throw new NullPointerException();

        if (c == this)
            throw new IllegalArgumentException();

        boolean modified = false;

        for (E e : c)
            if (add(e))
                modified = true;
        return modified;

    }

}
```

7.4.2　ArrayBlockingQueue的成员变量和构造函数

ArrayBlockingQueue 的成员变量和构造函数如下：

```
// 元素数组
final Object[] items;

// 消费索引, 用于 take、poll、peek 或 remove 操作
int takeIndex;

// 生产索引, 用于 put、offer 或 add 操作
int putIndex;

// 队列中的元素个数
int count;

// 操作数组确保原子性的锁
final ReentrantLock lock;

// 数组非空, 唤醒消费者
private final Condition notEmpty;

// 数组非满, 唤醒生产者
private final Condition notFull;

// 迭代器状态
transient Itrs itrs;

public ArrayBlockingQueue(int capacity) {
    this(capacity, false);
}

public ArrayBlockingQueue(int capacity, boolean fair) {
    if (capacity <= 0)
        throw new IllegalArgumentException();

    this.items = new Object[capacity];
    lock = new ReentrantLock(fair);
    notEmpty = lock.newCondition();
    notFull =  lock.newCondition();
}

public ArrayBlockingQueue(int capacity, boolean fair,
                          Collection<? extends E> c) {
    this(capacity, fair);

    final ReentrantLock lock = this.lock;
    lock.lock(); // 只锁可见, 不互斥

    try {
        final Object[] items = this.items;
        int i = 0;
        try {
```

```
        for (E e : c)
            items[i++] = Objects.requireNonNull(e);
    } catch (ArrayIndexOutOfBoundsException ex) {
        throw new IllegalArgumentException();
    }

    count = i;
    putIndex = (i == capacity) ? 0 : i;
} finally {
    lock.unlock();  // 解锁
}
}
```

从上述代码可以看出，构造函数有三种。构造函数中的参数含义如下。

（1）capacity 用于设置队列容量。

（2）fair 用于设置访问策略，如果为 true，则对线程的访问在插入或移除时被阻塞，则按 FIFO 顺序处理；如果为 false，则访问顺序未指定。

（3）c 用于设置最初包含给定集合的元素，按集合迭代器的遍历顺序添加。

类成员 items 是一个数组，用于存储队列中的元素。关键字 final 指明了当 ArrayBlockingQueue 构造完成之后，且通过 new Object[capacity] 的方式初始化 items 数组完成后，则后续 items 的容量将不再变化。

访问策略是通过 ReentrantLock 来实现的。访问策略通过两个加锁条件 notEmpty、notFull 来实现并发控制，这是典型的双条件算法（Two-Condition Algorithm）。

ArrayBlockingQueue 生产则增加 putIndex，消费则增加 takeIndex。

Itrs 用于记录当前活动迭代器的共享状态，如果已知不存在任何迭代器，则为 null。 允许队列操作更新迭代器状态。迭代器状态不是本节重点，因此不再进行深入探讨。

7.4.3　ArrayBlockingQueue的核心方法

以下对 ArrayBlockingQueue 常用核心方法的实现原理进行解释。

1. offer(e)

执行 offer(e) 方法后有以下两种结果。

（1）队列未满时，返回 true。

（2）队列满时，返回 false。

ArrayBlockingQueue 的 offer(e) 方法源码如下：

```
public boolean offer(E e) {
    Objects.requireNonNull(e);
```

```
final ReentrantLock lock = this.lock;
lock.lock(); // 加锁

try {
    if (count == items.length)
        return false;
    else {
        enqueue(e); // 入队
        return true;
    }
} finally {
    lock.unlock();  // 解锁
}
}
```

从上面的代码可以看出，执行 offer(e) 方法时分为以下几个步骤。

（1）为了确保并发操作的安全，先做了加锁处理。

（2）判断 count 是否与数组 items 的长度一致，如果一致则证明队列已满，直接返回 false；否则执行 enqueue(e) 方法做元素的入队，并返回 true。

（3）解锁。

enqueue(e) 方法源码如下：

```
private void enqueue(E e) {

    final Object[] items = this.items;

    items[putIndex] = e;

    if (++putIndex == items.length) putIndex = 0;

    count++;

    notEmpty.signal(); // 唤醒等待中的线程

}
```

上述代码比较简单，在当前索引（putIndex）位置放置待入队的元素，然后 putIndex 和 count 分别递增，并通过 signal() 方法唤醒等待中的线程。其中一个注意的点是，当 putIndex 等于数组 items 长度时，putIndex 置为 0。

> **思考**：当 putIndex 等于数组 items 长度时，putIndex 为什么置为 0 呢？

2. put(e)

执行 put(e) 方法后有以下两种结果。

（1）队列未满时直接插入，没有返回值。

（2）队列满时会阻塞等待，一直等到队列未满时再插入。

ArrayBlockingQueue 的 put(e) 方法源码如下：

```java
public void put(E e) throws InterruptedException {
    Objects.requireNonNull(e);
    final ReentrantLock lock = this.lock;
    lock.lockInterruptibly();  // 获取锁

    try {
        while (count == items.length)
            notFull.await();  // 使线程等待
        enqueue(e);  // 入队
    } finally {
        lock.unlock();  // 解锁
    }
}
```

从上述代码可以看出，put(e) 方法的实现分为以下三个步骤。

（1）获取锁。

（2）判断 count 是否与数组 items 的长度一致，如果一致则证明队列已满，则等待；否则执行 enqueue(e) 方法做元素的入队。

（3）解锁。

3. offer(e,time,unit)

offer(e,time,unit) 方法与 offer(e) 方法的不同之处在于前者加入了等待机制。设定等待的时间，如果在指定时间内还不能往队列中插入数据，则返回 false。执行 offer(e,time,unit) 方法后有以下两种结果。

（1）队列未满时返回 true。

（2）队列满时会阻塞等待，如果在指定时间内还不能往队列中插入数据，则返回 false。

ArrayBlockingQueue 的 offer(e,time,unit) 方法源码如下：

```java
public boolean offer(E e, long timeout, TimeUnit unit)
    throws InterruptedException {
    Objects.requireNonNull(e);
    long nanos = unit.toNanos(timeout);
    final ReentrantLock lock = this.lock;
    lock.lockInterruptibly();  // 获取锁

    try {
        while (count == items.length) {
            if (nanos <= 0L)
                return false;
            nanos = notFull.awaitNanos(nanos);  // 使线程等待指定的时间
        }
        enqueue(e);
```

```
        return true;
    } finally {
        lock.unlock();   // 解锁
    }
}
```

从上述代码可以看出，offer(e,time,unit) 方法的实现分为以下三个步骤。

（1）获取锁。

（2）判断 count 是否与数组 items 的长度一致，如果一致，证明队列已满，则等待；否则执行 enqueue(e) 方法做元素的入队。

（3）解锁。

4. add(e)

执行 add(e) 方法后有以下两种结果。

（1）队列未满时返回 true。

（2）队列满时抛出异常。

ArrayBlockingQueue 的 add(e) 方法源码如下：

```
public boolean add(E e) {
    return super.add(e);
}
```

从上述代码可以看出，add(e) 方法的实现直接是调用了父类 AbstractQueue 的 add(e) 方法。而 AbstractQueue 的 add(e) 方法源码如下：

```
public boolean add(E e) {
    if (offer(e))
        return true;
    else
        throw new IllegalStateException("Queue full");
}
```

从上述代码可以看出，add(e) 方法又调用了 offer(e) 方法。offer(e) 方法此处不再赘述。

5. poll()

执行 poll() 方法后有以下两种结果。

（1）队列不为空时返回队首值并移除。

（2）队列为空时返回 null。

ArrayBlockingQueue 的 poll() 方法源码如下：

```
public E poll() {
    final ReentrantLock lock = this.lock;
    lock.lock();   // 加锁
```

```
    try {
        return (count == 0) ? null : dequeue(); // 出队
    } finally {
        lock.unlock();   // 解锁
    }
}
```

从上述代码可以看出，执行 poll() 方法时分为以下三个步骤。

（1）为了确保并发操作的安全，先做加锁处理。

（2）判断 count 是否等于 0，如果等于 0 则证明队列为空，直接返回 null；否则执行 dequeue() 方法做元素的出队。

（3）解锁。

dequeue() 方法源码如下：

```
private E dequeue() {
    final Object[] items = this.items;
    @SuppressWarnings("unchecked")
    E e = (E) items[takeIndex];
    items[takeIndex] = null;   // 删除数据
    if (++takeIndex == items.length) takeIndex = 0;
    count--;
    if (itrs != null)
        itrs.elementDequeued();
    notFull.signal(); // 唤醒等待中的线程
    return e;
}
```

上述代码比较简单，在当前索引（takeIndex）位置取出待出队的元素并删除队列中的元素，而后 takeIndex 递增 count 递减，并通过 signal() 方法唤醒等待中的线程。其中一个需注意的点是，当 takeIndex 等于数组 items 长度时，takeIndex 置为 0。

6. take()

执行 take() 方法后有以下两种结果。

（1）队列不为空时返回队首值并移除。

（2）队列为空时会阻塞等待，一直等到队列不为空时再返回队首值。

ArrayBlockingQueue 的 take() 方法源码如下：

```
public E take() throws InterruptedException {
    final ReentrantLock lock = this.lock;
    lock.lockInterruptibly();   // 获取锁
    try {
        while (count == 0)
            notEmpty.await(); // 使线程等待
        return dequeue();   // 出队
```

```
} finally {
    lock.unlock();  // 解锁
  }
}
```

从上述代码可以看出，执行 take() 方法时分为以下三个步骤。

（1）获取锁。

（2）判断 count 是否等于 0，如果等于 0 则证明队列为空，会阻塞等待；否则执行 dequeue() 方法做元素的出队。

（3）解锁。

dequeue() 方法此处不再赘述。

7. poll(time,unit)

poll(time,unit) 方法与 poll() 方法的不同之处在于前者加入了等待机制。设定等待的时间，如果在指定时间内队列还为空，则返回 null。执行 poll(time,unit) 方法后有以下两种结果。

（1）队列不为空时返回队首值并移除。

（2）队列为空时会阻塞等待，如果在指定时间内队列还为空则返回 null。

ArrayBlockingQueue 的 poll(time,unit) 方法源码如下：

```
public E poll(long timeout, TimeUnit unit) throws InterruptedException {
    long nanos = unit.toNanos(timeout);
    final ReentrantLock lock = this.lock;
    lock.lockInterruptibly();  // 获取锁

    try {
        while (count == 0) {
            if (nanos <= 0L)
                return null;
            nanos = notEmpty.awaitNanos(nanos);  // 使线程等待指定的时间
        }

        return dequeue();  // 出队
    } finally {
        lock.unlock();  // 解锁
    }
}
```

从上述代码可以看出，执行 poll(time,unit) 方法时分为以下三个步骤。

（1）获取锁。

（2）判断 count 是否等于 0，如果等于 0 则证明队列为空，会阻塞等待；否则执行 dequeue() 方法做元素的出队。

（3）解锁。

dequeue() 方法此处不再赘述。

8. remove()

执行 remove() 方法后有以下两种结果。

（1）队列不为空时返回队首值并移除。

（2）队列为空时抛出异常。

ArrayBlockingQueue 的 remove() 方法其实是调用了父类 AbstractQueue 的 remove() 方法，源码如下：

```
public E remove() {
    E x = poll();
    if (x != null)
        return x;
    else
        throw new NoSuchElementException();

}
```

从上述代码可以看出，remove() 直接调用了 poll() 方法。如果 poll() 方法返回结果为 null，则抛出 NoSuchElementException 异常。

poll() 方法此处不再赘述。

9. peek()

执行 peek() 方法后有以下两种结果。

（1）队列不为空时返回队首值但不移除。

（2）队列为空时返回 null。

peek() 方法源码如下：

```
public E peek() {
    final ReentrantLock lock = this.lock;
    lock.lock(); // 加锁

    try {
        return itemAt(takeIndex); // 为空则返回 null
    } finally {
        lock.unlock();   // 解锁
    }
}



final E itemAt(int i) {
    return (E) items[i];

}
```

从上述代码可以看出，peek() 方法比较简单，直接就是获取了数组中的索引为 takeIndex 的元素。

10. element()

执行 element() 方法后有以下两种结果。

（1）队列不为空时返回队首值但不移除。

（2）队列为空时抛出异常。

element() 方法其实是调用了父类 AbstractQueue 的 element() 方法，源码如下：

```
public E element() {
    E x = peek();
    if (x != null)
        return x;
    else
        throw new NoSuchElementException();
}
```

从上述代码可以看出，执行 element() 方法时先获取 peek() 方法的结果，如果是结果 null，则抛出 NoSuchElementException 异常。

7.4.4　实战：ArrayBlockingQueue的单元测试

ArrayBlockingQueue 的单元测试如下：

```
import static org.junit.jupiter.api.Assertions.assertEquals;
import static org.junit.jupiter.api.Assertions.assertFalse;
import static org.junit.jupiter.api.Assertions.assertNotNull;
import static org.junit.jupiter.api.Assertions.assertNull;
import static org.junit.jupiter.api.Assertions.assertThrows;
import static org.junit.jupiter.api.Assertions.assertTrue;

import java.util.NoSuchElementException;
import java.util.Queue;
import java.util.concurrent.ArrayBlockingQueue;
import java.util.concurrent.BlockingQueue;
import java.util.concurrent.TimeUnit;

import org.junit.jupiter.api.Test;

class ArrayBlockingQueueTests {
    @Test
    void testOffer() {
        // 初始化队列
        BlockingQueue<String> queue =
                new ArrayBlockingQueue<String>(3);

        // 如果测试队列未满，则返回 true
        boolean resultNotFull = queue.offer("Java");
        assertTrue(resultNotFull);
```

```
    // 如果测试队列已满，则返回 false
    queue.offer("C");
    queue.offer("Python");
    boolean resultFull = queue.offer("C++");
    assertFalse(resultFull);

}

@Test
void testPut() throws InterruptedException {
    // 初始化队列
    BlockingQueue<String> queue =
            new ArrayBlockingQueue<String>(3);

    // 如果测试队列未满，则直接插入，没有返回值
    queue.put("Java");

    // 如果测试队列已满，则会阻塞等待，一直等到队列未满时再插入
    queue.put("C");
    queue.put("Python");
    queue.put("C++"); // 阻塞等待

}

@Test
void testOfferTime() throws InterruptedException {
    // 初始化队列
    BlockingQueue<String> queue =
            new ArrayBlockingQueue<String>(3);

    // 如果测试队列未满，则返回 true
    boolean resultNotFull = queue.offer("Java", 5, TimeUnit.SECONDS);
    assertTrue(resultNotFull);

    // 如果测试队列满，则返回 false
    queue.offer("C");
    queue.offer("Python");
    boolean resultFull = queue.offer("C++", 5, TimeUnit.SECONDS);
    // 等待 5s
    assertFalse(resultFull);
}

@Test
void testAdd() {
    // 初始化队列
    BlockingQueue<String> queue =
            new ArrayBlockingQueue<String>(3);

    // 如果测试队列未满，则返回 true
```

```java
        boolean resultNotFull = queue.add("Java");
        assertTrue(resultNotFull);

        // 如果测试队列已满，则抛出异常
        queue.add("C");
        queue.add("Python");
        Throwable excpetion = assertThrows(
                IllegalStateException.class, () -> {
                    queue.add("C++");// 抛出异常
                });
        assertEquals("Queue full", excpetion.getMessage());

    }


    @Test
    void testPoll() throws InterruptedException {
        // 初始化队列
        BlockingQueue<String> queue =
                new ArrayBlockingQueue<String>(3);

        // 如果测试队列为空，则返回 null
        String resultEmpty = queue.poll();
        assertNull(resultEmpty);

        // 如果测试队列不为空，则返回队首值并移除
        queue.put("Java");
        queue.put("C");
        queue.put("Python");
        String resultNotEmpty = queue.poll();
        assertEquals("Java", resultNotEmpty);
    }

    @Test
    void testTake() throws InterruptedException {
        // 初始化队列
        BlockingQueue<String> queue =
                new ArrayBlockingQueue<String>(3);

        // 如果测试队列不为空，则返回队首值并移除
        queue.put("Java");
        queue.put("C");
        queue.put("Python");
        String resultNotEmpty = queue.take();
        assertEquals("Java", resultNotEmpty);

        // 如果测试队列为空，则会阻塞等待，一直等到队列不为空时再返回队首值
        queue.clear();
        String resultEmpty = queue.take(); // 阻塞等待
        assertNotNull(resultEmpty);
    }
```

```java
@Test
void testPollTime() throws InterruptedException {
    // 初始化队列
    BlockingQueue<String> queue =
            new ArrayBlockingQueue<String>(3);

    // 如果测试队列不为空，则返回队首值并移除
    queue.put("Java");
    queue.put("C");
    queue.put("Python");
    String resultNotEmpty = queue.poll(5, TimeUnit.SECONDS);
    assertEquals("Java", resultNotEmpty);

    // 如果测试队列为空，则会阻塞等待。如果在指定时间内队列还为空，则返回 null
    queue.clear();
    String resultEmpty = queue.poll(5, TimeUnit.SECONDS); // 等待 5s
    assertNull(resultEmpty);
}

@Test
void testRemove() throws InterruptedException {
    // 初始化队列
    BlockingQueue<String> queue =
            new ArrayBlockingQueue<String>(3);

    // 如果测试队列为空，则抛出异常
    Throwable excpetion = assertThrows(
            NoSuchElementException.class, () -> {
                queue.remove();// 抛出异常
            });

    assertEquals(null, excpetion.getMessage());

    // 如果测试队列不为空，则返回队首值并移除
    queue.put("Java");
    queue.put("C");
    queue.put("Python");
    String resultNotEmpty = queue.remove();
    assertEquals("Java", resultNotEmpty);

}

@Test
void testPeek() throws InterruptedException {
    // 初始化队列
    Queue<String> queue =
```

```
            new ArrayBlockingQueue<String>(3);

    // 如果测试队列不为空，则返回队首值并但不移除
    queue.add("Java");
    queue.add("C");
    queue.add("Python");
    String resultNotEmpty = queue.peek();
    assertEquals("Java", resultNotEmpty);
    resultNotEmpty = queue.peek();
    assertEquals("Java", resultNotEmpty);
    resultNotEmpty = queue.peek();
    assertEquals("Java", resultNotEmpty);

    // 如果测试队列为空时，则返回 null
    queue.clear();
    String resultEmpty = queue.peek();
    assertNull(resultEmpty);
}

@Test
void testElement() throws InterruptedException {
    // 初始化队列
    Queue<String> queue =
            new ArrayBlockingQueue<String>(3);

    // 如果测试队列不为空，则返回队首值并但不移除
    queue.add("Java");
    queue.add("C");
    queue.add("Python");
    String resultNotEmpty = queue.element();
    assertEquals("Java", resultNotEmpty);
    resultNotEmpty = queue.element();
    assertEquals("Java", resultNotEmpty);
    resultNotEmpty = queue.element();
    assertEquals("Java", resultNotEmpty);

    // 如果测试队列为空，则抛出异常
    queue.clear();
    Throwable excpetion = assertThrows(
            NoSuchElementException.class, () -> {

                queue.element();// 抛出异常

            });
    assertEquals(null, excpetion.getMessage());
}

}
```

7.4.5　实战：基于ArrayBlockingQueue的生产者–消费者

以下是一个生产者 – 消费者的示例。该示例模拟了一个生产者和两个消费者。当队列满时，则会阻塞生产者生产；当队列空时，则会阻塞消费者消费。

```java
import java.util.concurrent.ArrayBlockingQueue;
import java.util.concurrent.BlockingQueue;

class ArrayBlockingQueueDemo {

    public static void main(String[] args) {
        BlockingQueue<String> queue =
                new ArrayBlockingQueue<String>(3);

        // 一个生产者
        Producer p = new Producer(queue);

        // 两个消费者
        Consumer c1 = new Consumer("c1", queue);
        Consumer c2 = new Consumer("c2", queue);

        // 启动线程
        new Thread(p).start();
        new Thread(c1).start();
        new Thread(c2).start();
    }

}

class Producer implements Runnable {

    private final BlockingQueue<String> queue;

    Producer(BlockingQueue<String> queue) {

        this.queue = queue;

    }

    public void run() {
        try {
            while (true) {
                // 模拟耗时操作
                Thread.sleep(1000L);
                queue.put(produce());
            }
        } catch (InterruptedException ex) {
            ex.printStackTrace();
```

```
            }

        }

    String produce() {
        String apple = "apple: "
                + System.currentTimeMillis();
        System.out.println("produce " + apple);

        return apple;
    }

}

class Consumer implements Runnable {

    private final BlockingQueue<String> queue;

    private final String name;

    Consumer(String name, BlockingQueue<String> queue) {
        this.queue = queue;
        this.name = name;
    }

    public void run() {
        try {
            while (true) {
                // 模拟耗时操作
                Thread.sleep(2000L);
                consume(queue.take());
            }
        } catch (InterruptedException ex) {
            ex.printStackTrace();
        }
    }

    void consume(Object x) {
        System.out.println(this.name + " consume " + x);
    }

}
```

运行上述程序，控制台输出内容如下：

```
produce apple: 1590686003668
c1 consume apple: 1590686003668
produce apple: 1590686004669
c2 consume apple: 1590686004669
```

```
produce apple: 1590686005671
c1 consume apple: 1590686005671
produce apple: 1590686006672
c2 consume apple: 1590686006672
produce apple: 1590686007672
c1 consume apple: 1590686007672
produce apple: 1590686008673
c2 consume apple: 1590686008673
produce apple: 1590686009674
c1 consume apple: 1590686009674
produce apple: 1590686010674
c2 consume apple: 1590686010674
```

7.5 链表实现的阻塞队列LinkedBlockingQueue

LinkedBlockingQueue 是一种基于链表实现的可选边界的阻塞队列，该队列排序元素 FIFO。队列的队首是在该队列上停留时间最长的元素，队列的队尾是在该队列上停留时间最短的元素。在队列尾部插入新的元素，队列检索操作在队列的头部获取元素。

在大多数并发应用程序中，基于链表实现的队列通常具有比基于数组实现的队列有更高的吞吐量，但性能上未必占优势。

LinkedBlockingQueue 在初始化时可以指定容量，也可以不指定容量。当初始化 LinkedBlockingQueue 指定容量时，是有界队列；当初始化 LinkedBlockingQueue 未指定容量时，其内部会以 Integer.MAX_VALUE 值作为容量。当然，因为 Integer.MAX_VALUE 值非常大，近似无限大，所以 LinkedBlockingQueue 未指定容量时也可以近似认为是无界队列。

为防止队列的过度扩展，建议在 LinkedBlockingQueue 初始化时指定容量。LinkedBlockingQueue 内部的链接节点在每次入队元素时动态创建，除非这会使队列超过容量。

LinkedBlockingQueue 类及其迭代器实现了 Collection 和 Iterator 接口的所有可选方法。LinkedBlockingQueue 是 Java Collections Framework 的一个成员。

7.5.1 LinkedBlockingQueue的声明

LinkedBlockingQueue 的接口和继承关系如下：

```java
public class LinkedBlockingQueue<E> extends AbstractQueue<E>
        implements BlockingQueue<E>, java.io.Serializable {
    ...
}
```

完整的接口继承关系如 7-6 图所示。

从上述代码可以看出，LinkedBlockingQueue 既实现了 BlockingQueue 和 java.io.Serializable 接口，又继承了 java.util.AbstractQueue<E> 接口。其中，AbstractQueue 是 Queue 接口的抽象类，此处不再赘述。

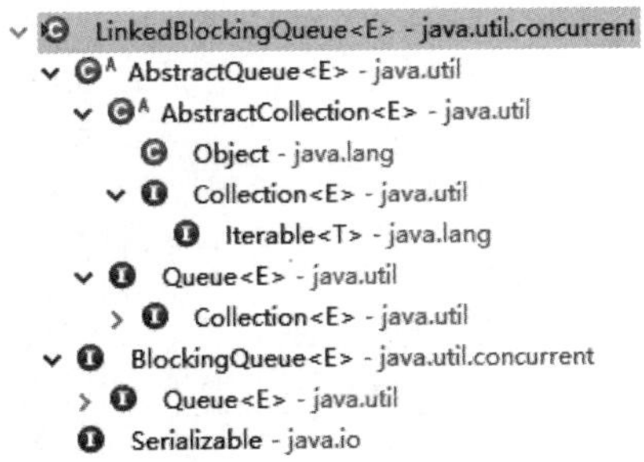

7.5.2 LinkedBlockingQueue的成员变量和构造函数

LinkedBlockingQueue 的成员变量和构造函数如下：

图 7-6 接口继承关系

```java
// 容量
private final int capacity;

// 当前元素个数
private final AtomicInteger count = new AtomicInteger();

// 链表头节点
// 不变式 : head.item == null
transient Node<E> head;

// 链表尾节点
// 不变式 : last.next == null
private transient Node<E> last;

// 用于锁住 take、poll 等操作
private final ReentrantLock takeLock = new ReentrantLock();

// 队列非空，唤醒消费者
private final Condition notEmpty = takeLock.newCondition();

// 用于锁住 put、offer 等操作
private final ReentrantLock putLock = new ReentrantLock();

// 队列非满，唤醒生产者
private final Condition notFull = putLock.newCondition();

public LinkedBlockingQueue() {
    this(Integer.MAX_VALUE);
}

public LinkedBlockingQueue(int capacity) {
    if (capacity <= 0) throw new IllegalArgumentException();
    this.capacity = capacity;
    last = head = new Node<E>(null);
}
```

```java
public LinkedBlockingQueue(Collection<? extends E> c) {
    this(Integer.MAX_VALUE);
    final ReentrantLock putLock = this.putLock;
    putLock.lock();   // 只锁可见，不互斥
    try {
        int n = 0;
        for (E e : c) {
            if (e == null)
                throw new NullPointerException();
            if (n == capacity)
                throw new IllegalStateException("Queue full");
            enqueue(new Node<E>(e));
            ++n;
        }

        count.set(n);
    } finally {
        putLock.unlock();
    }
}
```

从上述代码可以看出，构造函数有三种。构造函数中的参数含义如下。

（1）capacity 用于设置队列容量。该参数是可选的，如果未设置，则取 Integer.MAX_VALUE 值作为容量。

（2）c 用于设置最初包含给定集合的元素，按集合迭代器的遍历顺序添加。

类成员 last 和 head 分别指代链表的尾节点和头节点。链表中的节点用 Node 类型表示，代码如下：

```java
static class Node<E> {
    E item;

    /**
     * next 有以下三种场景：
     * - 真正的后继节点
     * - 当前节点是头节点，则后继节点是 head.next
     * - 值为 null，表示当前节点是尾节点，没有后继节点
     */
    Node<E> next;
    Node(E x) { item = x; }
}
```

访问策略是通过 ReentrantLock 来实现的。其通过两个加锁条件 notEmpty、notFull 来实现并发控制。与 ArrayBlockingQueue 不同的是，LinkedBlockingQueue 使用了 takeLock 和 putLock 两把锁来分别锁住出队操作和入队操作。

count 用于记录当前队列中的元素个数。

7.5.3　LinkedBlockingQueue的核心方法

以下对 LinkedBlockingQueue 常用核心方法的实现原理进行解释。

1. offer(e)

执行 offer(e) 方法后有以下两种结果。

（1）队列未满时返回 true。

（2）队列满时返回 false。

LinkedBlockingQueue 的 offer(e) 方法源码如下：

```
public boolean offer(E e) {
    if (e == null) throw new NullPointerException();  // 判空
    final AtomicInteger count = this.count;
    if (count.get() == capacity)
        return false;

    final int c;
    final Node<E> node = new Node<E>(e);
    final ReentrantLock putLock = this.putLock;
    putLock.lock();  // 加锁

    try {
        if (count.get() == capacity)
            return false;
        enqueue(node); // 入队
        c = count.getAndIncrement();
        if (c + 1 < capacity)
            notFull.signal(); // 标识当前队列非满
    } finally {
        putLock.unlock(); // 解锁
    }

    if (c == 0)
        signalNotEmpty();   // 标识当前队列已经是非空
    return true;

}
```

从上述代码可以看出，执行 offer(e) 方法时分为以下几个步骤。

（1）判断待入队的元素 e 是否为 null，为 null 则抛出 NullPointerException 异常。

（2）判断 count 是否超过了容量的限制，如果是则证明队列已满，直接返回 false。

（3）为了确保并发操作的安全，先做加锁处理。

（4）再次判断 count 是否超过了容量的限制，如果是则证明队列已满，直接返回 false；否则将元素 e 做入队处理，并返回 true。

（5）解锁。

（6）c 是元素 e 入队前队列中的元素个数。如果 c 是 0，则说明之前的队列是空的，还需要执行 signalNotEmpty() 方法来标识当前队列已经是非空。

enqueue(node) 方法代码如下：

```
private void enqueue(Node<E> node) {
    last = last.next = node;
}
```

enqueue(node) 方法就是在链表的尾部插入数据元素。

signalNotEmpty() 方法代码如下：

```
private void signalNotEmpty() {
    final ReentrantLock takeLock = this.takeLock;
    takeLock.lock();
    try {
        notEmpty.signal();
    } finally {
        takeLock.unlock();
    }
}
```

> **思考**：细心的读者可能会发现，在 offer(e) 方法中对 count 是否超过了容量的限制进行了两次判断。那么为什么要判断两次呢？

2. put(e)

执行 put(e) 方法后有以下两种结果。

（1）队列未满时直接插入，没有返回值。

（2）队列满时会阻塞等待，一直等到队列未满时再插入。

LinkedBlockingQueue 的 put(e) 方法源码如下：

```
public void put(E e) throws InterruptedException {
    if (e == null) throw new NullPointerException();
    final int c;
    final Node<E> node = new Node<E>(e);
    final ReentrantLock putLock = this.putLock;
    final AtomicInteger count = this.count;
    putLock.lockInterruptibly();   // 获取锁

    try {
        while (count.get() == capacity) {
            notFull.await();   // 使线程等待
        }

        enqueue(node);
```

```
        c = count.getAndIncrement();
        if (c + 1 < capacity)
            notFull.signal();   // 标识当前队列非满
    } finally {
        putLock.unlock();   // 解锁
    }

    if (c == 0)
        signalNotEmpty();   // 标识当前队列已经是非空
}
```

从上述代码可以看出，put(e) 方法的实现分为以下几个步骤。

（1）获取锁。

（2）判断 count 是否等于容量，如果是则证明队列已满，就等待；否则执行 enqueue(e) 方法做元素的入队。

（3）解锁。

（4）c 是元素 e 入队前队列中的元素个数。如果 c 是 0，则说明之前的队列是空的，还需要执行 signalNotEmpty() 方法来标识当前队列已经是非空。

3. offer(e,time,unit)

offer(e,time,unit) 方法与 offer(e) 方法的不同之处在于前者加入了等待机制。设定等待的时间，如果在指定时间内还不能往队列中插入数据，则返回 false。执行 offer(e,time,unit) 方法有以下两种结果。

（1）队列未满时返回 true。

（2）队列满时会阻塞等待，如果在指定时间内还不能往队列中插入数据，则返回 false。

LinkedBlockingQueue 的 offer(e,time,unit) 方法源码如下：

```
public boolean offer(E e, long timeout, TimeUnit unit)
    throws InterruptedException {
    if (e == null) throw new NullPointerException();
    long nanos = unit.toNanos(timeout);
    final int c;
    final ReentrantLock putLock = this.putLock;
    final AtomicInteger count = this.count;
    putLock.lockInterruptibly();   // 获取锁

    try {
        while (count.get() == capacity) {
            if (nanos <= 0L)
                return false;
            nanos = notFull.awaitNanos(nanos); // 使线程等待指定的时间
        }

        enqueue(new Node<E>(e));
        c = count.getAndIncrement();
```

```
        if (c + 1 < capacity)
            notFull.signal();   // 标识当前队列非满
    } finally {
        putLock.unlock();   // 解锁
    }

    if (c == 0)
        signalNotEmpty();   // 标识当前队列已经是非空

    return true;
}
```

从上述代码可以看出，offer(e,time,unit) 方法的实现分为以下几个步骤。

（1）获取锁。

（2）判断 count 是否等于容量，如果是则证明队列已满，就等待；否则执行 enqueue(e) 方法做元素的入队。

（3）解锁。

（4）c 是元素 e 入队前队列中的元素个数。如果 c 是 0，则说明之前的队列是空的，还需要执行 signalNotEmpty() 方法来标识当前队列已经是非空。

4. add(e)

执行 add(e) 方法后有以下两种结果。

（1）队列未满时返回 true。

（2）队列满时则抛出异常。

ArrayBlockingQueue 的 add(e) 方法源码如下：

```
public boolean add(E e) {
    return super.add(e);
}
```

从上述代码可以看出，add(e) 方法的实现直接是调用了父类 AbstractQueue 的 add(e) 方法。而 AbstractQueue 的 add(e) 方法源码如下：

```
public boolean add(E e) {
    if (offer(e))
        return true;
    else
        throw new IllegalStateException("Queue full");
}
```

从上述代码可以看出，add(e) 方法又调用了 offer(e) 方法。offer(e) 方法此处不再赘述。

5. poll()

执行 poll() 方法后有以下两种结果。

（1）队列不为空时返回队首值并移除。

（2）队列为空时返回 null。

LinkedBlockingQueue 的 poll() 方法源码如下：

```
public E poll() {
    final AtomicInteger count = this.count;
    if (count.get() == 0)
        return null;
    final E x;
    final int c;
    final ReentrantLock takeLock = this.takeLock;
    takeLock.lock();  // 加锁

    try {
        if (count.get() == 0)
            return null;
        x = dequeue();  // 出队
        c = count.getAndDecrement();
        if (c > 1)
            notEmpty.signal();  // 标识当前队列非空
    } finally {
        takeLock.unlock();  // 解锁
    }

    if (c == capacity)
        signalNotFull();  // 标识当前队列已经是非满
    return x;
}
```

从上述代码可以看出，执行 poll() 方法时分为以下几个步骤。

（1）判断 count 是否等于 0，如果等于 0 则证明队列为空，直接返回 null。

（2）为了确保并发操作的安全，先做加锁处理。

（3）判断 count 是否等于 0，如果等于 0 则证明队列为空，直接返回 null；否则执行 dequeue()
方法做元素的出队。

（4）解锁。

（5）c 是元素 e 入队前队列中的元素个数。如果 c 等于队列的容量，则说明之前的队列是满的，
还需要执行 signalNotFull() 方法来标识当前队列已经是非满。

dequeue() 方法源码如下：

```
private E dequeue() {
    Node<E> h = head;
    Node<E> first = h.next;
    h.next = h; // 利于 GC
    head = first;
    E x = first.item;
```

```
        first.item = null;

        return x;
}
```

上述代码比较简单，就是移除链表的头节点。

6. take()

执行 take() 方法后有以下两种结果。

（1）队列不为空时返回队首值并移除。

（2）队列为空时会阻塞等待，一直等到队列不为空时再返回队首值。

LinkedBlockingQueue 的 take() 方法源码如下：

```java
public E take() throws InterruptedException {
    final E x;
    final int c;
    final AtomicInteger count = this.count;
    final ReentrantLock takeLock = this.takeLock;
    takeLock.lockInterruptibly();   // 获取锁

    try {
        while (count.get() == 0) {
            notEmpty.await();   // 使线程等待
        }

        x = dequeue();   // 出队
        c = count.getAndDecrement();
        if (c > 1)
            notEmpty.signal();   // 标识当前队列非空
    } finally {
        takeLock.unlock();   // 解锁
    }

    if (c == capacity)
        signalNotFull();   // 标识当前队列已经是非满

    return x;
}
```

从上述代码可以看出，执行 take() 方法时分为以下几个步骤。

（1）获取锁。

（2）判断 count 是否等于 0，如果等于 0 则证明队列为空，会阻塞等待；否则执行 dequeue() 方法做元素的出队。

（3）解锁。

（4）c 是元素 e 入队前队列中的元素个数。如果 c 等于队列的容量，则说明之前的队列是满的，还需要执行 signalNotFull() 方法来标识当前队列已经是非满。

dequeue() 和 signalNotFull() 方法此处不再赘述。

7. poll(time,unit)

poll(time,unit) 方法与 poll() 方法的不同之处在于前者加入了等待机制。设定等待的时间，如果在指定时间内队列还为空，则返回 null。执行 poll(time,unit) 方法后有以下两种结果。

（1）队列不为空时返回队首值并移除。

（2）队列为空时会阻塞等待，如果在指定时间内队列还为空，则返回 null。

LinkedBlockingQueue 的 poll(time,unit) 方法源码如下：

```java
public E poll(long timeout, TimeUnit unit) throws InterruptedException {
    final E x;
    final int c;
    long nanos = unit.toNanos(timeout);
    final AtomicInteger count = this.count;
    final ReentrantLock takeLock = this.takeLock;
    takeLock.lockInterruptibly();   // 获取锁

    try {
        while (count.get() == 0) {
            if (nanos <= 0L)
                return null;
            nanos = notEmpty.awaitNanos(nanos); // 使线程等待指定的时间
        }

        x = dequeue();   // 出队
        c = count.getAndDecrement();

        if (c > 1)
            notEmpty.signal();   // 标识当前队列非空
    } finally {
        takeLock.unlock();   // 解锁
    }

    if (c == capacity)
        signalNotFull();   // 标识当前队列已经是非满
    return x;

}
```

从上述代码可以看出，执行 poll(time,unit) 方法时分为以下几个步骤。

（1）获取锁。

（2）判断 count 是否等于 0，如果等于 0 则证明队列为空，会阻塞等待；否则执行 dequeue() 方法做元素的出队。

（3）解锁。

（4）c 是元素 e 入队前队列中的元素个数。如果 c 等于队列的容量，则说明之前的队列是满的，还需要执行 signalNotFull() 方法来标识当前队列已经是非满。

dequeue() 和 signalNotFull() 方法此处不再赘述。

8. remove()

执行 remove() 方法后有以下两种结果。

（1）队列不为空时返回队首值并移除。

（2）队列为空时抛出异常。

LinkedBlockingQueue 的 remove() 方法其实是调用了父类 AbstractQueue 的 remove() 方法，源码如下：

```java
public E remove() {
    E x = poll();
    if (x != null)
        return x;
    else
        throw new NoSuchElementException();
}
```

从上述代码可以看出，remove() 直接调用了 poll() 方法。如果 poll() 方法返回结果为 null，则抛出 NoSuchElementException 异常。

poll() 方法此处不再赘述。

9. peek()

执行 peek() 方法后有以下两种结果。

（1）队列不为空时返回队首值但不移除。

（2）队列为空时返回 null。

peek() 方法源码如下：

```java
public E peek() {
    final AtomicInteger count = this.count;
    if (count.get() == 0)
        return null;
    final ReentrantLock takeLock = this.takeLock;
    takeLock.lock();  // 加锁

    try {
        return (count.get() > 0) ? head.next.item : null;  // 为空则返回 null
    } finally {
        takeLock.unlock();  // 解锁
    }
}
```

从上述代码可以看出，peek() 方法比较简单，直接就是获取了链表中头节点的元素值。

10. element()

执行 element() 方法后有以下两种结果。

（1）队列不为空时返回队首值但不移除。

（2）队列为空时抛出异常。

element() 方法其实是调用了父类 AbstractQueue 的 element() 方法，源码如下：

```
public E element() {
    E x = peek();
    if (x != null)
        return x;
    else
        throw new NoSuchElementException();
}
```

从上述代码可以看出，执行 element() 方法时，先是获取 peek() 方法的结果，如果结果是 null，则抛出 NoSuchElementException 异常。

7.5.4 实战：LinkedBlockingQueue的单元测试

LinkedBlockingQueue 的单元测试如下：

```
import static org.junit.jupiter.api.Assertions.assertEquals;
import static org.junit.jupiter.api.Assertions.assertFalse;
import static org.junit.jupiter.api.Assertions.assertNotNull;
import static org.junit.jupiter.api.Assertions.assertNull;
import static org.junit.jupiter.api.Assertions.assertThrows;
import static org.junit.jupiter.api.Assertions.assertTrue;

import java.util.NoSuchElementException;
import java.util.Queue;
import java.util.concurrent.BlockingQueue;
import java.util.concurrent.LinkedBlockingQueue;
import java.util.concurrent.TimeUnit;

import org.junit.jupiter.api.Test;

/**
 * LinkedBlockingQueue Test
 *
 * @since 1.0.0 2020 年 5 月 24 日
 * @author <a href="https://waylau.com">Way Lau</a>
 */

class LinkedBlockingQueueTests {

    @Test
```

```
void testOffer() {
    // 初始化队列
    BlockingQueue<String> queue =
            new LinkedBlockingQueue<String>(3);

    // 如果测试队列未满，则返回 true
    boolean resultNotFull = queue.offer("Java");
    assertTrue(resultNotFull);

    // 如果测试队列满，则返回 false
    queue.offer("C");
    queue.offer("Python");
    boolean resultFull = queue.offer("C++");
    assertFalse(resultFull);
}

@Test
void testPut() throws InterruptedException {
    // 初始化队列
    BlockingQueue<String> queue =
            new LinkedBlockingQueue<String>(3);

    // 如果测试队列未满，则直接插入，没有返回值
    queue.put("Java");

    // 如果测试队列满，则会阻塞等待，一直等到队列未满时再插入
    queue.put("C");
    queue.put("Python");
    queue.put("C++"); // 阻塞等待
}

@Test
void testOfferTime() throws InterruptedException {
    // 初始化队列
    BlockingQueue<String> queue =
            new LinkedBlockingQueue<String>(3);

    // 如果测试队列未满，则返回 true
    boolean resultNotFull = queue.offer("Java", 5,
            TimeUnit.SECONDS);

    assertTrue(resultNotFull);

    // 如果测试队列满，则返回 false
    queue.offer("C");
    queue.offer("Python");
    boolean resultFull = queue.offer("C++", 5,
            TimeUnit.SECONDS); // 等待 5s
```

```java
        assertFalse(resultFull);
    }

    @Test
    void testAdd() {
        // 初始化队列
        BlockingQueue<String> queue =
                new LinkedBlockingQueue<String>(3);

        // 如果测试队列未满，则返回 true
        boolean resultNotFull = queue.add("Java");
        assertTrue(resultNotFull);

        // 如果测试队列满，则抛出异常
        queue.add("C");
        queue.add("Python");
        Throwable excpetion = assertThrows(
                IllegalStateException.class, () -> {
                    queue.add("C++");// 抛出异常
                });
        assertEquals("Queue full", excpetion.getMessage());
    }

    @Test
    void testPoll() throws InterruptedException {
        // 初始化队列
        BlockingQueue<String> queue =
                new LinkedBlockingQueue<String>(3);

        // 如果测试队列为空，则返回 null
        String resultEmpty = queue.poll();
        assertNull(resultEmpty);

        // 如果测试队列不为空，则返回队首值并移除
        queue.put("Java");
        queue.put("C");
        queue.put("Python");
        String resultNotEmpty = queue.poll();
        assertEquals("Java", resultNotEmpty);
    }

    @Test
    void testTake() throws InterruptedException {
        // 初始化队列
        BlockingQueue<String> queue =
                new LinkedBlockingQueue<String>(3);

        // 如果测试队列不为空，则返回队首值并移除
        queue.put("Java");
```

```java
        queue.put("C");
        queue.put("Python");
        String resultNotEmpty = queue.take();
        assertEquals("Java", resultNotEmpty);

        // 如果测试队列为空，则会阻塞等待，一直等到队列不为空时再返回队首值
        queue.clear();
        String resultEmpty = queue.take(); // 阻塞等待
        assertNotNull(resultEmpty);
    }

    @Test
    void testPollTime() throws InterruptedException {
        // 初始化队列
        BlockingQueue<String> queue =
                new LinkedBlockingQueue<String>(3);

        // 如果测试队列不为空，则返回队首值并移除
        queue.put("Java");
        queue.put("C");
        queue.put("Python");
        String resultNotEmpty = queue.poll(5,
                TimeUnit.SECONDS);
        assertEquals("Java", resultNotEmpty);

        // 如果测试队列为空，则会阻塞等待。如果在指定时间内队列还为空，则返回 null

        queue.clear();
        String resultEmpty = queue.poll(5,
                TimeUnit.SECONDS); // 等待 5s
        assertNull(resultEmpty);
    }

    @Test
    void testRemove() throws InterruptedException {
        // 初始化队列
        BlockingQueue<String> queue =
                new LinkedBlockingQueue<String>(3);

        // 如果测试队列为空，则抛出异常
        Throwable excpetion = assertThrows(
                NoSuchElementException.class, () -> {
                    queue.remove();// 抛出异常
                });
        assertEquals(null, excpetion.getMessage());

        // 如果测试队列不为空，则返回队首值并移除
        queue.put("Java");
        queue.put("C");
        queue.put("Python");
```

```java
        String resultNotEmpty = queue.remove();
        assertEquals("Java", resultNotEmpty);
}


@Test
void testPeek() throws InterruptedException {
    // 初始化队列
    Queue<String> queue =
            new LinkedBlockingQueue<String>(3);

    // 如果测试队列不为空，则返回队首值并但不移除
    queue.add("Java");
    queue.add("C");
    queue.add("Python");
    String resultNotEmpty = queue.peek();
    assertEquals("Java", resultNotEmpty);
    resultNotEmpty = queue.peek();
    assertEquals("Java", resultNotEmpty);
    resultNotEmpty = queue.peek();
    assertEquals("Java", resultNotEmpty);

    // 如果测试队列为空，则返回 null
    queue.clear();
    String resultEmpty = queue.peek();
    assertNull(resultEmpty);
}


@Test
void testElement() throws InterruptedException {
    // 初始化队列
    Queue<String> queue =
            new LinkedBlockingQueue<String>(3);

    // 如果测试队列不为空，则返回队首值并但不移除
    queue.add("Java");
    queue.add("C");
    queue.add("Python");
    String resultNotEmpty = queue.element();
    assertEquals("Java", resultNotEmpty);
    resultNotEmpty = queue.element();
    assertEquals("Java", resultNotEmpty);
    resultNotEmpty = queue.element();
    assertEquals("Java", resultNotEmpty);

    // 如果测试队列为空，则抛出异常
    queue.clear();
    Throwable excpetion = assertThrows(
            NoSuchElementException.class, () -> {
                queue.element();// 抛出异常
```

```
            });
        assertEquals(null, excpetion.getMessage());
    }

}
```

7.5.5 实战：LinkedBlockingQueue的应用案例

以下是一个生产者 - 消费者的示例。该示例模拟了一个生产者和两个消费者。当队列满时，则会阻塞生产者生产；当队列空时，则会阻塞消费者消费。

```java
import java.util.concurrent.LinkedBlockingQueue;
import java.util.concurrent.BlockingQueue;

class LinkedBlockingQueueDemo {

    public static void main(String[] args) {

        BlockingQueue<String> queue =
                new LinkedBlockingQueue<String>(3);

        // 一个生产者
        Producer p = new Producer(queue);

        // 两个消费者
        Consumer c1 = new Consumer("c1", queue);
        Consumer c2 = new Consumer("c2", queue);

        // 启动线程
        new Thread(p).start();
        new Thread(c1).start();
        new Thread(c2).start();
    }

}
```

运行上述程序，控制台输出内容如下：

```
produce apple: 1590805590956
c2 consume apple: 1590805590956
produce apple: 1590805591976
c1 consume apple: 1590805591976
produce apple: 1590805592977
c2 consume apple: 1590805592977
produce apple: 1590805593979
c1 consume apple: 1590805593979
produce apple: 1590805594979
c2 consume apple: 1590805594979
```

```
produce apple: 1590805595980
c1 consume apple: 1590805595980
produce apple: 1590805596982
c2 consume apple: 1590805596982
produce apple: 1590805597982
c1 consume apple: 1590805597982
produce apple: 1590805598983
c2 consume apple: 1590805598983
produce apple: 1590805599984
```

7.6 双端队列Deque

双端队列 Deque 就是可以在队列的两端插入和移除元素的特殊队列。

Java 提供了 java.util.Deque<E> 接口，以提供对双端队列的支持。该接口是 Java Collections Framework 的一个成员。

7.6.1 Deque的方法

java.util.Deque<E> 接口定义了访问 Deque 两端元素的方法，包括插入、删除和检查元素。这些方法都以以下两种形式存在。

（1）如果操作失败，则抛出异常。

（2）返回一个特殊值（根据操作的不同返回 null 或 false）。

第二种形式的插入操作是专门为容量受限的 Deque 实现而设计的。在大多数实现中，插入操作不会失败。

对 Deque 方法总结，如表 7-4 所示。

表 7-4　Deque 方法总结

类型	队首抛异常	队首特殊值	队尾抛异常	队尾特殊值
插入	addFirst(e)	offerFirst(e)	addLast(e)	offerLast(e)
移除	removeFirst()	pollFirst()	removeLast()	pollLast()
检查	getFirst()	peekFirst()	getLast()	peekLast()

7.6.2 Deque用作队列

Deque 扩展了 Queue 接口，这意味着当 Deque 作为队列使用时，拥有 FIFO 行为的结果。元素添加在 Deque 的末尾，并从队首处删除。从 Queue 接口继承的方法与 Deque 方法完全等效，如表 7-5 所示。

表 7-5　Queue 和 Deque 方法对比

Queue	Deque
add(e)	addLast(e)
offer(e)	offerLast(e)
remove()	removeFirst()
poll()	pollFirst()
element()	getFirst()
peek()	peekFirst()

7.6.3　Deque用作栈

Deque 也可以用作 LIFO 的栈，该接口应该优先于旧版的 Stack 类使用。当一个 Deque 作为栈使用时，元素从 Deque 开始被推入并弹出。堆栈方法与 Deque 方法等效，如表 7-6 所示。

表 7-6　Stack 和 Deque 方法对比

Stack	Deque
push(e)	addFirst(e)
pop()	removeFirst()
peek()	getFirst()

注意，当一个 Deque 用作一个队列或堆栈时，peek() 方法同样有效。在这两种情况下，元素都是从 Deque 的队首开始的。

Deque 接口提供了两种方法来移除内部元素，即 removeFirstOccurrence 和 removeLastOccurrence。与 List 接口不同，此 Deque 不提供对元素的索引访问支持。

尽管 Deque 实现不是严格要求禁止插入空元素，但是强烈建议任何允许空元素的 Deque 实现的用户不要利用插入空元素的能力，这是因为 null 被各种方法用作一个特殊的返回值来指示 Deque 为空。

Deque 实现通常不定义 equals 和 hashCode 方法，而是从类 Object 直接继承。

7.7 数组实现的双端队列ArrayDeque

ArrayDeque 是基于数组实现的无界双端队列。ArrayDeque 中的数组没有容量限制，它们能根据需要增长以支持使用。需要注意的是，ArrayDeque 不是线程安全的，因此在没有外部同步的情况下，它们不支持多线程并发访问。

ArrayDeque 用作栈时可能比 Stack 更快，用作队列时可能比 LinkedList 更快。

ArrayDeque 禁止插入空元素。

ArrayDeque 及其迭代器实现了 Collection 和 Iterator 接口的所有可选方法。

ArrayDeque 是 Java Collections Framework 的一个成员。

7.7.1 ArrayDeque的声明

ArrayDeque 的接口和继承关系如下：

```
public class ArrayDeque<E> extends AbstractCollection<E>
        implements Deque<E>, Cloneable, Serializable
    ...

}
```

完整的接口继承关系如图 7-7 所示。

从上述代码可以看出，ArrayDeque 既实现了 java.util.Deque<E>、java.lang.Cloneable、java.io.Serializable 接口，又继承了 java.util.AbstractCollection<E>。

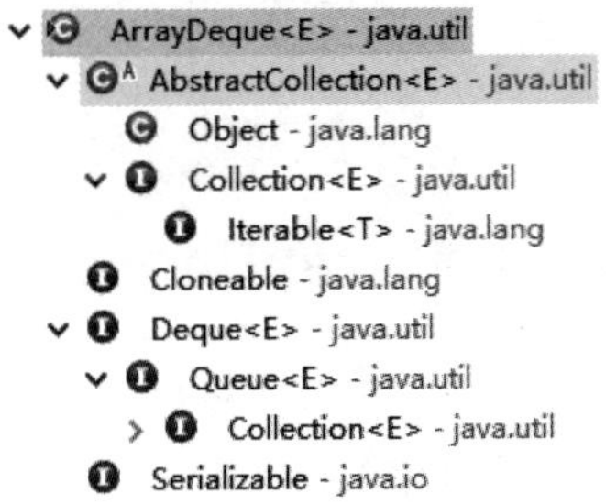

图 7-7 接口继承关系

7.7.2 ArrayDeque的成员变量和构造函数

ArrayDeque 的构造函数和成员变量如下：

```
// 元素数组
transient Object[] elements;

// 队列头索引
transient int head;

// 队列尾索引
transient int tail;

// 数组最大容量
private static final int MAX_ARRAY_SIZE = Integer.MAX_VALUE - 8;

public ArrayDeque() {
```

```
        elements = new Object[16 + 1];
}

public ArrayDeque(int numElements) {
    elements =
        new Object[(numElements < 1) ? 1 :
                    (numElements == Integer.MAX_VALUE) ? Integer.MAX_VALUE :
                    numElements + 1];

}

public ArrayDeque(Collection<? extends E> c) {
    this(c.size());
    copyElements(c);
}
```

从上述代码可以看出，构造函数有三种。构造函数中的参数含义如下。

（1）numElements 用于设置队列中内部数组的元素总数。如果没有指定，则会使用默认元素总数 16。需要注意的是，实际数组的大小是 numElements+1。

（2）c 用于设置最初包含给定集合的元素，按集合迭代器的遍历顺序添加。

类成员 elements 是一个数组，用于存储队列中的元素。head 和 tail 分别表示队头索引和队尾索引。

> 思考：为什么实际数组的大小是 numElements+1？

7.7.3 ArrayDeque的核心方法

以下对 ArrayDeque 常用核心方法的实现原理进行解释。

1. addLast(e)

执行 addLast(e) 方法后有以下两种结果。

（1）队列未达到容量时直接插入，没有返回值。

（2）队列达到容量时先扩容，再插入，没有返回值。

ArrayDeque 的 addLast(e) 方法源码如下：

```
public void addLast(E e) {
    if (e == null)  // 判空
        throw new NullPointerException();
    final Object[] es = elements;
    es[tail] = e;
    if (head == (tail = inc(tail, es.length)))
        grow(1);  // 扩容
}
```

从上述代码可以看出，addLast(e) 方法会先进行判空处理，然后将元素插入。如果插入前判断容量不够，则会执行 grow() 方法进行扩容。

grow() 方法源码如下：

```java
private void grow(int needed) {
    final int oldCapacity = elements.length;
    int newCapacity;
    int jump = (oldCapacity < 64) ? (oldCapacity + 2) : (oldCapacity >> 1);
    if (jump < needed
        || (newCapacity = (oldCapacity + jump)) - MAX_ARRAY_SIZE > 0)
        newCapacity = newCapacity(needed, jump);

    final Object[] es = elements = Arrays.copyOf(elements, newCapacity);

    if (tail < head || (tail == head && es[head] != null)) {
        int newSpace = newCapacity - oldCapacity;
        System.arraycopy(es, head,
                         es, head + newSpace,
                         oldCapacity - head);

        for (int i = head, to = (head += newSpace); i < to; i++)
            es[i] = null;
    }

}

private int newCapacity(int needed, int jump) {
    final int oldCapacity = elements.length, minCapacity;
    if ((minCapacity = oldCapacity + needed) - MAX_ARRAY_SIZE > 0) {
        if (minCapacity < 0)
            throw new IllegalStateException("Sorry, deque too big");
        return Integer.MAX_VALUE;
    }

    if (needed > jump)
        return minCapacity;

    return (oldCapacity + jump - MAX_ARRAY_SIZE < 0)
        ? oldCapacity + jump
        : MAX_ARRAY_SIZE;

}
```

2. offerLast(e)

执行 offerLast(e) 方法后有以下两种结果。

（1）队列未达到容量时返回 true。

（2）队列达到容量时先扩容，再返回 true。

ArrayDeque 的 offerLast(e) 方法源码如下：

```
public boolean offerLast(E e) {
    addLast(e);
    return true;
}
```

从上述代码可以看出，执行 offerLast(e) 方法直接调用的是 addLast(e)。

3. addFirst(e)

执行 addFirst(e) 方法后有以下两种结果。

（1）队列未达到容量时直接插入，没有返回值。

（2）队列达到容量时先扩容，再插入，没有返回值。

ArrayDeque 的 addFirst(e) 方法源码如下：

```
public void addFirst(E e) {
    if (e == null)  // 判空
        throw new NullPointerException();
    final Object[] es = elements;
    es[head = dec(head, es.length)] = e;
    if (head == tail)
        grow(1);  // 扩容
}
```

从上述代码可以看出，addFirst(e) 方法会先进行判空处理，然后将元素插入。如果插入前判断容量不够，则会执行 grow() 方法进行扩容。

4. pollFirst()

执行 pollFirst() 方法后有以下两种结果。

（1）队列不为空时返回队首值并移除。

（2）队列为空时返回 null。

ArrayDeque 的 pollFirst() 方法源码如下：

```
public E pollFirst() {
    final Object[] es;
    final int h;
    E e = elementAt(es = elements, h = head);
    if (e != null) {
        es[h] = null;
        head = inc(h, es.length);
    }

    return e;
}
```

从上述代码可以看出，执行 pollFirst() 方法时分为以下几个步骤。

（1）先取队列的队首元素。

（2）如果队首元素不存在，则直接返回 null。

（3）如果队首元素存在，则返回该元素的同时移除元素。

5. removeFirst()

执行 removeFirst() 方法后有以下两种结果。

（1）队列不为空时返回队首值并移除。

（2）队列为空时抛出异常。

ArrayDeque 的 removeFirst() 方法源码如下：

```java
public E removeFirst() {
    E e = pollFirst();
    if (e == null)
        throw new NoSuchElementException();

    return e;
}
```

从上述代码可以看出，removeFirst() 方法直接调用了 pollFirst() 方法。如果 pollFirst() 方法返回结果为 null，则抛出 NoSuchElementException 异常。

pollFirst() 方法此处不再赘述。

6. peekFirst()

执行 peekFirst() 方法后有以下两种结果。

（1）队列不为空时返回队首值但不移除。

（2）队列为空时返回 null。

peekFirst() 方法源码如下：

```java
public E peekFirst() {
    return elementAt(elements, head);
}

static final <E> E elementAt(Object[] es, int i) {
    return (E) es[i];
}
```

从上述代码可以看出，peekFirst() 方法比较简单，直接就是获取了数组中索引为 head 的元素。

7. getFirst()

执行 getFirst() 方法后有以下两种结果。

（1）队列不为空时返回队首值但不移除。

（2）队列为空时抛出异常。

getFirst() 方法源码如下：

```
public E getFirst() {
    E e = elementAt(elements, head);
    if (e == null)
        throw new NoSuchElementException();

    return e;
}
```

从上述代码可以看出，执行 getFirst() 方法时先获取数组中索引为 head 的元素。如果结果是 null，则抛出 NoSuchElementException 异常。

7.7.4 实战：ArrayDeque的单元测试

ArrayDeque 的单元测试如下：

```
import static org.junit.jupiter.api.Assertions.assertEquals;
import static org.junit.jupiter.api.Assertions.assertNull;
import static org.junit.jupiter.api.Assertions.assertThrows;
import static org.junit.jupiter.api.Assertions.assertTrue;

import java.util.ArrayDeque;
import java.util.Deque;
import java.util.NoSuchElementException;

import org.junit.jupiter.api.Test;

/**
 * ArrayDeque Tests
 *
 * @since 1.0.0 2020 年 6 月 1 日
 * @author <a href="https://waylau.com">Way Lau</a>
 */

class ArrayDequeTests {

    @Test
    void testAddLast() {
        // 初始化队列
        Deque<String> queue = new ArrayDeque<String>(3);

        // 如果测试队列未满，则直接插入，没有返回值
        queue.addLast("Java");

        // 如果测试队列满，则扩容
        queue.addLast("C");
        queue.addLast("Python");
        queue.addLast("C++"); // 扩容
    }
```

```java
@Test
void testOfferLast() {
    // 初始化队列
    Deque<String> queue = new ArrayDeque<String>(3);

    // 如果测试队列未满，则返回 true
    boolean resultNotFull = queue.offerLast("Java");
    assertTrue(resultNotFull);

    // 如果测试队列达到容量，则会自动扩容
    queue.offerLast("C");
    queue.offerLast("Python");
    boolean resultFull = queue.offerLast("C++"); // 扩容
    assertTrue(resultFull);
}

@Test
void testAddFirst() {
    // 初始化队列
    Deque<String> queue = new ArrayDeque<String>(3);

    // 如果测试队列未满，则直接插入，没有返回值。
    queue.addFirst("Java");

    // 如果测试队列满，则扩容
    queue.addFirst("C");
    queue.addFirst("Python");
    queue.addFirst("C++"); // 扩容
}

@Test
void testPollFirst() throws InterruptedException {
    // 初始化队列
    Deque<String> queue = new ArrayDeque<String>(3);

    // 如果测试队列为空，则返回 null
    String resultEmpty = queue.pollFirst();
    assertNull(resultEmpty);

    // 如果测试队列不为空，则返回队首值并移除
    queue.addLast("Java");
    queue.addLast("C");
    queue.addLast("Python");
    String resultNotEmpty = queue.pollFirst();
    assertEquals("Java", resultNotEmpty);
}

@Test
```

```java
void testRemoveFirst() throws InterruptedException {
    // 初始化队列
    Deque<String> queue = new ArrayDeque<String>(3);

    // 如果测试队列为空，则抛出异常
    Throwable excpetion = assertThrows(
            NoSuchElementException.class, () -> {

                queue.removeFirst();// 抛出异常

            });

    assertEquals(null, excpetion.getMessage());

    // 如果测试队列不为空，则返回队首值并移除
    queue.addLast("Java");
    queue.addLast("C");
    queue.addLast("Python");
    String resultNotEmpty = queue.removeFirst();
    assertEquals("Java", resultNotEmpty);

}

@Test
void testPeekFirst() throws InterruptedException {
    // 初始化队列

    Deque<String> queue = new ArrayDeque<String>(3);

    // 如果测试队列不为空，则返回队首值并但不移除
    queue.add("Java");
    queue.add("C");
    queue.add("Python");
    String resultNotEmpty = queue.peekFirst();
    assertEquals("Java", resultNotEmpty);
    resultNotEmpty = queue.peekFirst();
    assertEquals("Java", resultNotEmpty);
    resultNotEmpty = queue.peekFirst();
    assertEquals("Java", resultNotEmpty);

    // 如果测试队列为空，则返回 null
    queue.clear();
    String resultEmpty = queue.peek();
    assertNull(resultEmpty);
}

@Test
void testGetFirst() throws InterruptedException {
    // 初始化队列
```

```
Deque<String> queue = new ArrayDeque<String>(3);

// 如果测试队列不为空，则返回队首值并但不移除
queue.add("Java");
queue.add("C");
queue.add("Python");
String resultNotEmpty = queue.getFirst();
assertEquals("Java", resultNotEmpty);
resultNotEmpty = queue.getFirst();
assertEquals("Java", resultNotEmpty);
resultNotEmpty = queue.getFirst();
assertEquals("Java", resultNotEmpty);

// 如果测试队列为空，则抛出异常
queue.clear();
Throwable excpetion = assertThrows(
        NoSuchElementException.class, () -> {
            queue.getFirst();// 抛出异常
        });
assertEquals(null, excpetion.getMessage());
}

}
```

7.7.5　ArrayDeque的应用案例——工作窃取

双端队列的一个经典使用场景就是工作窃取（work-stealing）。ForkJoinPool 线程池就利用了双端队列支持工作窃取。

线程池中每个线程都有一个互不影响的任务队列（双端队列），线程每次都从自己的任务队列的队头中取出一个任务来运行。如果某个线程对应的队列已空并且处于空闲状态，而其他线程的队列中还有任务需要处理但该线程处于工作状态，那么空闲线程可以从其他线程的队列的队尾取一个任务来帮忙运行，感觉就像是空闲的线程去"偷"人家的任务来运行一样，所以称其为工作窃取。这是保证负载均衡（Load Balance，LB）的一个重要思路。

ForkJoinPool 线程池是属于 Fork/Join 框架，该框架是自 Java 7 版本中引入的并发框架。

Fork/Join 框架是 ExecutorService 接口的一种具体实现，目的是帮助用户更好地利用多处理器带来的好处。它是为那些能够被递归地拆解成子任务的工作类型量身设计的，目的在于能够使用所有可用的运算能力来提升应用的性能。

类似于 ExecutorService 接口的其他实现，Fork/Join 框架会将任务分发给线程池中的工作线程。Fork/Join 框架的独特之处在于它使用工作窃取算法，已完成自己的工作而处于空闲的工作线程能够从其他仍然处于忙碌状态的工作线程处窃取等待执行的任务。

Fork/Join 框架的核心是 ForkJoinPool 类。ForkJoinPool 是对 AbstractExecutorService 类的扩展，

实现了工作窃取算法，并可以执行 ForkJoinTask 任务。

以下伪代码将演示 Fork/Join 框架的基本用法：

```
if（当前这个任务工作量足够小）
    直接完成这个任务
else
    将这个任务或这部分工作分解成两个部分
    分别触发这两个子任务的执行，并等待结果
```

需要将这段代码包裹在一个 ForkJoinTask 的子类中，但通常情况下会使用一种更为具体的类型，如 RecursiveTask（会返回一个结果）或 RecursiveAction。当 ForkJoinTask 子类准备好后，创建一个代表所有需要完成工作的对象，然后将其作为参数传递给一个 ForkJoinPool 实例的 invoke() 方法即可。

有关 Fork/Join 框架的更多内容，读者可以参阅笔者所著的《Java 核心编程》（清华大学出版社，2020）。

7.8 总结

本章学习了队列这种运算受限的线性表。

队列被限定在表尾进行插入、在表头进行删除操作，实现了 FIFO 或是 LILO 的工作方式。

在 Java 框架中提供了众多的队列实现，如 ArrayBlockingQueue、LinkedBlockingQueue、DelayQueue、PriorityBlockingQueue、SynchronousQueue 和 LinkedBlockingDeque 等。每个队列的使用场景都不同，需要结合实现项目的特点来选用。

7.9 习题

1. 简述队列的特征。

2. 在 ArrayBlockingQueue 的 enqueue(E e) 方法中，当 putIndex 等于数组 items 长度时，putIndex 为什么置为 0？

3. 在 LinkedBlockingQueue 的 offer(e) 方法中，对 count 是否超过了容量的限制进行了两次判断，为什么？

4. 在 ArrayDeque 中，为什么实际数组的大小是 numElements+1？

5. 简述工作窃取的工作原理。

第8章

跳表和散列

通过前面章节的学习，我们知道了在有序链表上查找所需要的时间复杂度是 $O(n)$。那么如何来加快查找速度呢？

本章介绍的跳表和散列就是加快链表的查找速度的两种实现方式。

8.1 字典

在介绍跳表（Skip List）和散列（Hashing）之前，首先简单介绍字典（Dictionary）。

字典是由一些形如（k，v）的数对组成的集合，其中 k 是键，v 是与键对应的值，任意两个数对其键都不相等，这种数对也称为键值对。跳表和散列是两种不同的字典的实现形式。

8.1.1 跳表

有序链表的查找性能时间复杂度是 $O(n)$，而跳表则是引入折半查找的方法，时间复杂度降为 $O(\log n)$。

跳表是一种随机化的数据结构，目前开源软件 Redis 和 LevelDB 都用到了它。跳表的效率和红黑树（Red Black Tree）及 AVL 树相似，但跳表的原理相当简单，只要用户能熟练操作链表，就能轻松实现一个跳表。

跳表首先由 William Pugh 在其 1989 年的论文 *Skip Lists: A Probabilistic Alternative to Balanced Trees* 中提出。由该论文的题目可以知道以下两点。

（1）跳表是概率型数据结构。

（2）跳表是用来替代平衡树的数据结构。准确来说，跳表是用来替代自平衡二叉查找树（Self-balancing BST）的结构。跳表是对原始的链表进行修改后的变种，其利用空间换时间的思想，大幅提高查询性能。跳表支持快速的插入、删除、查找操作。

下面通过具体示例介绍跳表是如何提高查询效率的。

1. 跳表示例

图 8-1 所示为一个用有序链表描述的字典。

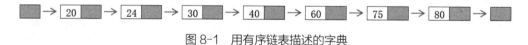

图 8-1　用有序链表描述的字典

在上述字典中有 7 个数对，至少需要 7 次键的比较。如果该字典有 n 个数对，则至少需要 n 次键的比较。上述链表也称为 0 级跳表。

如果在链表的中部节点加一个指针，则比较次数可以减少到 n/2+1。这时，为了查找一个数对，首先与中间的数对进行比较。

（1）如果查找的数对关键字比较小，则仅在链表的左半部分继续查找。

（2）否则，在链表的右半部分继续查找。

如图 8-2 所示，在链表的中间节点加入了一个指针，形成了 1 级跳表。

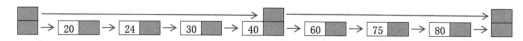

图 8-2　1 级跳表

上述 1 级跳表可以将查询次数降为 4 次。

同理，还可以继续加入指针，形成 2 级跳表，以至 n 级跳表。图 8-3 所示为一个 2 级跳表。

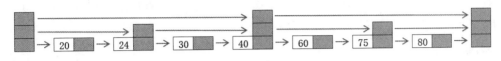

图 8-3　2 级跳表

在上述 2 级跳表中，如果想要查找键为 30 的元素，过程如下。

（1）在 2 级链表中比较，所需要的时间为 $\Theta(1)$，发现 30 比 40 小。

（2）在链表的左半部分的 1 级链表查找，所需时间也为 $\Theta(1)$，发现 30>24。

（3）在 0 级链表的右半部分查找。

2. n 级跳表的规则

对于 n 个数而言，0 级链表包括所有数对，1 级链表每 2 个数对取一个，2 级链表每 4 个数对取一个……i 级链表每 $2i$ 个数对取一个。

对于每个数对而言，一个数对属于 i 级链表（i 的取值范围为 0~i）；每个数对只属于某一级链表，而不同时属于多个级别的链表。例如，图 8-3 中的关键字 20 属于 0 级链表，关键字 24 属于 1 级链表，关键字 40 属于 3 级链表。

8.1.2　散列

散列也称为哈希，是一种将字符组成的字符串转换为固定长度（一般是更短长度）的数值或索引值的方法。由于通过更短的散列值比用原始值进行数据库搜索更快，因此这种方法一般用来在数据库中建立索引并进行搜索，同时还用在各种解密算法中。

1. 散列示例

例如，在数据库中存储一些人名，排列方式可能是下面这样：

（1）Abernathy, Sara。

（2）Epperdingle, Roscoe。

（3）Moore, Wilfred。

（4）Smith, David。

上述所有名字均按字母排序。可以利用这些名字本身作为数据库的索引值。数据库搜索算法首先会逐个字符进行名字的搜索，直到找到为止。但是，如果利用散列对每个名字进行了转换，就可能为数据库中的每一个名字产生一个四位的索引值，其中位数长度取决于数据库中到底有多少个人名，如下面这样：

（1）7864 Abernathy, Sara。

（2）9802 Epperdingle, Roscoe。

（3）1990 Moore, Wilfred。

（4）8822 Smith, David。

这样，下次搜索名字时，就先搜索哈希并对数据库中的每个值进行一一对应。通常来说，寻找四位的数字比寻找未知长度的字符串要快得多。

2. 散列算法

散列算法也称为散列函数或哈希函数。Hash 一词的英文意思为"无用信息"，因此"散列"一词的由来可能是因为最终形成的散列表中是各种看起来零散的数据。

除用来快速搜索数据外，散列算法还用来完成签名的加密解密工作，这种签名可以用来对收发消息时的用户签名进行鉴权。先用散列函数对数据签名进行转换，然后将数字签名本身和转换后的信息摘要分别独立地发送给接收人。通过利用和发送人一样的散列函数，接收人可以从数字签名获得一个信息摘要，然后将此摘要同传送过来的摘要进行比较，这两个值相等则表示数字签名有效。

利用散列函数对数据库中的原始值建立索引，以后每获取一次数据时都要利用散列函数进行重新转换。因此，散列函数始终是单向操作，没有必要通过分析散列值来试图逆推散列函数。实际上，一个典型的散列函数是不可能逆推出来的。好的散列函数还应该避免对于不同输入产生相同的散列值的情况发生。如果产生了散列值相同的情况，则称为散列冲突。可接受的散列函数应该将产生冲突情况的可能性降到非常小。

8.2 抽象数据类型

本节介绍字典的抽象数据结构及基本操作。由于历史原因，Java 分别提供了 java.util.Dictionary<K, V> 抽象类和 java.util.Map<K, V> 接口。

8.2.1 Dictionary抽象类

Dictionary 抽象类代码如下：

```java
public abstract
class Dictionary<K,V> {

    // 构造函数
    public Dictionary() {
    }

    // 返回字典中数对的个数
    public abstract int size();

    // 判断字典是否为空
```

```
    public abstract boolean isEmpty();

    // 返回此字典中键的枚举
    public abstract Enumeration<K> keys();

    // 返回此字典中值的枚举
    public abstract Enumeration<V> elements();

    // 根据键获取对应的值
    // 如果没有查到对应的值，则返回 null
    // 键不能为 null，否则抛出 NullPointerException 异常
    public abstract V get(Object key);

    // 在字典中映射键值的关系。键和值都不能是 null
    // 如果此字典已包含指定键，则将键对应的值改为新值后返回原值
    // 如果此词典中没有指定键，则会为该键映射指定的值，并返回 null
    // 键和值不能为 null，否则抛出 NullPointerException 异常
    public abstract V put(K key, V value);

    // 移除键值对
    // 如果字典中包含该键，则返回该键所映射的值
    // 如果字典中不包含该键，则无须做任何动作，返回 null
    // 键不能为 null，否则抛出 NullPointerException 异常
    public abstract V remove(Object key);
}
```

Dictionary 抽象类在 Java 1.0 版本就有了。通常，该类的实现应该使用 equals() 方法来决定两个键是否相同。Dictionary 抽象类的唯一直接实现类只有 java.util.Hashtable<K, V> 接口。

需要注意的是，Dictionary 类已经过时，新的代码不应该再实现该类，而应该选择使用 java.util.Map<K, V> 接口。

8.2.2　Map接口

从 Java 2 平台 1.2 版本开始引入了 Map 接口，以期望替代 Dictionary 类。

Map 接口核心源码如下：

```
public interface Map<K, V> {
    // 查询操作

    // 返回 Map 中数对的个数
    // 如果数对的个数超过 Integer.MAX_VALUE，则返回 Integer.MAX_VALUE
    int size();

    // 判断 Map 是否为空
    boolean isEmpty();
```

```java
// 判断 Map 是否包含指定的键
boolean containsKey(Object key);

// 判断 Map 是否包含指定的值
boolean containsValue(Object value);

// 根据键获取对应的值
// 如果没有查到对应的值，则返回 null
// 键不能为 null，否则抛出 NullPointerException 异常
V get(Object key);

// 修改操作

// 在 Map 中映射键值的关系。键和值都不能是 null
// 如果此 Map 已包含指定键，则将键对应的值改为新值后返回原值
// 如果此 Map 中没有指定键，则会为该键映射指定的值，并返回 null
// 键和值不能为 null，否则抛出 NullPointerException 异常
V put(K key, V value);

// 移除键值对
// 如果 Map 中包含该键，则返回该键所映射的值
// 如果 Map 中不包含该键，则无须做任何动作，返回 null
// 键不能为 null，否则抛出 NullPointerException 异常
V remove(Object key);

// 批量操作

// 批量复制
void putAll(Map<? extends K, ? extends V> m);

// 清空 Map
void clear();


// Views

// 返回 Map 的所有键
Set<K> keySet();

// 返回 Map 包含的所有值
Collection<V> values();

// 返回 Map 所有的键值对
Set<Map.Entry<K, V>> entrySet();

// 比较和散列

// 比较
boolean equals(Object o);
```

```
    // 获取散列值
    int hashCode();

    ...
}
```

从上述接口定义可以看出，Map 接口与 Dictionary 抽象类提供的方法大部分类似。当然，除此之外，Map 接口还提供了众多的默认方法。例如，以下是在 Java 8 中提供的方法，用于函数式编程：

```
default V getOrDefault(Object key, V defaultValue) {
    V v;
    return (((v = get(key)) != null) || containsKey(key))
        ? v
        : defaultValue;
}

default void forEach(BiConsumer<? super K, ? super V> action) {
    Objects.requireNonNull(action);
    for (Map.Entry<K, V> entry : entrySet()) {
        K k;
        V v;
        try {
            k = entry.getKey();
            v = entry.getValue();
        } catch (IllegalStateException ise) {
            // this usually means the entry is no longer in the map.
            throw new ConcurrentModificationException(ise);
        }
        action.accept(k, v);
    }
}

default void replaceAll(BiFunction<? super K, ? super V, ? extends V>
function) {
    Objects.requireNonNull(function);
    for (Map.Entry<K, V> entry : entrySet()) {
        K k;
        V v;
        try {
            k = entry.getKey();
            v = entry.getValue();
        } catch (IllegalStateException ise) {
            // this usually means the entry is no longer in the map.
            throw new ConcurrentModificationException(ise);
        }

        // ise thrown from function is not a cme.
        v = function.apply(k, v);
```

```java
        try {
            entry.setValue(v);
        } catch (IllegalStateException ise) {
            // this usually means the entry is no longer in the map.
            throw new ConcurrentModificationException(ise);
        }
    }
}

default V putIfAbsent(K key, V value) {
    V v = get(key);
    if (v == null) {
        v = put(key, value);
    }

    return v;
}

default boolean remove(Object key, Object value) {
    Object curValue = get(key);
    if (!Objects.equals(curValue, value) ||
        (curValue == null && !containsKey(key))) {
        return false;
    }
    remove(key);
    return true;
}

default boolean replace(K key, V oldValue, V newValue) {
    Object curValue = get(key);
    if (!Objects.equals(curValue, oldValue) ||
        (curValue == null && !containsKey(key))) {
        return false;
    }
    put(key, newValue);
    return true;
}

default V replace(K key, V value) {
    V curValue;
    if ((((curValue = get(key)) != null) || containsKey(key)) {
        curValue = put(key, value);
    }
    return curValue;
}

default V computeIfAbsent(K key,
        Function<? super K, ? extends V> mappingFunction) {
```

```
        Objects.requireNonNull(mappingFunction);
        V v;
        if ((v = get(key)) == null) {
            V newValue;
            if ((newValue = mappingFunction.apply(key)) != null) {
                put(key, newValue);
                return newValue;
            }
        }

        return v;
    }

    default V computeIfPresent(K key,
            BiFunction<? super K, ? super V, ? extends V> remappingFunction) {
        Objects.requireNonNull(remappingFunction);
        V oldValue;
        if ((oldValue = get(key)) != null) {
            V newValue = remappingFunction.apply(key, oldValue);
            if (newValue != null) {
                put(key, newValue);
                return newValue;
            } else {
                remove(key);
                return null;
            }
        } else {
            return null;
        }
    }

    default V compute(K key,
            BiFunction<? super K, ? super V, ? extends V> remappingFunction) {
        Objects.requireNonNull(remappingFunction);
        V oldValue = get(key);

        V newValue = remappingFunction.apply(key, oldValue);
        if (newValue == null) {
            // delete mapping
            if (oldValue != null || containsKey(key)) {
                // something to remove
                remove(key);
                return null;
            } else {
                // nothing to do. Leave things as they were.
                return null;
            }
        } else {
            // add or replace old mapping
```

```
        put(key, newValue);
        return newValue;
    }
}

default V merge(K key, V value,
        BiFunction<? super V, ? super V, ? extends V> remappingFunction) {
    Objects.requireNonNull(remappingFunction);
    Objects.requireNonNull(value);
    V oldValue = get(key);
    V newValue = (oldValue == null) ? value :
                    remappingFunction.apply(oldValue, value);
    if (newValue == null) {
        remove(key);
    } else {
        put(key, newValue);
    }
    return newValue;
}
```

Map 还提供了非常多的静态方法。以下是 Java 9 和 Java 10 中新增的用于构造 Map 的方法：

```
static <K, V> Map<K, V> of() {
    return (Map<K,V>) ImmutableCollections.MapN.EMPTY_MAP;
}

static <K, V> Map<K, V> of(K k1, V v1) {
    return new ImmutableCollections.Map1<>(k1, v1);
}

static <K, V> Map<K, V> of(K k1, V v1, K k2, V v2) {
    return new ImmutableCollections.MapN<>(k1, v1, k2, v2);
}

static <K, V> Map<K, V> of(K k1, V v1, K k2, V v2, K k3, V v3) {
    return new ImmutableCollections.MapN<>(k1, v1, k2, v2, k3, v3);
}

static <K, V> Map<K, V> of(K k1, V v1, K k2, V v2, K k3, V v3, K k4, V v4) {
    return new ImmutableCollections.MapN<>(k1, v1, k2, v2, k3, v3, k4, v4);
}

static <K, V> Map<K, V> of(K k1, V v1, K k2, V v2, K k3, V v3, K k4, V v4,
 K k5, V v5) {
    return new ImmutableCollections.MapN<>(k1, v1, k2, v2, k3, v3, k4, v4, k5, v5);
}

static <K, V> Map<K, V> of(K k1, V v1, K k2, V v2, K k3, V v3, K k4, V v4,
 K k5, V v5, K k6, V v6) {
    return new ImmutableCollections.MapN<>(k1, v1, k2, v2, k3, v3, k4, v4,
```

```
k5, v5, k6, v6);
}

static <K, V> Map<K, V> of(K k1, V v1, K k2, V v2, K k3, V v3, K k4, V v4, K
 k5, V v5, K k6, V v6, K k7, V v7) {
    return new ImmutableCollections.MapN<>(k1, v1, k2, v2, k3, v3, k4, v4, k5,
 v5, k6, v6, k7, v7);
}

static <K, V> Map<K, V> of(K k1, V v1, K k2, V v2, K k3, V v3, K k4, V v4, K
 k5, V v5, K k6, V v6, K k7, V v7, K k8, V v8) {
    return new ImmutableCollections.MapN<>(k1, v1, k2, v2, k3, v3, k4, v4, k5,
 v5, k6, v6, k7, v7, k8, v8);
}

static <K, V> Map<K, V> of(K k1, V v1, K k2, V v2, K k3, V v3, K k4, V v4, K
 k5, V v5, K k6, V v6, K k7, V v7, K k8, V v8, K k9, V v9) {
    return new ImmutableCollections.MapN<>(k1, v1, k2, v2, k3, v3, k4, v4, k5,
 v5, k6, v6, k7, v7, k8, v8, k9, v9);
}

static <K, V> Map<K, V> of(K k1, V v1, K k2, V v2, K k3, V v3, K k4, V v4, K
 k5, V v5, K k6, V v6, K k7, V v7, K k8, V v8, K k9, V v9, K k10, V v10) {
    return new ImmutableCollections.MapN<>(k1, v1, k2, v2, k3, v3, k4, v4, k5,
 v5, k6, v6, k7, v7, k8, v8, k9, v9, k10, v10);
}


@SafeVarargs
@SuppressWarnings("varargs")
static <K, V> Map<K, V> ofEntries(Entry<? extends K, ? extends V>... entries) {
    if (entries.length == 0) { // implicit null check of entries array
        @SuppressWarnings("unchecked")
        var map = (Map<K,V>) ImmutableCollections.MapN.EMPTY_MAP;
        return map;
    } else if (entries.length == 1) {
        // implicit null check of the array slot
        return new ImmutableCollections.Map1<>(entries[0].getKey(),
                entries[0].getValue());
    } else {
        Object[] kva = new Object[entries.length << 1];
        int a = 0;
        for (Entry<? extends K, ? extends V> entry : entries) {
            // implicit null checks of each array slot
            kva[a++] = entry.getKey();
            kva[a++] = entry.getValue();
        }
        return new ImmutableCollections.MapN<>(kva);
    }
}
```

```
static <K, V> Entry<K, V> entry(K k, V v) {
    // KeyValueHolder checks for nulls
    return new KeyValueHolder<>(k, v);
}

@SuppressWarnings({"rawtypes","unchecked"})
static <K, V> Map<K, V> copyOf(Map<? extends K, ? extends V> map) {
    if (map instanceof ImmutableCollections.AbstractImmutableMap) {
        return (Map<K,V>)map;
    } else {
        return (Map<K,V>)Map.ofEntries(map.entrySet().toArray(new
Entry[0]));
    }
}
```

Map 接口也有众多的实现类，如 java.util.HashMap<K, V>、java.util.concurrent.ConcurrentHashMap <K, V>、java.util.concurrent.ConcurrentSkipListMap<K, V>、java.util.TreeMap<K, V> 等。

8.2.3　Dictionary抽象类和Map接口的抉择

由于历史的原因，Java 提供了 Dictionary 抽象类和 Map 接口，两者的用途虽然类似，但在具体使用上仍有差别。

Map 是 Java Collections Framework 框架的成员，而 Dictionary 抽象类不是。Dictionary 抽象类的实现类 Hashtable 的方法是同步的，这意味着方法是线程安全的。如果不需要线程安全，则建议使用 HashMap 代替 Hashtable。另外需要注意的是，从 Java 1.2 开始，Hashtable 也可以实现 Map 接口。如果需要线程安全的高并发实现，则建议使用 ConcurrentHashMap 代替 Hashtable，因为 ConcurrentHashMap 拥有比 Hashtable 更好的性能。

综上，不管是从 API 的易用性、可替代性，还是从性能角度考虑，都不再建议使用 Dictionary 抽象类，而应选择使用 Map 接口及其实现。

8.3 散列HashMap

在 Java 中，HashMap 一直是非常常用的数据结构。

在 Java 8 以前，HashMap 的实现由数组和链表组成，主要有以下不足之处。

（1）即使散列函数取得再好，也很难达到元素百分百均匀分布。

（2）HashMap 中有大量的元素都存放到同一个桶中时，该桶下有一条长长的链表，这时 HashMap 就相当于一个单链表。假如单链表有 n 个元素，遍历的时间复杂度就是 $O(n)$，完全失去了它的优势。

针对上述情况，自 Java 8 开始引入了红黑树来进行优化。新版的 HashMap 由数组、单链表和红黑树组合构成，如图 8-4 所示。

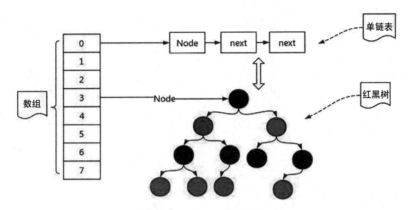

图 8-4　HashMap 的构成

新版的 HashMap 内部实现包含以下主要特点。

（1）使用散列表进行数据存储，并使用链地址法解决冲突。

（2）当链表长度不小于 8 时，将链表转换为红黑树来存储。

（3）每次进行二次幂的扩容，即扩容为原容量的两倍。

通过上述优化，HashMap 的查找时间复杂度降为 $O(\log n)$。

8.3.1　HashMap的声明

HashMap 的接口和继承关系如下：

```
public class HashMap<K,V> extends AbstractMap<K,V>
    implements Map<K,V>, Cloneable, Serializable {
    ...

}
```

完整的接口继承关系如图 8-5 所示。

从上述代码可以看出，HashMap 既实现了 java.util.Map<K, V>、java.lang.Cloneable、java.io.Serializable 接口，又继承了 java.util.AbstractMap <K, V> 抽象类。

AbstractMap 类提供了 Map 接口的框架实现，以最小化实现该接口所需的工作。AbstractMap 核心源码如下：

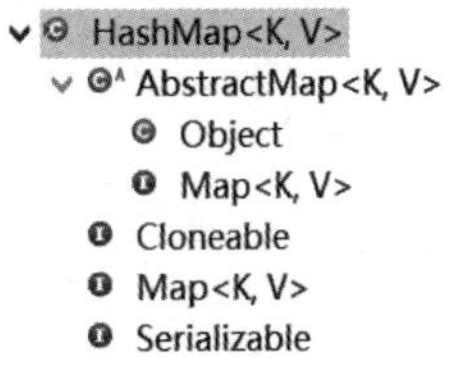

```
package java.util;
import java.util.Map.Entry;
```

图 8-5　接口继承关系

195

```java
public abstract class AbstractMap<K,V> implements Map<K,V> {

    protected AbstractMap() {
    }

    // 查询操作

    public int size() {
        return entrySet().size();
    }

    public boolean isEmpty() {
        return size() == 0;
    }

    public boolean containsValue(Object value) {
        Iterator<Entry<K,V>> i = entrySet().iterator();
        if (value==null) {
            while (i.hasNext()) {
                Entry<K,V> e = i.next();
                if (e.getValue()==null)
                    return true;
            }
        } else {
            while (i.hasNext()) {
                Entry<K,V> e = i.next();
                if (value.equals(e.getValue()))
                    return true;
            }
        }
        return false;
    }

    public boolean containsKey(Object key) {
        Iterator<Map.Entry<K,V>> i = entrySet().iterator();
        if (key==null) {
            while (i.hasNext()) {
                Entry<K,V> e = i.next();
                if (e.getKey()==null)
                    return true;
            }
        } else {
            while (i.hasNext()) {
                Entry<K,V> e = i.next();
                if (key.equals(e.getKey()))
                    return true;
            }
        }
    }
```

```
            return false;
    }

    public V get(Object key) {
        Iterator<Entry<K,V>> i = entrySet().iterator();
        if (key==null) {
            while (i.hasNext()) {
                Entry<K,V> e = i.next();
                if (e.getKey()==null)
                    return e.getValue();
            }
        } else {
            while (i.hasNext()) {
                Entry<K,V> e = i.next();
                if (key.equals(e.getKey()))
                    return e.getValue();
            }
        }
        return null;
    }


    // 修改操作

    public V put(K key, V value) {
        throw new UnsupportedOperationException();
    }

    public V remove(Object key) {
        Iterator<Entry<K,V>> i = entrySet().iterator();
        Entry<K,V> correctEntry = null;
        if (key==null) {
            while (correctEntry==null && i.hasNext()) {
                Entry<K,V> e = i.next();
                if (e.getKey()==null)
                    correctEntry = e;
            }
        } else {
            while (correctEntry==null && i.hasNext()) {
                Entry<K,V> e = i.next();
                if (key.equals(e.getKey()))
                    correctEntry = e;
            }
        }

        V oldValue = null;
        if (correctEntry !=null) {
            oldValue = correctEntry.getValue();
            i.remove();
```

```
        }
        return oldValue;
    }


    // 批量操作

    public void putAll(Map<? extends K, ? extends V> m) {
        for (Map.Entry<? extends K, ? extends V> e : m.entrySet())
            put(e.getKey(), e.getValue());
    }

    public void clear() {
        entrySet().clear();
    }


    // 视图

    transient Set<K>          keySet;
    transient Collection<V> values;

    public Set<K> keySet() {
        Set<K> ks = keySet;
        if (ks == null) {
            ks = new AbstractSet<K>() {
                public Iterator<K> iterator() {
                    return new Iterator<K>() {
                        private Iterator<Entry<K,V>> i = entrySet().iterator();

                        public boolean hasNext() {
                            return i.hasNext();
                        }

                        public K next() {
                            return i.next().getKey();
                        }

                        public void remove() {
                            i.remove();
                        }
                    };
                }

                public int size() {
                    return AbstractMap.this.size();
                }

                public boolean isEmpty() {
```

```
                        return AbstractMap.this.isEmpty();
                    }

                    public void clear() {
                        AbstractMap.this.clear();
                    }

                    public boolean contains(Object k) {
                        return AbstractMap.this.containsKey(k);
                    }
                };
                keySet = ks;
            }
            return ks;
        }

        public Collection<V> values() {
            Collection<V> vals = values;
            if (vals == null) {
                vals = new AbstractCollection<V>() {
                    public Iterator<V> iterator() {
                        return new Iterator<V>() {
                            private Iterator<Entry<K,V>> i = entrySet().iterator();

                            public boolean hasNext() {
                                return i.hasNext();
                            }

                            public V next() {
                                return i.next().getValue();
                            }

                            public void remove() {
                                i.remove();
                            }
                        };
                    }

                    public int size() {
                        return AbstractMap.this.size();
                    }

                    public boolean isEmpty() {
                        return AbstractMap.this.isEmpty();
                    }

                    public void clear() {
                        AbstractMap.this.clear();
                    }
```

```java
            public boolean contains(Object v) {
                return AbstractMap.this.containsValue(v);
            }
        };
        values = vals;
    }
    return vals;
}

public abstract Set<Entry<K,V>> entrySet();


// 比较和散列

public boolean equals(Object o) {
    if (o == this)
        return true;

    if (!(o instanceof Map))
        return false;
    Map<?,?> m = (Map<?,?>) o;
    if (m.size() != size())
        return false;

    try {
        for (Entry<K, V> e : entrySet()) {
            K key = e.getKey();
            V value = e.getValue();
            if (value == null) {
                if (!(m.get(key) == null && m.containsKey(key)))
                    return false;
            } else {
                if (!value.equals(m.get(key)))
                    return false;
            }
        }
    } catch (ClassCastException unused) {
        return false;
    } catch (NullPointerException unused) {
        return false;
    }

    return true;
}

public int hashCode() {
    int h = 0;
    for (Entry<K, V> entry : entrySet())
```

```
            h += entry.hashCode();
        return h;
    }

    public String toString() {
        Iterator<Entry<K,V>> i = entrySet().iterator();
        if (! i.hasNext())
            return "{}";

        StringBuilder sb = new StringBuilder();
        sb.append('{');
        for (;;) {
            Entry<K,V> e = i.next();
            K key = e.getKey();
            V value = e.getValue();
            sb.append(key   == this ? "(this Map)" : key);
            sb.append('=');
            sb.append(value == this ? "(this Map)" : value);
            if (! i.hasNext())
                return sb.append('}').toString();
            sb.append(',').append(' ');
        }
    }

    protected Object clone() throws CloneNotSupportedException {
        AbstractMap<?,?> result = (AbstractMap<?,?>)super.clone();
        result.keySet = null;
        result.values = null;
        return result;
    }

    private static boolean eq(Object o1, Object o2) {
        return o1 == null ? o2 == null : o1.equals(o2);
    }

    ...

}
```

8.3.2　HashMap的成员变量和构造函数

HashMap 的构造函数和成员变量如下：

```
// 默认初始容量，必须是 2 的幂
static final int DEFAULT_INITIAL_CAPACITY = 1 << 4; // 16

// 最大容量，必须是 2 的幂小于等于移位运算 1<<30 的结果
static final int MAXIMUM_CAPACITY = 1 << 30
```

```
// 负载因子，确定数组长度与当前所能存储的键值对最大值的关系
static final float DEFAULT_LOAD_FACTOR = 0.75f;

// 一个桶的树化阈值，当桶中元素个数超过该值时
// 需要使用红黑树节点替换链表节点
static final int TREEIFY_THRESHOLD = 8;

// 一个树的链表还原阈值
// 当扩容时，如果桶中元素个数小于该值
// 就会把树形的桶元素还原（切分）为链表结构
static final int UNTREEIFY_THRESHOLD = 6;

// 散列表的最小树形化容量
// 当散列表中的容量大于该值时，表中的桶才能进行树形化
// 否则桶内元素太多时会扩容，而不是树形化
// 为了避免进行扩容、树形化选择的冲突，该值不能小于 4 * TREEIFY_THRESHOLD
static final int MIN_TREEIFY_CAPACITY = 64;

/* --------------- 字段 -------------- */

// 该表在首次使用时初始化，并根据需要调整大小
// 分配长度后，长度始终是 2 的幂
transient Node<K,V>[] table;

// Map 中 Node<K,V> 节点构成的 Set
transient Set<Map.Entry<K,V>> entrySet;

// 记录 Map 中当前存储的元素的数量
transient int size;

// 记录 Map 进行结构修改的次数
// 结构修改是指更改 HashMap 中的映射数或以其他方式修改其内部结构（如重新散列）
// 此字段用于使 HashMap 的 Collection 视图上的迭代器快速失败（并抛出 ConcurrentModification
Exception 异常）
transient int modCount;

// 触发下一次 resize 的值（容量 * 负载因子）
int threshold;

// 负载因子
final float loadFactor;

/* --------------- 构造函数 -------------- */

public HashMap(int initialCapacity, float loadFactor) {
    if (initialCapacity < 0)
        throw new IllegalArgumentException("Illegal initial capacity: " +
                                            initialCapacity);
```

```
    if (initialCapacity > MAXIMUM_CAPACITY)
        initialCapacity = MAXIMUM_CAPACITY;
    if (loadFactor <= 0 || Float.isNaN(loadFactor))
        throw new IllegalArgumentException("Illegal load factor: " +
                                           loadFactor);
    this.loadFactor = loadFactor;
    this.threshold = tableSizeFor(initialCapacity);
}

public HashMap(int initialCapacity) {
    this(initialCapacity, DEFAULT_LOAD_FACTOR);
}

public HashMap() {
    this.loadFactor = DEFAULT_LOAD_FACTOR;
}

public HashMap(Map<? extends K, ? extends V> m) {
    this.loadFactor = DEFAULT_LOAD_FACTOR;
    putMapEntries(m, false);
}
```

从上述代码可以看出，构造函数有 4 种。构造函数中的参数含义如下：

（1）initialCapacity 用于设置 Map 的初始容量。如果没有指定，则会使用默认常量 DEFAULT_INITIAL_CAPACITY（值为 16）。

（2）loadFactor 用于设置 Map 的负载因子。如果没有指定，则会使用默认常量 DEFAULT_LOAD_FACTOR（值为 0.75f）。

8.3.3　HashMap的核心方法

以下对 HashMap 常用核心方法的实现原理进行解释。

1. put(K key, V value)

执行 put(K key, V value) 将值 value 与指定的 key 进行映射。执行该方法后有以下两种结果。

（1）该 key 之前有关联值，则返回之前所关联的值。

（2）该 key 之前没有关联值，则返回 null 值。

put(K key, V value) 方法源码如下：

```
public V put(K key, V value) {
    return putVal(hash(key), key, value, false, true);
}
```

可以看到 put 方法先是将 key 通过 hash() 方法做了散列运算，然后传给了 putVal() 方法。hash() 方法代码如下：

```
static final int hash(Object key) {
    int h;
    return (key == null) ? 0 : (h = key.hashCode()) ^ (h >>> 16);
}
```

从上述源码可以看到，key 的散值的计算是通过 hashCode() 结果的高 16 位异或低 16 位实现的。这是从速度、功效、质量来考虑的，这么做可以在数组 table 的 length 比较小时，也能保证考虑到高低 Bit 都参与到散列的计算中，同时不会有太大的开销。

putVal() 方法用于设值，是核心逻辑，源码如下：

```
final V putVal(int hash, K key, V value, boolean onlyIfAbsent,
               boolean evict) {
    Node<K,V>[] tab; Node<K,V> p; int n, i;
    if ((tab = table) == null || (n = tab.length) == 0)
        // 初始化散列表
        n = (tab = resize()).length;
    if ((p = tab[i = (n - 1) & hash]) == null)
        // 通过散列值找到对应的位置，如果该位置还没有元素存在，则直接插入
        tab[i] = newNode(hash, key, value, null);
    else {
        Node<K,V> e; K k;
        // 如果该位置的元素的 key 与之相等，则直接到后面重新赋值
        if (p.hash == hash &&
            ((k = p.key) == key || (key != null && key.equals(k))))
            e = p;
        else if (p instanceof TreeNode)
            // 如果当前节点为树节点，则将元素插入红黑树中
            e = ((TreeNode<K,V>)p).putTreeVal(this, tab, hash, key, value);
        else {
            // 否则一步步遍历链表
            for (int binCount = 0; ; ++binCount) {
                if ((e = p.next) == null) {
                    // 插入元素到链尾
                    p.next = newNode(hash, key, value, null);
                    if (binCount >= TREEIFY_THRESHOLD - 1) // 第一次是 -1
                        // 元素个数大于等于 8，改造为红黑树
                        treeifyBin(tab, hash);
                    break;
                }
                // 如果该位置的元素的 key 与之相等，则重新赋值
                if (e.hash == hash &&
                    ((k = e.key) == key || (key != null && key.equals(k))))
                    break;
                p = e;
            }
        }

        // 前面当散列表中存在当前 key 时对 e 进行了赋值，这里统一对该 key 重新赋值更新
```

```
        if (e != null) {
            V oldValue = e.value;
            if (!onlyIfAbsent || oldValue == null)
                e.value = value;
            afterNodeAccess(e);
            return oldValue;
        }
    }
    ++modCount;
    // 检查是否超出 threshold 限制, 是则进行扩容
    if (++size > threshold)
        resize();
    afterNodeInsertion(evict);
    return null;
}
```

上述代码中, 有关红黑树的构造过程细节这里不再展开, 该内容会在第 9 章中进行深入探讨。

2. get(Object key)

执行 get(Object key), 用于获取与指定的 key 进行映射的值。执行该方法后有以下两种结果。

（1）该 key 之前有关联值, 则返回之前所关联的值。

（2）该 key 之前没有关联值, 则返回 null 值。

get(Object key) 方法源码如下:

```
public V get(Object key) {
    Node<K,V> e;
    return (e = getNode(hash(key), key)) == null ? null : e.value;
}
```

可以看到 get() 方法先是将 key 通过 hash 方法做了散列运算, 然后传给了 getNode() 方法。

getNode() 方法代码如下:

```
final Node<K,V> getNode(int hash, Object key) {
    Node<K,V>[] tab; Node<K,V> first, e; int n; K k;

    // 判断是否为空或目标位置是否存在元素
    if ((tab = table) != null && (n = tab.length) > 0 &&
        (first = tab[(n - 1) & hash]) != null) {

        // 检查当前位置的第一个元素, 如果正好是该元素, 则直接返回
        if (first.hash == hash &&
            ((k = first.key) == key || (key != null && key.equals(k))))
            return first;
        if ((e = first.next) != null) {

            // 检查是否为树节点, 是则调用 getTreeNode() 方法获取树节点
            if (first instanceof TreeNode)
                return ((TreeNode<K,V>)first).getTreeNode(hash, key);
```

```
            // 不是树节点，则为链表结构。遍历整个链表，寻找目标元素
            do {
                if (e.hash == hash &&
                    ((k = e.key) == key || (key != null && key.equals(k))))
                        return e;
            } while ((e = e.next) != null);
        }
    }
    return null;
}
```

上述 get() 方法主要分为以下几个步骤。

（1）判断散列表是否为空或目标位置是否存在元素。

（2）判断是否为第一个元素，是则直接返回。

（3）如果是树节点，则寻找目标树节点。

（4）如果是链表节点，则遍历链表寻找目标节点。

寻找目标树节点的方法 getTreeNode() 相对来说要复杂一些，其源码如下：

```
final TreeNode<K,V> getTreeNode(int h, Object k) {
    // 是否存在父节点
    return ((parent != null) ? root() : this).find(h, k, null);
}
```

上述源码先判断 parent 是否为 null。如果 parent 为 null，则说明自己就是根节点；否则通过
root() 方法来查找根节点。root() 方法源码如下：

```
final TreeNode<K,V> root() {
    for (TreeNode<K,V> r = this, p;;) {
        if ((p = r.parent) == null)
            return r;
        r = p;
    }
}
```

当找到根节点后，就调用 find() 方法查找指定的节点。find() 方法源码如下：

```
final TreeNode<K,V> find(int h, Object k, Class<?> kc) {
    TreeNode<K,V> p = this;
    do {
        int ph, dir; K pk;
        TreeNode<K,V> pl = p.left, pr = p.right, q;

        // 对比 hash 值
        if ((ph = p.hash) > h)
            p = pl;
        else if (ph < h)
```

```
            p = pr;

        // hash 值相同时
        // 判断是否为结果
        else if ((pk = p.key) == k || (k != null && k.equals(pk)))
            return p;

        // hash 值相同，一侧节点为空，则直接进入
        else if (pl == null)
            p = pr;
        else if (pr == null)
            p = pl;

        // 使用 HashMap 定义的方法判断结果在哪侧
        else if ((kc != null ||
                (kc = comparableClassFor(k)) != null) &&
                (dir = compareComparables(kc, k, pk)) != 0)
            p = (dir < 0) ? pl : pr;

        // 如果用尽一切手段仍无法判断结果在哪侧，则递归进入右边查找
        else if ((q = pr.find(h, k, kc)) != null)
            return q;
        else
            p = pl;
    } while (p != null);

    // 查找无果
    return null;
}
```

从上述代码可以看出以下要点。

（1）当 hash 值不同时，通过与查找节点的 hash 值对比确定方向，以便向下寻找。

（2）当 hash 值相同时：

①判断当前节点是否为查询的 key。

②如果一侧为空，则直接向下查询。

③使用 HashMap 定义的对比方法判断向下查询的方向。

④递归进入右侧寻找。

⑤此时只剩下左侧。

3. size()

size() 用于获取 Map 中元素的个数。size() 的实现较为简单，只是简单地将 size 返回。size() 源码如下：

```
public int size() {
    return size;
}
```

4. isEmpty()

isEmpty() 用于判断 Map 中是否没有元素。isEmpty() 的实现较为简单，只是简单地判断 size 是否为 0。isEmpty() 源码如下：

```java
public boolean isEmpty() {
    return size == 0;
}
```

5. containsKey(Object key)

containsKey(Object key) 方法用于判断 Map 中是否包含指定的 key。containsKey(Object key) 源码如下：

```java
public boolean containsKey(Object key) {
    return getNode(hash(key), key) != null;
}
```

通过 getNode() 方法能够查到指定的 key 的节点，则证明该 key 存在，返回 true ；否则返回 false。

6. containsValue(Object value)

containsValue(Object value) 方法用于判断 Map 中是否包含指定的值。containsValue(Object value) 源码如下：

```java
public boolean containsValue(Object value) {
    Node<K,V>[] tab; V v;
    if ((tab = table) != null && size > 0) {
        for (Node<K,V> e : tab) {
            for (; e != null; e = e.next) {
                if ((v = e.value) == value ||
                    (value != null && value.equals(v)))
                    return true;
            }
        }
    }
    return false;
}
```

containsValue 的实现原理是遍历存储所有节点的 table 数组。如果查到指定的值，则返回 true ；否则返回 false。

7. remove(Object key)

remove(Object key) 方法用于移除 Map 中的元素。执行该方法后有以下两种结果。

（1）该 key 之前有关联值，则返回之前所关联的值。

（2）该 key 之前没有关联值，则返回 null 值。

remove(Object key) 源码如下：

```
public V remove(Object key) {
    Node<K,V> e;
    return (e = removeNode(hash(key), key, null, false, true)) == null ?
        null : e.value;
}
```

从上述源码可以看出，remove(Object key) 方法依赖了 removeNode() 方法。removeNode() 方法
源码如下：

```
final Node<K,V> removeNode(int hash, Object key, Object value,
                           boolean matchValue, boolean movable) {
    Node<K,V>[] tab; Node<K,V> p; int n, index;

    // 判断是否为空或目标位置是否存在元素
    if ((tab = table) != null && (n = tab.length) > 0 &&
        (p = tab[index = (n - 1) & hash]) != null) {
        Node<K,V> node = null, e; K k; V v;

        // 检查当前位置的头节点元素，如果正好是该元素，则该头节点即为需要删除的节点
        if (p.hash == hash &&
            ((k = p.key) == key || (key != null && key.equals(k))))
            node = p;

        // 链表还存在其他元素，并将 e 指向头节点的后继元素
        else if ((e = p.next) != null) {
            if (p instanceof TreeNode)

                // 检查是否为树节点，是则调用 getTreeNode() 方法获取树节点
                node = ((TreeNode<K,V>)p).getTreeNode(hash, key);
            else {

                // 不是树节点，则为链表结构。遍历整个链表，寻找目标元素
                do {
                    if (e.hash == hash &&
                        ((k = e.key) == key ||
                            (key != null && key.equals(k)))) {
                        node = e;
                        break;
                    }
                    p = e;
                } while ((e = e.next) != null);
            }
        }
        if (node != null && (!matchValue || (v = node.value) == value ||
                             (value != null && value.equals(v)))) {

            // 如果为树形节点，则使用 TreeNode 的移除方法
            if (node instanceof TreeNode)
                ((TreeNode<K,V>)node).removeTreeNode(this, tab, movable);
```

```
        // 如果 node 为头节点，则直接将 node 的后继元素作为新的头节点
        else if (node == p)
            tab[index] = node.next;

        // 如果 node 不是头节点
        // 则将目标节点的前驱元素的后继元素指向目标节点的后继元素
        else
            p.next = node.next;
        ++modCount;
        --size;
        afterNodeRemoval(node);
        return node;
        }
    }
    return null;
}
```

8. clear()

clear() 方法用于清除 Map 中的所有元素。clear() 方法实现较为简单，其原理是将 table 数组中的所有元素都赋值为 null。clear() 源码如下：

```java
public void clear() {
    Node<K,V>[] tab;
    modCount++;
    if ((tab = table) != null && size > 0) {
        size = 0;
        for (int i = 0; i < tab.length; ++i)
            tab[i] = null;
    }
}
```

8.3.4 实战：HashMap的单元测试

HashMap 的单元测试如下：

```java
import static org.junit.jupiter.api.Assertions.assertEquals;
import static org.junit.jupiter.api.Assertions.assertFalse;
import static org.junit.jupiter.api.Assertions.assertNull;
import static org.junit.jupiter.api.Assertions.assertTrue;
import java.util.HashMap;
import java.util.Map;
import org.junit.jupiter.api.Test;

class HashMapTests {
    @Test
    void testPut() throws InterruptedException {
```

```
    // 初始化 Map
    Map<String,String> map =
            new HashMap<String,String>(3);
    // 测试键之前没有关联值
    String resultEmpty = map.put("id001", "Java");
    assertNull(resultEmpty);

    // 测试键之前有关联值
    String resultNotEmpty = map.put("id001", "C");
    assertEquals(resultNotEmpty, "Java");

    // 测试键关联 null 值
    String resultNull = map.put("id001", null);
    assertEquals(resultNull, "C");
}

@Test
void testGet() throws InterruptedException {
    // 初始化 Map
    Map<String,String> map =
            new HashMap<String,String>(3);

    map.put("id001", "Java");
    map.put("id002",  "C");
    map.put("id003",  "Python");

    // 测试 Map 有映射值时，返回映射值
    String result = map.get("id001");
    assertEquals(result, "Java");

    // 测试 Map 无映射值时，返回 null
    String resultNull = map.get("no exist");
    assertNull(resultNull);
}

@Test
void testSize() {
    // 初始化 Map
    Map<String,String> map =
            new HashMap<String,String>(3);

    map.put("id001", "Java");
    map.put("id002",  "C");
    map.put("id003",  "Python");

    // 测试 Map 有映射值时
    int result = map.size();
    assertTrue(result == 3);
}
```

```
@Test
void testIsEmpty() {
    // 初始化 Map
    Map<String,String> map =
            new HashMap<String,String>(3);

    // 测试 Map 无映射值时
    boolean resultEmpty = map.isEmpty();
    assertTrue(resultEmpty);

    // 测试 Map 有映射值时
    map.put("id001", "Java");
    map.put("id002",  "C");
    map.put("id003",  "Python");
    boolean resultNotEmpty = map.isEmpty();
    assertFalse(resultNotEmpty);
}

@Test
void testContainsKey() {
    // 初始化 Map
    Map<String,String> map =
            new HashMap<String,String>(3);

    // 测试 Map 无映射值时
    boolean resultEmpty = map.containsKey("id001");
    assertFalse(resultEmpty);

    // 测试 Map 有映射值时
    map.put("id001", "Java");
    map.put("id002",  "C");
    map.put("id003",  "Python");
    boolean resultNotEmpty = map.containsKey("id001");
    assertTrue(resultNotEmpty);
}

@Test
void testContainsValue() {
    // 初始化 Map
    Map<String,String> map =
            new HashMap<String,String>(3);

    // 测试 Map 无映射值时
    boolean resultEmpty = map.containsValue("Java");
    assertFalse(resultEmpty);

    // 测试 Map 有映射值时
    map.put("id001", "Java");
```

```
    map.put("id002",  "C");
    map.put("id003",  "Python");
    boolean resultNotEmpty = map.containsValue("Java");
    assertTrue(resultNotEmpty);
}


@Test
void testRemove() {
    // 初始化 Map
    Map<String,String> map =
            new HashMap<String,String>(3);

    // 测试 Map 无映射值时
    String resultEmpty = map.remove("id001");
    assertNull(resultEmpty);

    // 测试 Map 有映射值时
    map.put("id001", "Java");
    map.put("id002",  "C");
    map.put("id003",  "Python");
    String resultNotEmpty = map.remove("id001");
    assertEquals(resultNotEmpty, "Java");

    // 测试 Map 无映射值时
    String resultEmpty2 = map.remove("id001");
    assertNull(resultEmpty2);
}


@Test
void testClear() {
    // 初始化 Map
    Map<String,String> map =
            new HashMap<String,String>(3);
    map.put("id001", "Java");
    map.put("id002",  "C");
    map.put("id003",  "Python");

    // 测试 Map 有映射值时
    int result = map.size();
    assertTrue(result == 3);

    // 测试 Map 无映射值时
    map.clear();
    result = map.size();
    assertTrue(result == 0);
}
}
```

8.3.5　实战：HashMap的应用案例——词频统计

以下案例是通过 HashMap 实现的词频统计功能。该案例的实现原理如下：用 HashMap 存储该单词（HashMap 的键）及该单词出现的次数（HashMap 的值）。遍历每个单词，如果单词在 HashMap 的键中存在，则将该键对应的值加 1；如果单词在 HashMap 的键中不存在，则将该键存储到 HashMap 中，对应的值为 1。

该案例的实现代码如下：

```java
import java.util.HashMap;
import java.util.Map;

public class HashMapDemo {

    /**
     * @param args
     */
    @SuppressWarnings("preview")
    public static void main(String[] args) {
        Map<String, Integer> wordCountStore = new HashMap<>();

        // JDK13 之后支持文本块
        String wordString = """
                Give me the strength lightly to bear my joys and sorrows
                Give me the strength to make my love fruitful in service
                Give me the strength never to disown the poor or bend my knees
                before insolent might
                Give me the strength to raise my mind high above daily trifles
                And give me the strength to surrender my strength to thy
                 will with love
                """;

        // 转为字符串数组
        // 换行符和头尾空格要特殊处理
        String[] words = wordString.replace("\n", " ")
                .strip().split(" ");

        for (String word : words) {

            // key 统一为小写
            String key = word.toLowerCase();// 转为小写

            Integer value = wordCountStore.get(key);

            // 如果 value 不存在，则先赋值为 0
            if (value == null) {
                value = 0;
            }
```

```
            // 累加 1
            value += 1;

            // 存到 Map 中
            wordCountStore.put(key, value);
        }

        // 输出结果到控制台
        for (Map.Entry<String, Integer> entry : wordCountStore
                .entrySet()) {
            String key = entry.getKey();
            Integer value = entry.getValue();
            System.out.println(key + ": " + value);
        }

    }

}
```

上述代码中，wordString 是一个文本段落（需要 JDK 13 之后才能支持），转为了本文数组 words。遍历 words，每个单词转为小写后作为 Map 的 key。如果 Map 中存在该 key 对应的值，则值累加 1；否则先将值赋值为 0，再累加 1。最后值的结果要存储到 Map 中。

执行上述程序，控制台输出内容如下：

```
love: 2
strength: 6
thy: 1
before: 1
knees: 1
lightly: 1
fruitful: 1
trifles: 1
high: 1
insolent: 1
and: 2
poor: 1
bend: 1
me: 5
raise: 1
above: 1
bear: 1
disown: 1
make: 1
surrender: 1
give: 5
mind: 1
or: 1
in: 1
```

```
will: 1
might: 1
my: 5
joys: 1
the: 6
never: 1
with: 1
service: 1
daily: 1
to: 6
sorrows: 1
```

8.4 基于跳表实现的ConcurrentSkipListMap

ConcurrentSkipListMap 的底层是通过跳表来实现的。映射可以根据键的自然顺序进行排序，也可以根据创建映射时提供的 Comparator 进行排序，具体取决于使用的构造方法。跳表是一个链表，但是其可以通过使用"跳跃式"查找的方式为 containsKey、get、put 和 remove 操作及其变体提供预期的平均 $O(\log n)$ 时间成本。插入、删除、更新和访问操作由多个线程安全同时执行。

跳表使用"空间换时间"的算法，令链表的每个节点不仅记录 next 节点位置，还按照 level 层级分别记录后继第 level 个节点。在查找时，首先按照层级查找。例如，当前跳表最高层级为 3，即每个节点中不仅记录了 next 节点（层级 1），还记录了 next 的 next（层级 2）、next 的 next 的 next（层级 3）节点。现在查找一个节点，则从头节点开始先按高层级开始查：从 head 到 head 的 next 的 next 的 next，直到找到节点或当前节点 q 的值大于所查节点。此时从当前查找层级的 q 的前一节点 p 开始，在 p~q 之间进行下一层级（隔 1 个节点）的查找，直到最终迫近、找到节点。此法使用的就是"先大步查找确定范围，再逐渐缩小迫近"的思想进行的查找。

图 8-6 所示为前面章节介绍过的 2 级跳表。

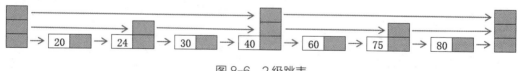

图 8-6 2 级跳表

ConcurrentSkipListMap 是 Java Collections Framework 的一个成员。

8.4.1 ConcurrentSkipListMap的声明

ConcurrentSkipListMap 的接口和继承关系如下：

```
public class ConcurrentSkipListMap<K,V> extends AbstractMap<K,V>
    implements ConcurrentNavigableMap<K,V>, Cloneable, Serializable {
    ...

}
```

完整的接口继承关系如图 8-7 所示。

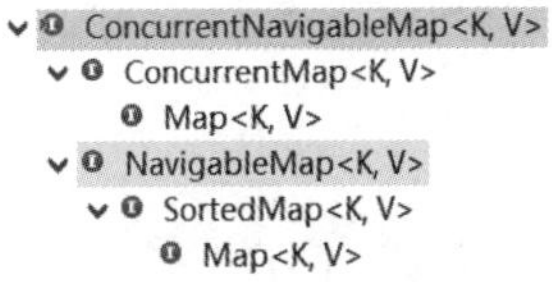

从上述代码可以看出，ConcurrentSkipListMap 既实现了 java.
util.concurrent.ConcurrentNavigableMap<K, V>、java.lang.Cloneable、
java.io.Serializable 接口，又继承了 java.util.AbstractMap<K, V> 抽
象类。

AbstractMap 类提供了 Map 接口的框架实现，以最小化实现该
接口所需的工作。AbstractMap 在 8.3 节已经做过介绍，此处不再赘述。

图 8-7　接口继承关系

8.4.2　ConcurrentSkipListMap的成员变量和构造函数

ConcurrentSkipListMap 的成员变量和构造函数如下：

```
// 延迟初始化的跳表最顶部的索引
private transient Index<K,V> head;
// 延迟初始化的元素计数
private transient LongAdder adder;
// 延迟初始化的 key 的 Set
private transient KeySet<K,V> keySet;
// 延迟初始化的值的集合
private transient Values<K,V> values;
// 延迟初始化的实体的 Set
private transient EntrySet<K,V> entrySet;
// 延迟初始化的下层的 Map
private transient SubMap<K,V> descendingMap;

// Node 是最底层的链表节点，包括键值对和指向下一个节点的指针
static final class Node<K,V> {
    final K key;
    V val;
    Node<K,V> next;
    Node(K key, V value, Node<K,V> next) {
        this.key = key;
        this.val = value;
        this.next = next;
    }
}

// 索引节点结构
// 存储了两个指针，分别指向右边和下边的节点
// 索引节点的 value 为链表节点
```

```
static final class Index<K,V> {
    final Node<K,V> node;
    final Index<K,V> down;
    Index<K,V> right;
    Index(Node<K,V> node, Index<K,V> down, Index<K,V> right) {
        this.node = node;
        this.down = down;
        this.right = right;
    }
}

/* ---------------- 构造函数 -------------- */

public ConcurrentSkipListMap() {
    this.comparator = null;
}

public ConcurrentSkipListMap(Comparator<? super K> comparator) {
    this.comparator = comparator;
}

public ConcurrentSkipListMap(Map<? extends K, ? extends V> m) {
    this.comparator = null;
    putAll(m);
}

public ConcurrentSkipListMap(SortedMap<K, ? extends V> m) {
    this.comparator = m.comparator();
    buildFromSorted(m); // initializes transients
}
```

从上述代码可以看出，构造函数有 4 种，比较简单，此处不再赘述。这里需要重点关注的是 Node 和 Index。Node 和 Index 的用法示例如下：

```
Head nodes          Index nodes
+-+     right        +-+                                +-+
|2|--------------->| |---------------------->| |->null
+-+                  +-+                                +-+
 | down              |                                  |
 v                   v                                  v
+-+          +-+ +-+          +-+                +-+          +-+
|1|---------->| |->| |------>| |----------->| |------>| |->null
+-+          +-+ +-+          +-+                +-+          +-+
 v           |   |            |                 |            |
Nodes next   v   v            v                 v            v
+-+ +-+ +-+ +-+ +-+ +-+ +-+ +-+ +-+ +-+ +-+ +-+
| |->|A|->|B|->|C|->|D|->|E|->|F|->|G|->|H|->|I|->|J|->|K|->null
+-+ +-+ +-+ +-+ +-+ +-+ +-+ +-+ +-+ +-+ +-+ +-+
```

Index 存储了两个指针，分别指向右边和下边的节点。

8.4.3 ConcurrentSkipListMap的核心方法

以下对 ConcurrentSkipListMap 常用核心方法的实现原理进行解释。

1. put(K key, V value)

执行 put(K key, V value)，将值 value 与指定的 key 进行映射。执行该方法后有以下两种结果。

（1）该 key 之前有关联值，则返回之前所关联的值。

（2）该 key 之前没有关联值，则返回 null 值。

put(K key, V value) 方法源码如下：

```
public V put(K key, V value) {
    if (value == null)
        throw new NullPointerException();
    return doPut(key, value, false);
}
```

上述方法会对 value 值进行判空处理。如果 value 值为 null，则抛出 NullPointerException 异常。

put(K key, V value) 方法依赖于 doPut() 方法。doPut() 方法源码如下：

```
private V doPut(K key, V value, boolean onlyIfAbsent) {
    // 判空处理
    if (key == null)
        throw new NullPointerException();
    Comparator<? super K> cmp = comparator;
    for (;;) {
        Index<K,V> h; Node<K,V> b;// h 为 head 头节点，b 为 predecessor 前置节点
        VarHandle.acquireFence();
        int levels = 0; // 节点所在的层次

        // 如果 head 为 null，则表示第一次插入元素，会初始化
        if ((h = head) == null) {

            // 创建一个标记节点
            Node<K,V> base = new Node<K,V>(null, null, null);

            // 创建索引节点
            h = new Index<K,V>(base, null, null);

            // 更新头节点
            b = (HEAD.compareAndSet(this, null, h)) ? base : null;
        }
        else {
            // q: index node; r: right node; d: down node
            for (Index<K,V> q = h, r, d;;) {

                // 索引节点的右节点不为 null
                while ((r = q.right) != null) {
                    Node<K,V> p; K k;
```

```
                    // 右索引节点的驻留节点为 null
                    // 或节点的键为 null
                    // 或节点的值为 null
                    if ((p = r.node) == null || (k = p.key) == null ||
                        p.val == null)

                        // 删除节点 q 的右侧节点
                        RIGHT.compareAndSet(q, r, r.right);

                    // 查找键大于当前节点键，则继续往右侧查找
                    else if (cpr(cmp, key, k) > 0)
                        q = r;

                    // 查找键小于等于当前键，则当前节点已经查找完毕，往下层查找
                    else
                        break;
                }

                // 当前索引节点存在下层节点，则往下层查找
                if ((d = q.down) != null) {

                    // 递增层级
                    ++levels;

                    // 读取下层节点，重新进入循环并尝试往右侧查找
                    q = d;
                }

                // 已经到达最后一层
                // 则读取驻留其上的节点值，开始往右侧遍历
                else {
                    b = q.node;
                    break;
                }
            }
        }

        // 前置节点存在
        if (b != null) {
            Node<K,V> z = null;
            for (;;) {
                // n: node; k: key; v: value; c: comparison 比较器
                Node<K,V> n, p; K k; V v; int c;

                // 前置节点的 next 为 null，则表示当前节点是最后一个节点
                if ((n = b.next) == null) {
                    if (b.key == null)
                        cpr(cmp, key, key);
```

```
                c = -1;
            }

            // 节点键为 null
            else if ((k = n.key) == null)
                break;

            // 节点值为 null
            // 说明该节点已经被删除，需要从链表中剔除
            else if ((v = n.val) == null) {
                unlinkNode(b, n);
                c = 1;
            }

            // 比较查找键和当前键，并且查找键比较大
            else if ((c = cpr(cmp, key, k)) > 0)
                // 查找下一个节点
                b = n;

            // 如果键相等且只有不存在才插入元素，则直接返回
            // 否则尝试更新节点值
            else if (c == 0 &&
                        (onlyIfAbsent || VAL.compareAndSet(n, v, value)))

                // 更新成功则返回旧值
                return v;

            // 目标键大于 predecessor.key 小于 predecessor.next.key
            // 将目标键值对插入它们中间
            if (c < 0 &&
                NEXT.compareAndSet(b, n,
                                    p = new Node<K,V>(key, value, n))) {
                // 读取新增节点
                z = p;
                break;
            }
        }
    }

    if (z != null) {

        // 读取随机数
        int lr = ThreadLocalRandom.nextSecondarySeed();

        // 有 1/4 的机会基于新增节点生成索引节点
        if ((lr & 0x3) == 0) {
            int hr = ThreadLocalRandom.nextSecondarySeed();
            long rnd = ((long)hr << 32) | ((long)lr & 0xffffffffL);

            // 新增节点所在的层级，层级从 0 开始
```

```
                        int skips = levels;
                        Index<K,V> x = null;
                        for (;;) {

                            // 基于新增节点生成顶层索引节点
                            x = new Index<K,V>(z, x, null);
                            if (rnd >= 0L || --skips < 0)
                                break;
                            else
                                rnd <<= 1;
                        }

                        // 新增索引节点成功
                        // 且如果是新增顶层索引节点
                        // 且增加新的一层
                        if (addIndices(h, skips, x, cmp) && skips < 0 &&
                            head == h) {

                            // 将新增节点加到顶层
                            Index<K,V> hx = new Index<K,V>(z, x, null);

                            // 创建新的头节点
                            Index<K,V> nh = new Index<K,V>(h.node, h, hx);

                            // 更新头节点
                            HEAD.compareAndSet(this, h, nh);
                        }

                        // 添加索引时删除
                        if (z.val == null)
                            findPredecessor(key, cmp); // 清除
                    }

                    // 增加计数值
                    addCount(1L);
                    return null;
                }
            }
        }
    }
}
```

上述方法会对值 key 进行判空处理。如果 key 为 null，则抛出 NullPointerException 异常。

addIndices() 方法用于在插入元素之后新增索引节点，从高层向低层递归插入，之后建立和前置节点的链接。其实现代码如下：

```
// q：当前层级的起始索引
// skips：插入索引时，需要跳过的层级数
// x：插入的目标索引
// cmp comparator
```

```
static <K,V> boolean addIndices(Index<K,V> q, int skips, Index<K,V> x,
                                Comparator<? super K> cmp) {
    Node<K,V> z; K key;

    // 新增索引节点不为 null
    // 且驻留数据节点不为 null
    // 数据节点的键不为 null
    // 起始索引节点不为 null
    if (x != null && (z = x.node) != null && (key = z.key) != null &&
        q != null) {                              // hoist checks
        boolean retrying = false;
        for (;;) {

            // r: right; d: down; c: Comparison
            Index<K,V> r, d; int c;

            // 当前节点的右侧节点不为 null
            if ((r = q.right) != null) {
                Node<K,V> p; K k;

                // 尝试删除索引节点
                if ((p = r.node) == null || (k = p.key) == null ||
                    p.val == null) {
                    RIGHT.compareAndSet(q, r, r.right);
                    c = 0;
                }

                // 目标键比当前节点键大
                else if ((c = cpr(cmp, key, k)) > 0)

                    // 往右侧查找
                    q = r;

                // 目标键和当前键相等
                else if (c == 0)
                    break;                        // stale
            }
            else
                // 已经不存在右侧节点
                c = -1;

            if (c < 0) {

                // 下节点不为 null
                // 且层级数 >0
                if ((d = q.down) != null && skips > 0) {

                    // 递减层级后，往下查找
                    --skips;
```

```
                          q = d;
                      }

                      // 下节点不为 null
                      // 且 skip <=0
                      // 且未出现索引添加失败
                      // 且尝试在当前层级添加索引
                      else if (d != null && !retrying &&
                              !addIndices(d, 0, x.down, cmp))

                          // 索引添加失败则退出
                          break;
                      else {
                          x.right = r;

                          // 插入新增索引节点
                          if (RIGHT.compareAndSet(q, r, x))

                              // 执行成功则退出
                              return true;
                          else
                              retrying = true;
                      }
                  }
              }
          }
          return false;
}
```

2. get(Object key)

执行 get(Object key)，用于获取与指定的 key 进行映射的值。执行该方法后有以下两种结果。

（1）该 key 之前有关联值，则返回之前所关联的值。

（2）该 key 之前没有关联值，则返回 null 值。

get(Object key) 方法源码如下：

```
public V get(Object key) {
    return doGet(key);
}
```

可以看到 get() 方法依赖于 doGet() 方法。doGet() 方法代码如下：

```
private V doGet(Object key) {
    Index<K,V> q;
    VarHandle.acquireFence();
    if (key == null)
        throw new NullPointerException();
    Comparator<? super K> cmp = comparator;
    V result = null;
```

```
if ((q = head) != null) {
    outer: for (Index<K,V> r, d;;) {

        // 首先向右侧查找，然后向下查找
        while ((r = q.right) != null) {
            Node<K,V> p; K k; V v; int c;

            // 节点已经被删除
            if ((p = r.node) == null || (k = p.key) == null ||
                (v = p.val) == null)
                RIGHT.compareAndSet(q, r, r.right);

            // 目标键 > 节点键，则向右侧查找
            else if ((c = cpr(cmp, key, k)) > 0)
                q = r;

            // 找到目标键
            else if (c == 0) {

                // 读取值后返回
                result = v;
                break outer;
            }
            else
                break;
        }

        // 尝试向下层查找
        if ((d = q.down) != null)
            q = d;

        // 已经到达底层
        else {
            Node<K,V> b, n;

            // 读取索引节点驻留的数据节点之后，往右侧遍历查找
            if ((b = q.node) != null) {
                while ((n = b.next) != null) {
                    V v; int c;
                    K k = n.key;

                    // 跳过被删除节点和标记节点
                    // 如果目标键 > 节点键，也向右侧查找
                    if ((v = n.val) == null || k == null ||
                        (c = cpr(cmp, key, k)) > 0)
                        b = n;

                    // 目标键 <= 节点键
                    else {
```

```
                    // 如果相等，则直接返回其值
                    if (c == 0)
                        result = v;

                    // 不存在相等的键，则返回 null
                    break;
                }
            }
        }
        break;
    }
    }
    }
    return result;
}
```

上述 get() 方法主要分为以下几个步骤。

（1）向右侧查找。

（2）向下查找

3. size()

size() 用于获取 Map 中元素的个数。size() 源码如下：

```
public int size() {
    long c;
    return ((baseHead() == null) ? 0 :
            ((c = getAdderCount()) >= Integer.MAX_VALUE) ?
            Integer.MAX_VALUE : (int) c);
}
```

从上述源码可以看出，size() 方法主要依赖于 getAdderCount() 方法。getAdderCount() 方法代码如下：

```
final long getAdderCount() {
    LongAdder a; long c;
    do {} while ((a = adder) == null &&
                 !ADDER.compareAndSet(this, null, a = new LongAdder()));
    return ((c = a.sum()) <= 0L) ? 0L : c; // ignore transient negatives
}
```

上述源码中，adder 为成员变量，用于元素计数，类型为 LongAdder。LongAdder 源码如下：

```
package java.util.concurrent.atomic;
import java.io.Serializable;

public class LongAdder extends Striped64 implements Serializable {
    private static final long serialVersionUID = 7249069246863182397L;
```

```java
public LongAdder() {
}

public void add(long x) {
    Cell[] cs; long b, v; int m; Cell c;
    if ((cs = cells) != null || !casBase(b = base, b + x)) {
        boolean uncontended = true;
        if (cs == null || (m = cs.length - 1) < 0 ||
            (c = cs[getProbe() & m]) == null ||
            !(uncontended = c.cas(v = c.value, v + x)))
            longAccumulate(x, null, uncontended);
    }
}

public void increment() {
    add(1L);
}

public void decrement() {
    add(-1L);
}

public long sum() {
    Cell[] cs = cells;
    long sum = base;
    if (cs != null) {
        for (Cell c : cs)
            if (c != null)
                sum += c.value;
    }
    return sum;
}

public void reset() {
    Cell[] cs = cells;
    base = 0L;
    if (cs != null) {
        for (Cell c : cs)
            if (c != null)
                c.reset();
    }
}

public long sumThenReset() {
    Cell[] cs = cells;
    long sum = getAndSetBase(0L);
    if (cs != null) {
        for (Cell c : cs) {
            if (c != null)
```

```
                sum += c.getAndSet(0L);
            }
        }
        return sum;
    }

    public String toString() {
        return Long.toString(sum());
    }

    public long longValue() {
        return sum();
    }

    public int intValue() {
        return (int)sum();
    }

    public float floatValue() {
        return (float)sum();
    }

    public double doubleValue() {
        return (double)sum();
    }

    private static class SerializationProxy implements Serializable {
        private static final long serialVersionUID = 7249069246863182397L;

        private final long value;

        SerializationProxy(LongAdder a) {
            value = a.sum();
        }

        private Object readResolve() {
            LongAdder a = new LongAdder();
            a.base = value;
            return a;
        }
    }

    private Object writeReplace() {
        return new SerializationProxy(this);
    }

    private void readObject(java.io.ObjectInputStream s)
        throws java.io.InvalidObjectException {
        throw new java.io.InvalidObjectException("Proxy required");
```

```
    }

}
```

4. isEmpty()

isEmpty() 用于判断 Map 中是否没有元素。isEmpty() 源码如下：

```
public boolean isEmpty() {
    return findFirst() == null;
}
```

isEmpty() 主要依赖于 findFirst() 方法。findFirst() 方法源码如下：

```
final Node<K,V> findFirst() {
    Node<K,V> b, n;
    if ((b = baseHead()) != null) {
        while ((n = b.next) != null) {
            if (n.val == null)
                unlinkNode(b, n);
            else
                return n;
        }
    }
    return null;
}
```

5. containsKey(Object key)

containsKey(Object key) 方法用于判断 Map 中是否包含指定的 key。containsKey(Object key) 源码如下：

```
public boolean containsKey(Object key) {
    return doGet(key) != null;
}
```

通过 doGet() 方法能够查到指定的 key 的节点，则证明该 key 存在，返回 true；否则返回 false。

6. containsValue(Object value)

containsValue(Object value) 方法用于判断 Map 中是否包含指定的值。containsValue(Object value) 源码如下：

```
public boolean containsValue(Object value) {
    if (value == null)
        throw new NullPointerException();
    Node<K,V> b, n; V v;
    if ((b = baseHead()) != null) {
        while ((n = b.next) != null) {
            if ((v = n.val) != null && value.equals(v))
                return true;
```

```
            else
                b = n;
        }
    }
    return false;
}
```

containsValue 的实现原理是，遍历链表中所有节点，如果查到指定的值，返回 true；否则返回 false。

7. remove(Object key)

remove(Object key) 方法用于移除 Map 中的元素。执行该方法后有以下两种结果。

（1）该 key 之前有关联值，则返回之前所关联的值。

（2）该 key 之前没有关联值，则返回 null 值。

remove(Object key) 源码如下：

```
public V remove(Object key) {
    return doRemove(key, null);
}
```

从上述源码可以看出，remove(Object key) 方法依赖了 doRemove() 方法。doRemove() 方法源码如下：

```
final V doRemove(Object key, Object value) {
    if (key == null)
        throw new NullPointerException();
    Comparator<? super K> cmp = comparator;
    V result = null;
    Node<K,V> b;
    outer: while ((b = findPredecessor(key, cmp)) != null &&
                    result == null) {
        for (;;) {
            Node<K,V> n; K k; V v; int c;

            // 无后继节点
            if ((n = b.next) == null)
                break outer;

            // 当前节点是一个删除标记节点
            else if ((k = n.key) == null)
                break;

            // 当前节点的数据节点被删除，则将其剔除
            else if ((v = n.val) == null)
                unlinkNode(b, n);

            // 目标键 > 节点键，则往右侧查找
```

```
                else if ((c = cpr(cmp, key, k)) > 0)
                    b = n;

                // 无匹配键，则直接返回
                else if (c < 0)
                    break outer;

                // 如果值匹配，则执行删除的场景
                else if (value != null && !value.equals(v))
                    break outer;

                // 将节点值置为 null
                else if (VAL.compareAndSet(n, v, null)) {

                    // 读取旧值
                    result = v;

                    // 剔除节点
                    unlinkNode(b, n);
                    break; // 循环清除
                }
            }
        }
    }
    if (result != null) {

        // 尝试递减层级
        tryReduceLevel();
        addCount(-1L);
    }
    return result;
}
```

8. clear()

clear() 方法用于清除 Map 中的所有元素。clear() 源码如下：

```
public void clear() {
    Index<K,V> h, r, d; Node<K,V> b;
    VarHandle.acquireFence();
    while ((h = head) != null) {
        if ((r = h.right) != null)          // 移除索引
            RIGHT.compareAndSet(h, r, null);
        else if ((d = h.down) != null)      // 移除层级
            HEAD.compareAndSet(this, h, d);
        else {
            long count = 0L;
            if ((b = h.node) != null) {      // 移除节点
                Node<K,V> n; V v;
                while ((n = b.next) != null) {
                    if ((v = n.val) != null &&
```

```
                                 VAL.compareAndSet(n, v, null)) {
                                 --count;
                                 v = null;
                             }
                             if (v == null)
                                 unlinkNode(b, n);
                        }
                    }
                    if (count != 0L)
                        addCount(count);
                    else
                        break;
                }
            }
}
```

8.4.4 实战：ConcurrentSkipListMap的单元测试

ConcurrentSkipListMap 的单元测试如下：

```java
import static org.junit.jupiter.api.Assertions.assertEquals;
import static org.junit.jupiter.api.Assertions.assertFalse;
import static org.junit.jupiter.api.Assertions.assertNotNull;
import static org.junit.jupiter.api.Assertions.assertNull;
import static org.junit.jupiter.api.Assertions.assertThrows;
import static org.junit.jupiter.api.Assertions.assertTrue;
import java.util.Map;
import java.util.concurrent.ConcurrentSkipListMap;
import org.junit.jupiter.api.Test;

class ConcurrentSkipListMapTests {
    @Test
    void testPut() throws InterruptedException {
        // 初始化 Map
        Map<String, String> map = new ConcurrentSkipListMap<String, String>();
        // 测试键之前没有关联值
        String resultEmpty = map.put("id001", "Java");
        assertNull(resultEmpty);

        // 测试键之前有关联值
        String resultNotEmpty = map.put("id001", "C");
        assertEquals(resultNotEmpty, "Java");

        // 测试键关联 null 值，抛出 NullPointerException 异常
        Throwable excpetion = assertThrows(
                NullPointerException.class, () -> {
                    map.put("id001", null);// 抛出 NullPointerException 异常
                });
```

```
        assertNotNull(excpetion);
}

@Test
void testGet() throws InterruptedException {
    // 初始化 Map
    Map<String, String> map = new ConcurrentSkipListMap<String, String>();

    map.put("id001", "Java");
    map.put("id002", "C");
    map.put("id003", "Python");

    // 测试 Map 有映射值时，返回映射值
    String result = map.get("id001");
    assertEquals(result, "Java");

    // 测试 Map 无映射值时，返回 null
    String resultNull = map.get("no exist");
    assertNull(resultNull);
}

@Test
void testSize() {
    // 初始化 Map
    Map<String, String> map = new ConcurrentSkipListMap<String, String>();

    map.put("id001", "Java");
    map.put("id002", "C");
    map.put("id003", "Python");

    // 测试 Map 有映射值时
    int result = map.size();
    assertTrue(result == 3);
}

@Test
void testIsEmpty() {
    // 初始化 Map
    Map<String, String> map = new ConcurrentSkipListMap<String, String>();

    // 测试 Map 无映射值时
    boolean resultEmpty = map.isEmpty();
    assertTrue(resultEmpty);

    // 测试 Map 有映射值时
    map.put("id001", "Java");
    map.put("id002", "C");
    map.put("id003", "Python");
```

```java
        boolean resultNotEmpty = map.isEmpty();
        assertFalse(resultNotEmpty);
    }

    @Test
    void testContainsKey() {
        // 初始化 Map
        Map<String, String> map = new ConcurrentSkipListMap<String, String>();

        // 测试 Map 无映射值时
        boolean resultEmpty = map.containsKey("id001");
        assertFalse(resultEmpty);

        // 测试 Map 有映射值时
        map.put("id001", "Java");
        map.put("id002", "C");
        map.put("id003", "Python");
        boolean resultNotEmpty = map.containsKey("id001");
        assertTrue(resultNotEmpty);
    }

    @Test
    void testContainsValue() {
        // 初始化 Map
        Map<String, String> map = new ConcurrentSkipListMap<String, String>();

        // 测试 Map 无映射值时
        boolean resultEmpty = map.containsValue("Java");
        assertFalse(resultEmpty);

        // 测试 Map 有映射值时
        map.put("id001", "Java");
        map.put("id002", "C");
        map.put("id003", "Python");
        boolean resultNotEmpty = map.containsValue("Java");
        assertTrue(resultNotEmpty);
    }

    @Test
    void testRemove() {
        // 初始化 Map
        Map<String, String> map = new ConcurrentSkipListMap<String, String>();

        // 测试 Map 无映射值时
        String resultEmpty = map.remove("id001");
        assertNull(resultEmpty);

        // 测试 Map 有映射值时
        map.put("id001", "Java");
```

```
        map.put("id002", "C");
        map.put("id003", "Python");
        String resultNotEmpty = map.remove("id001");
        assertEquals(resultNotEmpty, "Java");

        // 测试 Map 无映射值时
        String resultEmpty2 = map.remove("id001");
        assertNull(resultEmpty2);
    }

    @Test
    void testClear() {
        // 初始化 Map
        Map<String, String> map = new ConcurrentSkipListMap<String, String>();
        map.put("id001", "Java");
        map.put("id002", "C");
        map.put("id003", "Python");

        // 测试 Map 有映射值时
        int result = map.size();
        assertTrue(result == 3);

        // 测试 Map 无映射值时
        map.clear();
        result = map.size();
        assertTrue(result == 0);
    }
}
```

8.4.5　实战：ConcurrentSkipListMap的应用案例——词频统计

以下案例是通过 ConcurrentSkipListMap 实现的词频统计功能。该案例的实现原理与 8.3 节 HashMap 实现的词频统计是一样的，只不过将 wordCountStore 的实现从 HashMap 改为 ConcurrentSkipListMap。

该案例的实现代码如下：

```
import java.util.Map;
import java.util.concurrent.ConcurrentSkipListMap;

public class ConcurrentSkipListMapDemo {

    /**
     * @param args
     */
    @SuppressWarnings("preview")
    public static void main(String[] args) {
```

```java
Map<String, Integer> wordCountStore = new ConcurrentSkipListMap<>();

// JDK13 之后
String wordString = """
        Give me the strength lightly to bear my joys and sorrows
        Give me the strength to make my love fruitful in service
        Give me the strength never to disown the poor or bend my knees
        before insolent might
        Give me the strength to raise my mind high above daily trifles
        And give me the strength to surrender my strength to thy
         will with love
        """;

// 转为字符串数组
// 换行符和头尾空格要特殊处理
String[] words = wordString.replace("\n", " ")
        .strip().split(" ");

for (String word : words) {

    // key 统一为小写
    String key = word.toLowerCase();// 转为小写

    Integer value = wordCountStore.get(key);

    // 如果 value 不存在，则先赋值为 0
    if (value == null) {
        value = 0;
    }

    // 累加 1
    value += 1;

    // 存到 Map 中
    wordCountStore.put(key, value);
}

// 输出结果到控制台
for (Map.Entry<String, Integer> entry : wordCountStore.
        entrySet()) {
    String key = entry.getKey();
    Integer value = entry.getValue();
    System.out.println(key + " : " + value);
}

}
}
```

上述代码中，wordString 是一个文本段落（需要 JDK 13 之后才能支持），转为了本文数组 words。遍历 words，每个单词转为小写后作为 Map 的 key。如果 Map 中存在该 key 对应的值，则值累加 1；否则先将值赋值为 0，再累加 1。最后值的结果要存储到 Map 中。

执行上述程序，控制台输出内容如下：

```
above: 1
and: 2
bear: 1
before: 1
bend: 1
daily: 1
disown: 1
fruitful: 1
give: 5
high: 1
in: 1
insolent: 1
joys: 1
knees: 1
lightly: 1
love: 2
make: 1
me: 5
might: 1
mind: 1
my: 5
never: 1
or: 1
poor: 1
raise: 1
service: 1
sorrows: 1
strength: 6
surrender: 1
the: 6
thy: 1
to: 6
trifles: 1
will: 1
with: 1
```

8.5 实战：文本压缩

本节将基于 Map 实现一个本文压缩算法。

本节压缩算法的基本原理就是通过建立一个字符串表，用较短的代码表示较长的字符串来实现压缩。例如，业界的 LZW 压缩算法也是采用的类似原理。

8.5.1　文本的压缩和解压

例如，有如下一段文本：

```
I love you Mama and I love you Papa
```

那么，实现对上述单词进行编码，形成如下的字符串表：

```
I -> 0
love -> 1
you -> 2
Mama -> 3
and -> 4
Papa -> 5
```

原文经过编码，形成了以下编码后的文本：

```
0 1 2 3 4 0 1 2 5
```

上述编码后的本文明显比原文要简短，从而实现了本文的压缩。

反之，解压就是将编码后的本文还原为原文的过程。

8.5.2　文本的压缩和解压的实现

以下程序演示了如何实现文本的压缩和解压。

1. 制作字典（字符串表）

字典用于记录字符串与编码的映射关系，因此 Map 结构非常适合存储这类关系的。代码如下：

```java
private static Map<String, Integer> dictionary = new HashMap<>();

private static void makeDictionary(String[] words) {
    int code = 0;
    for (String word : words) {
        String key = word;
        Integer value = dictionary.get(key);

        // 如果 value 不存在，则赋一个编码
        if (value == null) {
            value = code;
            code++;

            // 存到 Map 中
            dictionary.put(key, value);
        }
```

```
    }
}
```

上述代码较为简单，过程如下。

（1）遍历字符串数组。

（2）如果该字符串没有在字典中存在过，则赋值一个新的编码。该编码的实现也较为简单，就是一个递增的数字。

（3）将新编码存入字典中。

2. 实现压缩

以下是实现压缩的代码：

```
private static int[] compress(String[] words) {
    int len = words.length;
    int[] codes = new int[len];

    for (int i = 0; i < len; i++) {
        String key = words[i];

        // 从字典中取对应的编码
        int code = dictionary.get(key);
        codes[i] = code;
    }

    return codes;
}
```

上述代码较为简单，过程如下：

（1）构造一个新的数组 codes，用于存储字符串被编码后的值。

（2）遍历字符串数组。

（3）根据字符串查找编码。

（4）将新编码存入数组 codes 中。

3. 实现解压

以下是实现解压的代码：

```
private static String[] decompress(int[] codes) {
    int len = codes.length;
    String[] words = new String[len];

    for (int i = 0; i < len; i++) {
        int value = codes[i];

        // 从字典中取对应的键
        for (String key : dictionary.keySet()) {
            if (dictionary.get(key) == value) {
```

```
                    words[i] = key;
                }
            }

    }

    return words;
}
```

上述代码较为简单，过程如下：

（1）构造一个新的数组 words，用于存储解码后的字符串。

（2）遍历 codes 数组。

（3）根据编码查找对应的字符串。

（4）将字符串存入数组 words 中。

8.5.3　测试文本的压缩和解压

完整的文本的压缩和解压测试程序如下：

```java
import java.util.Arrays;
import java.util.HashMap;
import java.util.Map;

public class TextCompressionWithMapDemo {
    private static Map<String, Integer> dictionary = new HashMap<>();

    /**
     * @param args
     */
    public static void main(String[] args) {
        // JDK13 之后
        String wordString = """
                Give me the strength lightly to bear my joys and sorrows
                Give me the strength to make my love fruitful in service
                Give me the strength never to disown the poor or bend my knees
                before insolent might
                Give me the strength to raise my mind high above daily trifles
                And give me the strength to surrender my strength to thy will
                with love
                """;

        // 转为字符串数组
        // 换行符和头尾空格要特殊处理
        String[] words = wordString.replace("\n", " ")
                .strip().split(" ");
```

```java
        makeDictionary(words);

        int[] compressResult = compress(words);

        System.out.println(
                "压缩结果：" + Arrays.toString(compressResult));

        String[] decompressResult = decompress(
                compressResult);

        System.out.println("解压结果："
                + Arrays.toString(decompressResult));

        // 去除多余的符号
        System.out.println(
                "解压结果：" + Arrays.toString(decompressResult)
                        .replace("]", "").replace("[", "")
                        .replace(",", ""));
    }

    private static void makeDictionary(String[] words) {
        int code = 0;
        for (String word : words) {
            String key = word;
            Integer value = dictionary.get(key);

            // 如果 value 不存在，则赋一个编码
            if (value == null) {
                value = code;
                code++;

                // 存到 Map 中
                dictionary.put(key, value);
            }
        }
    }

    private static int[] compress(String[] words) {
        int len = words.length;
        int[] codes = new int[len];

        for (int i = 0; i < len; i++) {
            String key = words[i];

            // 从字典中取对应的编码
            int code = dictionary.get(key);
            codes[i] = code;
        }

        return codes;
```

```
    }

    private static String[] decompress(int[] codes) {
        int len = codes.length;
        String[] words = new String[len];

        for (int i = 0; i < len; i++) {
            int value = codes[i];

            // 从字典中取对应的键
            for (String key : dictionary.keySet()) {
                if (dictionary.get(key) == value) {
                    words[i] = key;
                }
            }

        }

        return words;
    }
}
```

运行上述程序，控制台输出内容如下：

压缩结果：[0, 1, 2, 3, 4, 5, 6, 7, 8, 9, 10, 0, 1, 2, 3, 5, 11, 7, 12, 13, 14, 15, 0, 1, 2, 3, 16, 5, 17, 2, 18, 19, 20, 7, 21, 22, 23, 24, 0, 1, 2, 3, 5, 25, 7, 26, 27, 28, 29, 30, 31, 32, 1, 2, 3, 5, 33, 7, 3, 5, 34, 35, 36, 12]

解压结果：[Give, me, the, strength, lightly, to, bear, my, joys, and, sorrows, Give, me, the, strength, to, make, my, love, fruitful, in, service, Give, me, the, strength, never, to, disown, the, poor, or, bend, my, knees, before, insolent, might, Give, me, the, strength, to, raise, my, mind, high, above, daily, trifles, And, give, me, the, strength, to, surrender, my, strength, to, thy, will, with, love]

解压结果：Give me the strength lightly to bear my joys and sorrows Give me the strength to make my love fruitful in service Give me the strength never to disown the poor or bend my knees before insolent might Give me the strength to raise my mind high above daily trifles And give me the strength to surrender my strength to thy will with love

可以看到，解压后的结果和压缩前的文本是一致的。

8.6 总结

本章学习了跳表和散列。

有序链表的查找性能时间复杂度是 $O(n)$；而跳表则是引入折半查找的方法，时间复杂度降为 $O(\log n)$。

散列也称为哈希，是一种将字符组成的字符串转换为固定长度（一般是更短长度）的数值或索引值的方法。由于通过更短的散列值比用原始值进行数据库搜索更快，因此这种方法一般用来在数据库中建立索引并进行搜索，同时还用在各种解密算法中。

8.7 习题

1. 简述跳表和散列的特征。

2. 用跳表或散列实现词频统计。

3. 用跳表或散列实现文本压缩。

第9章
树及二叉树

　　前面章节介绍的数据结构主要划分为两种类型：顺序存储结构和链式存储结构。正如我们已经看到的，就其效率而言，这两种实现方式各有优缺点。具体来说，顺序存储结构允许通过下标在常数的时间内找到目标对象，并读取或更新其内容。然而，一旦需要对这类结构进行修改，那么无论是插入还是删除，都需要耗费线性的时间。反过来，基于链式存储结构允许借助引用或位置对象在常数的时间内插入或删除元素。但是，为了找出居于特定次序的元素，不得不花费线性的时间对整个结构进行遍历查找。那么能否将这两类结构的优点结合起来，并回避其不足呢？本章所要介绍的树形结构就能解决这一问题。

　　本章介绍树形结构的概念，以及树形结构的一种类型——二叉树。

9.1 树形结构的概念

树是一种分层结构，在现实生活中非常常见。无论是计算机中的文件系统、数据库系统、域名系统还是人类社会中的群体组织、种族关系，树的这种层次结构无处不在。树形结构非常类似于自然界中倒挂的树，即根朝上、叶朝下。图 9-1 展示的就是一个树形结构。

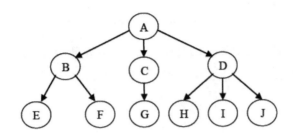

图 9-1　树形结构

前面几章介绍的数据结构都属于线性结构，各元素之间存在一个自然的线性次序。树形结构则不然，其中的元素之间并不存在天然的直接后继或直接前驱关系，因此属于非线性结构。

尽管树不是线性结构，但是得益于其层次化的特点，仍可以说"树的某一元素是另一元素'直接上邻'"，也可以说"某一元素是另一元素的'直接下邻'之一"。这些关系可以形象地用"父亲""孩子""祖先"和"后代"等术语来描述，下面对此进行详细介绍。

9.1.1　树形结构的核心概念

1. 节点的层次和树的深度

树的节点包含一个数据元素及若干指向其子树的分支。节点的层次（Level）从根开始定义，层次数为 0 的节点是根节点，其子树的根的层次数为 1。若节点在 L 层，其子树的根就在 $L+1$ 层。对于层次为 k（$k > 0$）的每个节点 c，都有且仅有一个层次为 $k-1$ 的节点 p 与之对应，p 称为 c 的父亲（Parent）或父节点。若 p 是 c 的父亲，则 c 称为 p 的孩子（Child）。

父子之间的连线是树的一条边。在树中根节点没有父亲，其余节点只有一个父节点，但是可能有多个孩子，同一节点的孩子相互称为兄弟（Sibling）。

树中节点的最大层次数称为树的深度（Depth）或高度。树中节点也有高度，其高度是以该节点为根的树的高度。

图 9-1 中，节点 A 在第 0 层，节点 B、C、D 在第 1 层，节点 E、F、G、H、I、J 在第 2 层。节点 A 是节点 B、C、D 的父亲，节点 B、C、D 是节点 A 的孩子。由于节点 H、I、J 有同一个父节点 D，因此它们互为兄弟。

以 A 为根的树的高度为 2，节点 A 的高度也就为 2。

2. 节点的度与树的度

节点拥有的子树的数目称为节点的度（Degree）。度为 0 的节点称为叶子（Leaf）或终端节点，度不为 0 的节点称为非终端节点或分支节点。除根之外的分支节点也称为内部节点。例如，图 9-1 中，节点 A、D 的度为 3，节点 E、F、G、H、I、J 的度均为 0，是叶子。

树中节点总数与边的总数是相当的，基于这一事实，在对涉及树结构的算法复杂性进行分析时，可以用节点的数目作为规模的度量。

3. 路径

树中任意两个节点之间都存在唯一的路径（Path），这意味着树既是连通的，同时又不会出现环路。从根节点开始，存在到其他任意节点的一条唯一路径，根到某个节点路径的长度恰好是该节点的层次数。

4. 祖先、子孙、堂兄弟

将父子关系进行扩展，就可以得到祖先、子孙、堂兄弟等关系。节点的祖先是从根到该节点路径上的所有节点。以某节点为根的树中的任一节点都称为该节点的子孙。父亲在同一层次的节点互为堂兄弟。例如，在图 9-1 中，节点 H 的祖先为节点 A、D，节点 B 的子孙有节点 E、F，节点 E、F 与节点 G、H、I、J 互为堂兄弟。

5. 有序树、m 叉树、森林

如果将树中节点的各子树看成从左至右是有次序的，则称该树为有序树；若不考虑子树的顺序，则称其为无序树。对于有序树，可以明确地定义每个节点的第一个孩子、第二个孩子等，直到最后一个孩子。若不特别指明，一般讨论的树都是有序树。

树中所有节点最大度数为 m 的有序树称为 m 叉树。

森林（Forest）是 m（$m \geqslant 0$）棵互不相交的树的集合。对树中每个节点而言，其子树的集合即为森林。树和森林的概念相近，删除一棵树的根，就得到一个森林；反之，加上一个节点作树根，森林就变为一棵树。例如，在图 9-1 中，以节点 A 为根的树就是一棵 3 叉树，节点 A 的所有子树可以组成一个森林。

9.1.2　树形结构的特点

树形结构具有以下特点。

（1）每个节点有零个或多个子节点。

（2）没有父节点的节点称为根节点。

（3）每一个非根节点有且只有一个父节点。

（4）除了根节点外，每个子节点可以分为多个不相交的子树。

9.1.3 树形结构的应用

以下是现实生活中的树形结构的应用。

1. 族谱

图 9-2 展示的是《红楼梦》的家族关系，这种图也称为族谱。通过这种层次关系，可以很容易地识别出贾法是处于最顶层。贾法有两个后代，分别是贾代善和贾代儒。贾代善有三个后代，而贾代儒没有后代。从图 9-2 中也很容易识别出，贾宝玉和贾珠、贾元春、贾探春、贾环等都是兄弟姐妹，每个人与其直接父母或孩子都有一条边。

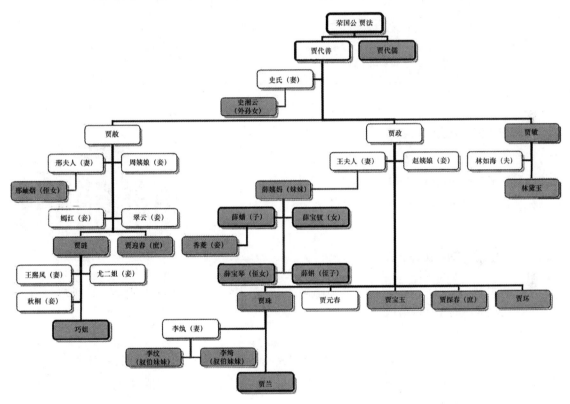

图 9-2 《红楼梦》的家族关系

2. 组织结构

图 9-3 展示的是一个常见的公司组织结构。其中，地位最高的总经理处于最顶层；地位次于总经理的是副经理，他们处于总经理的下一层。总经理是副经理的上级，而副经理是总经理的下级。副经理也有自己的下级。每个人与其直接上级或下级都有一条边。

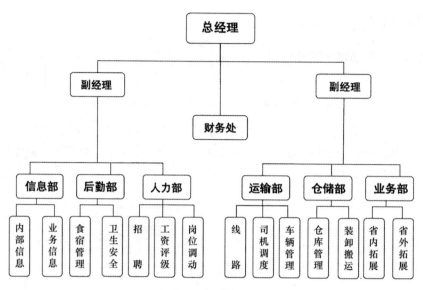

图 9-3　公司组织结构

3. 软件系统的模块划分

在软件系统中也存在层次关系。图 9-4 展示的是一个常
见的博客系统的模块划分。模块化就是将一个大而复杂的项
目划分为若干个小而简单的任务。

图 9-4　博客系统的模块划分

9.1.4　树形结构的种类

树根据不同的特点，又可以细分为二叉树（Binary Tree）、竞争树、查找树、平衡查找树等。
以下介绍比较常用的几种树结构。

1. 二叉树

二叉树是一种简单但极其重要的树结构。因为任何树都可以转化为二叉树进行处理，并且二叉
树适合计算机的存储和处理，所以在实现的程序设计中，二叉树都是研究的重点。

二叉树是每个节点的度均不超过 2 的有序树，因此二叉树中每个节点的孩子数只能是 0、1 或
2 个，并且每个孩子都有左右之分。位于左边的孩子称为左孩子，位于右边的孩子称为右孩子；以
左孩子为根的子树称为左子树，以右孩子为根的子树称为右子树。

2. 满二叉树

满二叉树（Full Binary Tree）是指高度为 k 并且有（2^k-1）个节点的二叉树。在满二叉树中，
每层节点都达到最大数，即每层节点都是满的。图 9-5 所示的二叉树就是一棵满二叉树。

3. 完全二叉树

若在一棵满二叉树中，在最下层从最右侧起去掉相邻的若干叶子节点，得到的二叉树即为完全
二叉树（Complete Binary Tree）。图 9-6 所示的二叉树就是一棵完全二叉树。

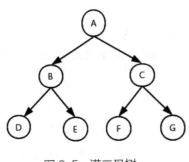

图 9-5 满二叉树

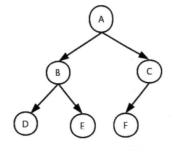

图 9-6 完全二叉树

可见，满二叉树必为完全二叉树，但完全二叉树不一定是满二叉树。

4. 平衡二叉树

空树或它的左右两个子树的高度差的绝对值不超过 1，并且左右两个子树都是平衡二叉树（Balanced Binary Tree）。平衡二叉树又称 AVL 树，图 9-7 所示的二叉树就是一棵平衡二叉树。

5. 二叉查找树

二叉查找树（Binary Search Tree，BST）又称二叉搜索树、二叉排序树，即对树上的每个节点，都满足其左子树上所有节点的数据域均小于或等于根节点的数据域，右子树上所有节点的数据域均大于根节点的数据域，如图 9-8 所示。

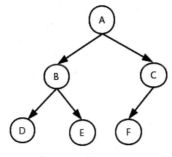

图 9-7 平衡二叉树

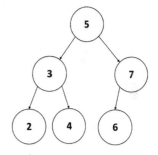

图 9-8 二叉查找树

二叉查找树是一种非常重要的数据结构，许多高级树结构都是二叉查找树的变种，如 AVL 树、红黑树（Red-Black Tree，R-B Tree）等。

6. 红黑树

红黑树是一种特殊的二叉查找树。红黑树的每个节点上都有存储为了表示节点的颜色，可以是红（Red）或黑（Black）。这些规则使红黑树保证了一种平衡，插入、删除、查找的最坏时间复杂度都为 $O(\log n)$。

红黑树的统计性能要好于平衡二叉树，因此红黑树在很多地方都有应用。例如，在 Java 集合框架中，很多部分（HashMap、TreeMap、TreeSet 等）都有红黑树的应用，这些集合均提供了很好的性能。

7. B树

B 树是为了磁盘或其他存储设备设计的一种多叉平衡查找树。B 树与红黑树相似，但其在降低磁盘I/O操作方面性能要更好一些。许多数据库系统一般使用B树或B树的各种变形结构（如B+树、B* 树）来存储信息。

在现代计算机中通常采用分级存储系统，以最简单的二级分级存储策略为例，就是由内存储器与外存储器（磁盘）组成二级存储系统。这一策略的思想是：将最常用的数据副本存放于内存中，而大量的数据存放于外存中，借助有效的算法可以将外存的大存储量与内存高速度的优点结合起来。

一般地，在分级存储系统中，各级存储器的速度有着巨大的差异。仍然以磁盘和内存为例，前者的平均访问速度为 10ms 左右，而内存储器的平均访问速度为纳秒级，通常在 10~100ns，二者之间的速度差异大约为10^6倍。因此，为了节省一次外存储器的访问，我们宁愿多访问内存储器100次、1000 次甚至 1 万次。

当问题规模太大，以至于内存储器无法容纳时，即使是 AVL 树，在时间上也会大打折扣。这里要介绍的 B 树就是可以高效解决该问题的一种数据结构。

B 树的查找类似于二叉排序树的查找，不同的是 B 树每个节点上是多关键码的有序表，在到达某个节点时，先在有序表中查找，若找到，则查找成功；否则，到按照对应的指针信息指向的子树中去查找。当到达叶子节点时，则说明树中没有对应的关键码，查找失败。也就是说，在 B 树上的查找过程是一个顺指针查找节点和在节点中查找关键码交叉进行的过程，例如，图 9-9 中虚线所示的路径即为在 B 树中查找 23 和 47 的过程。

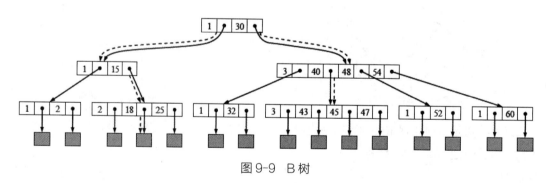

图9-9 B树

正如前面所指出的，B 树的查找适合于大规模的数据。实际的做法是，将大量数据组织为一棵 B 树，并存于外存储器，B 树的根节点常驻内存。一旦需要查找，则按照上述过程，首先将根节点作为当前节点，在当前节点中顺序查找；如果当前节点不存在需要查找的关键字，则根据相应的引用找到外存中的某一个下层节点，将其读入内存，作为新的当前节点继续查找。如此进行下去，直到查找到相应关键字或查找失败。

由此可见，在B树中进行查找所需的时间无外乎两类操作的时间消耗：一种是在B树上找节点，即将外存中的节点读入内存；另一种是在节点中找关键字。在前面曾经提到，内外存储器的平均访问时间存在巨大的差异，所以在这两部分时间中，前者必然是主要部分，后一部分时间则可以忽略。因此，B 树的查找效率取决于外存的访问次数。

8. B+树

B+ 树是应文件系统所需而产生的一种 B 树的变形树，如图 9-10 所示。

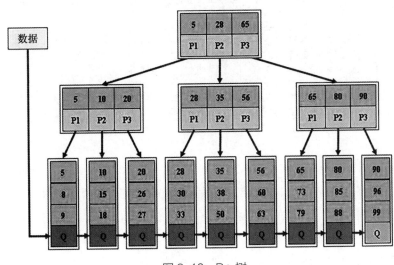

图 9-10　B+ 树

B+ 树的搜索与 B 树基本相同，区别是 B+ 树只有达到叶子节点才命中（B 树可以在非叶子节点命中），其性能也等价于在关键字全集做一次二分查找。

B+ 树的特性如下。

（1）所有关键字都出现在叶子节点的链表中（稠密索引），且链表中的关键字恰好是有序的。

（2）不可能在非叶子节点命中。

（3）非叶子节点相当于叶子节点的索引（稀疏索引），叶子节点相当于存储（关键字）数据的数据层。

（4）更适合文件索引系统。

9. B*树

B* 树是 B+ 树的变体，在 B+ 树的非根和非叶子节点再增加指向兄弟的指针，如图 9-11 所示。

B* 树定义了非叶子节点关键字个数至少为 (2/3)M，其中 M 为关键字总个数，即块的最低使用比例为 2/3（代替 B+ 树的 1/2）。

B+ 树的分裂：当一个节点满时，分配一个新的节点，并将原节点中 1/2 的数据复制到新节点，最后在父节点中增加新节点的指针；B+ 树的分裂只影响原节点和父节点，而不会影响兄弟节点，所以它不需要指向兄弟的指针。

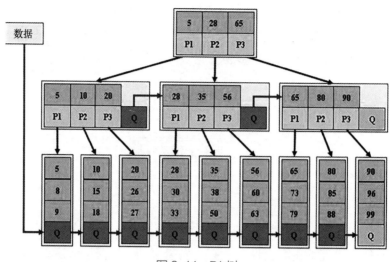

图 9-11　B* 树

B* 树的分裂：当一个节点满时，如果它的下一个兄弟节点未满，那么将一部分数据移到兄弟节点中，再在原节点插入关键字，最后修改父节点中兄弟节点的关键字（因为兄弟节点的关键字范围改变了）；如果兄弟也满了，则在原节点与兄弟节点之间增加新节点，并各复制 1/3 的数据到新节点，最后在父节点增加新节点的指针。

所以，B* 树分配新节点的概率比 B+ 树要低，空间使用率更高。

10. R树

1984 年，加州大学伯克利分校的 Guttman 发表了一篇题为 *R-trees: a dynamic index structure for spatial searching* 的论文，向世人介绍了 R 树这种处理高维空间存储问题的数据结构。

下面举一个 R 树在现实领域中的应用案例：查找 20km 以内所有的餐厅。如果不采用 R 树，一般情况下会把餐厅的坐标 (x, y) 分为两个字段存放在数据库中，一个字段记录经度，另一个字段记录纬度。这样就需要遍历所有的餐厅获取其位置信息，然后计算是否满足要求。如果一个地区有 100 家餐厅，就要进行 100 次位置计算操作。如果将其应用到谷歌地图这种超大数据库中，这种方法必定不可行。

R 树就很好地解决了这种高维空间搜索问题。它把 B 树的思想很好地扩展到了多维空间，采用 B 树分割空间的思想，并在添加、删除操作时采用合并、分解节点的方法，保证树的平衡性。因此，R 树就是一棵用来存储高维数据的平衡树。

R 树的 R 代表 Rectangle（矩形）。因为所有节点都在它们的最小外接矩形中，所以与某个矩形不相交的查询就一定与该矩形中的所有节点都不相交。叶子节点上的每个矩形都代表一个对象，节点都是对象的聚合，并且越往上层聚合的对象就越多。也可以把每一层看作对数据集的近似，叶子节点层是最细粒度的近似，与数据集相似度为 100%，越往上层越粗糙。图 9-12 展示的是 R 树的应用。

R 树也有一系列的变体，如 R* 树、R+ 树、Hilbert R 树、X 树等，这里不再展开介绍。

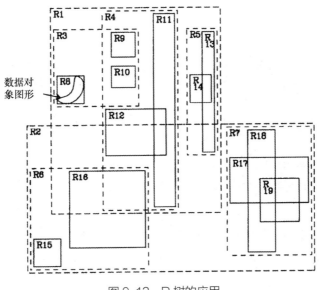

数据对象图形

图 9-12　R 树的应用

9.2 二叉树的概念

每个节点的度均不超过 2 的有序树称为二叉树。如果二叉树的每一层上的节点数都是最大节点数，即所有叶子节点（没有子节点的节点）都在最后一层，并且节点总数为 $2n-1$（n 为层数），则称之为满二叉树。

因为任何树都可以转化为二叉树进行处理，并且二叉树适合计算机的存储和处理，所以在树形结构中二叉树是研究的重点。

在计算机中，二叉树可以通过顺序表或链表的形式来存储。

9.3 数组描述

二叉树可以使用顺序表（数组）来存储其节点，并且节点的存储位置即为数组的下标索引，这种存储方式就是顺序存储。

如图 9-13 所示，这是一棵完全二叉树，采用顺序存储，可以表示为 ["A"，"B"，"C"，"D"，"E"，"F"，"G"，"H"，"I"，"J"]。因为完全二叉树的特性，所有节点从上到下、从左到右是连续的，所以可以用数组表示。但如果图中 D、H、I 节点被删除，则该数组需要变成 ["A"，"B"，"C"，null，"E"，"F"，"G"，null，null，"J"]，如图 9-14 所示。

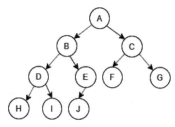

图 9-13　删除节点前的二叉树

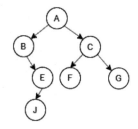

图 9-14　删除节点后的二叉树

所以，二叉树使用顺序存储时，需要先将树用空节点填充成完全二叉树，再按从上到下、从左到右的顺序遍历所有节点，形成数组输出。

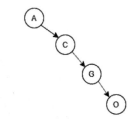

图 9-15　删除节点后的二叉树

但顺序存储会造成空间浪费，极端右斜情况下，如图 9-15 所示，使用数组表示为 ["A"，null，"C"，null, null, null，"G"，null, null, null, null, null, null, null，"O"]，空间浪费非常大。

遍历是将二叉树中的节点信息由非线性排列变为某种意义上的线性排列，即遍历操作使非线性结构线性化。

一棵二叉树由根节点、左子树和右子树三部分组成，若规定 D、L、R 分别代表遍历根节点、遍历左子树、遍历右子树，则二叉树的遍历方式有 6 种：DLR、DRL、LDR、LRD、RDL、RLD。由于先遍历左子树和先遍历右子树在算法设计上没有本质区别，因此本节只讨论三种方式：DLR（前序遍历）、LDR（中序遍历）和 LRD（后序遍历）。

接下来，以数组 ["A"，"B"，"C"，"D"，"E"，"F"，"G"，"H"，"I"，"J"] 表示的二叉树（图 9-13）为例讲解前序遍历、中序遍历和后序遍历三种遍历方式。

9.3.1　前序遍历

前序遍历也称先根遍历，其基本思想是：首先访问根节点，然后前序遍历其左子树，最后前序遍历其右子树。这里需要强调的是，遍历左右子树时仍然采用前序遍历方法。

前序遍历可简单记作"根左右"。本例的二叉树前序遍历结果如下：

```
A B D H I E J C F G
```

9.3.2　中序遍历

中序遍历也称中根遍历，其基本思想是：首先中序遍历根节点的左子树，然后访问根节点，最后中序遍历其右子树。这里需要强调的是，遍历左右子树时仍然采用中序遍历方法。

中序遍历可简单记作"左根右"。本例的二叉树中序遍历结果如下：

```
H D I B J E A F C G
```

9.3.3　后序遍历

后序遍历也称后根遍历，其基本思想是：首先后序遍历根节点的左子树，然后后序遍历根节点的右子树，最后访问根节点。这里需要强调的是，遍历左右子树时仍然采用后序遍历方法。

后序遍历可简单记作"左右根"。本例的二叉树后序遍历结果如下：

```
H I D J E B F G C A
```

9.4 实战：使用数组实现二叉树

我们可以采用数组的结构来存储二叉树的节点信息。本节将演示如何基于数组来实现二叉树并编写测试用例。

9.4.1　实现二叉树

以下是基于数组实现的二叉树：

```java
package com.waylau.java.demo.datastructure;

import java.util.List;

public class ArrayBinaryTree<T> {

    private T[] arr;

    public ArrayBinaryTree(T[] arr) {
        if (arr == null || arr.length == 0) {
            throw new IllegalArgumentException(
                    "arr must not null");
        }

        this.arr = arr;
    }

    // 前序遍历
    public void preOrder(int index, List<T> result) {
        result.add(arr[index]);

        if (2 * index + 1 < arr.length) {
            preOrder(2 * index + 1, result);
        }

        if (2 * index + 2 < arr.length) {
```

```
            preOrder(2 * index + 2, result);
        }
    }

    // 中序遍历
    public void infixOrder(int index, List<T> result) {
        if (2 * index + 1 < arr.length) {
            infixOrder(2 * index + 1, result);
        }

        result.add(arr[index]);

        if (2 * index + 2 < arr.length) {
            infixOrder(2 * index + 2, result);
        }
    }

    // 后序遍历
    public void postOrder(int index, List<T> result) {
        if (2 * index + 1 < arr.length) {
            postOrder(2 * index + 1, result);
        }

        if (2 * index + 2 < arr.length) {
            postOrder(2 * index + 2, result);
        }

        result.add(arr[index]);
    }

}
```

ArrayBinaryTree 类代表二叉树，可以实现前序遍历、中序遍历和后序遍历等功能。

9.4.2　编写单元测试用例

ArrayBinaryTree 类的单元测试用例如下：

```
package com.waylau.java.demo.datastructure;

import java.util.ArrayList;
import java.util.List;

import org.junit.jupiter.api.Order;
import org.junit.jupiter.api.Test;

class ArrayBinaryTreeTest {
    @Order(1)
```

```
@Test
void testPreOrder() {
    Integer[] arr = { 1, 2, 3, 4, 5, 6, 7, 8 };
    List<Integer> result = new ArrayList<Integer>(
            arr.length);

    ArrayBinaryTree<Integer> arrBinaryTree = new ArrayBinaryTree<>(arr);

    arrBinaryTree.preOrder(0, result);

    System.out.println(result);
}

@Order(2)
@Test
void testInfixOrder() {
    Integer[] arr = { 1, 2, 3, 4, 5, 6, 7, 8 };
    List<Integer> result = new ArrayList<Integer>(
            arr.length);

    ArrayBinaryTree<Integer> arrBinaryTree = new ArrayBinaryTree<>(arr);

    arrBinaryTree.infixOrder(0, result);

    System.out.println(result);
}

@Order(3)
@Test
void testPostOrder() {
    Integer[] arr = { 1, 2, 3, 4, 5, 6, 7, 8 };
    List<Integer> result = new ArrayList<Integer>(
            arr.length);

    ArrayBinaryTree<Integer> arrBinaryTree = new ArrayBinaryTree<>(arr);

    arrBinaryTree.postOrder(0, result);

    System.out.println(result);

}

@Order(4)
@Test
void testPreOrder2() {
    String[] arr = { "A", "B", "C", "D", "E", "F", "G",
            "H", "I", "J" };

    List<String> result = new ArrayList<String>(
```

```
            arr.length);

        ArrayBinaryTree<String> arrBinaryTree = new ArrayBinaryTree<>(arr);

        arrBinaryTree.preOrder(0, result);

        System.out.println(result);

    }

    @Order(5)
    @Test
    void testInfixOrder2() {
        String[] arr = { "A", "B", "C", "D", "E", "F", "G",
                "H", "I", "J" };

        List<String> result = new ArrayList<String>(
                arr.length);

        ArrayBinaryTree<String> arrBinaryTree = new ArrayBinaryTree<>(arr);

        arrBinaryTree.infixOrder(0, result);

        System.out.println(result);
    }

    @Order(6)
    @Test
    void testPostOrder2() {
        String[] arr = { "A", "B", "C", "D", "E", "F", "G",
                "H", "I", "J" };

        List<String> result = new ArrayList<String>(
                arr.length);

        ArrayBinaryTree<String> arrBinaryTree = new ArrayBinaryTree<>(arr);

        arrBinaryTree.postOrder(0, result);

        System.out.println(result);
    }

}
```

执行上述用例，控制台输出结果如下：

```
[1, 2, 4, 8, 5, 3, 6, 7]
[8, 4, 2, 5, 1, 6, 3, 7]
[8, 4, 5, 2, 6, 7, 3, 1]
```

```
[A, B, D, H, I, E, J, C, F, G]
[H, D, I, B, J, E, A, F, C, G]
[H, I, D, J, E, B, F, G, C, A]
```

9.5 链表描述

9.4 节介绍了二叉树基于数组的实现。二叉树使用顺序存储时，需要先将树用空节点填充成完全二叉树，再按从上到下、从左到右的顺序遍历所有节点，形成数组输出。但是，顺序存储会造成空间浪费，特别是在极端右斜情况下。本节介绍的用链表实现的二叉树则可以解决上述问题。

由二叉树定义可知，二叉树的每个节点最多有两个子节点。因此，可以将节点的数据结构定义为一个数据域和两个指针域。这种存储结构与链表类似，称为二叉链表。使用这种结构更符合树的定义，节省空间，并且也便于查找。在 Java 中，其代码表示如下：

```java
package com.waylau.java.demo.datastructure;

public class BinaryTreeNode<T> {

    private T data;

    private BinaryTreeNode<T> left; // 左节点

    private BinaryTreeNode<T> right; // 右节点

    BinaryTreeNode(T data) {
        this(data, null, null);
    }

    BinaryTreeNode(T data, BinaryTreeNode<T> left,
            BinaryTreeNode<T> right) {
        this.left = left;
        this.right = right;
        this.data = data;
    }

    public T getData() {
        return data;
    }

    public void setData(T data) {
        this.data = data;
    }

    public BinaryTreeNode<T> getLeft() {
        return left;
```

```
    }

    public void setLeft(BinaryTreeNode<T> left) {
        this.left = left;
    }

    public BinaryTreeNode<T> getRight() {
        return right;
    }

    public void setRight(BinaryTreeNode<T> right) {
        this.right = right;
    }
}
```

图 9-16 和图 9-17 所示为一棵二叉树及该二叉树的链表表示。从图 9-16 和图 9-17 可以看出，二叉树的链表表示与二叉树树形结构本身非常相似。

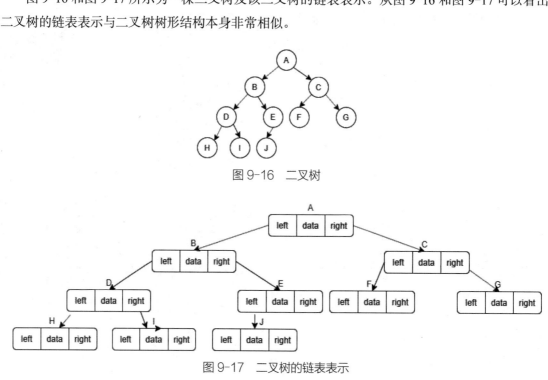

图 9-16　二叉树

图 9-17　二叉树的链表表示

9.6 实战：使用链表实现二叉树

我们可以采用链表的结构来存储二叉树的节点信息。本节将演示如何基于链表来实现二叉树并编写测试用例。

9.6.1 实现二叉树

以下是基于链表实现的二叉树：

```java
package com.waylau.java.demo.datastructure;

public class LinkedBinaryTree<T> {
    // 前序遍历
    public void preOrder(BinaryTreeNode<T> root,
            List<T> result) {
        if (root == null) {
            return;
        }

        result.add(root.getData());

        preOrder(root.getLeft(), result);

        preOrder(root.getRight(), result);
    }

    // 中序遍历
    public void infixOrder(BinaryTreeNode<T> root,
            List<T> result) {
        if (root == null) {
            return;
        }

        infixOrder(root.getLeft(), result);

        result.add(root.getData());

        infixOrder(root.getRight(), result);
    }

    // 后序遍历
    public void postOrder(BinaryTreeNode<T> root,
            List<T> result) {

        if (root == null) {
            return;
        }

        postOrder(root.getLeft(), result);

        postOrder(root.getRight(), result);

        result.add(root.getData());
    }

}
```

LinkedBinaryTree 类代表二叉树，可以实现前序遍历、中序遍历和后序遍历等功能。

9.6.2 编写单元测试用例

LinkedBinaryTree 类的单元测试用例如下：

```java
package com.waylau.java.demo.datastructure;

import java.util.ArrayList;
import java.util.List;
import org.junit.jupiter.api.Order;
import org.junit.jupiter.api.Test;
import org.junit.jupiter.api.TestMethodOrder;
import org.junit.jupiter.api.MethodOrderer;

@TestMethodOrder(MethodOrderer.OrderAnnotation.class)
class LinkedBinaryTreeTest {
    @Order(1)
    @Test
    void testPreOrder() {
        BinaryTreeNode<String> nodeF = new BinaryTreeNode<>(
                "F");
        BinaryTreeNode<String> nodeG = new BinaryTreeNode<>(
                "G");
        BinaryTreeNode<String> nodeH = new BinaryTreeNode<>(
                "H");
        BinaryTreeNode<String> nodeI = new BinaryTreeNode<>(
                "I");
        BinaryTreeNode<String> nodeJ = new BinaryTreeNode<>(
                "J");
        BinaryTreeNode<String> nodeD = new BinaryTreeNode<>(
                "D", nodeH, nodeI);
        BinaryTreeNode<String> nodeE = new BinaryTreeNode<>(
                "E", nodeJ, null);
        BinaryTreeNode<String> nodeB = new BinaryTreeNode<>(
                "B", nodeD, nodeE);
        BinaryTreeNode<String> nodeC = new BinaryTreeNode<>(
                "C", nodeF, nodeG);
        BinaryTreeNode<String> nodeA = new BinaryTreeNode<>(
                "A", nodeB, nodeC); // 根节点

        List<String> result = new ArrayList<String>();

        LinkedBinaryTree<String> linkedBinaryTree = new LinkedBinaryTree<>();
        linkedBinaryTree.preOrder(nodeA, result);
        System.out.println(result);

    }
```

```
@Order(2)
@Test
void testInfixOrder() {
    BinaryTreeNode<String> nodeF = new BinaryTreeNode<>(
            "F");
    BinaryTreeNode<String> nodeG = new BinaryTreeNode<>(
            "G");
    BinaryTreeNode<String> nodeH = new BinaryTreeNode<>(
            "H");
    BinaryTreeNode<String> nodeI = new BinaryTreeNode<>(
            "I");
    BinaryTreeNode<String> nodeJ = new BinaryTreeNode<>(
            "J");
    BinaryTreeNode<String> nodeD = new BinaryTreeNode<>(
            "D", nodeH, nodeI);
    BinaryTreeNode<String> nodeE = new BinaryTreeNode<>(
            "E", nodeJ, null);
    BinaryTreeNode<String> nodeB = new BinaryTreeNode<>(
            "B", nodeD, nodeE);
    BinaryTreeNode<String> nodeC = new BinaryTreeNode<>(
            "C", nodeF, nodeG);
    BinaryTreeNode<String> nodeA = new BinaryTreeNode<>(
            "A", nodeB, nodeC); // 根节点

    List<String> result = new ArrayList<String>();

    LinkedBinaryTree<String> linkedBinaryTree = new LinkedBinaryTree<>();
    linkedBinaryTree.infixOrder(nodeA, result);
    System.out.println(result);
}

@Order(3)
@Test
void testPostOrder() {
    BinaryTreeNode<String> nodeF = new BinaryTreeNode<>(
            "F");
    BinaryTreeNode<String> nodeG = new BinaryTreeNode<>(
            "G");
    BinaryTreeNode<String> nodeH = new BinaryTreeNode<>(
            "H");
    BinaryTreeNode<String> nodeI = new BinaryTreeNode<>(
            "I");
    BinaryTreeNode<String> nodeJ = new BinaryTreeNode<>(
            "J");
    BinaryTreeNode<String> nodeD = new BinaryTreeNode<>(
            "D", nodeH, nodeI);
    BinaryTreeNode<String> nodeE = new BinaryTreeNode<>(
            "E", nodeJ, null);
```

```
        BinaryTreeNode<String> nodeB = new BinaryTreeNode<>(
                "B", nodeD, nodeE);
        BinaryTreeNode<String> nodeC = new BinaryTreeNode<>(
                "C", nodeF, nodeG);
        BinaryTreeNode<String> nodeA = new BinaryTreeNode<>(
                "A", nodeB, nodeC); // 根节点

        List<String> result = new ArrayList<String>();

        LinkedBinaryTree<String> linkedBinaryTree = new LinkedBinaryTree<>();
        linkedBinaryTree.postOrder(nodeA, result);
        System.out.println(result);
    }
}
```

执行上述用例，控制台输出结果如下：

```
[A, B, D, H, I, E, J, C, F, G]
[H, D, I, B, J, E, A, F, C, G]
[H, I, D, J, E, B, F, G, C, A]
```

9.7 Huffman树

Huffman 树（中文译为哈夫曼树、赫夫曼或霍夫曼树）又称最优二叉树，是一种带权路径长度最短的二叉树，常用于信息传输、数据压缩等方面。

9.7.1 Huffman树的应用

在数据传输过程中，我们总是希望用尽可能少的带宽传输更多的数据，Huffman 树就是其中一种用较少带宽传输的方法。Huffman 树的基本思想并不复杂，即对于出现频率高的数据用短字节表示，对于出现频率比较低的数据用长字节表示。

下面演示一个数据压缩编码的例子。

1. 初始分配

例如，现在有四个数据需要传输，分别为 A、B、C、D。如果此时没有考虑四个数据出现的概率，那么完全按照平均长度为 2 来分配。其编码如下：

```
A - 00
B - 01
C - 10
D - 11
```

但是，现在条件发生了改变，四个数据出现的频率并不一样，分别为 0.1、0.13、0.28 和 0.49。那么这时应该怎么分配长度呢？

2. 利用Huffman树进行分配

我们只要把所有数据按照频率从低到高排列，每次取前两位合并成新的节点，再把该新节点放到队列中重新排序即可。新节点的左节点默认设为 0，右节点默认设为 1。重复上面的过程，直到所有节点都合并成一个节点为止。如果应用到实际的示例中，合并的过程应如下所示。

（1）合并 A 和 B，因为 A 和 B 是概率最小的，如图 9-18 所示。

（2）合并 total_AB 和 C，如图 9-19 所示。

（3）合并 total_ABC 和 D，如图 9-20 所示。

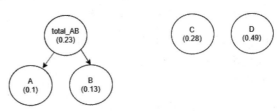

图 9-18　合并 A 和 B

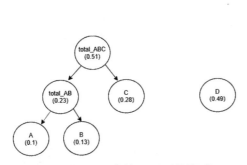

图 9-19　合并 total_AB 和 C

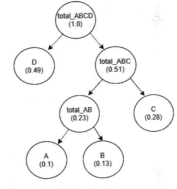

图 9-20　合并 total_ABC 和 D

按照上面的生成树，重新对数据进行编码：

```
A - 100
B - 101
C - 11
D - 0
```

与初始分配对比，利用 Huffman 树进行分配的结果看上去 A 和 B 的长度还增加了，但是 D 的长度是减少的。那么整个数据的平均长度有没有减少呢？我们可以进行计算，如下所示：

```
3 * 0.1 + 3 * 0.13 + 2 * 0.28 + 0.49 = 1.74 < 2
```

由此可知，调整后的数据平均长度比原来减少了近 13%。这就是 Huffman 树实现压缩的原理。

9.7.2　如何进行编码

在计算机系统中，符号数据在处理之前首先需要对符号进行二进制编码。例如，9.7.1 节中的初始分配就是一种定长编码。再如，英文字符的 ASCII 编码就是 8 位二进制编码，由于 ASCII 码使用固定长度的二进制位表示字符，因此 ASCII 码也是一种定长编码。

为了缩短数据编码长度，可以采用不定长编码。其基本思想是给使用频度较高的字符编较短的编码，这也是数据压缩技术的最基本思想。

那么如何对字符集进行不定长编码呢？在一个编码系统中，如果任何一个编码都不是其他编码的前缀，则称该编码系统的编码是前缀码。例如，01、10、110、111、101 就不是前缀编码，因为 10 是 101 的前缀，如果去掉 10 或 101 就是前缀编码。

当在一个编码系统中采用定长编码时，可以不需要分隔符；如果采用不定长编码时，必须使用前缀编码或分隔符，否则在解码时会产生歧义。而使用分隔符会加大编码长度，因此一般采用前缀编码。

9.7.1 节中的利用 Huffman 树进行分配采用的就是前缀编码方式。如图 9-21 所示，在 Huffman 树中，每一个"父亲—左孩子"关系对应一位二进制位 0，每一个"父亲—右孩子"关系对应一位二进制位 1，于是从根节点通往每个叶子节点的路径就对应于相应字符的二进制编码。每个字符编码的长度 L 等于对应路径的长度，也等于该叶子节点的层次数。

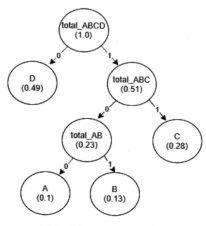

图 9-21　Huffman 编码

因此，可以得到如下编码：

```
A - 100
B - 101
C - 11
D - 0
```

9.7.3　如何进行解码

反过来，如果要进行解码，也可以由 Huffman 树便捷地完成。解码的过程如下：从头开始扫描二进制编码位串，并从 Huffman 树的根节点开始，根据比特位不断进入下一层节点，当遇到 0 时向左深入，为 1 时向右深入；到达叶子节点后输出其对应的字符，然后重新回到根节点，并继续扫描二进制位串，直到完毕。

如图 9-21 所示，此时将 ABCD 进行编码，得到 100101110。解码过程是从左到右扫描二进制位串。读出最前端二进制位 100，到达叶子节点 A，于是输出 A，重新回到根节点；读出下一个二进制位 101，输出 B；读出 11，输出 C；读出 0，输出 D。此时二进制位串扫描完毕，相应的解码工作也完成，最后得到字符数据 ABCD。

9.8 实战：使用链表实现Huffman树

下面讨论构造 Huffman 树的具体实现。

9.8.1　构造Huffman树的算法步骤

构造 Huffman 树的算法步骤如下。

（1）根据给定的 n 个权值，构造 n 棵只有一个根节点的二叉树。n 个权值分别是这些二叉树根节点的权，F 是由这 n 棵二叉树构成的集合。

（2）在 F 中选取两棵根节点权值最小的树作为左、右子树，构造一棵新的二叉树，置新二叉树根的权值 = 左子树根节点权值 + 右子树根节点权值。

（3）从 F 中删除这两棵树，并将新树加入 F。

（4）重复步骤（2）（3），直到 F 中只含一棵树为止。

9.8.2　实现Huffman树

Huffman 树的实现可以使用顺序存储结构，也可以使用链式存储结构。前面章节已经给出了二叉树的链式存储实现，这里给出 Huffman 树的链式存储结构的实现。

Huffman 树也是一棵二叉树，其节点结构与二叉树的节点类似，但是需要两个新的属性，即权值和编码。Huffman 树的节点结构如下：

```
package com.waylau.java.demo.datastructure;

public class HuffmanTreeNode<T>
        implements Comparable<HuffmanTreeNode<T>> {

    private T data;

    private HuffmanTreeNode<T> left; // 左节点

    private HuffmanTreeNode<T> right; // 右节点

    private Double weight; // 权值

    private String code; // 编码

    public HuffmanTreeNode(T data, double weight) {
        this.data = data;
        this.weight = weight;
    }
```

```java
public T getData() {
    return data;
}

public void setData(T data) {
    this.data = data;
}

public HuffmanTreeNode<T> getLeft() {
    return left;
}

public void setLeft(HuffmanTreeNode<T> left) {
    this.left = left;
}

public HuffmanTreeNode<T> getRight() {
    return right;
}

public void setRight(HuffmanTreeNode<T> right) {
    this.right = right;
}

public Double getWeight() {
    return weight;
}

public void setWeight(Double weight) {
    this.weight = weight;
}

public String getCode() {
    return code;
}

public void setCode(String code) {
    this.code = code;
}

@Override
public String toString() {
    return "HuffmanTreeNode [data=" + data + ", weight="
            + weight
            + ", code=" + code + "]";

}

@Override
```

```
    public int compareTo(HuffmanTreeNode<T> o) {
        if (o.getWeight() > this.getWeight()) {
            return 1;
        }

        if (o.getWeight() < this.getWeight()) {
            return -1;
        }

        return 0;
    }

}
```

上述结构由于涉及按照权重来排序，因此实现了 Comparable 接口。

Huffman 树的实现如下：

```
package com.waylau.java.demo.datastructure;

import java.util.ArrayDeque;
import java.util.ArrayList;
import java.util.Collections;
import java.util.List;
import java.util.Queue;

public class HuffmanTree<T> {
    /**
     * 创建 Huffman 树
     * @param <T>
     * @param HuffmanTreeNodes
     * @return 根节点
     */
    public static <T> HuffmanTreeNode<T> createTree(
            List<HuffmanTreeNode<T>> HuffmanTreeNodes) {
        while (HuffmanTreeNodes.size() > 1) {
            Collections.sort(HuffmanTreeNodes);
            HuffmanTreeNode<T> left = HuffmanTreeNodes
                    .get(HuffmanTreeNodes.size() - 1);
            HuffmanTreeNode<T> right = HuffmanTreeNodes
                    .get(HuffmanTreeNodes.size() - 2);
            HuffmanTreeNode<T> parent = new HuffmanTreeNode<T>(
                    null,
                    left.getWeight() + right.getWeight());

            parent.setLeft(left);
            parent.setRight(right);

            HuffmanTreeNodes.remove(left);
            HuffmanTreeNodes.remove(right);
```

```
            HuffmanTreeNodes.add(parent);
        }

        return HuffmanTreeNodes.get(0);
}


/**
 * 广度优先遍历
 *
 * @param <T>
 * @param root
 * @return
 */
public static <T> List<HuffmanTreeNode<T>> breadth(
        HuffmanTreeNode<T> root) {
    List<HuffmanTreeNode<T>> list = new ArrayList<HuffmanTreeNode<T>>();
    Queue<HuffmanTreeNode<T>> queue = new ArrayDeque<HuffmanTreeNode<T>>();

    if (root != null) {
        queue.offer(root);
    }

    while (!queue.isEmpty()) {
        list.add(queue.peek());
        HuffmanTreeNode<T> HuffmanTreeNode = queue.
                poll();

        if (HuffmanTreeNode.getLeft() != null) {
            queue.offer(HuffmanTreeNode.getLeft());
        }

        if (HuffmanTreeNode.getRight() != null) {
            queue.offer(HuffmanTreeNode.getRight());
        }
    }

    return list;
}

/**
 * 对 Huffman 树中的叶子节点进行编码
 *
 * @param root
 */
public static void encode(HuffmanTreeNode<?> root) {
    encode(root, "0", "1", "");
}

public static void encode(HuffmanTreeNode<?> node,
```

```
                String a, String b, String c) {
        if (node.getLeft() != null) {
            String temp = c + "0";
            encode(node.getLeft(), "0", "1", temp);
        }

        if (node.getRight() != null) {
            String temp = c + "1";
            encode(node.getRight(), "0", "1", temp);
        }

        if (node.getLeft() == null
                && node.getRight() == null) {
            node.setCode(c);
        }
    }
}
```

9.8.3　编写单元测试用例

单元测试用例如下：

```
package com.waylau.java.demo.datastructure;


import java.util.ArrayList;
import java.util.List;
import org.junit.jupiter.api.MethodOrderer;
import org.junit.jupiter.api.Order;
import org.junit.jupiter.api.Test;
import org.junit.jupiter.api.TestMethodOrder;

@TestMethodOrder(MethodOrderer.OrderAnnotation.class)
class HuffmanTreeTest {
    @Order(1)
    @Test
    void test() {
        List<HuffmanTreeNode<String>> list = new ArrayList<HuffmanTreeNode
            <String>>();
        list.add(new HuffmanTreeNode<String>("A", 0.1));
        list.add(new HuffmanTreeNode<String>("B", 0.13));
        list.add(new HuffmanTreeNode<String>("C", 0.28));
        list.add(new HuffmanTreeNode<String>("D", 0.49));

        HuffmanTreeNode<String> root = HuffmanTree.createTree(list);
        HuffmanTree.encode(root);
```

```
        System.out.println(HuffmanTree.breadth(root));
    }
}
```

执行上述用例，控制台输出结果如下：

```
[HuffmanTreeNode [data=null, weight=1.0, code=null],
HuffmanTreeNode [data=D, weight=0.49, code=0],
HuffmanTreeNode [data=null, weight=0.51, code=null],
HuffmanTreeNode [data=null, weight=0.23, code=null],
HuffmanTreeNode [data=C, weight=0.28, code=11],
HuffmanTreeNode [data=A, weight=0.1, code=100],
HuffmanTreeNode [data=B, weight=0.13, code=101]]
```

该结果与预期的编码一致。

9.9 总结

本章学习了树及二叉树。

树是一种分层结构，在现实生活中非常常见。无论是计算机中的文件系统、数据库系统、域名系统还是人类社会中的群体组织、种族关系，都存在树的这种层次结构。

在计算机中，由于二进制的关系，常用二叉树来表示树的结构。二叉树是每个节点的度均不超过 2 的有序树。

二叉树可以采用数组或链表来实现。

本章也学习了 Huffman 树这种特殊的二叉树，Huffman 树常用于信息传输、数据压缩等方面。

9.10 习题

1. 简述树形结构的核心概念。

2. 简述树形结构的种类及其特点。

3. 简述二叉树的概念。

4. 用数组或链表实现二叉树的功能。

5. 简述 Huffman 树实现数据压缩的原理。

第10章
优先级队列及堆

第 7 章已经初步介绍了优先级队列，本章将继续深入探讨优先级队列及实现优先级队列的数据结构——堆。

10.1 基本概念及应用场景

在很多应用中，通常需要按照一定的优先级来对特定数据进行处理。例如，在定时调度任务中，会首先处理执行时间点最近的那个任务；又如，在手机应用中，会优先处理优先级最高的任务对象，然后处理次高的任务对象。

因此，优先级队列应该提供两个基本的操作，即添加新的对象和返回最高优先级对象。

有多种方式可以实现优先级队列，如有序数组、无序数组及堆数据结构。本章即对这几种实现优先级队列的方式进行详细介绍。

10.2 抽象数据类型

可以用如下接口来定义优先级队列：

```java
package com.waylau.java.demo.datastructure;

public interface PriorityQueue<E> {
    /**
     * 添加新的对象
     *
     * @param e
     * @return
     */
    boolean add(E e);

    /**
     * 用于从队列中删除并返回最高优先级对象
     *
     * @return
     */
    E remove();

}
```

在上述代码中，add() 方法用于添加新的对象，而 remove() 方法用于从队列中删除并返回最高优先级对象。

10.3 数组描述

最简单的优先级队列可以通过有序数组或无序数组来实现，当要获取最大值时，对数组进行查找返回即可。

如果使用无序数组，那么每一次插入时，直接在数组末尾插入即可，时间复杂度为 $O(1)$；但如果要获取最大值，或者最小值返回，则需要进行查找，这时时间复杂度为 $O(n)$。

如果使用有序数组，那么每一次插入时，通过插入排序将元素放到正确的位置即可，时间复杂度为 $O(n)$；但如果要获取最大值，由于数组已经有序，因此直接返回数组末尾的元素即可，时间复杂度为 $O(1)$。

10.4 实战：使用数组实现优先级队列

本节演示如何使用数组来实现优先级队列。

10.4.1　定义实现类

ArrayPriorityQueue 是接口 PriorityQueue 的实现类，用于实现基于数组的优先级队列。代码如下：

```java
package com.waylau.java.demo.datastructure;

import java.util.Comparator;

public class ArrayPriorityQueue<E>
        implements PriorityQueue<E> {
    private static final int DEFAULT_INITIAL_CAPACITY = 11;

    private int size;

    private Object[] queue;

    private final Comparator<? super E> comparator;

    public ArrayPriorityQueue() {
        this(DEFAULT_INITIAL_CAPACITY, null);
    }

    public ArrayPriorityQueue(int initialCapacity) {
        this(initialCapacity, null);
    }

    public ArrayPriorityQueue(
            Comparator<? super E> comparator) {
        this(DEFAULT_INITIAL_CAPACITY, comparator);
    }
```

```
    public ArrayPriorityQueue(int initialCapacity,
            Comparator<? super E> comparator) {
        if (initialCapacity < 1) {
            throw new IllegalArgumentException();
        }

        this.queue = new Object[initialCapacity];
        this.comparator = comparator;
    }

    @Override
    public boolean add(E e) {
        // TODO Auto-generated method stub
        return false;
    }

    @Override
    public E remove() {
        // TODO Auto-generated method stub
        return null;
    }

}
```

在上述类中定义了 4 个构造函数。这种构造函数参数及类的成员变量解释如下。

（1）DEFAULT_INITIAL_CAPACITY：默认数组的容量。

（2）size：内部已经存储的元素个数。

（3）queue：内部用于存储元素的数组。

（4）comparator：用于比较元素的比较器。

10.4.2 实现插入

插入方法代码如下：

```
@Override
public boolean add(E e) {
    int i = size;

    // 判断容量，自动增长
    if (i >= queue.length) {
        grow(i + 1);
    }

    // 重新排序
    siftUp(i, e);
```

```
        size = i + 1;

        return true;
}
```

1. 扩容

插入前，会先判断内部数组的容量，如果容量不够会进行扩容。grow() 方法实现如下：

```
private void grow(int minCapacity) {
    int oldCapacity = queue.length;

    // 如果是小数组，则容量加倍
    // 如果是大数组，则容量加 50%
    int newCapacity = oldCapacity
            + ((oldCapacity < 64) ? (oldCapacity + 2)
                    : (oldCapacity >> 1));

    queue = Arrays.copyOf(queue, newCapacity);
}
```

grow() 方法内部有一定的优化，如果是小数组，则容量加倍；如果是大数组，则容量加 50%。

2. 重新排序

siftUp() 方法实现插入后对数组的重新排序。代码如下：

```
private void siftUp(int k, E x) {
    if (comparator != null) {
        siftUpUsingComparator(k, x, queue, comparator);
    } else {
        siftUpComparable(k, x, queue);
    }
}

@SuppressWarnings("unchecked")
private static <T> void siftUpComparable(int k, T x,
        Object[] es) {

    Comparable<? super T> key = (Comparable<? super T>) x;

    // 从后往前遍历队列
    for (int i = k; i > 0; i--) {
        // 与队列的前一位进行比较
        // 如果比前一位小，则进行位置交换，交换完成后再与前一位比较；否则比较结束
        int preIndex = i - 1;
        Object pre = es[preIndex];

        if (key.compareTo((T) pre) >= 0) {
            break;
        }
}
```

```
        es[k] = pre;
        k = preIndex;
    }

    es[k] = key;
}

@SuppressWarnings("unchecked")
private static <T> void siftUpUsingComparator(int k,
        T x, Object[] es, Comparator<? super T> cmp) {
    // 从后往前遍历队列
    for (int i = k; i > 0; i--) {
        // 与队列的前一位进行比较
        // 如果比前一位小，则进行位置交换，交换完成后再与前一位比较；否则比较结束
        int preIndex = i - 1;
        Object pre = es[preIndex];

        if (cmp.compare(x, (T) pre) >= 0) {
            break;
        }

        es[k] = pre;
        k = preIndex;
    }

    es[k] = x;
}
```

其中，siftUp() 方法根据是否制定比较器分为了 siftUpComparable() 方法和 siftUpUsingComparator() 方法。

siftUpComparable() 方法和 siftUpUsingComparator() 方法整体的实现思路类似，具体如下。

（1）从后往前遍历数组队列。

（2）待插入的元素与队列的前一个元素进行比较。

（3）待插入的元素比前一位小，则进行位置交换，交换完成后再与前一位比较；否则比较结束。

10.4.3 实现删除

删除方法实现如下：

```
@SuppressWarnings("unchecked")
@Override
public E remove() {
    // 删除并返回的首个元素
    // 后续元素前移
```

```
if (size == 0) {
    return null;
}

final Object[] es = queue;
E result = (E) es[0]; // 首个元素
es[0] = null; // 删除首个元素

int newCapacity = --size;

// 后续元素前移
Object[] newQueue = new Object[newCapacity];
System.arraycopy(queue, 1, newQueue, 0,
        newCapacity);

queue = newQueue;

return result;
}
```

由于数组已经实现排好顺序，因此数组的首个元素就是待删除的元素。首个元素删除后，后续元素前移即可。

10.4.4　单元测试

以下代码分别测试了不指定比较器和指定比较器的两种不同场景。

1. 不指定比较器的测试场景

不指定比较器的测试用例代码如下：

```
class ArrayPriorityQueueTest {

    @Test
    void testComparable() {
        // 初始化队列
        PriorityQueue<String> queue = new ArrayPriorityQueue<String>(3);

        // 添加
        // 如果测试队列未满，则返回 true
        boolean resultNotFull = queue.add("Java");
        assertTrue(resultNotFull);

        queue.add("C");
        queue.add("Python");

        // 删除
        String result1 = queue.remove();
        assertEquals(result1, "C");
```

```
        String result2 = queue.remove();
        assertEquals(result2, "Java");

        String result3 = queue.remove();
        assertEquals(result3, "Python");

        String result4 = queue.remove();
        assertEquals(result4, null);
    }

    ...
```

上述测试用例测试了添加、删除等操作。在不指定比较器的前提下，默认是按照自然排序。

2. 指定比较器的测试场景

首先定义一个英雄类，代码如下：

```
package com.waylau.java.demo.datastructure;

public class Hero {
    private String name;

    private Integer power; // 战力

    public Hero(String name, Integer power) {
        this.name = name;
        this.power = power;
    }

    public String getName() {
        return name;
    }

    public void setName(String name) {
        this.name = name;
    }

    public Integer getPower() {
        return power;
    }

    public void setPower(Integer power) {
        this.power = power;
    }

    @Override
    public String toString() {
        return "Hero [name=" + name + ", power=" + power
                + "]";
```

```
    }

    @Override
    public int hashCode() {
        final int prime = 31;
        int result = 1;
        result = prime * result
                + ((name == null) ? 0 : name.hashCode());
        result = prime * result
                + ((power == null) ? 0 : power.hashCode());
        return result;
    }

    @Override
    public boolean equals(Object obj) {
        if (this == obj)
            return true;
        if (obj == null)
            return false;
        if (getClass() != obj.getClass())
            return false;
        Hero other = (Hero) obj;
        if (name == null) {
            if (other.name != null)
                return false;
        } else if (!name.equals(other.name))
            return false;
        if (power == null) {
            if (other.power != null)
                return false;
        } else if (!power.equals(other.power))
            return false;
        return true;
    }
}
```

该类有两个属性：name 和 power，其中 power 代表战斗力，值越高，代表战斗力越强。

指定比较器的测试用例代码如下：

```
class ArrayPriorityQueueTest {

    ...

    @Test
    void testUsingComparator() {
        int n = 6;

        // 初始化队列
```

```
PriorityQueue<Hero> queue = new ArrayPriorityQueue<Hero>(
        n, new Comparator<Hero>() {
            // 战斗力由大到小排序
            @Override
            public int compare(Hero hero0,
                    Hero hero1) {
                return hero1.getPower().compareTo(
                        hero0.getPower());
            }
        });

// 添加
queue.add(new Hero("Nemesis", 95));
queue.add(new Hero("Edifice Rex", 88));
queue.add(new Hero("Marquis of Death", 91));
queue.add(new Hero("Magneto", 96));
queue.add(new Hero("Hulk", 85));
queue.add(new Hero("Doctor Strange", 94));

// 删除
Hero result1 = queue.remove();
assertEquals(result1, new Hero("Magneto", 96));
Hero result2 = queue.remove();
assertEquals(result2, new Hero("Nemesis", 95));
Hero result3 = queue.remove();
assertEquals(result3,
        new Hero("Doctor Strange", 94));
Hero result4 = queue.remove();
assertEquals(result4,
        new Hero("Marquis of Death", 91));

}
}
```

上述代码中给 ArrayPriorityQueue 指定了比较器，该比较器是按照 Hero 的 power 来排序的，power 越高，越优先被删除。

10.5 堆描述

正如前文所述，采用普通的数组或链表均无法使插入和排序都达到比较好的时间复杂度，所以需要采用新的数据结构 —— 堆（Heap）。

10.5.1　堆的定义

堆是一种数据结构，具有以下特点。

（1）堆总是一棵完全二叉树，因此堆也称为二叉堆（Binary Heap）。

（2）堆中存储的值是偏序的，分为最大堆（也称大顶堆）和最小堆（也称小顶堆）。最大堆是根的值总是大于左右子树的值，最小堆是根的值总是小于左右子树的值。该特性也称为堆属性，其对堆中的每一个节点都成立。

图 10-1 所示为一个最小堆，根的值总是小于左右子树的值；图 10-2 所示为一个最大堆，根的值总是大于左右子树的值。

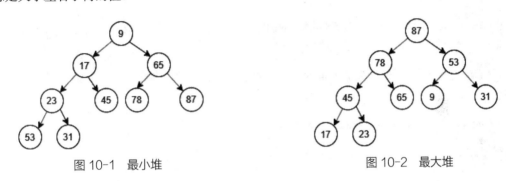

图 10-1　最小堆　　　　　　　　　　　　　　图 10-2　最大堆

10.5.2　堆和普通树的区别

堆并不能取代二叉搜索树，它们之间虽有相似之处，但也有一些不同。下面介绍两者的主要区别。

1. 节点的顺序

在二叉搜索树中，左子节点必须比父节点小，右子节点必须必比父节点大。但是，在堆中并非如此，在最大堆中两个子节点都必须比父节点小，而在最小堆中它们都必须比父节点大。

2. 内存占用

普通树占用的内存空间比它们存储的数据要多，必须为节点对象及左 / 右子节点指针分配额外的内存；堆可以仅使用一个数组，且不使用指针。

3. 平衡

二叉搜索树必须是在平衡的情况下，其大部分操作的复杂度才能达到 $O(\log n)$。用户可以按任意顺序位置插入 / 删除数据，或者使用 AVL 树或红黑树；但是在堆中不需要整棵树都是有序的，所以在堆中平衡不是问题，因为堆中数据的组织方式可以保证 $O(\log n)$ 的性能。

4. 搜索

在二叉树中搜索会很快，但是在堆中搜索会很慢。在堆中搜索不是第一优先级，因为使用堆的目的是将最大（或最小）的节点放在最前面，从而快速进行相关的插入、删除操作。

10.5.3　堆的存储

一般用数组来表示堆，i 节点的父节点下标就为 $(i-1)/2$，其左右子节点下标分别为 $2i+1$ 和 $2i+2$。例如，第 0 个节点左右子节点下标分别为 1 和 2。

图 10-3 所示是一个最小堆的逻辑结构，如果用数组表示，则可以表示为 [9, 17, 65, 23, 45, 78]。

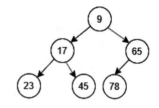

图 10-3　最小堆的逻辑结构

10.5.4　堆的常用操作

图 10-4 所示为用最小堆来演示堆的常用操作，包括插入、删除和堆排序（Heap Sorb）。

1. 插入

插入新元素，该元素先会被加入堆的末尾，然后更新树以恢复堆的次序。因此，每次插入都是将新数据放在数组最后。

（1）将 11 插入堆的末尾，如图 10-5 所示。

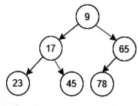

图 10-4　最小堆

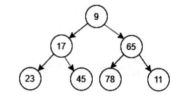

图 10-5　将 11 插入堆的末尾

可以发现从这个新数据的父节点到根节点必然为一个有序的数列，现在的任务是将这个新数据插入该有序数据中，需要从下往上与父节点的关键码进行比较、对调。

（2）11 与父节点 65 比较。因为 11 小于 65，所以将 11 与 65 位置进行对调，如图 10-6 所示。

（3）11 与父节点 9 比较。因为 11 大于 9，所以 11 与 9 位置不进行对调。因此，如图 10-7 所示的堆即为最终插入完成的结果。

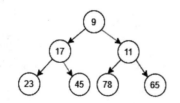

图 10-6　11 与 65 位置进行对调

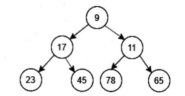

图 10-7　11 与 9 位置不进行对调

2. 删除

按定义，堆中每次都删除第 0 个数据。为了便于重建堆，实际的操作是将最后一个数据的值赋给根节点，堆的元素个数减 1，然后从根节点开始进行一次从上向下的调整。调整时先在左右儿子节点中找最小的子节点，如果父节点比这个最小的子节点还小，则说明不需要调整；反之将父节点和它交换后再考虑后面的节点。该过程相当于从根节点将一个数据"下沉"。

（1）删除第 0 个数据 9，如图 10-8 所示。

（2）将最后一个数据的值赋给根节点，如图 10-9 所示。

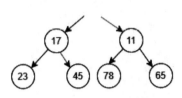

图 10-8　删除第 0 个数据 9

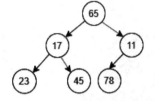

图 10-9　将最后一个数据的值赋给根节点

（3）根节点 65 与其左右两个子节点进行比较，取两个子节点中较小的一个 11 进行交换，如图 10-10 所示。

（4）处于第 2 层的 65 再与其左右两个子节点进行比较。由于 65 小于 78，因此无须进行交换，删除完成，最终结果如图 10-11 所示。

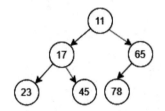

图 10-10　根节点 65 与 11 进行交换

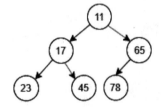

图 10-11　65 再与其左右两个子节点进行比较

3. 堆排序

堆排序就是节点在堆的插入和删除过程中进行的比较、交换过程。

堆中最顶端的数据始终最小，所以无论数据量有多少，取出最小值的时间复杂度都为 $O(1)$。另外，因为取出数据后需要将最后的数据移到最顶端，然后一边比较它与子节点数据的大小，一边往下移动，所以取出数据需要的运行时间和树的高度成正比。假设数据量为 n，根据堆的形状特点可知树的高度为 $\log2n$，那么重构树的时间复杂度便为 $O(\log n)$。添加数据也一样，在堆的最后添加数据后，数据会一边比较它与父节点数据的大小，一边往上移动，直到满足堆的条件为止，所以添加数据需要的运行时间与树的高度成正比，也是 $O(\log n)$。

10.6 实战：使用堆实现优先级队列

本节演示使用堆实现优先级队列。

10.6.1　定义实现类

HeapPriorityQueue 是接口 PriorityQueue 的实现类，用于实现基于堆的优先级队列。代码如下：

```java
package com.waylau.java.demo.datastructure;

import java.util.Comparator;

public class HeapPriorityQueue<E>
        implements PriorityQueue<E> {
    private static final int DEFAULT_INITIAL_CAPACITY = 11;

    private int size;

    private Object[] queue;

    private final Comparator<? super E> comparator;

    public HeapPriorityQueue() {
        this(DEFAULT_INITIAL_CAPACITY, null);
    }

    public HeapPriorityQueue(int initialCapacity) {
        this(initialCapacity, null);
    }

    public HeapPriorityQueue(
            Comparator<? super E> comparator) {
        this(DEFAULT_INITIAL_CAPACITY, comparator);
    }

    public HeapPriorityQueue(int initialCapacity,
            Comparator<? super E> comparator) {
        if (initialCapacity < 1) {
            throw new IllegalArgumentException();
        }

        this.queue = new Object[initialCapacity];
        this.comparator = comparator;
    }

    @Override
    public boolean add(E e) {
        // TODO Auto-generated method stub
        return false;
    }

    @Override
    public E remove() {
```

```
        // TODO Auto-generated method stub
        return null;
    }

}
```

上述类中定义了 4 个构造函数。这种构造函数的参数及类的成员变量解释如下。

（1）DEFAULT_INITIAL_CAPACITY：默认数组的容量。

（2）size：内部已经存储的元素个数。

（3）queue：内部用于存储元素的数组。

（4）comparator：用于比较元素的比较器。

10.6.2 实现插入

插入方法代码如下：

```
@Override
public boolean add(E e) {
    int i = size;

    // 判断容量，自动增长
    if (i >= queue.length) {
        grow(i + 1);
    }

    // 重新排序
    siftUp(i, e);
    size = i + 1;

    return true;
}
```

1. 扩容

插入前会先判断内部数组的容量，如果容量不够会进行扩容。grow() 方法实现如下：

```
private void grow(int minCapacity) {
    int oldCapacity = queue.length;

    // 如果是小数组，则容量加倍
    // 如果是大数组，则容量加50%
    int newCapacity = oldCapacity
            + ((oldCapacity < 64) ? (oldCapacity + 2)
                    : (oldCapacity >> 1));

    queue = Arrays.copyOf(queue, newCapacity);
}
```

grow() 方法内部有一定的优化，如果是小数组，则容量加倍；如果是大数组，则容量加 50%。

2. 重新排序

siftUp() 方法实现插入后对堆的重新排序（向上调整堆）。代码如下：

```java
private void siftUp(int k, E x) {
    if (comparator != null) {
        siftUpUsingComparator(k, x, queue, comparator);
    } else {
        siftUpComparable(k, x, queue);
    }
}


@SuppressWarnings("unchecked")
private static <T> void siftUpComparable(int k, T x,
        Object[] es) {
    Comparable<? super T> key = (Comparable<? super T>) x;

    while (k > 0) {
        // 无符号右移 1 位，获取父节点索引
        int parent = (k - 1) >>> 1;

        // 如果比父节点小，则进行位置交换；否则比较结束
        Object e = es[parent];
        if (key.compareTo((T) e) >= 0) {
            break;
        }

        es[k] = e;
        k = parent;
    }

    es[k] = key;
}


@SuppressWarnings("unchecked")
private static <T> void siftUpUsingComparator(int k,
        T x, Object[] es, Comparator<? super T> cmp) {

    while (k > 0) {
        // 无符号右移 1 位，获取父节点索引
        int parent = (k - 1) >>> 1;

        // 如果比父节点小，则进行位置交换；否则比较结束
        Object e = es[parent];

        if (cmp.compare(x, (T) e) >= 0) {
            break;
        }
```

```
        es[k] = e;
        k = parent;
    }

    es[k] = x;
}
```

其中，siftUp() 方法根据是否制定比较器分为了 siftUpComparable() 方法和 siftUpUsingComparator() 方法。

siftUpComparable() 方法和 siftUpUsingComparator() 方法整体的实现思路类似，具体如下。

（1）从最后的节点开始从下往上遍历堆。

（2）待插入的元素与父节点进行比较。

（3）待插入的元素比父节点小，则进行位置交换，交换完成后，再与前一位比较；否则比较结束。

10.6.3　实现删除

删除方法实现如下：

```
@Override
public E remove() {
    // 删除返回首个元素
    // 最后的元素补齐到根节点位置
    // 剩余元素向下调整堆

    if (size == 0) {
        return null;
    }

    final Object[] es = queue;
    E result = (E) es[0]; // 首个元素
    es[0] = null;

    // 最后的元素先作为根节点
    int last = --size;

    // 剩余元素向下调整堆
    siftDown(0, (E) es[last]);

    return result;
}
```

1. 获取首个元素并删除

由于堆已经排好顺序，因此堆的首个元素就是待删除的元素。首个元素删除后，剩余元素再进行堆排序即可。

2. 剩余元素向下调整堆

siftDown() 方法用于剩余元素向下调整堆。代码如下：

```java
private void siftDown(int k, E x) {
    if (comparator != null) {
        siftDownUsingComparator(k, x, queue, size,
                comparator);
    } else {
        siftDownComparable(k, x, queue, size);
    }
}

@SuppressWarnings("unchecked")
private static <T> void siftDownComparable(int k, T x,
        Object[] es, int n) {
    Comparable<? super T> key = (Comparable<? super T>) x;

    int half = n >>> 1; // 取 n 的一半

    while (k < half) {
        // 带符号左移 1 位
        int child = (k << 1) + 1; // 假设左子树节点最小
        Object c = es[child];
        int right = child + 1; // 取右子树节点

        if (right < n &&
                ((Comparable<? super T>) c)
                        .compareTo((T) es[right]) > 0) {
            c = es[child = right];
        }

        if (key.compareTo((T) c) <= 0) {
            break;
        }

        es[k] = c;
        k = child;
    }

    es[k] = key;
}

@SuppressWarnings("unchecked")
private static <T> void siftDownUsingComparator(

        int k, T x, Object[] es, int n,
        Comparator<? super T> cmp) {
```

```
int half = n >>> 1; // 取 n 的一半

while (k < half) {
    // 带符号左移 1 位
    int child = (k << 1) + 1;// 假设左子树节点最小
    Object c = es[child];
    int right = child + 1; // 取右子树节点

    if (right < n && cmp.compare((T) c,
            (T) es[right]) > 0) {
        c = es[child = right];
    }

    if (cmp.compare(x, (T) c) <= 0) {
        break;
    }

    es[k] = c;
    k = child;
}

es[k] = x;
}
```

其中，siftDown() 方法根据是否制定比较器分为了 siftDownComparable() 方法和 siftDownUsing
Comparator() 方法。

siftDownComparable() 方法和 siftDownUsingComparator() 方法整体的实现思路类似，具体如下。

（1）从根节点开始从上往下遍历堆。

（2）父节点与左右子节点进行比较。

（3）如果父节点小于任意子节点，则将较小的子节点与父节点的位置进行交换；否则比较
结束。

10.6.4 单元测试

本小节代码分别测试了不指定比较器和指定比较器的两种不同场景。

1. 不指定比较器的测试场景

不指定比较器的测试用例代码如下：

```
class HeapPriorityQueueTest {

    @Test
    void testComparable() {
        // 初始化队列
```

```
PriorityQueue<String> queue = new HeapPriorityQueue<String>(
        3);


    // 添加
    // 如果测试队列未满，则返回 true
    boolean resultNotFull = queue.add("Java");
    assertTrue(resultNotFull);

    queue.add("C");
    queue.add("Python");

    // 删除
    String result1 = queue.remove();
    assertEquals(result1, "C");

    String result2 = queue.remove();
    assertEquals(result2, "Java");

    String result3 = queue.remove();
    assertEquals(result3, "Python");

    String result4 = queue.remove();
    assertEquals(result4, null);
}

...
```

上述测试用例测试了添加、删除等操作。在不指定比较器的前提下，默认是按照自然排序。

2. 指定比较器的测试场景

指定比较器的测试用例代码如下：

```
class HeapPriorityQueueTest {
    ...

    @Test
    void testUsingComparator() {
        int n = 6;

        // 初始化队列
        PriorityQueue<Hero> queue = new HeapPriorityQueue<Hero>(
                n, new Comparator<Hero>() {
                    // 战斗力由大到小排序

                    @Override
                    public int compare(Hero hero0,
                            Hero hero1) {
                        return hero1.getPower().compareTo(
```

```
                              hero0.getPower());
                }
            });

        // 添加
        queue.add(new Hero("Nemesis", 95));
        queue.add(new Hero("Edifice Rex", 88));
        queue.add(new Hero("Marquis of Death", 91));
        queue.add(new Hero("Magneto", 96));
        queue.add(new Hero("Hulk", 85));
        queue.add(new Hero("Doctor Strange", 94));

        // 删除
        Hero result1 = queue.remove();
        assertEquals(result1, new Hero("Magneto", 96));
        Hero result2 = queue.remove();
        assertEquals(result2, new Hero("Nemesis", 95));
        Hero result3 = queue.remove();
        assertEquals(result3,
                new Hero("Doctor Strange", 94));
        Hero result4 = queue.remove();
        assertEquals(result4,
                new Hero("Marquis of Death", 91));
        Hero result5 = queue.remove();
        assertEquals(result5, new Hero("Edifice Rex", 88));
        Hero result6 = queue.remove();
        assertEquals(result6, new Hero("Hulk", 85));
        Hero result7 = queue.remove();
        assertEquals(result7, null);
    }
}
```

上述代码中给 HeapPriorityQueueTest 指定了比较器，该比较器是按照 Hero 的 power 来排序的，power 越高，越优先被删除。

10.7 总结

本章学习了优先级队列及堆。

与一般的队列不同，优先级队列是按照优先级来进行出队的。

有多种方式可以实现优先级队列，如有序数组、无序数组及堆数据结构。本章也分别介绍了数组和堆实现优先级队列的方式。

10.8 习题

1. 简述优先级队列的概念。
2. 简述优先级队列的实现原理。
3. 使用数组或堆实现优先级队列。

第11章
二叉查找树

　　本章将介绍二叉查找树。二叉查找树提供了可与跳表相媲美的渐进复杂性，其查找、插入和删除操作的平均时间复杂度为 $O(\log n)$，最坏时间复杂度为 $O(n)$。在后续章节还将介绍几种常见的平衡树，如 AVL 树、红黑树、B 树等。无论采用哪一种树，其查找、插入和删除操作都能在对数时间内完成（平均和最坏情况）。

11.1 基本概念及应用场景

字典描述仅能提供比较好的平均性能，而在最坏情况下的性能很差。当用跳表来描述一个 n 元素的字典时，对其进行查找、插入或删除操作所需的平均时间为 $O(\log n)$，而最坏情况下的时间为 $O(n)$。当用散列来描述一个 n 元素的字典时，对其进行查找、插入或删除操作所需的平均时间和最坏时间分别为 $O(1)$ 和 $O(n)$。使用跳表很容易对字典元素进行高效的顺序访问（如按照升序查找元素），而散列却做不到这一点。当用平衡查找树来描述一个 n 元素的字典时，对其进行查找、插入或删除所需的平均时间和最坏时间均为 $O(\log n)$，按元素排名进行的查找和删除操作所需的时间为 $O(\log n)$，并且所有字典元素都能够在线性时间内按升序输出。

正因为这样（无论是平衡查找树还是非平衡查找树），所以在查找树中进行顺序访问时，查找每个元素所需的平均时间为 $O(1)$。

实际上，如果所期望的操作为查找、插入和删除（均根据元素的关键值来进行），则可以借助散列函数来实现平衡查找树。当字典操作仅按关键值来进行时，可将平衡查找用于那些对时间要求比较严格的应用，以确保任何字典操作所需的时间都不会超过指定的时间量。平衡查找树也可用于按排名来进行查找和删除操作的情形。对于那些不按精确的关键值匹配进行字典操作的应用（如寻找关键值大于 k 的最小元素），同样可使用平衡查找树。

二叉查找树也称二叉检索树、二叉排序树或二叉搜索树。其定义也比较简单，要么是一棵空树，要么就是具有如下性质的二叉树。对于二叉查找树的任意一个节点，设其关键值为 K，则：

（1）若该节点的左子树不为空，则该节点的左子树上任意一个节点的关键值都小于 K。

（2）若该节点的右子树不为空，则该节点的右子树上任意一个节点的关键值都大于 K。

（3）该节点的左、右子树也为二叉查找树。

（4）没有关键值相等的节点（无重复关键值）。

图 11-1 就是两棵典型的二叉查找树。

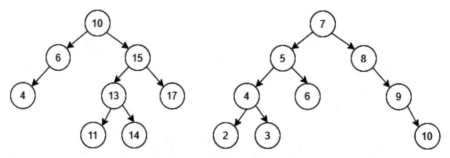

图 11-1　典型的二叉查找树

二叉查找树最典型的就是路由器中的路由搜索引擎。

11.2 抽象数据类型

二叉查找树相比于其他数据结构的优势在于查找、插入的时间复杂度较低，均为 $O(\log n)$。

二叉查找树也是二叉树，因此二叉查找树的树节点同二叉树的节点数据结构一致。在 Java 中，其代码表示如下：

```java
public class BinaryTreeNode<T> {

    private T data;

    private BinaryTreeNode<T> left; // 左节点

    private BinaryTreeNode<T> right; // 右节点

    BinaryTreeNode(T data) {
        this(data, null, null);
    }

    BinaryTreeNode(T data, BinaryTreeNode<T> left,
            BinaryTreeNode<T> right) {
        this.left = left;
        this.right = right;
        this.data = data;
    }

    public T getData() {
        return data;
    }

    public void setData(T data) {
        this.data = data;
    }

    public BinaryTreeNode<T> getLeft() {
        return left;
    }

    public void setLeft(BinaryTreeNode<T> left) {
        this.left = left;
    }

    public BinaryTreeNode<T> getRight() {
        return right;
    }

    public void setRight(BinaryTreeNode<T> right) {
```

```
        this.right = right;
    }

}
```

二叉查找树的接口定义如下：

```java
import java.util.List;

public interface BinarySearchTree<E> {
    boolean isEmpty(); // 判断树是否为空

    void insert(E e); // 插入节点

    void remove(E e); // 删除节点

    E findMin(); // 找最小节点

    E findMax(); // 找最大节点

    List<E> preOrder();// 前序遍历

    List<E> infixOrder(); // 中序遍历

    List<E> postOrder(); // 后序遍历

    void print(); // 输出树的信息
}
```

11.3 实战：用链表实现二叉查找树

11.2 节定义了二叉查找树的接口，其实接口就寓意着二叉查找树的常用操作。

本节详细介绍如何基于链表实现二叉查找树的常用操作，其中定义了 LinkedBinarySearchTree 类用于表示基于链表实现的二叉查找树。

11.3.1 成员变量及构造函数

LinkedBinarySearchTree 继承自 BinarySearchTree 接口，同时使用顺序表 BinaryTreeNode 类型 root 来作为其成员变量。root 代表整棵树的根节点。

LinkedBinarySearchTree 成员变量及构造函数代码如下：

```
public class LinkedBinarySearchTree<E extends Comparable<? super E>>
        implements BinarySearchTree<E> {

    private BinaryTreeNode<E> root;
    ...
}
```

11.3.2　判断树是否为空

判断树是否为空，即判断根节点是否为空。代码如下：

```
public boolean isEmpty() {
    return root == null;
}
```

判断树是否为空的时间复杂度是 $O(1)$。

11.3.3　插入节点

insert() 方法用于插入节点。代码如下：

```
public void insert(E e) {
    root = insert(e, root);
}

private BinaryTreeNode<E> insert(E e,
            BinaryTreeNode<E> root) {
    // 如果 root 为空，则当前 e 节点为根节点
    if (null == root) {
        return new BinaryTreeNode<E>(e);
    }

    // e 与 root 进行比较
    int compareResult = e.compareTo(root.getData());

    // 小于当前根节点 将 e 插入根节点的左边
    if (compareResult < 0) {
        root.setLeft(insert(e, root.getLeft()));
    } else if (compareResult > 0) {
        // 大于当前根节点 将 e 插入根节点的右边
        root.setRight(insert(e, root.getRight()));
    }

    return root;
}
```

插入节点实现原理如下。

若是空树，则直接将 e 作为根节点插入。不是空树则与当前根节点比较，如果小于当前根节点，则将 e 插入根节点的左边；否则将 e 插入根节点的右边。新插入的节点总是作为叶子节点。

11.3.4 删除节点

remove() 方法用于删除节点。代码如下：

```java
public void remove(E e) {
    root = remove(e, root);
}

private BinaryTreeNode<E> remove(E e,
        BinaryTreeNode<E> root) {
    if (null == root) {
        return root;
    }

    // e 与 root 进行比较
    int compareResult = e.compareTo(root.getData());

    // 小于当前根节点
    if (compareResult < 0) {
        root.setLeft(remove(e, root.getLeft()));
    } else if (compareResult > 0) {
        // 大于当前根节点
        root.setRight(remove(e, root.getRight()));
    } else if (root.getLeft() != null
            && root.getRight() != null) {
        // 找到右边最小的节点
        root.setData(
                findMin(root.getRight()).getData());

        // 当前节点的右边，等于原节点右边已经被删除后的替代节点
        root.setRight(remove(root.getData(),
                root.getRight()));
    } else {
        root = (root.getLeft() != null) ? root.getLeft()
                : root.getRight();
    }

    return root;
}
```

因为从二叉查找树中删除节点后需要保持二叉查找树的性质，所以二叉查找树的删除操作要稍微复杂，共分为以下三种情况。

（1）如果要删除的节点是叶子节点，则可以直接删除。

（2）如果要删除的节点有一个子节点，则可以直接将子节点移到被删除节点的位置（实际上这

种包含了第一种情况，可以视为只有一个子节点为 null）。

（3）如果有两个子节点，则将其右子树的最小数据值代替此节点的数据值，并将其右子树的最小数据值节点删除（对其右子树进行相同的删除操作，删除的值为最小数据值）。

11.3.5　找最小节点

findMin() 方法用于查找最小节点。代码如下：

```
public E findMin() {
    return findMin(root).getData();
}

private BinaryTreeNode<E> findMin(
        BinaryTreeNode<E> root) {
    if (null == root) {
        return root;
    } else if (root.getLeft() == null) {
        return root;
    }

    // 递归查找
    return findMin(root.getLeft());
}
```

上述方法的原理是，若该节点的左子树不为空，则该节点的左子树上任意一个节点的关键值都小于根节点。因此，只要迭代查找左孩子节点即可。

11.3.6　找最大节点

findMax() 方法用于查找最大节点。代码如下：

```
public E findMax() {
    return findMax(root).getData();
}

private BinaryTreeNode<E> findMax(
        BinaryTreeNode<E> root) {
    if (null == root) {
        return root;
    } else if (root.getRight() == null) {
        return root;
    }

    // 递归查找
    return findMax(root.getRight());
}
```

上述方法的原理是，若该节点的右子树不为空，则该节点的右子树上任意一个节点的关键值都大于父节点。因此，只要迭代查找右孩子节点即可。

11.3.7 前序遍历

preOrder() 方法用于前序遍历。代码如下：

```java
public List<E> preOrder() {
    List<E> result = new ArrayList<E>();
    if (isEmpty()) {
        return result;
    } else {
        preOrder(root, result);
    }

    return result;
}

private void preOrder(BinaryTreeNode<E> root,
        List<E> result) {
    if (root == null) {
        return;
    }

    result.add(root.getData());
    preOrder(root.getLeft(), result);
    preOrder(root.getRight(), result);
}
```

前序遍历的实现原理已在第 9 章中介绍过，此处不再赘述。

11.3.8 中序遍历

infixOrder() 方法用于中序遍历。代码如下：

```java
public List<E> infixOrder() {
    List<E> result = new ArrayList<E>();
    if (isEmpty()) {
        return result;
    } else {
        infixOrder(root, result);
    }

    return result;
}

private void infixOrder(BinaryTreeNode<E> root,
```

```
        List<E> result) {
    if (root == null) {
        return;
    }

    infixOrder(root.getLeft(), result);
    result.add(root.getData());
    infixOrder(root.getRight(), result);
}
```

中序遍历的实现原理已在第 9 章中介绍过，此处不再赘述。

11.3.9　后序遍历

postOrder() 方法用于后序遍历。代码如下：

```
public List<E> postOrder() {
    List<E> result = new ArrayList<E>();
    if (isEmpty()) {
        return result;
    } else {
        postOrder(root, result);
    }

    return result;
}

private void postOrder(BinaryTreeNode<E> root,
        List<E> result) {
    if (root == null) {
        return;
    }

    postOrder(root.getLeft(), result);
    postOrder(root.getRight(), result);
    result.add(root.getData());
}
```

后序遍历的实现原理已在第 9 章中介绍过，此处不再赘述。

11.3.10　输出树的信息

print() 方法用于输出树的信息。代码如下：

```
public void print() {
    if (isEmpty()) {
        System.out.println("tree is empty");
```

```
        return;
    } else {
        print(root);
    }
}

private void print(BinaryTreeNode<E> root) {
    if (root != null) {
        E leftData = null;
        E rightData = null;

        if (null != root.getLeft()) {
            leftData = root.getLeft().getData();
        }

        if (null != root.getRight()) {
            rightData = root.getRight().getData();
        }

        System.out.printf(
                "current: %s, left: %s, right: %s%n",
                root.getData(), leftData, rightData);

        print(root.getLeft());
        print(root.getRight());
    }
}
```

上述方法的实现原理是，将当前节点及其左右孩子节点的信息输出。如果当前节点不存在左孩子或右孩子，则输出信息为 null。

11.4 实战：二叉查找树的单元测试

LinkedBinarySearchTreeTests 是 LinkedBinarySearchTree 类的单元测试。这里针对 LinkedBinarySearchTree 的所有方法都提供了详细的测试用例。

11.4.1 添加和测试场景1

添加和测试场景 1 如图 11-2 所示，待删除的节点是 50。删除节点 50 之后，树的结果应如图 11-3 所示。

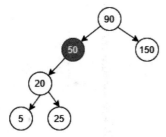

图 11-2 添加和测试场景 1

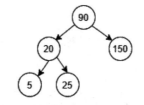

图 11-3 删除节点 50 之后

测试用例如下：

```
@Order(1)
@Test
void testInsertAndRemove() {
    LinkedBinarySearchTree<Integer> tree = new LinkedBinarySearchTree
    <Integer>();

    tree.insert(90);
    tree.insert(50);
    tree.insert(150);
    tree.insert(20);
    tree.insert(5);
    tree.insert(25);
    tree.print();

    System.out.println("min node: " + tree.findMin());
    System.out.println("max node: " + tree.findMax());

    // 删除 50
    int removed = 50;
    tree.remove(removed);
    System.out.println();
    System.out.println("after removed " + removed);
    System.out.println();
    tree.print();
}
```

执行上述用例，控制台输出内容如下：

```
current: 90, left: 50, right: 150
current: 50, left: 20, right: null
current: 20, left: 5, right: 25
current: 5, left: null, right: null
current: 25, left: null, right: null
current: 150, left: null, right: null
min node: 5
max node: 150


after removed 50
```

```
current: 90, left: 20, right: 150
current: 20, left: 5, right: 25
current: 5, left: null, right: null
current: 25, left: null, right: null
current: 150, left: null, right: null
```

11.4.2　添加和测试场景2

添加和测试场景 2 如图 11-4 所示，待删除的节点是 150。删除节点 150 之后，树的结果应如图 11-5 所示。

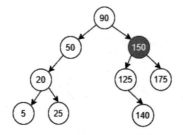

图 11-4　添加和测试场景 2

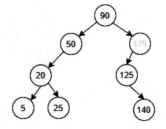

图 11-5　删除节点 150 之后

测试用例如下：

```
@Order(2)
@Test
void testInsertAndRemove2() {
    LinkedBinarySearchTree<Integer> tree = new LinkedBinarySearchTree
      <Integer>();

    tree.insert(90);
    tree.insert(50);
    tree.insert(150);
    tree.insert(20);
    tree.insert(125);
    tree.insert(175);
    tree.insert(5);
    tree.insert(25);
    tree.insert(140);

    tree.print();

    System.out.println("min node: " + tree.findMin());
    System.out.println("max node: " + tree.findMax());

    // 删除 150
    int removed = 150;
    tree.remove(removed);
    System.out.println();
    System.out.println("after removed " + removed);
```

```
    System.out.println();

    tree.print();
}
```

执行上述用例，控制台输出内容如下：

```
current: 90, left: 50, right: 150
current: 50, left: 20, right: null
current: 20, left: 5, right: 25
current: 5, left: null, right: null
current: 25, left: null, right: null
current: 150, left: 125, right: 175
current: 125, left: null, right: 140
current: 140, left: null, right: null
current: 175, left: null, right: null
min node: 5
max node: 175

after removed 150

current: 90, left: 50, right: 175
current: 50, left: 20, right: null
current: 20, left: 5, right: 25
current: 5, left: null, right: null
current: 25, left: null, right: null
current: 175, left: 125, right: null
current: 125, left: null, right: 140
current: 140, left: null, right: null
```

11.4.3 添加和测试场景3

添加和测试场景 3 如图 11-6 所示，待删除的节点是 50。删除节点 50 之后，树的结果应如图 11-7 所示。

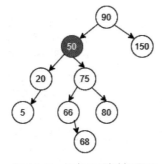

图 11-6 添加和测试场景 3

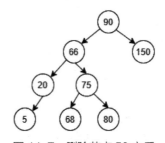

图 11-7 删除节点 50 之后

测试用例如下：

```
@Order(3)
@Test
void testInsertAndRemove3() {
    LinkedBinarySearchTree<Integer> tree = new LinkedBinarySearchTree
     <Integer>();

    tree.insert(90);
    tree.insert(50);
    tree.insert(150);
    tree.insert(20);
    tree.insert(75);
    tree.insert(5);
    tree.insert(66);
    tree.insert(80);
    tree.insert(68);

    tree.print();

    System.out.println("min node: " + tree.findMin());
    System.out.println("max node: " + tree.findMax());

    // 删除 50
    int removed = 50;
    tree.remove(removed);
    System.out.println();
    System.out.println("after removed " + removed);
    System.out.println();

    tree.print();
}
```

执行上述用例，控制台输出内容如下：

```
current: 90, left: 50, right: 150
current: 50, left: 20, right: 75
current: 20, left: 5, right: null
current: 5, left: null, right: null
current: 75, left: 66, right: 80
current: 66, left: null, right: 68
current: 68, left: null, right: null
current: 80, left: null, right: null
current: 150, left: null, right: null
min node: 5
max node: 150

after removed 50

current: 90, left: 66, right: 150
current: 66, left: 20, right: 75
current: 20, left: 5, right: null
current: 5, left: null, right: null
```

```
current: 75, left: 68, right: 80
current: 68, left: null, right: null
current: 80, left: null, right: null
current: 150, left: null, right: null
```

11.4.4　前序遍历测试场景

针对图 11-2 所示的树进行前序遍历，测试用例如下：

```
@Order(4)
@Test
void testPreOrder() {
    LinkedBinarySearchTree<Integer> tree = new LinkedBinarySearchTree
     <Integer>();

    tree.insert(90);
    tree.insert(50);
    tree.insert(150);
    tree.insert(20);
    tree.insert(5);
    tree.insert(25);

    System.out.println(tree.preOrder());
}
```

执行上述用例，控制台输出内容如下：

```
[90, 50, 20, 5, 25, 150]
```

11.4.5　中序遍历测试场景

针对图 11-2 所示的树进行中序遍历，测试用例如下：

```
@Order(5)
@Test
void testInfixOrder() {
    LinkedBinarySearchTree<Integer> tree = new LinkedBinarySearchTree
     <Integer>();

    tree.insert(90);
    tree.insert(50);
    tree.insert(150);
    tree.insert(20);
    tree.insert(5);
    tree.insert(25);

    System.out.println(tree.infixOrder());
}
```

执行上述用例，控制台输出内容如下：

```
[5, 20, 25, 50, 90, 150]
```

11.4.6 后序遍历测试场景

针对图 11-2 所示的树进行后序遍历，测试用例如下：

```java
@Order(6)
@Test
void testPostOrder() {
    LinkedBinarySearchTree<Integer> tree = new LinkedBinarySearchTree
     <Integer>();

    tree.insert(90);
    tree.insert(50);
    tree.insert(150);
    tree.insert(20);
    tree.insert(5);
    tree.insert(25);

    System.out.println(tree.postOrder());
}
```

执行上述用例，控制台输出内容如下：

```
[5, 25, 20, 50, 150, 90]
```

11.5 总结

本章学习了二叉查找树的基本概念及应用场景。二叉查找树进行查找、插入和删除操作的平均时间复杂度为 $O(\log n)$。

同时，本章也演示了如何基于链表方式来实现二叉查找树。

11.6 习题

1. 简述二叉查找树的概念。

2. 用链表实现二叉查找树。

第12章
平衡查找树

第 11 章介绍了二叉查找树。二叉查找树进行查找、插入和删除操作的平均时间复杂度为 $O(\log n)$，然而在最坏的情况下，其时间复杂度可能为 $O(n)$。

本章介绍几种常见的平衡查找树，如 AVL 树、红黑树、B 树等。无论哪一种树，其查找、插入和删除操作，不管是平均还是最坏情况，其时间复杂度均是 $O(\log n)$。

12.1 基本概念及应用场景

二叉查找树进行查找、插入和删除操作的平均时间复杂度为 $O(\log n)$，但在最坏的情况下，其时间复杂度可能为 $O(n)$。因此，人们引入了平衡查找树，不管是平均还是最坏情况，其时间复杂度均是 $O(\log n)$。

12.1.1 为什么需要平衡查找树

在二叉查找树中进行查找、插入和删除等操作的时间复杂度都是 $O(h)$，其中 h 为查找树的高度。可见，二叉查找树的高度直接影响到操作实现的性能。而在某些特殊的情况下，二叉查找树会退化为一个单链表，如插入的节点序列本身就有序的情况下，此时各操作的效率会下降到 $O(n)$，其中 n 为树的规模。图 12-1 所示是二叉查找树退化为一个单链表的情况。

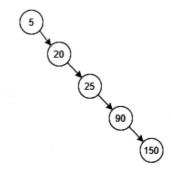

图 12-1 二叉查找树退化为一个单链表

因此，在节点规模固定的前提下，二叉查找树的高度越低越好，从树的形态来看，即使树尽可能平衡。当二叉查找树的高度为 $O(\log n)$ 时，此时各算法的时间复杂度均为 $O(\log n)$，各操作实现的效率达到最佳。这就是平衡查找树带来的好处。

12.1.2 平衡二叉查找树

平衡二叉查找树（Balanced Binary Search Tree）简称平衡二叉树，又称为 AVL 树，其具有以下性质：它是一棵空树或它的左右两个子树的高度差的绝对值不超过 1，并且左右两个子树都是一棵平衡二叉树。

由于普通的 BST 非常容易失去平衡，在极端情况下，BST 会退化成线性的链表（只有左子树或右子树），这会导致查找和插入操作的时间复杂度从 $O(\log n)$ 下降到 $O(n)$，这是我们不愿意看到的，所以就提出了平衡二叉树的概念：

（1）左右两个子树的高度差的绝对值不能超过 1。

（2）左右两个子树也是平衡二叉树。

如图 12-2 所示，左边是一个平衡二叉树，而右边那个树由于右子树节点 8 的左右子树高度差为 2，不符合平衡二叉树的定义，所以它是非平衡二叉树。

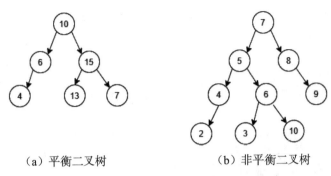

（a）平衡二叉树　　　　　　　（b）非平衡二叉树

图 12-2　平衡二叉树和非平衡二叉树

由此可以看出，平衡二叉树是一种高度平衡的 BST，所以要构造和维持一个平衡二叉树就相对比较复杂。在构造一棵平衡二叉树的过程中，当要插入新的节点时，需要保证插入新的节点不会破坏树的平衡，这就需要用到旋转操作。

12.1.3　平衡查找树的应用场景

根据实现方式的不同，常见的平衡查找树又可以分为 AVL 树、红黑树、B 树、B+ 树等。由于平衡二叉查找树无论在哪种情况下，其平均时间复杂度均为 $O(\log n)$。

12.2 AVL树

在计算机科学中，AVL 树是最早被发明的自平衡二叉查找树。在 AVL 树中，任一节点对应的两棵子树的最大高度差为 1，因此它也被称为高度平衡树。查找、插入和删除在平均和最坏情况下的时间复杂度都是 $O(\log n)$。增加和删除元素时，可能需要借助一次或多次树旋转，以实现树的重新平衡。AVL 树得名于它的发明者 Adelson-Velsky 和 Landis，他们在 1962 年的论文 *An algorithm for the organization of information* 中公开了这一数据结构。

12.2.1　AVL树的描述

一般会采用链表方式来描述 AVL 树。例如有序列 A={1,2,3,4,5,6}，在构造二叉树时，会呈现图 12-3 所示的结构。该结构为右斜树，同时退化成了链表，搜索效率降到了 $O(n)$。

二叉搜索树的查找效率取决于树的高度，因此只要保持树的高度最小，即可保证树的查找效率。同样的序列 A，将其改为图 12-4 所示的方式存储，查找元素 6 时只需比较三次，查找效率提升一倍。

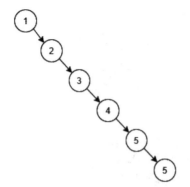

图 12-3　二叉查找树退化为一个单链表

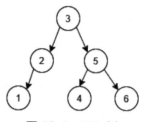

图 12-4　AVL 树

12.2.2　AVL树的常用操作

AVL 树的前序遍历、中序遍历、后序遍历、查找最大值、查找最小值、输出等接口与二叉查找树基本一样，插入和删除操作在其基础上需要考虑树失衡的情况。

12.2.3　节点的平衡因子

节点的平衡因子是它的左子树高度减去它的右子树高度（有时相反）。带有平衡因子 1、0 或 –1 的节点被认为是平衡的；带有平衡因子 –2 或 2 的节点被认为是不平衡的，并需要重新平衡该树。平衡因子可以直接存储在每个节点中，或从可能存储在节点中的子树高度计算出来。

12.2.4　插入节点调整失衡二叉树

一般通过旋转最小失衡子树来调整失衡二叉树。其手段分为左旋（Rotate Left）和右旋（Rotate Right），旋转的目的就是通过降低整棵树的高度来平衡。

最小失衡树就是在新插入的节点向上查找，以第一个平衡因子绝对值超过 1 的节点为根的子树，即一棵失衡的树有可能有多棵子树同时失衡。这时，只需调整最小的不平衡子树，就能够将不平衡的树调整为平衡的树。如图 12-5 所示节点 66 就是最小失衡子树，节点 99 为新插入的节点。接下来演示如何调整失衡二叉树。

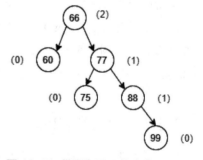

图 12-5　带平衡因子的失衡二叉树

12.2.5　左旋流程

左旋流程如下。

（1）节点的右孩子替代此节点位置。把节点 66 左移，让节点 66 的右子树代替节点 66 之前的位置，如图 12-6 所示。

（2）右孩子的左子树变为该节点的右子树。把节点 66 右子树的左子树变为节点 66 的右子树，即节点 77 的左子树 75 变成节点 66 的右子树，如图 12-7 所示。

（3）节点本身变为右孩子的左子树。把节点 66 变成 77 的左子树，如图 12-8 所示。

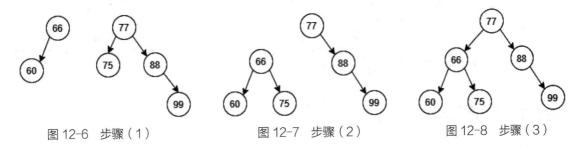

图 12-6 步骤（1）　　　　　图 12-7 步骤（2）　　　　　图 12-8 步骤（3）

12.2.6 右旋流程

假设有一个新的失衡树，新插入节点为 43，如图 12-9 所示。右旋流程如下。

（1）节点的左孩子代替此节点。把节点 66 右移，让 66 的左子树代替 66 之前的位置，如图 12-10 所示。

（2）节点左孩子的右子树变为节点的左子树。把节点 66 左子树的右子树变成节点 66 的左子树，即节点 60 的右子树 75 变成节点 66 的左子树，如图 12-11 所示。

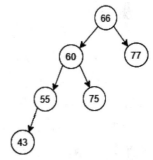

图 12-9 待右旋的失衡树

（3）节点本身变为左孩子的右子树。把节点 66 变成 60 的右子树，如图 12-12 所示。

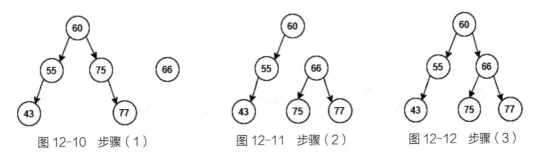

图 12-10 步骤（1）　　　　　图 12-11 步骤（2）　　　　　图 12-12 步骤（3）

12.2.7 总结

其实左旋和右旋基本相似，只是方向相反。所有 AVL 树失衡的情况可以统计为四种。现在假设有一棵 AVL 树某个节点 A，有四种插入方式会使 A 的左右高度差大于 1，即整棵树失衡。这四种情况及调整方式如表 12-1 所示。

表 12-1　四种情况及调整方式

插入方式	描述	旋转方式
LL	在 A 的左子树根节点的左子树上插入节点	右旋转
RR	在 A 的右子树根节点的右子树上插入节点	左旋转
LR	在 A 的左子树根节点的右子树上插入节点	先左旋转再右旋转
RL	在 A 的右子树根节点的左子树上插入节点	先右旋转再左旋转

只要记住如上四种情况，就可以很快推导出所有情况。

12.2.8　删除节点调整失衡二叉树

前面记录了插入操作及失衡调整，这里记录由删除操作造成失衡的情况。删除操作有以下四种。

（1）删除叶子节点。

（2）删除的节点只有左子树。

（3）删除的节点只有右子树。

（4）删除的节点既有左子树又有右子树。

AVL 树在删除操作后需要重新检查平衡及修正。删除操作与插入操作后的平衡修正区别为，插入操作后只需对插入栈中的弹出的第一个非平衡节点进行修正，而删除操作需要修正栈中的所有非平衡节点。

其实对于修正情况可以理解为：对左子树或右子树的删除操作相当于对右子树或左子树的插入操作，然后对应插入的四种情况选择相应的旋转即可。

需要注意的是，平衡二叉树虽然不会出现普通二叉树退化成链表的情况，但为了保持平衡，动态插入和删除的代价也随之增加。

12.3　实战：用链表实现AVL树

12.2 节介绍了 AVL 树的原理，本节介绍用链表实现 AVL 树。

12.3.1　AVL树的链表描述

AVL 树也是二叉查找树，因此 AVL 树的树节点同二叉查找树的节点数据结构基本一致，唯一的区别是 AVL 树拥有 height 属性，用来表示节点的高度。在 Java 中，其代码表示如下：

```
package com.waylau.java.demo.datastructure;

public class AvlNode<T> {
    private T data;
    private AvlNode<T> left; // 左节点
    private AvlNode<T> right; // 右节点
    private Integer height; // 节点高度

    AvlNode(T data) {
        this(data, null, null);
    }

    AvlNode(T data, AvlNode<T> left, AvlNode<T> right) {
        this.data = data;
        this.left = left;
        this.right = right;
        this.height = 0;
    }

    public T getData() {
        return data;
    }

    public void setData(T data) {
        this.data = data;
    }

    public AvlNode<T> getLeft() {
        return left;
    }

    public void setLeft(AvlNode<T> left) {
        this.left = left;
    }

    public AvlNode<T> getRight() {
        return right;
    }

    public void setRight(AvlNode<T> right) {
        this.right = right;
    }

    public Integer getHeight() {
        return height;
    }

    public void setHeight(Integer height) {
        this.height = height;
    }

}
```

AVL 树可以采用如下数据结构表示：

```
public class AvlTree<T extends Comparable<? super T>> {

    private AvlNode<T> root;

    ...


}
```

其中，root 即为根节点。

12.3.2　AVL树的判空

该方法的实现与二叉查找树 LinkedBinarySearchTree 的方法实现一致。代码如下：

```
/**
    * 判断树为空
    */
public boolean isEmpty() {
    return root == null;
}
```

12.3.3　插入AVL树

该方法的实现与二叉查找树 LinkedBinarySearchTree 的方法实现基本一致，唯一的差异是，AVL 树在方法返回前需要执行 balance() 方法，以使树重新达到平衡。代码如下：

```
/**
* 添加节点
*
* @param t 插入节点
*/
public void insert(T t) {
    root = insert(t, root);
}

private AvlNode<T> insert(T t, AvlNode<T> root) {
    // 如果根节点为空，则当前 x 节点为根节点
    if (null == root) {
        return new AvlNode<T>(t);
    }

    int compareResult = t.compareTo(root.getData());

    // 小于当前根节点  将 x 插入根节点的左边
    if (compareResult < 0) {
```

```
        root.setLeft(insert(t, root.getLeft()));
    } else if (compareResult > 0) {
        // 大于当前根节点  将 x 插入根节点的右边
        root.setRight(insert(t, root.getRight()));
    } else {
    }

    // 重新平衡
    return balance(root);
}
```

12.3.4　删除AVL树

该方法的实现与二叉查找树 LinkedBinarySearchTree 的方法实现基本一致，唯一的差异是，AVL 树在方法返回前需要执行 balance() 方法，以使树重新达到平衡。代码如下：

```
/**
    * 删除节点
    *
    * @param t 节点
    */
public void remove(T t) {
    root = remove(t, root);
}

private AvlNode<T> remove(T t, AvlNode<T> root) {
    if (null == root) {
        return root;
    }

    int compareResult = t.compareTo(root.getData());

    // 小于当前根节点
    if (compareResult < 0) {
        root.setLeft(remove(t, root.getLeft()));
    } else if (compareResult > 0) {

        // 大于当前根节点
        root.setRight(remove(t, root.getRight()));
    } else if (root.getLeft() != null
            && root.getRight() != null) {

        // 找到右边最小的节点
        root.setData(
                findMin(root.getRight()).getData());

        // 当前节点的右边，等于原节点右边已经被删除后的替代节点
        root.setRight(remove(root.getData(),
```

```
                    root.getRight()));
    } else {
        root = (root.getLeft() != null) ? root.getLeft()
                : root.getRight();
    }

    // 重新平衡
    return balance(root);
}
```

12.3.5 AVL树的查找

AVL 树的查找主要分为查找最小节点和查找最大节点。

1. 查找最小节点

该方法的实现与二叉查找树 LinkedBinarySearchTree 的方法实现一致。代码如下：

```
/**
* 查找最小节点
*/
public T findMin() {
    return findMin(root).getData();
}

private AvlNode<T> findMin(AvlNode<T> root) {
    if (root == null) {
        return null;
    } else if (root.getLeft() == null) {
        return root;
    }

    return findMin(root.getLeft());
}
```

2. 查找最大节点

该方法的实现与二叉查找树 LinkedBinarySearchTree 的方法实现一致。代码如下：

```
/**
    * 查找最大节点
    */
public T findMax() {
    return findMax(root).getData();
}

private AvlNode<T> findMax(AvlNode<T> root) {
    if (root == null) {
        return null;
```

```
    } else if (root.getRight() == null) {
        return root;
    } else {
        return findMax(root.getRight());
    }
}
```

12.3.6　遍历AVL树

本小节讲解前序遍历、中序遍历和后序遍历三种遍历方式，这些方法的实现与二叉查找树 LinkedBinarySearchTree 的方法实现一致。

1. 前序遍历

AVL 树的前序遍历如下：

```
/**
 * 前序遍历
 */
public List<T> preOrder() {
    List<T> result = new ArrayList<T>();

    if (isEmpty()) {
        return result;
    } else {
        preOrder(root, result);
    }

    return result;
}

// 前序遍历
private void preOrder(AvlNode<T> root, List<T> result) {
    if (root == null) {
        return;
    }

    result.add(root.getData());
    preOrder(root.getLeft(), result);
    preOrder(root.getRight(), result);

}
```

2. 中序遍历

AVL 树的中序遍历如下：

```
/**
 * 中序遍历
```

```
*/
public List<T> infixOrder() {
    List<T> result = new ArrayList<T>();

    if (isEmpty()) {
        return result;
    } else {
        infixOrder(root, result);
    }

    return result;
}

// 中序遍历
private void infixOrder(AvlNode<T> root,
        List<T> result) {
    if (root == null) {
        return;
    }

    infixOrder(root.getLeft(), result);
    result.add(root.getData());
    infixOrder(root.getRight(), result);
}
```

3. 后序遍历

AVL 树的后序遍历如下：

```
/**
 * 后序遍历
 */
public List<T> postOrder() {
    List<T> result = new ArrayList<T>();

    if (isEmpty()) {
        return result;
    } else {
        postOrder(root, result);
    }

    return result;
}

// 后序遍历
private void postOrder(AvlNode<T> root,
        List<T> result) {
    if (root == null) {
        return;
    }
```

```
    postOrder(root.getLeft(), result);
    postOrder(root.getRight(), result);
    result.add(root.getData());

}
```

12.3.7　输出AVL树

该方法的实现与二叉查找树 LinkedBinarySearchTree 的方法实现一致。代码如下：

```
/**
 * 输出树的信息
 */
public void printTree() {
    if (isEmpty()) {
        System.out.println("tree is empty");
        return;
    } else {
        printTree(root);
    }

}


private void printTree(AvlNode<T> root) {
    if (root != null) {
        T leftData = null;
        T rightData = null;

        if (null != root.getLeft()) {
            leftData = root.getLeft().getData();
        }

        if (null != root.getRight()) {
            rightData = root.getRight().getData();
        }

        System.out.printf(
                "current: %s, left: %s, right: %s%n",
                root.getData(), leftData, rightData);

        printTree(root.getLeft());
        printTree(root.getRight());
    }
}
```

12.3.8 平衡

平衡方法是整个 AVL 树的重点。代码如下：

```java
private static final int ALLOWED_IMBALANCE = 1;

private AvlNode<T> balance(AvlNode<T> t) {
    if (t == null) {
        return t;
    }

    // 判断左右子树高度之差是否大于 1，如果大于 1，则需要进行旋转以维持平衡
    if (calcHeight(t.getLeft()) - calcHeight(
            t.getRight()) > ALLOWED_IMBALANCE) {
        if (calcHeight(
                t.getLeft().getLeft()) >= calcHeight(
                        t.getLeft().getRight())) {
            t = rotateWithLeftChild(t);
        } else {
            t = doubleWithLeftChild(t);
        }
    } else if (calcHeight(t.getRight()) - calcHeight(
            t.getLeft()) > ALLOWED_IMBALANCE) {
        if (calcHeight(
                t.getRight().getRight()) >= calcHeight(
                        t.getRight().getLeft())) {
            t = rotateWithRightChild(t);
        } else {
            t = doubleWithRightChild(t);
        }
    }

    t.setHeight(Math.max(calcHeight(t.getLeft()),
            calcHeight(t.getRight())) + 1);

    return t;
}

/**
 * 右旋转
 *
 * 步骤
 * 获取 k1 节点 =k2 的右边节点
 * 设置 k2 的右边节点为 k1 的左边节点 Y
 * 设置 k1 的左边节点为 k2
 * 重新计算 k2 和 k1 的高度
 */

private AvlNode<T> rotateWithRightChild(AvlNode<T> k2) {
```

```
    AvlNode<T> k1 = k2.getRight();

    k2.setRight(k1.getLeft());
    k1.setLeft(k2);
    k2.setHeight(Math.max(calcHeight(k2.getRight()),
            calcHeight(k2.getLeft())) + 1);
    k1.setHeight(Math.max(calcHeight(k1.getRight()),
            k2.getHeight()) + 1);

    return k1;

}


/**
 * 左旋转
 *
 * 步骤
 * 获取 k1 节点 =k2 的左边节点
 * 设置 k2 的左边节点为 k1 的右边节点 Y
 * 设置 k1 的右边节点为 k2
 * 重新计算 k2 和 k1 的高度
 */

private AvlNode<T> rotateWithLeftChild(AvlNode<T> k2) {
    AvlNode<T> k1 = k2.getLeft();

    k2.setLeft(k1.getRight());
    k1.setRight(k2);
    k2.setHeight(Math.max(calcHeight(k2.getLeft()),
            calcHeight(k2.getRight())) + 1);
    k1.setHeight(Math.max(calcHeight(k1.getLeft()),
            k2.getHeight()) + 1);

    return k1;
}

/**
 * 先左旋转再右旋转
 *
 * 步骤
 * k3 的右边子树进行一次左边的单旋转
 * k3 进行一次右边的单旋转
 */

private AvlNode<T> doubleWithRightChild(AvlNode<T> k3) {
    k3.setRight(rotateWithLeftChild(k3.getRight()));
    return rotateWithRightChild(k3);
}
```

```
/**
* 先右旋转再左旋转
*
* 步骤
* k3 的左边子树进行一次右边的单旋转
* k3 进行一次左边的单旋转
*/

private AvlNode<T> doubleWithLeftChild(AvlNode<T> k3) {
    k3.setLeft(rotateWithRightChild(k3.getLeft()));
    return rotateWithLeftChild(k3);
}

private int calcHeight(AvlNode<T> t) {
    return t == null ? -1 : t.getHeight();
}
```

balance() 方法根据不同的情况，又分别实现了右旋转、左旋转、先左旋转再右旋转、先右旋转再左旋转四种情况。

12.3.9　完整代码及测试

基于链表实现的 AVL 树完整代码如下：

```
package com.waylau.java.demo.datastructure;

import java.util.ArrayList;
import java.util.List;

public class AvlTree<T extends Comparable<? super T>> {

    private AvlNode<T> root;

    /**
     * 添加节点
     *
     * @param t 插入节点
     */
    public void insert(T t) {
        root = insert(t, root);
    }

    /**
     * 删除节点
     *
     * @param t 节点
     */
    public void remove(T t) {
```

```
        root = remove(t, root);
}

/**
 * 查找最小节点
 */
public T findMin() {
    return findMin(root).getData();
}

/**
 * 查找最大节点
 */
public T findMax() {
    return findMax(root).getData();
}

/**
 * 判断树为空
 */
public boolean isEmpty() {
    return root == null;
}

/**
 * 前序遍历
 */
public List<T> preOrder() {
    List<T> result = new ArrayList<T>();

    if (isEmpty()) {
        return result;
    } else {
        preOrder(root, result);
    }

    return result;
}

/**
 * 中序遍历
 */
public List<T> infixOrder() {
    List<T> result = new ArrayList<T>();

    if (isEmpty()) {
        return result;
    } else {
        infixOrder(root, result);
```

```
        }

        return result;
    }

    /**
     * 后序遍历
     */
    public List<T> postOrder() {
        List<T> result = new ArrayList<T>();

        if (isEmpty()) {
            return result;
        } else {
            postOrder(root, result);
        }

        return result;
    }

    /**
     * 输出树的信息
     */
    public void printTree() {
        if (isEmpty()) {
            System.out.println("tree is empty");
            return;
        } else {
            printTree(root);
        }

    }

    private AvlNode<T> insert(T t, AvlNode<T> root) {
        // 如果根节点为空，则当前 x 节点为根节点
        if (null == root) {
            return new AvlNode<T>(t);
        }

        int compareResult = t.compareTo(root.getData());

        // 小于当前根节点 将 x 插入根节点的左边
        if (compareResult < 0) {
            root.setLeft(insert(t, root.getLeft()));
        } else if (compareResult > 0) {
            // 大于当前根节点 将 x 插入根节点的右边
            root.setRight(insert(t, root.getRight()));
        } else {
        }
```

```java
    // 重新平衡
    return balance(root);
}

private AvlNode<T> remove(T t, AvlNode<T> root) {
    if (null == root) {
        return root;
    }

    int compareResult = t.compareTo(root.getData());

    // 小于当前根节点
    if (compareResult < 0) {
        root.setLeft(remove(t, root.getLeft()));
    } else if (compareResult > 0) {

        // 大于当前根节点
        root.setRight(remove(t, root.getRight()));
    } else if (root.getLeft() != null
            && root.getRight() != null) {

        // 找到右边最小的节点
        root.setData(
                findMin(root.getRight()).getData());

        // 当前节点的右边，等于原节点右边已经被删除后的替代节点
        root.setRight(remove(root.getData(),
                root.getRight()));
    } else {
        root = (root.getLeft() != null) ? root.getLeft()
                : root.getRight();
    }

    // 重新平衡
    return balance(root);
}

private AvlNode<T> findMin(AvlNode<T> root) {
    if (root == null) {
        return null;
    } else if (root.getLeft() == null) {
        return root;
    }

    return findMin(root.getLeft());

}
```

```java
private AvlNode<T> findMax(AvlNode<T> root) {
    if (root == null) {
        return null;
    } else if (root.getRight() == null) {
        return root;
    } else {
        return findMax(root.getRight());
    }
}

private void printTree(AvlNode<T> root) {
    if (root != null) {
        T leftData = null;
        T rightData = null;

        if (null != root.getLeft()) {
            leftData = root.getLeft().getData();
        }

        if (null != root.getRight()) {
            rightData = root.getRight().getData();
        }

        System.out.printf(
                "current: %s, left: %s, right: %s%n",
                root.getData(), leftData, rightData);

        printTree(root.getLeft());
        printTree(root.getRight());
    }
}

// 前序遍历
private void preOrder(AvlNode<T> root, List<T> result) {
    if (root == null) {
        return;
    }

    result.add(root.getData());
    preOrder(root.getLeft(), result);
    preOrder(root.getRight(), result);

}

// 中序遍历
private void infixOrder(AvlNode<T> root,
        List<T> result) {
    if (root == null) {
        return;
```

```
    }

    infixOrder(root.getLeft(), result);
    result.add(root.getData());
    infixOrder(root.getRight(), result);
}

// 后序遍历
private void postOrder(AvlNode<T> root,
        List<T> result) {
    if (root == null) {
        return;
    }

    postOrder(root.getLeft(), result);
    postOrder(root.getRight(), result);
    result.add(root.getData());

}

private static final int ALLOWED_IMBALANCE = 1;

private AvlNode<T> balance(AvlNode<T> t) {
    if (t == null) {
        return t;
    }

    // 判断左右子树高度之差是否大于 1，如果大于 1，则需要进行旋转以维持平衡
    if (calcHeight(t.getLeft()) - calcHeight(
            t.getRight()) > ALLOWED_IMBALANCE) {
        if (calcHeight(
                t.getLeft().getLeft()) >= calcHeight(
                    t.getLeft().getRight())) {
            t = rotateWithLeftChild(t);
        } else {
            t = doubleWithLeftChild(t);
        }
    } else if (calcHeight(t.getRight()) - calcHeight(
            t.getLeft()) > ALLOWED_IMBALANCE) {
        if (calcHeight(
                t.getRight().getRight()) >= calcHeight(
                    t.getRight().getLeft())) {
            t = rotateWithRightChild(t);
        } else {
            t = doubleWithRightChild(t);
        }
    }

    t.setHeight(Math.max(calcHeight(t.getLeft()),
```

```
                    calcHeight(t.getRight())) + 1);

        return t;
    }

    /**
     * 右旋转
     *
     * 步骤
     * 获取 k1 节点 =k2 的右边节点
     * 设置 k2 的右边节点为 k1 的左边节点 Y
     * 设置 k1 的左边节点为 k2
     * 重新计算 k2 和 k1 的高度
     */

    private AvlNode<T> rotateWithRightChild(AvlNode<T> k2) {
        AvlNode<T> k1 = k2.getRight();

        k2.setRight(k1.getLeft());
        k1.setLeft(k2);
        k2.setHeight(Math.max(calcHeight(k2.getRight()),
                calcHeight(k2.getLeft())) + 1);
        k1.setHeight(Math.max(calcHeight(k1.getRight()),
                k2.getHeight()) + 1);

        return k1;

    }

    /**
     * 左旋转
     *
     * 步骤
     * 获取 k1 节点 =k2 的左边节点
     * 设置 k2 的左边节点为 k1 的右边节点 Y
     * 设置 k1 的右边节点为 k2
     * 重新计算 k2 和 k1 的高度
     */

    private AvlNode<T> rotateWithLeftChild(AvlNode<T> k2) {
        AvlNode<T> k1 = k2.getLeft();

        k2.setLeft(k1.getRight());
        k1.setRight(k2);
        k2.setHeight(Math.max(calcHeight(k2.getLeft()),
                calcHeight(k2.getRight())) + 1);
        k1.setHeight(Math.max(calcHeight(k1.getLeft()),
                k2.getHeight()) + 1);
```

```
        return k1;
    }

    /**
     * 先左旋转再右旋转
     *
     * 步骤
     * k3 的右边子树进行一次左边的单旋转
     * k3 进行一次右边的单旋转
     */

    private AvlNode<T> doubleWithRightChild(AvlNode<T> k3) {
        k3.setRight(rotateWithLeftChild(k3.getRight()));
        return rotateWithRightChild(k3);
    }

    /**
     * 先右旋转再左旋
     *
     * 步骤
     * k3 的左边子树进行一次右边的单旋转
     * k3 进行一次左边的单旋转
     */

    private AvlNode<T> doubleWithLeftChild(AvlNode<T> k3) {
        k3.setLeft(rotateWithRightChild(k3.getLeft()));
        return rotateWithLeftChild(k3);
    }

    private int calcHeight(AvlNode<T> t) {
        return t == null ? -1 : t.getHeight();
    }

}
```

单元测试用例如下：

```
package com.waylau.java.demo.datastructure;

import org.junit.jupiter.api.MethodOrderer;
import org.junit.jupiter.api.Order;
import org.junit.jupiter.api.Test;
import org.junit.jupiter.api.TestMethodOrder;


@TestMethodOrder(MethodOrderer.OrderAnnotation.class)
class AvlTreeTest {
    @Order(1)
    @Test
    void testInsertAndRemove() {
```

```java
        AvlTree<Integer> tree = new AvlTree<Integer>();

        tree.insert(90);
        tree.insert(50);
        tree.insert(150);
        tree.insert(20);
        tree.insert(5);
        tree.insert(25);
        tree.printTree();

        System.out.println("min node: " + tree.findMin());
        System.out.println("max node: " + tree.findMax());

        // 删除 50
        int removed = 50;
        tree.remove(removed);
        System.out.println("after removed " + removed);
        tree.printTree();
    }

    @Order(2)
    @Test
    void testInsertAndRemove2() {
        AvlTree<Integer> tree = new AvlTree<Integer>();

        tree.insert(90);
        tree.insert(50);
        tree.insert(150);
        tree.insert(20);
        tree.insert(125);
        tree.insert(175);
        tree.insert(5);
        tree.insert(25);
        tree.insert(140);
        tree.printTree();

        System.out.println("min node: " + tree.findMin());
        System.out.println("max node: " + tree.findMax());

        // 删除 150
        int removed = 150;
        tree.remove(removed);
        System.out.println();
        System.out.println("after removed " + removed);
        System.out.println();
        tree.printTree();
    }

    @Order(3)
```

```java
@Test
void testInsertAndRemove3() {
    AvlTree<Integer> tree = new AvlTree<Integer>();

    tree.insert(90);
    tree.insert(50);
    tree.insert(150);
    tree.insert(20);
    tree.insert(75);
    tree.insert(5);
    tree.insert(66);
    tree.insert(80);
    tree.insert(68);
    tree.printTree();

    System.out.println("min node: " + tree.findMin());
    System.out.println("max node: " + tree.findMax());

    // 删除 5
    int removed = 5;
    tree.remove(removed);
    System.out.println();
    System.out.println("after removed " + removed);
    System.out.println();
    tree.printTree();
}

@Order(4)
@Test
void testPreOrder() {
    AvlTree<Integer> tree = new AvlTree<Integer>();

    tree.insert(90);
    tree.insert(50);
    tree.insert(150);
    tree.insert(20);
    tree.insert(5);
    tree.insert(25);
    System.out.println(tree.preOrder());
}

@Order(5)
@Test
void testInfixOrder() {
    AvlTree<Integer> tree = new AvlTree<Integer>();

    tree.insert(90);
    tree.insert(50);
    tree.insert(150);
```

```
    tree.insert(20);
    tree.insert(5);
    tree.insert(25);

    System.out.println(tree.infixOrder());
}

@Order(6)
@Test
void testPostOrder() {
    AvlTree<Integer> tree = new AvlTree<Integer>();

    tree.insert(90);
    tree.insert(50);
    tree.insert(150);
    tree.insert(20);
    tree.insert(5);
    tree.insert(25);

    System.out.println(tree.postOrder());
}
}
```

上述用例（1）构建的树如图 12-13 所示。删除节点 50 之后，结果如图 12-14 所示。

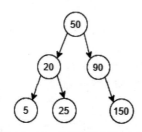

图 12-13　用例（1）构建的树

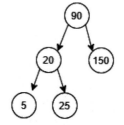

图 12-14　删除节点 50

上述用例（2）构建的树如图 12-15 所示。删除节点 150 之后，结果如图 12-16 所示。

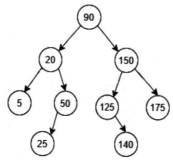

图 12-15　用例（2）构建的树

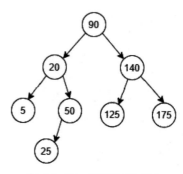

图 12-16　删除节点 150

上述用例（3）构建的树如图 12-17 所示。删除节点 5 之后，结果如图 12-18 所示。

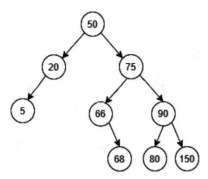

图 12-17　用例（3）构建的树

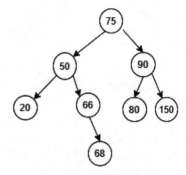

图 12-18　删除节点 5

执行上述用例，控制台输出结果如下：

```
current: 50, left: 20, right: 90
current: 20, left: 5, right: 25
current: 5, left: null, right: null
current: 25, left: null, right: null
current: 90, left: null, right: 150
current: 150, left: null, right: null
min node: 5
max node: 150

after removed 50

current: 90, left: 20, right: 150
current: 20, left: 5, right: 25
current: 5, left: null, right: null
current: 25, left: null, right: null
current: 150, left: null, right: null
current: 90, left: 20, right: 150
current: 20, left: 5, right: 50
current: 5, left: null, right: null
current: 50, left: 25, right: null
current: 25, left: null, right: null
current: 150, left: 125, right: 175
current: 125, left: null, right: 140
current: 140, left: null, right: null
current: 175, left: null, right: null
min node: 5
max node: 175

after removed 150

current: 90, left: 20, right: 140
current: 20, left: 5, right: 50
current: 5, left: null, right: null
```

```
current: 50, left: 25, right: null
current: 25, left: null, right: null
current: 140, left: 125, right: 175
current: 125, left: null, right: null
current: 175, left: null, right: null
current: 50, left: 20, right: 75
current: 20, left: 5, right: null
current: 5, left: null, right: null
current: 75, left: 66, right: 90
current: 66, left: null, right: 68
current: 68, left: null, right: null
current: 90, left: 80, right: 150
current: 80, left: null, right: null
current: 150, left: null, right: null
min node: 5
max node: 150

after removed 5

current: 75, left: 50, right: 90
current: 50, left: 20, right: 66
current: 20, left: null, right: null
current: 66, left: null, right: 68
current: 68, left: null, right: null
current: 90, left: 80, right: 150
current: 80, left: null, right: null
current: 150, left: null, right: null
[50, 20, 5, 25, 90, 150]
[5, 20, 25, 50, 90, 150]
[5, 25, 20, 150, 90, 50]
```

12.4 红黑树

红黑树是一种自平衡二叉查找树，是在计算机科学中用到的一种数据结构，其典型的用途是实现关联数组。红黑树于 1972 年由 Rudolf Bayer 发明，当时被称为平衡二叉 B 树（Symmetric Binary B-Trees）。后来，其于 1978 年被 Leo J. Guibas 和 Robert Sedgewick 修改为红黑树。

红黑树和 AVL 树类似，都是在进行插入和删除操作时通过特定操作保持二叉查找树的平衡，从而获得较高的查找性能。

红黑树虽然复杂，但它的最坏情况运行时间仍非常好，并且在实践中很高效：它可以在 $O(\log n)$ 时间内进行查找、插入和删除操作，这里的 n 是树中元素的数目。红黑树的统计性能要好于 AVL 树。

12.4.1　红黑树的描述

红黑树的定义如下。

（1）其节点要么是红色，要么是黑色。

（2）根节点是黑色的。

（3）每个叶子的节点都是黑色的空节点（用 NULL 或 NIL 表示）。

（4）红色节点的两个孩子是黑色的。

（5）从任意节点到其每个叶子的所有路径都包含相同的黑色节点。

其中，第（1）（4）（5）条保证了红黑树中任意一条路径都不比其他路径的 2 倍长，是近似平衡的。

根据第（4）条，每出现一个红节点，必然对应有一个黑色节点，而反过来不一定成立。所以，一条路径下黑节点个数≥红节点个数，红节点数为 0~ 黑节点个数。

根据第（1）条和第（5）条，任意一条路径上的所有节点要么红、要么黑，且黑的个数相同，可以推导出一条路径的长度≤另一条路径长度的 2 倍。

图 12-19 就是一棵典型的红黑树。

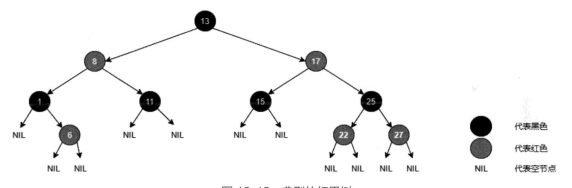

图 12-19　典型的红黑树

12.4.2　红黑树的用途

红黑树和 AVL 树一样，都对插入时间、删除时间和查找时间的最坏情况下，提供了最好的保证。这不只是使它们在时间敏感的应用如即时应用（Real Time Application）中有价值，而且使它们有在提供最坏情况担保的其他数据结构中作为建造板块的价值。例如，在计算几何中使用的很多数据结构都可以基于红黑树。

红黑树在函数式编程中也特别有用，在这里它们是常用的持久数据结构之一，用来构造关联数组和集合，在突变之后它们能保持为以前的版本。除了 $O(\log n)$ 的时间之外，红黑树的持久版本对每次插入或删除需要 $O(\log n)$ 的空间。

12.4.3　红黑树的常用操作

红黑树的前序遍历、中序遍历、后序遍历、查找最大值、查找最小值、输出等接口与二叉查找树基本一样，插入和删除操作在其基础上需要考虑树失衡的情况。为了保持平衡，需要对树进行调整，调整的方式有变色和旋转。

红黑树即使不牺牲太大的建立查找结构的代价，也能保证稳定高效的查找效率。其查找、插入、删除平均效率都为 $O(\log n)$。

12.4.4　变色

为了重新符合红黑树的规则，需要尝试把红色节点变为黑色节点，或者把黑色节点变为红色节点。

图 12-20 展示了红黑树的变色过程。注意，图 12-20 中节点 25 并非根节点，只是整棵红黑树的子树。因为节点 6 和节点 22 连续出现了红色，不符合规则 4，所以把节点 22 从红色变成黑色。

此时并没有结束，因为凭空多出的黑色节点打破了 12.4.1 节中的定义（5），所以发生连锁反应，需要继续把节点 25 从黑色变成红色，如图 12-21 所示。

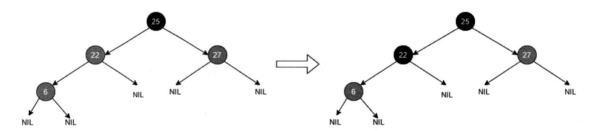

图 12-20　把节点 22 从红色变成黑色

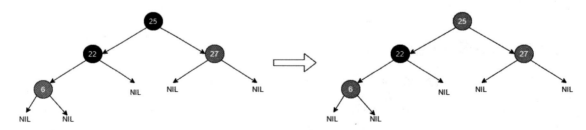

图 12-21　把节点 25 从黑色变成红色

此时仍然没有结束，因为节点 25 和节点 27 又形成了两个连续的红色节点，需要继续把节点 27 从红色变成黑色，如图 12-22 所示。

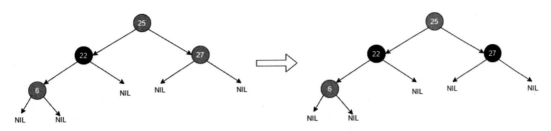

图 12-22 把节点 27 从红色变成黑色

12.4.5 左旋和右旋

红黑树的左旋和右旋与 AVL 树的左旋和右旋过程是一致的,这里以 JDK 中的 TreeMap 的源码作为例子进行介绍。

JDK 中的 TreeMap 中的左旋代码如下:

```java
// 左旋
private void rotateLeft(Entry<K,V> p) {
    if (p != null) {
        Entry<K,V> r = p.right;
        p.right = r.left;

        if (r.left != null)
            r.left.parent = p;

        r.parent = p.parent;

        if (p.parent == null)
            root = r;
        else if (p.parent.left == p)
            p.parent.left = r;
        else
            p.parent.right = r;

        r.left = p;
        p.parent = r;
    }
}
```

JDK 中的 TreeMap 中的右旋代码如下:

```java
// 右旋
private void rotateRight(Entry<K,V> p) {
    if (p != null) {
        Entry<K,V> l = p.left;
        p.left = l.right;

        if (l.right != null)
```

```
            l.right.parent = p;

        l.parent = p.parent;

        if (p.parent == null)
            root = l;
        else if (p.parent.right == p)
            p.parent.right = l;
        else
            p.parent.left = l;

        l.right = p;
        p.parent = l;
    }
}
```

12.4.6 插入节点

在红黑树中插入节点时，首先找到该节点要插入的位置，即一层一层比较，大的放右边，小的放左边，直到找到为 null 的节点放入即可。但是，如何在插入的过程保持红黑树的特性呢？主要分为以下几种情况。

（1）如果插入的为根节点，则直接把颜色改成黑色即可。

（2）如果插入节点的父节点是黑色节点，则不需要调整。这是因为插入的节点会初始化为红色节点，红色节点是不会影响树的平衡的。

（3）插入节点的祖父节点为 null，即插入节点的父节点是根节点，直接插入即可（因为根节点肯定是黑色）。

（4）插入节点的父节点和祖父节点都存在，并且其父节点是祖父节点的左节点，这种情况稍微麻烦一些，又分以下两种子情况。

①插入节点的叔叔节点是红色，则将父亲节点和叔叔节点都改成黑色，然后将祖父节点改成红色即可。

②插入节点的叔叔节点是黑色或不存在：

● 若插入节点是其父节点的右孩子，则将其父节点左旋。

● 若为左孩子，则将其父节点变成黑色节点，将其祖父节点变成红色节点，然后将其祖父节点右旋。

（5）插入节点的父节点和祖父节点都存在，并且其父节点是祖父节点的右节点，这种情况也分为以下两种子情况。

①插入节点的叔叔节点是红色，则将父亲节点和叔叔节点都改成黑色，然后将祖父节点改成红色即可。

②插入节点的叔叔节点是黑色或不存在：

- 若插入节点是其父节点的左孩子，则将其父节点右旋。

- 若为右孩子，则将其父节点变成黑色节点，将其祖父节点变成红色节点，然后将其祖父节点左旋。

重复进行上述操作，直到变成情况（1）或情况（2）时结束变换。

接下来看一个实际的例子，从无到有构建一棵红黑树，假设插入的顺序为 10，5，9，3，6，7，19，32，24，17。

（1）插入 10，为情况（1），直接改成黑色即可，如图 12-23 所示。

（2）插入 5，为情况（2），比 10 小，放到 10 的左孩子位置，如图 12-24 所示。

图 12-23　步骤（1）　　　　　　　　　　　图 12-24　步骤（2）

（3）插入 9，比 10 小，但是比 5 大，放到 5 的右孩子位置，如图 12-25 所示。此时为情况（4.2.1），左旋后变成了情况（4.2.2），如图 12-26 所示。

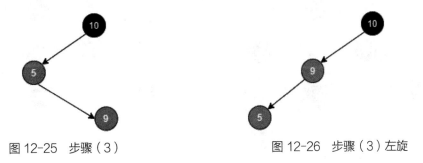

图 12-25　步骤（3）　　　　　　　　　　　图 12-26　步骤（3）左旋

先变色，如图 12-27 所示；再右旋即可，完成转化，如图 12-28 所示。

图 12-27　步骤（3）变色　　　　　　　　　图 12-28　步骤（3）右旋

（4）插入 3 后为情况（4.1），如图 12-29 所示。将父节点和叔叔节点同时变色即可，如图 12-30 所示。

343

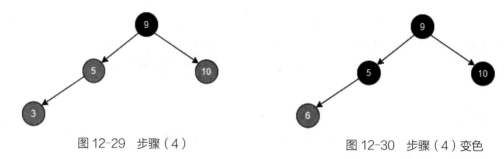

图 12-29　步骤（4）　　　　　　　　　　　图 12-30　步骤（4）变色

（5）插入 6 后不需要调整，如图 12-31 所示。

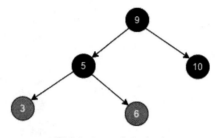

图 12-31　步骤（5）

（6）插入 7 后为情况（5.1），如图 12-32 所示。变色即可，如图 12-33 所示。

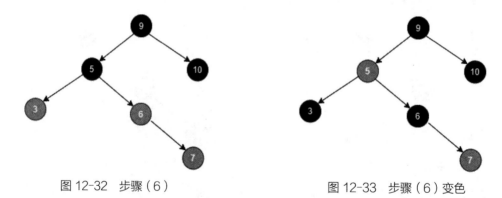

图 12-32　步骤（6）　　　　　　　　　　　图 12-33　步骤（6）变色

（7）插入 19 后不需要调整，如图 12-34 所示。

（8）插入 32，变成情况（5.2.2），如图 12-35 所示。

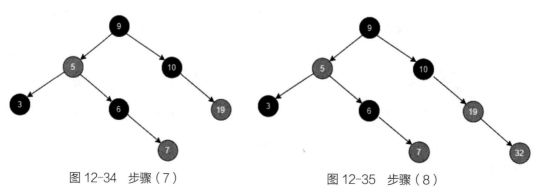

图 12-34　步骤（7）　　　　　　　　　　　图 12-35　步骤（8）

先左旋，如图 12-36 所示；再变色即可，如图 12-37 所示。

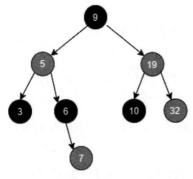

图 12-36 步骤（8）左旋

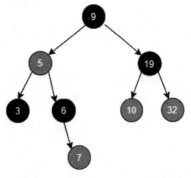

图 12-37 步骤（8）变色

（9）插入 24，变成情况（5.1），如图 12-38 所示。变色即可，如图 12-39 所示。

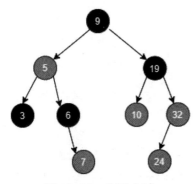

图 12-38 步骤（9）

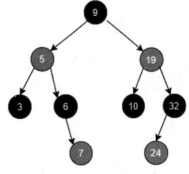

图 12-39 步骤（9）变色

（10）插入 17 后，无须调整，如图 12-40 所示。

12.4.7 删除节点

在红黑树中删除节点比插入节点要复杂。红黑树
是一棵特殊的二叉搜索树，所以进行删除操作时，其
实是先进行二叉搜索树的删除，然后进行调整。所以，
其实这里分为两部分内容，即二叉搜索树的删除及红
黑树的删除调整。

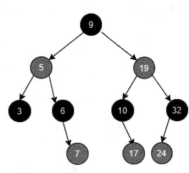

图 12-40 步骤（10）

二叉搜索树的删除主要有以下几种情景。

- 情景 1：待删除的节点无左右孩子。
- 情景 2：待删除的节点只有左孩子或右孩子。
- 情景 3：待删除的节点既有左孩子又有右孩子。

对于情景 1，直接删除即可。对于情景 2，则直接把该节点的父节点指向它的左孩子或右孩子

即可。情景 3 稍微复杂，需要先找到其右子树的最左孩子（或左子树的最右孩子），即左（右）子树中序遍历时的第一个节点，然后将其与待删除的节点互换，最后删除该节点（如果有右子树，则右子树上位）。总之，就是先找到它的替代者，找到之后替换这个要删除的节点，然后把该节点真正删除。

二叉搜索树的删除总体来说比较简单，删除之后如果替代者是红色节点，则不需要调整；如果是黑色节点，则会导致左子树和右子树路径中黑色节点数量不一致，需要进行红黑树的调整。与前面一样，替代节点为其父节点的左孩子与右孩子的情况类似，所以这里只介绍其为左孩子的情景。

1. 情景1

只有右孩子且为红色，直接用右孩子替换该节点后变成黑色即可，如图 12-41 所示。D 代表替代节点，即要被删除的节点。D 删除后，结果如图 12-42 所示。

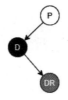

图 12-41　只有右孩子且为红色

图 12-42　删除节点 D

2. 情景2

只有右孩子且为黑色，那么删除该节点会导致父节点的左子树路径上黑色节点减 1，此时只能借助右子树，从右子树中借一个红色节点过来即可，具体取决于右子树的情况。这里又分成以下两种情景。

（1）兄弟节点是红色，则此时父节点是黑色，且兄弟节点肯定有两个孩子，兄弟节点的左右子树路径上均有两个黑色节点，如图 12-43 所示。此时只需将兄弟节点与父节点颜色互换即可，如图 12-44 所示。

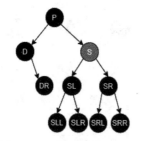

图 12-43　场景 2i

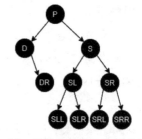

图 12-44　将兄弟节点与父节点颜色互换

将父节点左旋后，兄弟节点的左子树 SL 挂到了父节点 P 的右孩子位置，这时会导致 P 的右子树路径上的黑色节点比左子树多 1，如图 12-45 所示。此时再将 SL 置为红色即可，如图 12-46 所示。

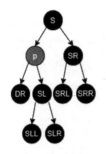
图 12-45　父节点左旋

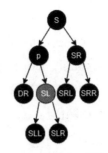
图 12-46　将 SL 置为红色

（2）兄弟节点是黑色，此处主要关注远侄子（兄弟节点的右孩子，即 SR）的颜色情况，这里分成以下两种情况。

① 远侄子 SR 是黑色，近侄子任意（没有颜色，则代表颜色可为任意颜色），如图 12-47 所示。先将 S 转为红色，如图 12-48 所示；然后右旋，如图 12-49 所示；再将 SL 换成 P 节点颜色，P 涂成黑色，S 也涂成黑色，再进行左旋即可，如图 12-50 所示。

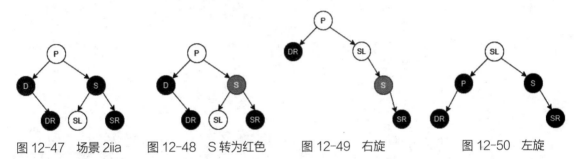

图 12-47　场景 2iia　　　图 12-48　S 转为红色　　　图 12-49　右旋　　　图 12-50　左旋

② 远侄子 SR 为红色，近侄子任意（该子树路径中有且仅有一个黑色节点），如图 12-51 所示。删除节点 D 后，先将兄弟节点 S 与父节点 P 颜色互换，如图 12-52 所示；再将 SR 涂成黑色，再将父节点左旋即可，如图 12-53 所示。

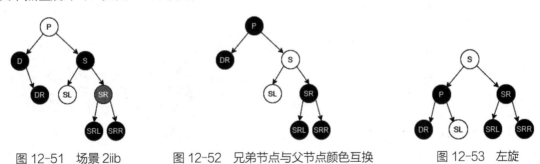

图 12-51　场景 2iib　　　图 12-52　兄弟节点与父节点颜色互换　　　图 12-53　左旋

12.4.8　JDK中的红黑树实现

Java 中的 TreeMap 底层也通过红黑树实现，这意味着 containsKey()、get()、put() 和 remove() 的时间复杂度都为 $O(\log n)$。

1. 插入节点

put(K key, V value) 方法是将指定的（key, value）对添加到 map 里。该方法首先会对 map 做一次查找，看是否包含该元组，如果已经包含则直接返回，其查找过程类似于 getEntry() 方法；如果没有找到，则会在红黑树中插入新的 entry，如果插入之后破坏了红黑树的约束，还需要进行调整（旋转，改变某些节点的颜色）。

该方法代码如下：

```java
public V put(K key, V value) {

    ......

    int cmp;

    Entry<K,V> parent;

    if (key == null)
        throw new NullPointerException();

    Comparable<? super K> k = (Comparable<? super K>) key;// 使用元素的自然顺序

    do {
        parent = t;
        cmp = k.compareTo(t.key);
        if (cmp < 0) t = t.left;// 向左找
        else if (cmp > 0) t = t.right;// 向右找
        else return t.setValue(value);
    } while (t != null);

    Entry<K,V> e = new Entry<>(key, value, parent);// 创建并插入新的 entry

    if (cmp < 0) parent.left = e;
    else parent.right = e;
    fixAfterInsertion(e);// 调整
    size++;

    return null;
}
```

上述代码的插入部分并不难理解。首先在红黑树上找到合适的位置，然后创建新的 entry 并插入（当然，新插入的节点一定是树的叶子）。其难点是调整函数 fixAfterInsertion()，前面已经说过，调整往往需要：

（1）改变某些节点的颜色。

（2）对某些节点进行旋转。

调整函数 fixAfterInsertion() 的具体代码如下。

```
// 红黑树调整函数
private void fixAfterInsertion(Entry<K,V> x) {

    x.color = RED;

    while (x != null && x != root && x.parent.color == RED) {

        if (parentOf(x) == leftOf(parentOf(parentOf(x)))) {
            Entry<K,V> y = rightOf(parentOf(parentOf(x)));

            if (colorOf(y) == RED) {// 如果 y 为 null，则视为 BLACK
                setColor(parentOf(x), BLACK);               // 情况 1
                setColor(y, BLACK);                         // 情况 1
                setColor(parentOf(parentOf(x)), RED);       // 情况 1
                x = parentOf(parentOf(x));                  // 情况 1
            } else {
                if (x == rightOf(parentOf(x))) {
                    x = parentOf(x);                        // 情况 2
                    rotateLeft(x);                          // 情况 2
                }

                setColor(parentOf(x), BLACK);               // 情况 3
                setColor(parentOf(parentOf(x)), RED);       // 情况 3
                rotateRight(parentOf(parentOf(x)));         // 情况 3
            }
        } else {
            Entry<K,V> y = leftOf(parentOf(parentOf(x)));

            if (colorOf(y) == RED) {
                setColor(parentOf(x), BLACK);               // 情况 4
                setColor(y, BLACK);                         // 情况 4
                setColor(parentOf(parentOf(x)), RED);       // 情况 4
                x = parentOf(parentOf(x));                  // 情况 4
            } else {
                if (x == leftOf(parentOf(x))) {
                    x = parentOf(x);                        // 情况 5
                    rotateRight(x);                         // 情况 5
                }

                setColor(parentOf(x), BLACK);               // 情况 6
                setColor(parentOf(parentOf(x)), RED);       // 情况 6
                rotateLeft(parentOf(parentOf(x)));          // 情况 6
            }
        }
    }

    root.color = BLACK;
}
```

2. 删除节点

remove(Object key) 的作用是删除 key 值对应的 entry，该方法首先通过 getEntry(Object key) 方法找到 key 值对应的 entry，然后调用 deleteEntry(Entry<K,V> entry) 删除对应的 entry。由于删除操作会改变红黑树的结构，有可能破坏红黑树的约束条件，因此有可能要进行调整。

这里重点放在 deleteEntry() 上，该函数删除指定的 entry 并在红黑树的约束被破坏时调用 fixAfterDeletion(Entry<K,V> x) 进行调整。

由于红黑树是一棵增强版的二叉查找树，因此红黑树的删除操作与普通二叉查找树的删除操作非常相似，唯一的区别是红黑树在节点删除之后可能需要进行调整。现在考虑一棵普通二叉查找树的删除过程，可以简单分为以下两种情况。

（1）删除点 p 的左右子树都为空，或者只有一棵子树非空。

（2）删除点 p 的左右子树都非空。

情况（1）处理起来比较简单，直接将 p 删除（左右子树都为空时），或者用非空子树替代 p（只有一棵子树非空时）即可；对于情况（2），可以用 p 的后继 s（树中大于 x 的最小的那个元素）代替 p，然后使用情况（1）删除 s 此时 s 一定满足情况（1）。

基于以上逻辑，红黑树的节点删除函数 deleteEntry() 代码如下：

```
// 红黑树 entry 删除函数
private void deleteEntry(Entry<K,V> p) {
    modCount++;
    size--;

    if (p.left != null && p.right != null) {// 删除点 p 的左右子树都非空
        Entry<K,V> s = successor(p);// 后继
        p.key = s.key;
        p.value = s.value;
        p = s;
    }

    Entry<K,V> replacement = (p.left != null ? p.left : p.right);

    if (replacement != null) {// 删除点 p 只有一棵子树非空
        replacement.parent = p.parent;
        if (p.parent == null)
            root = replacement;
        else if (p == p.parent.left)
            p.parent.left  = replacement;
        else
            p.parent.right = replacement;

        p.left = p.right = p.parent = null;

        if (p.color == BLACK)
            fixAfterDeletion(replacement);// 调整
```

```
    } else if (p.parent == null) {
        root = null;
    } else { // 删除点 p 的左右子树都为空
        if (p.color == BLACK)
            fixAfterDeletion(p);// 调整
        if (p.parent != null) {
            if (p == p.parent.left)
                p.parent.left = null;
            else if (p == p.parent.right)
                p.parent.right = null;
            p.parent = null;
        }
    }
}
```

上述代码中占据大量代内容的，是用来修改父子节点间引用关系的代码，其逻辑并不难理解。下面着重讲解删除后调整函数 fixAfterDeletion()。首先思考一个问题，删除了哪些点才会导致调整？只有删除点是 BLACK 时，才会触发调整函数，因为删除 RED 节点不会破坏红黑树的任何约束，而删除 BLACK 节点会破坏 12.4.1 节中的定义（4）。

与 fixAfterInsertion() 函数一样，这里也要分成若干种情况。记住，无论有多少种情况，其具体的调整操作只有两种：①改变某些节点的颜色；②对某些节点进行旋转。

删除后调整函数 fixAfterDeletion() 的具体代码如下，其中用到了 rotateLeft() 和 rotateRight() 函数。通过代码可以看到，情况 3 其实是在情况 4 内的。情况 5~ 情况 8 与前四种情况对称，因此图解中并没有画出后四种情况，读者可以参考代码自行理解。

```
private void fixAfterDeletion(Entry<K,V> x) {
    while (x != root && colorOf(x) == BLACK) {
        if (x == leftOf(parentOf(x))) {
            Entry<K,V> sib = rightOf(parentOf(x));

            if (colorOf(sib) == RED) {
                setColor(sib, BLACK);                    // 情况 1
                setColor(parentOf(x), RED);              // 情况 1
                rotateLeft(parentOf(x));                 // 情况 1

                sib = rightOf(parentOf(x));              // 情况 1
            }

            if (colorOf(leftOf(sib))  == BLACK &&
                colorOf(rightOf(sib)) == BLACK) {
                setColor(sib, RED);                      // 情况 2
                x = parentOf(x);                         // 情况 2
            } else {
                if (colorOf(rightOf(sib)) == BLACK) {
                    setColor(leftOf(sib), BLACK);        // 情况 3
                    setColor(sib, RED);                  // 情况 3
```

```
                rotateRight(sib);                          // 情况 3
                sib = rightOf(parentOf(x));                // 情况 3
            }

            setColor(sib, colorOf(parentOf(x)));           // 情况 4
            setColor(parentOf(x), BLACK);                  // 情况 4
            setColor(rightOf(sib), BLACK);                 // 情况 4
            rotateLeft(parentOf(x));                       // 情况 4

            x = root;                                      // 情况 4
        }
    } else {  // 跟前四种情况对称

        Entry<K,V> sib = leftOf(parentOf(x));

        if (colorOf(sib) == RED) {
            setColor(sib, BLACK);                          // 情况 5
            setColor(parentOf(x), RED);                    // 情况 5
            rotateRight(parentOf(x));                      // 情况 5
            sib = leftOf(parentOf(x));                     // 情况 5
        }

        if (colorOf(rightOf(sib)) == BLACK &&
            colorOf(leftOf(sib)) == BLACK) {
            setColor(sib, RED);                            // 情况 6
            x = parentOf(x);                               // 情况 6
        } else {
            if (colorOf(leftOf(sib)) == BLACK) {
                setColor(rightOf(sib), BLACK);             // 情况 7
                setColor(sib, RED);                        // 情况 7
                rotateLeft(sib);                           // 情况 7
                sib = leftOf(parentOf(x));                 // 情况 7

            }

            setColor(sib, colorOf(parentOf(x)));           // 情况 8
            setColor(parentOf(x), BLACK);                  // 情况 8
            setColor(leftOf(sib), BLACK);                  // 情况 8
            rotateRight(parentOf(x));                      // 情况 8

            x = root;                                      // 情况 8
        }
    }
}

setColor(x, BLACK);

}
```

12.5 B树

B 树是一种树状数据结构，它能够存储数据，对其进行排序，并允许以 $O(logn)$ 的时间复杂度进行查找、顺序读取、插入和删除操作。概括来说，B 树就是一个节点可以拥有多于两个子节点的二叉查找树。与自平衡二叉查找树不同，B 树能为系统优化大块数据的读和写操作。B 树算法减少了定位记录时经历的中间过程，从而加快了存取速度。

B 树普遍运用在数据库和文件系统中，如著名的 NoSQL 数据库 MongoDB 采用的就是 B 树。

12.5.1　为什么需要B树

前面章节介绍的二叉查找树、AVL 树、红黑树都是典型的二叉查找树结构，其查找时间复杂度 $O(logn)$ 与树的深度相关，因此降低树的深度自然会提高查找效率。

但是有这样一个实际问题：就是大规模数据存储中，实现索引查询时，树节点存储的元素数量是有限的（如果元素数量非常多，查找就退化成节点内部的线性查找），这样导致二叉查找树结构由于树的深度过大而造成磁盘读 / 写过于频繁，进而导致查询效率低下。那么如何减少树的深度？一个基本的想法就是采用多叉树结构（由于树节点元素数量是有限的，因此，该节点的子树数量也是有限的）。

也就是说，因为磁盘的操作费时费资源，如果过于频繁地多次查找势必效率低下。因为磁盘查找存取的次数往往由树的高度决定，所以只能通过某种较好的结构来降低树的复杂度，这样就提出了一个新的查找树结构 —— 多路查找树。

受平衡二叉树的启发，自然就想到平衡多路查找树结构，即 B 树。

12.5.2　B树的概念

B 树于 1970 年由 Rudolf Bayer 和 Edward M. McCreight 在论文 *Organization and Maintenance of Large Ordered Indices* 中首次提出。

B 树是为了磁盘或其他存储设备而设计的一种多叉平衡查找树。B 树与红黑树最大的不同在于 B 树的节点可以有许多子女，从几个到几千个。那为什么又说 B 树与红黑树很相似呢？这是因为与红黑树一样，一棵含 n 个节点的 B 树的高度也为 $O(logn)$，但可能比一棵红黑树的高度小许多，因为它的分支因子比较大。所以，B 树可以在 $O(logn)$ 时间内实现各种如插入、删除等动态集合操作。

B 树是一种平衡多路查找树，一棵 m 阶 ($m \geq 2$ 为给定数) B 树满足以下条件。

（1）每个节点最多有 m 棵子树。

（2）根节点若不是叶子节点，则至少有 2 棵子树。

（3）除根和叶子节点外的所有节点至少有 ceil(m / 2) 棵子树。

（4）非叶子节点若有 j 个子树，则它包含 $j-1$ 个关键字（$j \leqslant m$）。

（5）每个非叶子节点中包含 n 个关键字信息，即 $(n, P_0, K_1, P_1, K_2, P_2, \cdots, K_n, P_n)$，其中：

① K_i ($i=1, \cdots, n$) 为关键字，按顺序升序排序 $K_{i-1} < K_i$。

② P_i 为子树根节点的指针，且 P_{i-1} 指向子树种所有节点的关键字均小于 K_i，但都大于 K_{i-1}。

③关键字个数 n 需满足 $[\text{ceil}(m/2)-1] \leqslant n \leqslant m-1$。

（6）所有叶子节点都在同一层，无任何信息。

12.5.3　B树的查找操作

1. 基本过程

B 树的查找操作的基本过程如下。

（1）从根节点开始。

（2）对节点内的关键字（有序）序列进行二分查找，如果命中则结束，否则进入查询关键字所属范围的子节点。

（3）重复第（2）步，直到所属范围的子节点指针为空，或是叶子节点。

2. 特性

B 树的查找操作的基本特性如下。

（1）任何一个关键字出现且只出现在一个节点中。

（2）搜索有可能在非叶子节点结束。

（3）其搜索性能等价于在关键字全集内做一次二分查找。

12.5.4　B树的插入操作

B 树的插入操作的基本过程如下。

（1）搜索确定关键字所属范围节点。

（2）如果节点关键字个数小于 $m-1$，则直接插入（重复则返回）。

（3）如果节点关键字为 $m-1$，则需要"分裂"。以中间关键字为界，将节点一分为二，产生一个新节点，并把中间关键字插入父节点中。

（4）重复第（2）步，最坏的情况是一直裂解到根节点，建立一个新的根节点，整棵树增加一层。

12.5.5　B树的插入示例

插入一个元素时，首先检查该元素在 B 树中是否存在，如果不存在，即在叶子节点处结束，则在叶子节点中插入该新元素。

注意：如果叶子节点空间足够，则需要向右移动该叶子节点中大于新插入关键字的元素；如果空间已满，以致没有足够的空间添加新的元素，则将该节点进行"分裂"，将一半数量的关键字元素分裂到新的其相邻右节点中，中间关键字元素上移到父节点中（当然，如果父节点空间已满，也同样需要进行"分裂"操作）。另外，当节点中关键元素向右移动后，相关的指针也需要向右移。如果在根节点插入新元素，空间已满，则进行"分裂"操作，这样原来的根节点中的中间关键字元素向上移动到新的根节点中，因此导致树的高度增加一层。

下面通过一个实例来逐步讲解。假设插入以下字符到一棵空的 B 树中：C N G A H E K Q M F W L T Z D P R X Y S。假设非根节点关键字数小于 2 个就合并，超过 4 个就分裂。

（1）节点空间足够，将四个字母插入相同的节点中，如图 12-54 所示。

（2）当试着插入 H 时，发现节点空间不够，以致将其分裂成 2 个节点，移动中间元素 G 上移到新的根节点中。在实现过程中，把 A 和 C 留在当前节点中，而 H 和 N 放置在新的其右邻居节点中，如图 12-55 所示。

图 12-54　步骤（1）

（3）当插入 E、K、Q 时，不需要任何分裂操作，如图 12-56 所示。

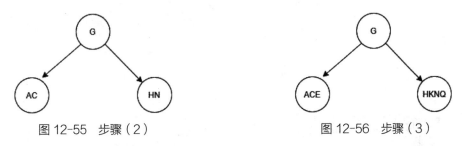

图 12-55　步骤（2）　　　　　　　　图 12-56　步骤（3）

（4）插入 M 需要一次分裂。注意，M 恰好是中间关键字元素，以致向上移到父节点中，如图 12-57 所示。

（5）插入 F、W、L、T 不需要任何分裂操作，如图 12-58 所示。

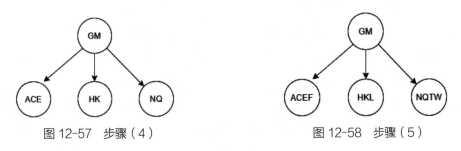

图 12-57　步骤（4）　　　　　　　　图 12-58　步骤（5）

（6）插入 Z 时，最右的叶子节点空间已满，需要进行分裂操作，中间元素 T 上移到父节点中。注意，通过上移中间元素，树最终仍保持平衡，分裂结果的节点存在两个关键字元素，如图 12-59 所示。

（7）插入 D 时，导致最左边的叶子节点被分裂，D 恰好也是中间元素，上移到父节点中。字母 P、R、X、Y 陆续插入，不需要任何分裂操作（树中至多有 5 个孩子），如图 12-60 所示。

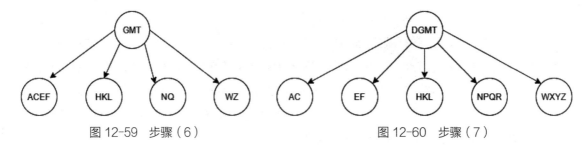

图 12-59　步骤（6）　　　　　　　　　　图 12-60　步骤（7）

（8）当插入 S 时，含有 N、P、Q、R 的节点需要分裂，把中间元素 Q 上移到父节点中，如图 12-61 所示。但是，此时父节点中空间已经满了，所以也要进行分裂，将父节点中的中间元素 M 上移到新形成的根节点中。注意，以前在父节点中的第三个指针在修改后包括在 D 和 G 节点中。

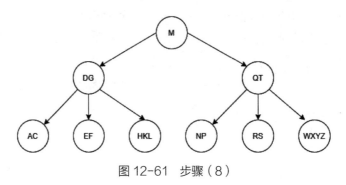

图 12-61　步骤（8）

12.5.6　B树的删除示例

首先查找 B 树中需删除的元素，如果该元素在 B 树中存在，则将该元素在其节点中进行删除。删除该元素后，首先判断该元素是否有左右孩子节点，如果有，则上移孩子节点中的某相近元素（左孩子最右边的节点或右孩子最左边的节点）到父节点中，然后是移动之后的情况；如果没有，则直接删除，然后是移动之后的情况。

删除元素，移动相应元素之后，如果某节点中元素数目（关键字数）小于 ceil(m/2)-1，则需要看其某相邻兄弟节点是否丰满（节点中元素个数大于 ceil(m/2)-1）。如果丰满，则向父节点借一个元素来满足条件；如果其相邻兄弟都刚"脱贫"，即借了之后其节点数目小于 ceil(m/2)-1，则该节点与其相邻的某一兄弟节点"合并"成一个节点，以此来满足条件。下面实例来详细介绍。

以上述插入操作构造的是一棵 5 阶 B 树（树中最多含有 m（$m=5$）个孩子。因此关键字数最小为 ceil(m / 2)-1=2。关键字数小了（小于 2 个）就合并，大了（超过 4 个）就分裂），顺着该思想，依次删除 H、T、R、E。

（1）删除 H。查找 H，发现 H 在一个叶子节点中，且该叶子节点元素数目 3 大于最小元素数目 ceil(m/2)-1=2，则操作很简单，只需要移动 K 至原来 H 的位置，移动 L 至 K 的位置（节点中删除元素后面的元素向前移动）即可，如图 12-62 所示。

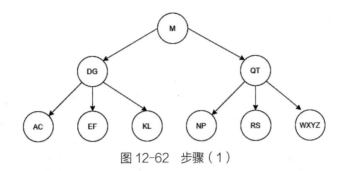

图 12-62　步骤（1）

（2）删除 T。T 没有在叶子节点中，而是在中间节点中，将其继承者 W（字母升序的下一个元素）上移到 T 的位置，然后将原包含 W 的孩子节点中的 W 进行删除。删除 W 后，该孩子节点中元素个数大于 2，无须进行合并操作，如图 12-63 所示。

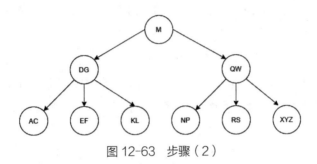

图 12-63　步骤（2）

（3）删除 R。R 在叶子节点中，但是该节点中元素数目为 2，删除后将只有 1 个元素，小于最小元素数目 ceil(5/2)-1=2。由前面内容可知，如果其某个相邻兄弟节点中比较丰满（元素个数大于 ceil(5/2)-1=2），则可以向父节点借一个元素，然后将最丰满的相邻兄弟节点中上移最后或最前一个元素到父节点中。在该实例中，右相邻兄弟节点中比较丰满（3 个元素，大于 2），所以先向父节点借一个元素 W 下移到该叶子节点中，代替原来 S 的位置，S 前移；然后 X 在相邻右兄弟节点中，上移到父节点中；最后在相邻右兄弟节点中删除 X，后面元素前移，如图 12-64 所示。

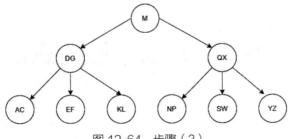

图 12-64　步骤（3）

（4）删除 E。删除 E 后会导致很多问题，因为 E 所在的节点数目刚好达标，满足最小元素个数（ceil(5/2)-1=2），而相邻的兄弟节点也是同样的情况，删除一个元素都不能满足条件，所以需要该节点与某相邻兄弟节点进行合并操作。首先将父节点中的元素（该元素在两个需要合并的节点元素之间）下移到其子节点中，然后将这两个节点合并成一个节点。所以在该实例中，首先将父节点中的元素 D 下移到已经删除 E 而只有 F 的节点中，然后将含有 D 和 F 的节点和含有 A、C 的相邻兄弟节点合并成一个节点，如图 12-65 所示。

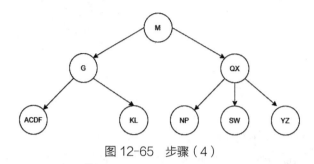

图 12-65　步骤（4）

（5）此时，父节点只包含一个元素 G，没有达标（因为非根节点包括叶子节点的关键字数 n 必须满足 $2 \leqslant n \leqslant 4$，而此处的 $n=1$），这是不允许的。如果该问题节点的相邻兄弟比较丰满，则可以向父节点借一个元素。假设这时右兄弟节点（含有 Q、X）有一个以上的元素（Q 右边还有元素），则将 M 下移到元素很少的子节点中，将 Q 上移到 M 的位置，这时 Q 的左子树将变成 M 的右子树，即含有 N、P 节点被依附在 M 的右指针上。所以，在该实例中无法借一个元素，只能与兄弟节点合并成一个节点，而根节点中的唯一元素 M 下移到子节点，这样，树的高度减少一层，如图 12-66 所示。

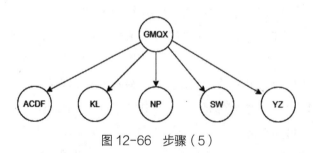

图 12-66　步骤（5）

12.6 B+树

B+ 树是一种树数据结构，是一个 n 叉树，每个节点通常有多个孩子，如图 12-67 所示。一棵 B+ 树包含根节点、内部节点和叶子节点。根节点可能是一个叶子节点，也可能是一个包含两个或两个以上孩子节点的节点。B+ 树通常用于数据库和操作系统的文件系统中。例如，NTFS、ReiserFS、NSS、XFS、JFS、ReFS 和 BFS 等文件系统都使用 B+ 树作为元数据索引；关系数据库，如 PostgreSQL 和 MySQL 也使用该树形结构来索引表格。B+ 树的特点是能够保持数据稳定有序，其插入与修改拥有较稳定的对数时间复杂度。B+ 树元素自底向上插入。

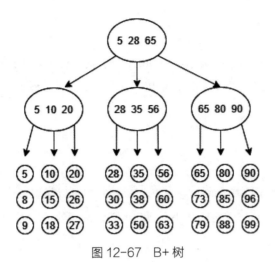

图 12-67　B+ 树

12.6.1　B+树的概念

B+ 树是应文件系统所需而设计的一种 B 树的变型树。一棵 m 阶的 B+ 树和 m 阶的 B 树的差异如下。

（1）有 n 棵子树的节点中含有 n 个关键字，每个关键字不保存数据，只用来索引，所有数据都保存在叶子节点中。

（2）所有叶子节点中包含全部关键字的信息及指向含这些关键字记录的指针，且叶子节点本身依关键字的大小自小而大顺序链接。

（3）所有的非终端节点可以看成索引部分，节点中仅含其子树（根节点）中的最大（或最小）关键字。通常在 B+ 树上有两个头指针，一个指向根节点，一个指向关键字最小的叶子节点。

12.6.2　B+树与B树的区别

一棵 m 阶的 B+ 树和 m 阶的 B 树的异同点如下。

（1）所有的叶子节点中包含全部关键字的信息及指向含有这些关键字记录的指针，且叶子节点本身依关键字的大小自小而大的顺序链接（B 树的叶子节点并没有包括全部需要查找的信息）。

（2）所有的非终端节点可以看成索引部分，节点中仅含有其子树根节点中最大（或最小）关键字（B 树的非终端节点也包含需要查找的有效信息）。

12.6.3　查询算法

B+ 树的查找和 B 树一样，类似于二叉查找树。其起始于根节点，自顶向下遍历树。

12.6.4　插入算法

B+ 树的插入与 B 树的插入过程类似，不同的是 B+ 树在叶节点上进行，如果叶节点中的关键码个数超过 *m*，就必须分裂成关键码数目大致相同的两个节点，并保证上层节点中有这两个节点的最大关键码。

12.6.5　删除算法

B+ 树中的关键码在叶节点层删除后，其在上层的复本可以保留，作为一个"分解关键码"存在。如果因为删除而造成节点中关键码数小于 ceil(*m*/2)，则其处理过程与 B 树的处理一样。

12.7 总结

本章学习了平衡查找树，包括 AVL 树、红黑树、B 树、B+ 树等。不管是平均还是最坏情况下，平衡查找树的时间复杂度均是 $O(\log n)$。

同时，本章通过代码的方式演示了如何用链表实现 AVL 树。

12.8 习题

1. 为什么需要平衡查找树？
2. 列举平衡查找树种类并简述其特点。

第13章

图

本章介绍图。相比线性结构和树结构而言，图是一种更为复杂的数据结构。

本章主要讨论图在计算机中的表示，以及使用图解决一些实际问题的算法实现。

13.1 基本概念及应用场景

图（Graph）是一种较线性结构和树结构更为复杂的数据结构。在图结构中，数据元素之间的关系可以是任意的，图中任意两个数据元素之间都可能相关。因此，图的应用也极为广泛，在诸如系统工程、控制论、人工智能、计算机网络等许多领域中，都将图作为解决问题的数学手段之一。

13.1.1 图的概念

图是一种网状数据结构，其由非空的顶点集合和一个描述顶点之间关系的集合组成。其形式化的定义如下：

```
Graph = ( V , E )

V = {x|  x∈某个数据对象 }

E = {<u , v>| P(u , v) ∧ (u,v ∈ V) }
```

其中，V 是具有相同特性的数据元素的集合，V 中的数据元素通常称为顶点（Vertex），E 是两个顶点之间关系的集合；$P(u, v)$ 表示 u 和 v 之间有特定的关联属性。

若 $<u, v> \in E$，则 $<u, v>$ 表示从顶点 u 到顶点 v 的一条弧，并称 u 为弧尾或起始点，称 v 为弧头或终止点。此时图中的顶点之间的连线是有方向的，这样的图称为有向图（Directed Graph）。

若 $<u, v> \in E$，则必有 $<v, u> \in E$，即关系 E 是对称的，此时可以使用一个无序对 (u, v) 来代替两个有序对，它表示顶点 u 和顶点 v 之间的一条边。此时图中顶点之间的连线是没有方向的，这种图称为无向图（Undirected Graph）。

在无向图和有向图中，V 中的元素都称为顶点，而顶点之间的关系却有不同的称谓，即弧或边（Edge），本章中有些内容既涉及无向图，也涉及有向图。因此，在描述图中顶点之间的关系时，分别称其为弧或边较为麻烦，故统一将它们称为边，并且还约定顶点集与边集都是有限的，并记顶点与边的数量为 $|V|$ 和 $|E|$。

通过图的以上形式化定义，可以得知本章讨论的"图"并非通常所指的图形、图像或数学上的函数图，而是一类数据结构。

图 13-1 分别给出了无向图和有向图的示例。

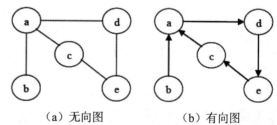

（a）无向图　　　　　　（b）有向图

图 13-1　无向图和有向图

1. 简单图

图中所有的边不一定构成一个集合，准确地说它们构成一个复集 —— 允许出现重复元素的集合。例如，在某对定点之间有多条无向边就属于这种情况，此时的图也可以含有实际意义，如用顶点表示城市，用边表示城市之间的航线，则有可能在一对城市之间存在多条航线。另外，在图中还有一种特殊情况，即某条边的两个顶点是同一个顶点。

不过，以上特殊情况并不多见。不含上述特殊边的图称为简单图。对简单图而言，图中所有的边自然构成一个集合，并且每条边的两个顶点均不相同。本章中讨论的图均是简单图。

2. 邻接点

对于无向图 $G = (V, E)$，如果边 $(u, v) \in E$，则称顶点 u 与顶点 v 互为邻接点。边 (u, v) 依附于顶点 u 和 v，或者说边 (u, v) 与顶点 u 和 v 相关联。

对于有向图 $G = (V, E)$，如果边 $<u, v> \in E$，则称顶点 u 邻接到顶点 v，顶点 v 邻接自顶点 u，或称 v 为 u 的邻接点，u 为 v 的逆邻接点。同样，称边 $<u, v>$ 与顶点 u 和 v 相关联。从顶点 u 出发的边也称为 u 的出边或邻接边，而指向顶点 u 的边也称为 u 的入边或逆邻接边。

3. 顶点的度、入度、出度

顶点的度（Degree）是指依附于某顶点 v 的边数，通常记为 $\mathrm{TD}(v)$。

在有向图中，要区别顶点的入度与出度的概念。顶点 v 的入度（In Degree）是指以顶点为终点的边的数目，记为 $\mathrm{ID}(v)$；顶点 v 出度（Out Degree）是指以顶点 v 为起始点的边的数目，记为 $\mathrm{OD}(v)$。对于有向图，有 $\mathrm{TD}(v) = \mathrm{ID}(v) + \mathrm{OD}(v)$。在无向图中，每条边都可以看成出边，也可以看成入边，此时 $\mathrm{TD}(v) = \mathrm{ID}(v) = \mathrm{OD}(v)$。

例如，在图 13-1（a）所示的无向图中：

```
TD(a) = 3
TD(c) = TD(d) = TD(e) = 2
TD(b) = 1
```

在图 13-1（b）所示的有向图中：

```
ID(a) = 2
ID(c) = ID(d) = ID(e) = 1
ID(b) = 0
OD(a) = OD(b)= OD(c) = OD(d) = OD(e) = 1
TD(a) = 3
TD(c) = TD(d) = TD(e) = 2
TD(b) = 1
```

4. 完全图 、稠密图、稀疏图

假设图中顶点个数为 n，边数为 m。在无向图中，当每个顶点都与其余 $n-1$ 个顶点邻接时，图的边数达到最大，此时图中每两个顶点之间都存在一条无向边，边数 m 为 n 个顶点任意取出两个的组合数，即 $m = n(n-1)/2$。同样，在有向图中，当每个顶点都有 $n-1$ 条出边并有 $n-1$ 条入边时，图中边数达到最大，此时图中每两个顶点之间都存在方向不同的两条边，边数 e 为在 n 个顶点中任意取出两个并进行排列的排列组合数，即 $m = n(n-1)$。

因此，假设在图 $G = (V, E)$ 中有 n 个顶点和 m 条边，则：

（1）若 G 是无向图，则有 $0 \leqslant m \leqslant n(n-1)/2$。

（2）若 G 是有向图，则有 $0 \leqslant m \leqslant n(n-1)$。

由于图中边数与顶点数并非线性关系，因此在对有关图的算法时间复杂度、空间复杂度进行分析时，往往以图中的顶点数和边数作为问题的规模。

有 $n(n-1)/2$ 条边的无向图称为无向完全图，有 $n(n-1)$ 条边的有向图称为有向完全图。有很少边（如 $m < n\log n$）的图称为稀疏图，反之边较多的图称为稠密图。

5. 子图

设图 $G = (V, E)$ 和图 $G' = (V', E')$。

如果 $V' \subseteq V$ 且 $E' \subseteq E$，则称 G' 是 G 的一个子图（Subgraph）。以图 13-2（a）为例，若 $V' = \{a, b, c, d\}$ 且 $E' = \{(a, b), (a, c), (a, d)\}$，则 $G' = (V', E')$ 就是图 G 的子图。

如果 $V' = V$ 且 $E' \subseteq E$，则称 G' 是 G 的一个生成子图（Spanning Subgraph）。图 13-2（b）和图 13-2（c）所示为子图与生成子图的示例。

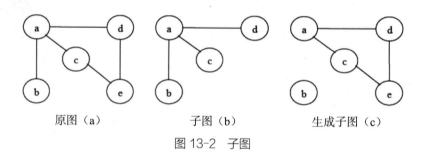

原图（a）　　　　　　子图（b）　　　　　　生成子图（c）

图 13-2　子图

6. 路径、环路及可达分量

图中的一条通路或路径（Path），就是由 $m+1$ 个顶点与 m 条边交替构成的一个序列 $\rho = \{v_0, e_1, v_1, e_2, v_2, \cdots, e_m, v_m\}$，$m \geqslant 0$，且 $e_i = (v_{i-1}, v_i)$，$1 \leqslant i \leqslant m$。路径上边的数目称为路径长度，计作 $|\rho|$。

长度 $|\rho| \geqslant 1$ 的路径，若路径的第一个顶点与最后一个顶点相同，则称之为环路或环 (Cycle)。如果组成路径 ρ 的所有顶点各不相同，则称之为简单路径（Simple Path）；如果在组成环的所有顶点中，除首尾顶点外均各不相同，则称该环为简单环路（Simple Cycle）。如果组成路径 ρ 的所有边都是有向边，且 e_i 均是从 v_{i-1} 指向 v_i，$1 \leqslant i \leqslant m$，则称 ρ 为有向路径。同样，可以定义有向环路。

在描述简单图的路径或环路时，只需要依次给出组成路径或环路的各个顶点即可，而不必再给出具体的边。例如，在图 13-2（c）中，$\{a, d, e, c\}$ 是一条简单有向通路，而 $\{d, e, c, a, d\}$ 是一条简单有向环路。

在有向图 G 中，若从顶点 s 到顶点 v 有一条通路，则称 v 是从 s 可达的。对于顶点 s，从 s 可达的所有顶点组成的集合称为 s 在 G 中对应的可达分量。例如，在图 13-1（b）中，顶点 a 的可达分量为顶点集 $\{b, c\}$。

7. 连通性与连通分量

在无向图中，如果从一个顶点 v_i 到另一个顶点 $v_j(i \neq j)$ 有路径，则称顶点 v_i 和 v_j 是连通的。如果图中任意两顶点 v_i、$v_j \in V$，v_i 和 v_j 都是连通的，则称该图是连通图（Connected Graph）。例如，图 13-2（a）中的图是连通图；而图 13-2（c）中的图是非连通图，但该图有两个连通分量（Connected Component）。连通分量是指无向图的极大连通子图。显然，任何连通图的连通分量只有一个，即本身；而非连通图有多个连通分量，各个连通分量之间是分离的，没有任何边相连。

在有向图中，若图中任意一对顶点 v_i 和 $v_j(i \neq j)$ 均有一条从顶点 v_i 到另一个顶点 v_j 的路径，也有从 v_j 到 v_i 的路径，则称该有向图是强连通图。有向图的极大强连通子图称为强连通分量。

显然，任何强连通图的强连通分量只有一个，即本身；而非强连通图有多个强连通分量，各个强连通分量内部的任意顶点之间是互通的，在各个强连通分量之间可能有边，也可能没有边。例如，图 13-3（a）中的图是非强连通图，它有两个强连通分量，如图 13-3（b）所示；如果在图 13-3（a）的图中添加一条有向边 <b , e>，则可以得到一个强连通图，如图 13-3（c）所示。

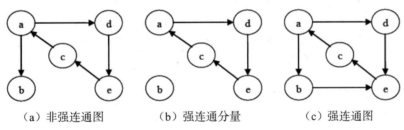

（a）非强连通图　　　（b）强连通分量　　　（c）强连通图

图 13-3　连通性与连通分量

8. 无向图的生成树

对于无向图 $G = (V, E)$，如果 G 是连通图，则 G 的生成树（Spanning Tree）是 G 的一个极小连通生成子图。

图 G 的生成树必定包含图 G 的全部 n 个顶点，且足以构成一棵树的 $n-1$ 条边。图 13-2（a）中图 G 的生成树如图 13-4 所示。在生成树中添加任意一条属于原图中的边必定会产生回路，因为生成树本身是连通的，新添加的边使其所依附的两个顶点之间有了第二条路径。

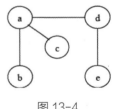

图 13-4

若生成树中减少任意一条边，则其必然成为非连通的，因为生成树是极小连通生成子图。

一棵有 n 个顶点的生成树有且仅有 $n-1$ 条边。如果一个图有 n 个顶点和小于 $n-1$ 条边，则其是非连通图。如果它有多于 $n-1$ 条边，则一定有环路，不是极小连通生成子图。但是，有 $n-1$ 条边的生成子图不一定是生成树。

例如，图 13-2（c）中的图有 $n-1 = 4$ 条边，但却不是图 13-2（a）中图 G 的生成树。

如果在生成树中确定某个顶点作为根节点，则生成树就可以成为前面章节中介绍的树结构。

9. 权与网

在实际应用中，图不但需要表示元素之间是否存在某种关系，而且图的边往往与具有一定实际意义的数有关，即每条边都有与它相关的实数，称为权。这些权值可以表示从一个顶点到另一个顶点的距离或消耗等信息，在本章中假设边的权均为正数。这种边上具有权值的图称为带权图（Weighted Graph）或网（Network）。

13.1.2 图的遍历

和树的遍历类似，在图中也存在遍历问题。图的遍历就是从图中某个顶点出发，按某种方法对图中所有顶点访问且仅访问一次。图的遍历算法是求解图的连通性问题、拓扑排序和求关键路径等算法的基础。

图的遍历要比树的遍历复杂得多。由于图中顶点关系是任意的，因此任一顶点都可能和其余的顶点相邻接；图可能是连通图也可能是非连通图；图中可能存在环路，在访问了某个顶点之后，可能沿着某条搜索路径又回到该顶点。为了保证图中的各个顶点在遍历过程中访问且仅被访问一次，需要为每个顶点设一个访问标志，Vertex 类中的 visited 成员变量可以用来作为是否被访问过的标志。

图的遍历通常有两种方法，即深度优先搜索（Depth First Search）和广度优先搜索（Breadth First Search）。这两种遍历方法对有向图和无向图均适用，因此这两个操作在 AbstractGraph 抽象类中实现。

1. 深度优先搜索

深度优先搜索遍历类似于树的先根遍历，是树的先根遍历的推广。

深度优先搜索的基本方法是：从图中某个顶点 v 出发，访问此顶点，然后依次从 v 的未被访问的邻接点出发深度优先遍历图，直至图中所有和 v 有路径相通的顶点都被访问到；若此时图中尚有顶点未被访问，则另选图中一个未曾被访问的顶点作起始点。重复上述过程，直至图中所有顶点都被访问到为止。

以图 13-5（a）中的无向图为例，对其进行深度优先搜索遍历的过程如图 13-5（c）所示，其中黑色实心箭头代表访问方向，空心箭头代表回溯方向，箭头旁的数字代表搜索顺序，顶点 a 是起点。其遍历过程如下。

（1）访问顶点 a。

（2）顶点 a 的未曾访问的邻接点有 b、d、e，选择邻接点 b 进行访问。

（3）顶点 b 的未曾访问的邻接点有 c、e，选择邻接点 c 进行访问。

（4）顶点 c 的未曾访问的邻接点有 e、f，选择邻接点 e 进行访问。

（5）顶点 e 的未曾访问的邻接点只有 f，选择邻接点 f 进行访问。

（6）顶点 f 无未曾访问的邻接点，回溯至 e。

（7）顶点 e 无未曾访问的邻接点，回溯至 c。

（8）顶点 c 无未曾访问的邻接点，回溯至 b。

（9）顶点 b 无未曾访问的邻接点，回溯至 a。

（10）顶点 a 还有未曾访问的邻接点 d，选择邻接点 d 进行访问。

（11）顶点 d 无未曾访问的邻接点，回溯至 a。

到此，a 再没有未曾访问的邻接点，也不能向前回溯，从 a 出发能够访问的顶点均已访问，并且此时图中再没有未曾访问的顶点，因此遍历结束。由以上过程得到的遍历序列为 {a, b, c, e, f, d}。

对于有向图而言，深度优先搜索的执行过程一样，如图 13-5（b）中有向图的深度优先搜索过程如图 13-5（d）所示。在这里需要注意的是，从顶点 a 出发，深度优先搜索只能访问到 {a, b, c, e, f}，而无法访问到图中所有顶点，所以需要从图中另一个未曾访问的顶点 d 开始进行新的搜索，即图 13-5（d）中的第 9 步。

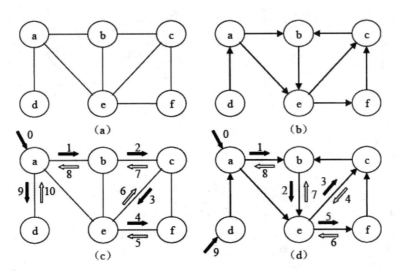

图 13-5　深度优先搜索

显然，从某个顶点 v 出发的深度优先搜索过程是一个递归的搜索过程，因此可以简单地使用递归算法实现从顶点 v 开始的深度优先搜索。然而，从 v 出发深度优先搜索未必能访问到图中所有顶点，因此还需找到图中下一个未曾访问的顶点，从该顶点开始重新进行搜索。

图的深度优先搜索算法也可以使用堆栈以非递归的形式实现。使用堆栈实现深度优先搜索的思想如下。

（1）将初始顶点 v 入栈。

（2）当堆栈不为空时，重复以下处理：栈顶元素出栈，若未访问，则访问之并设置访问标志，将其未曾访问的邻接点入栈。

（3）如果图中还有未曾访问的邻接点，则选择一个重复以上过程。

2. 广度优先搜索

广度优先搜索遍历类似于树的层次遍历，它是树的按层遍历的推广。

假设从图中某顶点 v 出发，在访问了 v 之后依次访问 v 的各个未曾访问过的邻接点，然后分别从这些邻接点出发依次访问它们的邻接点，并使"先被访问的顶点的邻接点"先于"后被访问的顶点的邻接点"被访问，直至图中所有已被访问的顶点的邻接点都被访问到。若此时图中尚有顶点未被访问，则另选图中一个未曾被访问的顶点作起始点。重复上述过程，直至图中所有顶点都被访问到为止。

图 13-6（a）和（b）分别显示了对图 13-5（a）和（b）中两个图的广度优先搜索过程。对图 13-5（a）中无向图的广度优先搜索遍历序列为 {a, b, d, e, c, f}，对图 13-5（b）中有向图的广度优先搜索遍历序列为 {a, b, e, c, f, d}。同样，在这里从顶点 a 出发，广度优先搜索只能访问到 {a, b, e, c, f}，所以搜索需要从图中另一个未曾访问的顶点 d 开始进行，即图 13-6（b）中的第 5 步。

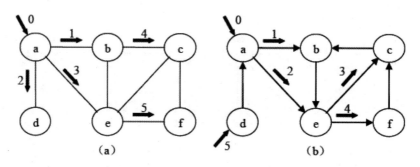

图 13-6　广度优先搜索

通过上述搜索过程可以发现，广度优先搜索遍历图的过程实际上就是以起始点 v 为起点，由近至远，依次访问从 v 出发可达并且路径长度为 1、2、……的顶点。

广度优先搜索遍历的实现与树的按层遍历实现一样都需要使用队列。使用队列实现广度优先搜索的思路如下。

（1）访问初始顶点 v 并入队。

（2）当队列不为空时，重复以下处理：队首元素出队，访问其所有未曾访问的邻接点，并使它们入队。

（3）如果图中还有未曾访问的邻接点，则选择一个重复以上过程。

13.1.3　最小生成树

对于连通图而言，从图中不同顶点出发或从同一顶点出发按照不同的优先搜索过程可以得到不同的生成树。

如此，对于一个连通网（连通带权图）来说，生成树不同，每棵树的代价（树中每条边上的权值之和）也可能不同，把代价最小的生成树称为图的最小生成树（Minimum Spanning Tree）。

最小生成树在许多领域都有重要的应用，如利用最小生成树就可以解决如下工程中的实际问题：网络 G 表示各城市之间的通信线路网线路，其中顶点表示城市，边表示两个城市之间的通信线路，边上的权值表示线路的长度或造价，可通过求该网络的最小生成树达到求解通信线路长度或总代价最小的最佳方案。

需要进一步指出的是，尽管最小生成树必然存在，但不一定唯一。

13.1.4 最短距离

在许多应用领域，带权图都被用来描述某个网络，如通信网络、交通网络等。在这种情况下，各边的权重就对应于两点之间通信的成本或交通费用。此时，一类典型的问题就是：在任意指定的两点之间如果存在通路，那么最小的消耗是多少？这类问题实际上就是带权图中两点之间最短路径的问题。

在求解最短路径问题时，有时对应实际情况的带权图应当是有向图，如同一信道两个方向的信息流量不同，会造成信息从终端 A 到终端 B 和从终端 B 到终端 A 所需的时延不同；而有时对应实际情况的带权图可以是无向图，如从城市 A 到城市 B 和从城市 B 到城市 A 的公路长度都一样。下面将要介绍的 Dijkstra 算法和 Floyd 算法对于带权无向图或有向图都适用。

在图中两点之间的最短路径问题包括两个方面：一是求图中一个顶点到其他顶点的最短路径，二是求图中每对顶点之间的最短路径。

13.1.5 有向无环图及其应用

有向无环图（Directed Acyclic Graph，DAG）是指一个无环的有向图。有向无环图是描述一项工程或系统进行过程的有效工具。除最简单的情况之外，绝大多数的工程可分为若干个称为活动（Activity）的子工程，而这些子工程之间通常受一定条件的约束，如其中某些子工程的开始必须在另一些子工程完成之后。

对整个工程和系统，人们关心的是两个方面的问题：一是能否顺利进行，应该如何进行；二是估算整个工程完成所必需的最短时间，对应于有向图，即为进行拓扑排序和求关键路径的操作。

13.1.6 关键路径

与 AOV（Activity on Vertex）网络对应的是边表示活动的 AOE（Activity On Edge）网络。如果在有向无环的带权图中，用有向边表示一个工程中的各项活动，用边上的权值表示活动的持续时间（Duration），用顶点表示事件（Event），则这样的有向图称用边表示活动的网络，简称 AOE（Activity on Edges）网络。AOE 网络在某些工程估算方面非常有用。例如，AOE 网络可以使人们了解以下内容。

（1）完成整个工程至少需要多少时间。

（2）为缩短完成工程所需的时间，应当加快进行哪些活动。

图 13-7 所示的是一个 AOE 网络，并假设活动 a 需时 3 天，活动 b 需时 1 天，活动 c 需时 2 天，

活动 d 需时 5 天，活动 e 需时 2 天。在图 13-7 中可以看到，从工程开始到结束，总共至少需要 10 天时间，并且如果能够减少完成活动 a、d、e 所需的时间，则完成整个工程所需的时间可以减少。

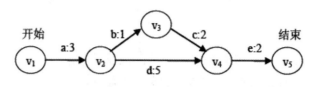

图 13-7　AOE 网络

由于一个工程只有一个开始点和一个完成点，因此在正常情况下，AOE 网络中只有一个入度为 0 的顶点，也只有一个出度为 0 的顶点，它们分别称为源点和汇点。

通过上面的例子可以看到，在 AOE 网络中，有些活动顺序进行，有些活动并行进行。从源点到各个顶点，以至从源点到汇点的有向路径可能不止一条，这些路径的长度也可能不同。完成不同路径的活动所需的时间虽然不同，但只有各条路径上所有活动都完成了，整个工程才算完成。因此，完成整个工程所需的时间取决于从源点到汇点的最长路径长度，即在这条路径上所有活动的持续时间之和。这条路径长度最长的路径称为关键路径（Criticalpath）。例如，图 13-7 所示的 AOE 网络中的关键路径为 $\rho = (v_1, v_2, v_4, v_5)$，其长度为 10。需要注意的是，关键路径可能不只一条。

要找出关键路径，必须找出关键活动，即不按期完成就会影响整个工程完成的活动。关键路径上的所有活动都是关键活动，因此只要找到了关键活动，就可以找到关键路径。

求关键路径的算法如下。

（1）对图中的顶点进行拓扑排序，求出拓扑序列与逆拓扑序列。若拓扑序列中的顶点数少于 $|V|$，则说明图中有环，返回。

（2）$v_e[0] = 0$，在拓扑序列上求各顶点最早开始时间。

（3）$v_l[n-1] = v_e[n-1]$，在逆拓扑序列上求各顶点最迟开始时间。

（4）遍历图中所有边 $<u, v> \in E$，判断其是否为关键活动。

13.2 图的实现

图的定义可以简单地采用下面的公式：

图（Graph）= 顶点（Vertex）+ 边（Edge）

一般来说，图主要有以下两种实现方式。

（1）邻接矩阵（二维数组）。

（2）邻接表（链表数组，或称链表的链表）。

邻接矩阵实现比较简单快捷，采用一个二维矩阵表示各顶点之间的关系，如果顶点数目为 V，则表示为 $V×V$ 的矩阵。采用该实现方式，当边大量稀疏时，存在大量冗余，比较浪费空间，故一般用于简单的问题模拟处理。

邻接表是一种比较通用的实现方式，适用于大量场合。如果顶点数为 V，边数为 E，则存储空间为 $V+E$。

图 13-8 所示是一个图，如果将其采用邻接表表示，则如图 13-9 所示，左面一列为顶点，右面跟随的是和该顶点存在边的顶点及边的开销。

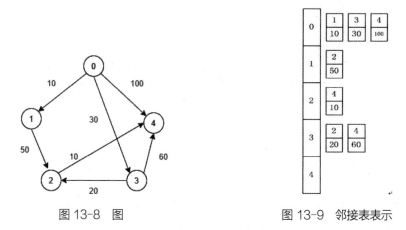

图 13-8 图   图 13-9 邻接表表示

邻接表的实现可以采用哈希表＋链表的方式。将图节点名称为哈希，放入哈希表中。每个顶点到其他顶点的边，采用链表组织，边的目的节点指向某顶点指针，可以快速检索到目的顶点。

13.2.1 邻接矩阵

图的邻接矩阵（Adjacency Matrix）的存储方式是用两个数组来表示图。

一个一维数组存储图中的顶点信息，一个二维数组（称为邻接矩阵）存储图中的边信息。图 G 有 n 个顶点，则邻接矩阵是一个 $n×n$ 的方阵，定义为 Arc[i][j]=1，若 $(v_i, v_j) \in E$ 或 $<v_i, v_j> \in E$，反之等于 0。图 13-10 是一个简单的无向图，图中设置了两个数组，顶点数组为 vertex[4]={v_0, v_1, v_2, v_3}，边数组 arc[4][4] 为图 13-10 的矩阵。

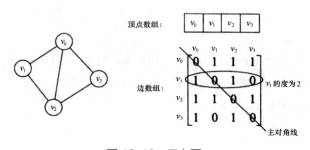

图 13-10 无向图

对于矩阵的主对角线的值，即 arc[0][0]、arc[1][1]、arc[2][2]、arc[3][3] 全为 0 是因为不存在顶点到自身的边，如 v_0 到 v_0。

Arc[0][1]=1 是因为 v_0 到 v_1 的边存在，而 arc[1][3]=0 是因为 v_1 到 v_3 的边不存在。由于是无向图，v_1 到 v_3 的边不存在，意味着 v_3 到 v_1 的边也不存在，因此无向图的边数组是一个对称矩阵。

图 13-11 是一个有向图。顶点数组为 vertex[4]={v_0,v_1,v_2,v_3}，边数组 arc[4][4] 为图 13-11 的矩阵。主对角线上数值依然为 0，但因为是有向图，所以此矩阵并不对称，如从 v_1 到 v_0 有边，得到 arc[1][0]=1；而 v_0 到 v_1 没有边，得到 arc[0][1]=0。

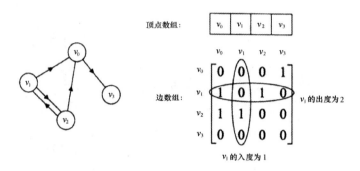

图 13-11　有向图

顶点 v_1 的入度为 1，正好是第 v_1 列上的数之和；顶点 v_1 的出度为 2，即第 v_1 行的各数之和。

与无向图同样的办法，判断顶点 v_i 到 v_j 是否存在边，只需要查找矩阵中 arc[i][j] 是否为 1 即可。

13.2.2　邻接表

我们发现，当图中的边数相对于顶点较少时，邻接矩阵是对存储空间的极大浪费。可以考虑对边使用链式存储的方式来避免空间浪费问题。回忆树结构的孩子表示法，将节点存入数组，并对节点的孩子进行链式存储，不管有多少孩子，也不会存在空间浪费问题。

应用这种思路，把这种数组与链表相结合的存储方法称为邻接表（Adjacency List）。

邻接表的处理思路如下。

（1）图中顶点用一个一维数组存储，当然也可以用单链表来存储，不过用数组可以较容易地读取顶点信息，更加方便。另外，在顶点数组中，每个数据元素还需要存储指向第一个邻接点的指针，以便于查找该顶点的边信息。

（2）图中每个顶点 v_i 的所有邻接点构成一个线性表，由于邻接点的个数不定，因此用单链表存储。无向图中称其为顶点 v_i 的边表，有向图中则称其为以 v_i 为弧尾的出边表。

图 13-12 是一个无向图的邻接表结构。

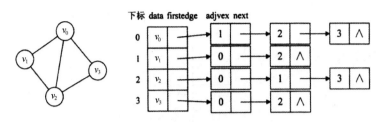

图 13-12　无向图的邻接表结构

从图 13-12 中可以知道，顶点表的各个节点由 data 和 firstedge 两个域表示。其中 data 是数据域，存储顶点的信息；firstedge 是指针域，指向边表的第一个节点，即此顶点的第一个邻接点。边表节点由 adjvex 和 next 两个域组成。其中，adjvex 是邻接点域，存储某顶点的邻接点在顶点表中的下标；next 则存储指向边表中下一个节点的指针。例如，v_1 顶点与 v_0、v_2 互为邻接点，则在 v_1 的边表中，adjvex 分别为 v_0 的 0 和 v_2 的 2。

如果想知道某个顶点的度，就去查找该顶点的边表中节点的个数。

若要判断顶点 v_i 和 v_j 是否存在边，只需要测试顶点 v_i 的边表 adjvex 中是否存在节点 v_j 的下标即可。

若求顶点的所有邻接点，其实就是对此顶点的边表进行遍历，得到的 adjvex 域对应的顶点就是邻接点。

有向图的邻接表中，顶点 v_i 的边表是以 v_i 为弧尾的弧来存储的，这样很容易就可以得到每个顶点的出度。

有时为了便于确定顶点的入度或以顶点为弧头的弧，可以建立一个有向图的逆邻接表，即对每个顶点 v_i 都建立一个以 v_i 为弧头的表。如图 13-13 所示。

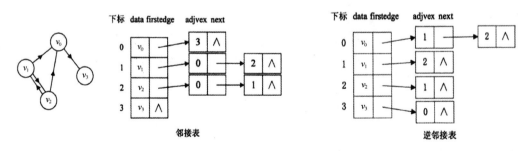

图 13-13　有向图的逆邻接表

此时很容易就可以算出某个顶点的入度或出度是多少，判断两顶点是否存在弧也很容易实现。

对于带权值的网图，可以在边表节点定义中再增加一个 weight 的数据域，存储权值信息即可，如图 13-14 所示。

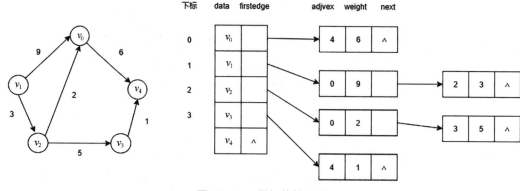

图 13-14　带权值的网图

13.2.3　最短路径Dijkstra算法

最短路径问题描述如下：求解一个图中每个顶点到指定顶点的最短距离分别是多少，即地图上不同的起点到相同的终点的最短距离。

Dijkstra 算法是一种用于寻找给定的加权图中顶点间最短路径的算法，可以计算图中任意两点间的最短距离。它的主要特点是以起始点为中心向外层层扩展（广度优先搜索思想），直到扩展到终点为止。

Dijkstra 算法的基本思想如下。

（1）设置两个顶点的集合 S 和 U=G − S，集合 S 中存放已找到最短路径的顶点，集合 U 中存放当前还未找到最短路径的顶点。

（2）初始状态时，集合 S 中只包含源点 v_0，然后不断从集合 U 中选取到顶点 v_0 路径长度最短的顶点 u 并加入集合 S 中。

（3）集合 S 每加入一个新的顶点 u，都要修改顶点 v_0 到集合 U 中剩余顶点的最短路径长度值。集合 U 中各顶点新的最短路径长度值为"原来的最短路径长度值"与"顶点 u 的最短路径长度值 + u 到该顶点的路径长度值"中的较小值。

（4）此过程不断重复，直到集合 U 的顶点全部加入 S 中为止。

13.2.4　最短路径Floyd算法

Floyd 也是一种用于寻找给定的加权图中顶点间最短路径的算法。通过 Floyd 算法计算图 G=(V, E) 中各个顶点的最短路径时，需要引入一个矩阵 S，矩阵 S 中的元素 a[i][j] 表示顶点 i（第 i 个顶点）到顶点 j（第 j 个顶点）的距离。假设图 G 中顶点个数为 N，则需要对矩阵 S 进行 N 次更新。

Floyd 算法的基本思想如下。

（1）初始时，矩阵 S 中顶点 $a[i][j]$ 的距离为顶点 i 到顶点 j 的权值，如果 i 和 j 不相邻，则 $a[i][j]=\text{INF}$。

（2）第 1 次更新时，如果 $a[i][j] > a[i][0] + a[0][j]$，则更新 $a[i][j]$ 为 $a[i][0] + a[0][j]$，其中 $a[i][0] + a[0][j]$ 表示 i 与 j 之间经过第 1 个顶点的距离。

（3）同理，第 k 次更新时，如果 $a[i][j] > a[i][k] + a[k][j]$，则更新 $a[i][j]$ 为 $a[i][k] + a[k][j]$。

（4）更新 N 次之后，操作完成。

13.2.5 最小生成树Kruskal算法

Kruskal 算法是基于贪心的思想得到的。首先把所有的边按照权值从小到大排列，接着按照顺序选取每条边，如果这条边的两个端点不属于同一集合，那么就将它们合并，直到所有的点都属于同一个集合为止。至于怎么将其合并到一个集合，此时就可以使用一个工具——并查集。换而言之，Kruskal 算法就是基于并查集的贪心算法。

在含有 n 个顶点的连通图中选择 $n-1$ 条边，构成一棵极小连通子图，并使该连通子图中 $n-1$ 条边上权值之和达到最小，则称其为连通网的最小生成树。

Kruskal 算法的基本思想如下：按照权值从小到大的顺序选择 $n-1$ 条边，并保证这 $n-1$ 条边不构成回路。待加入的顶点都在树中表示构成回路。

我们由最小生成树的定义可以延伸出一个修建道路的问题：把无向图的每个顶点看作村庄，计划修建道路，使得可以在所有村庄之间通行。把每个村庄之间修建道路的费用看作权值，那么就可以得到一个求解修建道路的最小费用的问题。

Kruskal 算法的具体流程如下。

（1）将图 G 看作一个森林，每个顶点为一棵独立的树。

（2）将所有的边加入集合 S，即一开始 $S = E$。

（3）从 S 中取出一条最短的边 (u,v)，如果 (u,v) 不在同一棵树内，则连接 u、v 合并这两棵树，同时将 (u,v) 加入生成树的边集 E'。

（4）重复第（3）步，直到所有点属于同一棵树，边集 E' 就是一棵最小生成树。

13.2.6 Kruskal算法推演

下面模拟 Kruskal 算法。图 13-15 所示为无向图 B，这里使用 Kruskal 查找无向图 B 的最小生成树。

首先，将所有的边从小到大进行排序。排序之后根据贪心准则，选取最小边 (A,D)。因为顶点 A、D 不在一棵树上，所以合并顶点 A、D 所在的树，并将边 (A,D) 加入边集 E'，如图 13-16 所示。

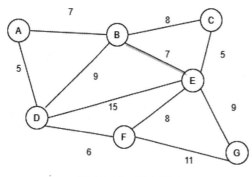

图 13-15　无向图 B

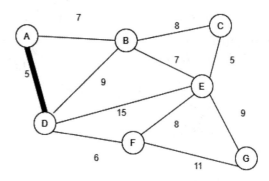

图 13-16　边 (A,D) 加入边集合 E'

接着在剩下的边中查找权值最小的边，于是找到 (C,E)。因为顶点 C、E 仍然不在一棵树上，所以合并顶点 C、E 所在的树，并将边 (C,E) 加入边集 E'，如图 13-17 所示。

不断重复上述过程，于是就找到了无向图 B 的最小生成树，如图 13-18 所示。

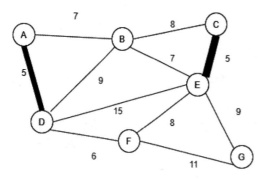

图 13-17　边 (C,E) 加入边集 E'

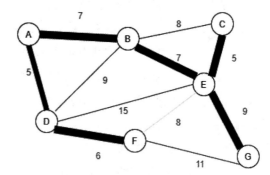

图 13-18　无向图 B 的最小生成树

13.3 图的数据结构

本节介绍图的数据结构在 Java 中的表示。

13.3.1　定义Graph类

图的数据结构采用 Graph 类表示，代码如下：

```java
public class Graph<T extends Comparable<T>> {
    private List<Vertex<T>> allVertices = new ArrayList<Vertex<T>>(); // 顶点

    private List<Edge<T>> allEdges = new ArrayList<Edge<T>>(); // 边
```

```java
public enum TYPE {
    DIRECTED, // 有向
    UNDIRECTED // 无向
}

private TYPE type = TYPE.UNDIRECTED; // 默认是无向图

public Graph() {

}

public Graph(TYPE type) {
    this.type = type;
}

/**
 * 从顶点和边创建 Graph。默认为无向图
   注意：允许重复的顶点和边
   注意：复制顶点和边缘对象，但不存储 Collection 参数本身
 *
 * @param vertices Collection of vertices
 * @param edges    Collection of edges
 */
public Graph(Collection<Vertex<T>> vertices,
        Collection<Edge<T>> edges) {
    this(TYPE.UNDIRECTED, vertices, edges);
}

/**
 * 从顶点和边创建 Graph
   注意：允许重复的顶点和边
   注意：复制顶点和边缘对象，但不存储 Collection 参数本身
 *
 * @param vertices Collection of vertices
 * @param edges    Collection of edges
 */

public Graph(TYPE type, Collection<Vertex<T>> vertices,
        Collection<Edge<T>> edges) {
    this(type);
    this.allVertices.addAll(vertices);
    this.allEdges.addAll(edges);

    for (Edge<T> e : edges) {
        final Vertex<T> from = e.from;
        final Vertex<T> to = e.to;

        if (!this.allVertices.contains(from)
                || !this.allVertices.contains(to)) {
```

```
            continue;
        }

        from.addEdge(e);

        // 如果是无向，就是 from 到 to 及 to 到 from 分开两条边
        if (this.type == TYPE.UNDIRECTED) {
            Edge<T> reciprical = new Edge<T>(e.cost, to,
                    from);
            to.addEdge(reciprical);
            this.allEdges.add(reciprical);
        }
    }
}

public TYPE getType() {
    return type;
}

public List<Vertex<T>> getVertices() {
    return allVertices;
}

public List<Edge<T>> getEdges() {
    return allEdges;
}

/**
 * {@inheritDoc}
 */
@Override
public int hashCode() {
    int code = this.type.hashCode()
            + this.allVertices.size()
            + this.allEdges.size();

    for (Vertex<T> v : allVertices) {
        code *= v.hashCode();
    }

    for (Edge<T> e : allEdges) {
        code *= e.hashCode();
    }

    return 31 * code;
}

/**
 * {@inheritDoc}
```

```
*/
@Override
public boolean equals(Object g1) {
    if (!(g1 instanceof Graph)) {
        return false;
    }

    final Graph<T> g = (Graph<T>) g1;
    final boolean typeEquals = this.type == g.type;

    if (!typeEquals) {
        return false;
    }

    final boolean verticesSizeEquals = this.allVertices.
            size() == g.allVertices.size();

    if (!verticesSizeEquals) {
        return false;
    }

    final boolean edgesSizeEquals = this.allEdges.
            size() == g.allEdges.size();

    if (!edgesSizeEquals) {
        return false;
    }

    // 顶点可以包含重复项并按不同的顺序出现，但两个数组应该包含相同的元素
    final Object[] ov1 = this.allVertices.toArray();
    Arrays.sort(ov1);
    final Object[] ov2 = g.allVertices.toArray();
    Arrays.sort(ov2);

    for (int i = 0; i < ov1.length; i++) {
        final Vertex<T> v1 = (Vertex<T>) ov1[i];
        final Vertex<T> v2 = (Vertex<T>) ov2[i];

        if (!v1.equals(v2)) {
            return false;
        }
    }

    // 边可以包含重复项并按不同的顺序显示，但两个数组应包含相同的元素
    final Object[] oe1 = this.allEdges.toArray();
    Arrays.sort(oe1);
    final Object[] oe2 = g.allEdges.toArray();
    Arrays.sort(oe2);
```

```
        for (int i = 0; i < oe1.length; i++) {
            final Edge<T> e1 = (Edge<T>) oe1[i];
            final Edge<T> e2 = (Edge<T>) oe2[i];

            if (!e1.equals(e2)) {
                return false;
            }
        }

        return true;
    }

    /**
     * {@inheritDoc}
     */
    @Override
    public String toString() {
        final StringBuilder builder = new StringBuilder();

        for (Vertex<T> v : allVertices) {
            builder.append(v.toString());
        }

        return builder.toString();
    }
    ...
}
```

其中：

（1）allVertices 用于存储图中所有的顶点，allEdges 用于存储图中所有的边。

（2）TYPE 定义了图的枚举类，DIRECTED 和 UNDIRECTED 分别表示有向图和无向图。

13.3.2　定义Vertex类

Vertex 类用于表示顶点，代码如下：

```
/**
 * Vertex（顶点）
 */
public static class Vertex<T extends Comparable<T>>
        implements Comparable<Vertex<T>> {
    private T value = null;
    private List<Edge<T>> edges = new ArrayList<Edge<T>>();

    public Vertex(T value) {
        this.value = value;
    }
```

```
public T getValue() {
    return value;
}

public void addEdge(Edge<T> e) {
    edges.add(e);
}

public List<Edge<T>> getEdges() {
    return edges;
}

public Edge<T> getEdge(Vertex<T> v) {
    for (Edge<T> e : edges) {
        if (e.to.equals(v)) {
            return e;
        }
    }

    return null;
}

public boolean pathTo(Vertex<T> v) {
    for (Edge<T> e : edges) {
        if (e.to.equals(v)) {
            return true;
        }
    }

    return false;
}

/**
 * {@inheritDoc}
 */
@Override
public int hashCode() {
    final int code = this.value.hashCode()
            + this.edges.size();

    return 31 * code;
}

/**
 * {@inheritDoc}
 */
@Override
public boolean equals(Object v1) {
    if (!(v1 instanceof Vertex)) {
```

```
            return false;
        }

        final Vertex<T> v = (Vertex<T>) v1;
        final boolean edgesSizeEquals = this.edges
                .size() == v.edges.size();

        if (!edgesSizeEquals) {
            return false;
        }

        final boolean valuesEquals = this.value.
                equals(v.value);

        if (!valuesEquals) {
            return false;
        }

        final Iterator<Edge<T>> iter1 = this.edges.
                iterator();

        final Iterator<Edge<T>> iter2 = v.edges.
                iterator();

        while (iter1.hasNext() && iter2.hasNext()) {
            // 只检查 cost
            final Edge<T> e1 = iter1.next();
            final Edge<T> e2 = iter2.next();

            if (e1.cost != e2.cost) {
                return false;
            }
        }

        return true;
    }

    /**
     * {@inheritDoc}
     */
    @Override
    public int compareTo(Vertex<T> v) {
        final int valueComp = this.value.
                compareTo(v.value);

        if (valueComp != 0) {
            return valueComp;
        }

        if (this.edges.size() < v.edges.size()) {
```

```
            return -1;
        }

        if (this.edges.size() > v.edges.size()) {
            return 1;
        }

        final Iterator<Edge<T>> iter1 = this.edges.
                iterator();
        final Iterator<Edge<T>> iter2 = v.edges.
                iterator();

        while (iter1.hasNext() && iter2.hasNext()) {
            // 只检查 cost
            final Edge<T> e1 = iter1.next();
            final Edge<T> e2 = iter2.next();

            if (e1.cost < e2.cost) {
                return -1;
            }

            if (e1.cost > e2.cost) {
                return 1;
            }
        }

        return 0;
    }

    /**
     * {@inheritDoc}
     */
    @Override
    public String toString() {
        final StringBuilder builder = new StringBuilder();
        builder.append("Value=").append(value).
                append("\n");

        for (Edge<T> e : edges) {
            builder.append("\t").append(e.toString());
        }

        return builder.toString();
    }
}
```

Vertex 是 Graph 的内部类。其中：

（1）value 是顶点代表的值。

（2）edges 是该顶点所关联的所有的边。

13.3.3　定义Edge类

Edge 类用于表示边，代码如下：

```java
/**
* Edge（边）
*/
public static class Edge<T extends Comparable<T>>
        implements Comparable<Edge<T>> {
    private Vertex<T> from = null;
    private Vertex<T> to = null;
    private int cost = 0; // 权值

    public Edge(int cost, Vertex<T> from,
            Vertex<T> to) {
        if (from == null || to == null) {
            throw (new NullPointerException(
                    "Both 'to' and 'from' vertices need to be non-NULL."));
        }

        this.cost = cost;
        this.from = from;
        this.to = to;
    }

    public Edge(Edge<T> e) {
        this(e.cost, e.from, e.to);
    }

    public int getCost() {
        return cost;
    }

    public void setCost(int cost) {
        this.cost = cost;
    }

    public Vertex<T> getFromVertex() {
        return from;
    }

    public Vertex<T> getToVertex() {
        return to;
    }

    /**
     * {@inheritDoc}
     */
    @Override
```

```java
public int hashCode() {
    final int cost = (this.cost * (this
            .getFromVertex().hashCode()
            * this.getToVertex().hashCode()));

    return 31 * cost;
}

/**
 * {@inheritDoc}
 */
@Override
public boolean equals(Object e1) {
    if (!(e1 instanceof Edge)) {
        return false;
    }

    final Edge<T> e = (Edge<T>) e1;
    final boolean costs = this.cost == e.cost;

    if (!costs) {
        return false;
    }

    final boolean from = this.from.equals(e.from);

    if (!from) {
        return false;
    }

    final boolean to = this.to.equals(e.to);

    if (!to) {
        return false;
    }

    return true;
}

/**
 * {@inheritDoc}
 */
@Override
public int compareTo(Edge<T> e) {
    if (this.cost < e.cost) {
        return -1;
    }

    if (this.cost > e.cost) {
```

```
            return 1;
        }

    final int from = this.from.compareTo(e.from);

    if (from != 0) {
        return from;
    }

    final int to = this.to.compareTo(e.to);

    if (to != 0) {
        return to;
    }

    return 0;
}

/**
    * {@inheritDoc}
    */
@Override
public String toString() {
    StringBuilder builder = new StringBuilder();
    builder.append("[ ").append(from.value)
            .append("(").append(") ").append("]")
            .append(" -> ").append("[ ")
            .append(to.value).append("(")
            .append(") ").append("]").append(" = ")
            .append(cost).append("\n");

    return builder.toString();
    }
}
```

Edge 是 Graph 的内部类。其中：

（1）from 代表该边所关联的起点。

（2）to 代表该边所关联的终点。

（3）cost 代表该边的权值。

13.3.4 定义CostVertexPair类

CostVertexPair 类用于表示权值顶点对，代码如下：

```
/**
* 权值顶点对
*/
```

```
public static class CostVertexPair<T extends Comparable<T>>
        implements Comparable<CostVertexPair<T>> {
    private int cost = Integer.MAX_VALUE;
    private Vertex<T> vertex = null;

    public CostVertexPair(int cost, Vertex<T> vertex) {
        if (vertex == null) {
            throw (new NullPointerException(
                    "vertex cannot be NULL."));
        }

        this.cost = cost;
        this.vertex = vertex;
    }

    public int getCost() {
        return cost;
    }

    public void setCost(int cost) {
        this.cost = cost;
    }

    public Vertex<T> getVertex() {
        return vertex;
    }

    /**
     * {@inheritDoc}
     */
    @Override
    public int hashCode() {
        return 31 * (this.cost * ((this.vertex != null)
                ? this.vertex.hashCode()
                : 1));
    }

    /**
     * {@inheritDoc}
     */
    @Override
    public boolean equals(Object e1) {
        if (!(e1 instanceof CostVertexPair)) {

            return false;
        }

        final CostVertexPair<?> pair = (CostVertexPair<?>) e1;

        if (this.cost != pair.cost) {
```

```
            return false;
        }

        if (!this.vertex.equals(pair.vertex)) {
            return false;
        }

        return true;
    }

    /**
     * {@inheritDoc}
     */
    @Override
    public int compareTo(CostVertexPair<T> p) {
        if (p == null) {
            throw new NullPointerException(
                    "CostVertexPair 'p' must be non-NULL.");
        }

        if (this.cost < p.cost) {
            return -1;
        }

        if (this.cost > p.cost) {
            return 1;
        }

        return 0;
    }

    /**
     * {@inheritDoc}
     */

    @Override
    public String toString() {
        final StringBuilder builder = new StringBuilder();

        builder.append(vertex.getValue())
                .append(" cost=").append(cost)
                .append("\n");

        return builder.toString();
    }
}
```

CostVertexPair 类用于表示权值和顶点的映射关系，因此该类的核心变量是 cost 和 vertex。

13.3.5　定义CostPathPair类

CostPathPair 类用于表示权值路径对，代码如下：

```
/**
* 权值路径对
*/
public static class CostPathPair<T extends Comparable<T>> {
    private int cost = 0;
    private List<Edge<T>> path = null;

    public CostPathPair(int cost, List<Edge<T>> path) {
        if (path == null) {
            throw (new NullPointerException(
                    "path cannot be NULL."));
        }

        this.cost = cost;
        this.path = path;
    }

    public int getCost() {
        return cost;
    }

    public void setCost(int cost) {
        this.cost = cost;
    }

    public List<Edge<T>> getPath() {
        return path;
    }

    /**
     * {@inheritDoc}
     */
    @Override
    public int hashCode() {
        int hash = this.cost;

        for (Edge<T> e : path) {
            hash *= e.cost;
        }

        return 31 * hash;
    }

    /**
     * {@inheritDoc}
     */
```

```java
@Override
public boolean equals(Object obj) {
    if (!(obj instanceof CostPathPair)) {
        return false;
    }

    final CostPathPair<?> pair = (CostPathPair<?>) obj;

    if (this.cost != pair.cost) {
        return false;
    }

    final Iterator<?> iter1 = this.getPath()
            .iterator();

    final Iterator<?> iter2 = pair.getPath()
            .iterator();

    while (iter1.hasNext() && iter2.hasNext()) {
        Edge<T> e1 = (Edge<T>) iter1.next();
        Edge<T> e2 = (Edge<T>) iter2.next();

        if (!e1.equals(e2)) {
            return false;
        }
    }

    return true;
}

/**
 * {@inheritDoc}
 */
@Override
public String toString() {
    final StringBuilder builder = new StringBuilder();

    builder.append("Cost = ").append(cost)
            .append("\n");

    for (Edge<T> e : path) {
        builder.append("\t").append(e);
    }

    return builder.toString();
}
}
```

13.4 实战：实现图的广度优先遍历

本节介绍如何实现图的广度优先遍历。

13.4.1 实现广度优先遍历

广度优先遍历实现如下：

```java
package com.waylau.java.demo.datastructure;

import java.util.ArrayDeque;
import java.util.ArrayList;
import java.util.HashMap;
import java.util.List;
import java.util.Map;
import java.util.Queue;
import com.waylau.java.demo.datastructure.Graph.Edge;
import com.waylau.java.demo.datastructure.Graph.Vertex;

public class GraphBreadthFirstTraversal {
    @SuppressWarnings("unchecked")
    public static final <T extends Comparable<T>> Graph.Vertex<T>[]
    breadthFirstTraversal(
            Graph<T> graph,
            Graph.Vertex<T> source) {
        // 用于通过索引查找
        final ArrayList<Vertex<T>> vertices = new ArrayList<Vertex<T>>();
        vertices.addAll(graph.getVertices());

        // 用于通过顶点查找
        final int n = vertices.size();
        final Map<Vertex<T>, Integer> vertexToIndex = new HashMap<Vertex<T>,
        Integer>();

        for (int i = 0; i < n; i++) {
            final Vertex<T> v = vertices.get(i);
            vertexToIndex.put(v, i);
        }

        // 邻接矩阵
        final byte[][] adj = new byte[n][n];

        for (int i = 0; i < n; i++) {
            final Vertex<T> v = vertices.get(i);
            final int idx = vertexToIndex.get(v);
            final byte[] array = new byte[n];
            adj[idx] = array;
            final List<Edge<T>> edges = v.getEdges();
```

```
    for (Edge<T> e : edges) {
        array[vertexToIndex
                .get(e.getToVertex())] = 1;
    }
}

// visited 用于记录访问过的顶点，初始值都是 -1
final byte[] visited = new byte[n];

for (int i = 0; i < visited.length; i++) {
    visited[i] = -1;
}

// 返回的结果
final Graph.Vertex<T>[] result = new Graph.Vertex[n];

// source 为遍历的起点
Vertex<T> element = source;

int c = 0;
int i = vertexToIndex.get(element);
int k = 0;

result[k] = element;
visited[i] = 1;

k++;

final Queue<Vertex<T>> queue = new ArrayDeque<Vertex<T>>();
queue.add(source);

while (!queue.isEmpty()) {
    element = queue.peek();
    c = vertexToIndex.get(element);
    i = 0;

    while (i < n) {
        if (adj[c][i] == 1 && visited[i] == -1) {
            final Vertex<T> v = vertices.get(i);
            queue.add(v);
            visited[i] = 1;
            result[k] = v;

            k++;
        }

        i++;
    }
```

```
            queue.poll();
        }

        return result;

    }
}
```

广度优先遍历本质是通过队列来实现的。

13.4.2 测试广度优先遍历

本测试案例中构建了图 13-19 所示的无向图 UndirectedGraph。

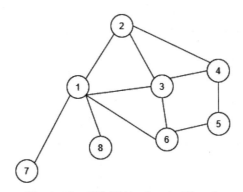

图 13-19 无向图 UndirectedGraph

广度优先遍历测试用例如下：

```java
package com.waylau.java.demo.datastructure;

import java.util.List;

import org.junit.jupiter.api.MethodOrderer;
import org.junit.jupiter.api.Order;
import org.junit.jupiter.api.Test;
import org.junit.jupiter.api.TestMethodOrder;

import static org.junit.jupiter.api.Assertions.assertTrue;

import java.util.ArrayList;

import com.waylau.java.demo.datastructure.Graph.Edge;
import com.waylau.java.demo.datastructure.Graph.Vertex;

@TestMethodOrder(MethodOrderer.OrderAnnotation.class)
class GraphBreadthFirstTraversalTests {
    // 无向图
```

```
private static class UndirectedGraph {
    final List<Vertex<Integer>> verticies = new ArrayList<Vertex<Integer>>();
    final Graph.Vertex<Integer> v1 = new Graph.Vertex<Integer>(1);
    final Graph.Vertex<Integer> v2 = new Graph.Vertex<Integer>(2);
    final Graph.Vertex<Integer> v3 = new Graph.Vertex<Integer>(3);
    final Graph.Vertex<Integer> v4 = new Graph.Vertex<Integer>(4);
    final Graph.Vertex<Integer> v5 = new Graph.Vertex<Integer>(5);
    final Graph.Vertex<Integer> v6 = new Graph.Vertex<Integer>(6);
    final Graph.Vertex<Integer> v7 = new Graph.Vertex<Integer>(7);
    final Graph.Vertex<Integer> v8 = new Graph.Vertex<Integer>(8);
    {
        verticies.add(v1);
        verticies.add(v2);
        verticies.add(v3);
        verticies.add(v4);
        verticies.add(v5);
        verticies.add(v6);
        verticies.add(v7);
        verticies.add(v8);
    }

    final List<Edge<Integer>> edges = new ArrayList<Edge<Integer>>();
    final Graph.Edge<Integer> e1_2 = new Graph.Edge<Integer>(7, v1, v2);
    final Graph.Edge<Integer> e1_3 = new Graph.Edge<Integer>(9, v1, v3);
    final Graph.Edge<Integer> e1_6 = new Graph.Edge<Integer>(14, v1, v6);
    final Graph.Edge<Integer> e2_3 = new Graph.Edge<Integer>(10, v2, v3);
    final Graph.Edge<Integer> e2_4 = new Graph.Edge<Integer>(15, v2, v4);
    final Graph.Edge<Integer> e3_4 = new Graph.Edge<Integer>(11, v3, v4);
    final Graph.Edge<Integer> e3_6 = new Graph.Edge<Integer>(2, v3, v6);
    final Graph.Edge<Integer> e5_6 = new Graph.Edge<Integer>(9, v5, v6);
    final Graph.Edge<Integer> e4_5 = new Graph.Edge<Integer>(6, v4, v5);
    final Graph.Edge<Integer> e1_7 = new Graph.Edge<Integer>(1, v1, v7);
    final Graph.Edge<Integer> e1_8 = new Graph.Edge<Integer>(1, v1, v8);
    {
        edges.add(e1_2);
        edges.add(e1_3);
        edges.add(e1_6);
        edges.add(e2_3);
        edges.add(e2_4);
        edges.add(e3_4);
        edges.add(e3_6);
        edges.add(e5_6);
        edges.add(e4_5);
        edges.add(e1_7);
        edges.add(e1_8);
    }

    final Graph<Integer> graph = new Graph<Integer>(
            verticies, edges);
```

```
    }

    @Order(1)
    @Test
    void testBreadthFirstTraversal() {
        final UndirectedGraph undirected = new UndirectedGraph();

        final Graph.Vertex<Integer>[] result =

                GraphBreadthFirstTraversal
                        .breadthFirstTraversal(
                                undirected.graph,
                                undirected.v2);

        assertTrue(result[0].getValue() == 2);
        assertTrue(result[1].getValue() == 1);
        assertTrue(result[2].getValue() == 3);
        assertTrue(result[3].getValue() == 4);
        assertTrue(result[4].getValue() == 6);
        assertTrue(result[5].getValue() == 7);
        assertTrue(result[6].getValue() == 8);
        assertTrue(result[7].getValue() == 5);


    }

}
```

上述示例遍历结果如下：

```
2, 1, 3, 4, 6, 7, 8, 5
```

13.5 实战：实现图的深度优先遍历

本节介绍如何实现图的深度优先遍历。

13.5.1　实现深度优先遍历

深度优先遍历实现如下：

```
package com.waylau.java.demo.datastructure;

import java.util.ArrayList;
import java.util.HashMap;
import java.util.List;
```

```java
import java.util.Map;
import java.util.Stack;
import com.waylau.java.demo.datastructure.Graph.Edge;
import com.waylau.java.demo.datastructure.Graph.Vertex;

public class GraphDepthFirstTraversal {
    @SuppressWarnings("unchecked")
    public static <T extends Comparable<T>> Graph.Vertex<T>[]
depthFirstTraversal(
            Graph<T> graph,
            Graph.Vertex<T> source) {
        // 用于通过索引查找
        final ArrayList<Vertex<T>> vertices = new ArrayList<Vertex<T>>();

        vertices.addAll(graph.getVertices());

        // 用于通过顶点查找
        final int n = vertices.size();
        final Map<Vertex<T>, Integer> vertexToIndex = new HashMap<Vertex<T>,
        Integer>();

        for (int i = 0; i < n; i++) {
            final Vertex<T> v = vertices.get(i);
            vertexToIndex.put(v, i);
        }

        // 邻接矩阵
        final byte[][] adj = new byte[n][n];
        for (int i = 0; i < n; i++) {
            final Vertex<T> v = vertices.get(i);
            final int idx = vertexToIndex.get(v);
            final byte[] array = new byte[n];
            adj[idx] = array;
            final List<Edge<T>> edges = v.getEdges();

            for (Edge<T> e : edges)
                array[vertexToIndex
                        .get(e.getToVertex())] = 1;
        }

        // visited 用于记录访问过的顶点，初始值都是 -1
        final byte[] visited = new byte[n];

        for (int i = 0; i < visited.length; i++) {
            visited[i] = -1;
        }

        // 返回的结果
        final Graph.Vertex<T>[] arr = new Graph.Vertex[n];
```

```
    // source 为遍历的起点
    Vertex<T> element = source;

    int c = 0;
    int i = vertexToIndex.get(element);
    int k = 0;
    visited[i] = 1;
    arr[k] = element;

    k++;

    final Stack<Vertex<T>> stack = new Stack<Vertex<T>>();
    stack.push(source);

    while (!stack.isEmpty()) {
        element = stack.peek();
        c = vertexToIndex.get(element);
        i = 0;

        while (i < n) {
            if (adj[c][i] == 1 && visited[i] == -1) {
                final Vertex<T> v = vertices.get(i);
                stack.push(v);
                visited[i] = 1;
                element = v;

                c = vertexToIndex.get(element);
                i = 0;

                arr[k] = v;
                k++;

                continue;
            }

            i++;
        }

        stack.pop();
    }

    return arr;
}
}
```

深度优先遍历本质是通过栈来实现的。

13.5.2 测试深度优先遍历

本测试案例中构建了图 13-20 所示的无向图 UndirectedGraph。

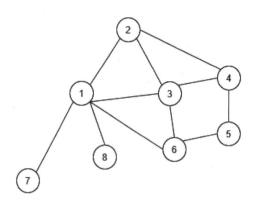

图 13-20　无向图 UndirectedGraph

深度优先遍历测试用例如下：

```
package com.waylau.java.demo.datastructure;

import java.util.List;

import org.junit.jupiter.api.MethodOrderer;
import org.junit.jupiter.api.Order;
import org.junit.jupiter.api.Test;
import org.junit.jupiter.api.TestMethodOrder;

import static org.junit.jupiter.api.Assertions.assertTrue;

import java.util.ArrayList;

import com.waylau.java.demo.datastructure.Graph.Edge;
import com.waylau.java.demo.datastructure.Graph.Vertex;

@TestMethodOrder(MethodOrderer.OrderAnnotation.class)
class GraphDepthFirstTraversalTests {
    // 无向图
    private static class UndirectedGraph {
        final List<Vertex<Integer>> verticies = new ArrayList<Vertex<Integer>>();
        final Graph.Vertex<Integer> v1 = new Graph.Vertex<Integer>(1);
        final Graph.Vertex<Integer> v2 = new Graph.Vertex<Integer>(2);
        final Graph.Vertex<Integer> v3 = new Graph.Vertex<Integer>(3);
        final Graph.Vertex<Integer> v4 = new Graph.Vertex<Integer>(4);
        final Graph.Vertex<Integer> v5 = new Graph.Vertex<Integer>(5);
        final Graph.Vertex<Integer> v6 = new Graph.Vertex<Integer>(6);
        final Graph.Vertex<Integer> v7 = new Graph.Vertex<Integer>(7);
        final Graph.Vertex<Integer> v8 = new Graph.Vertex<Integer>(8);
        {
```

```
        verticies.add(v1);
        verticies.add(v2);
        verticies.add(v3);
        verticies.add(v4);
        verticies.add(v5);
        verticies.add(v6);
        verticies.add(v7);
        verticies.add(v8);
    }

    final List<Edge<Integer>> edges = new ArrayList<Edge<Integer>>();
    final Graph.Edge<Integer> e1_2 = new Graph.Edge<Integer>(7, v1, v2);
    final Graph.Edge<Integer> e1_3 = new Graph.Edge<Integer>(9, v1, v3);
    final Graph.Edge<Integer> e1_6 = new Graph.Edge<Integer>(14, v1, v6);
    final Graph.Edge<Integer> e2_3 = new Graph.Edge<Integer>(10, v2, v3);
    final Graph.Edge<Integer> e2_4 = new Graph.Edge<Integer>(15, v2, v4);
    final Graph.Edge<Integer> e3_4 = new Graph.Edge<Integer>(11, v3, v4);
    final Graph.Edge<Integer> e3_6 = new Graph.Edge<Integer>(2, v3, v6);
    final Graph.Edge<Integer> e5_6 = new Graph.Edge<Integer>(9, v5, v6);
    final Graph.Edge<Integer> e4_5 = new Graph.Edge<Integer>(6, v4, v5);
    final Graph.Edge<Integer> e1_7 = new Graph.Edge<Integer>(1, v1, v7);
    final Graph.Edge<Integer> e1_8 = new Graph.Edge<Integer>(1, v1, v8);
    {
        edges.add(e1_2);
        edges.add(e1_3);
        edges.add(e1_6);
        edges.add(e2_3);
        edges.add(e2_4);
        edges.add(e3_4);
        edges.add(e3_6);
        edges.add(e5_6);
        edges.add(e4_5);
        edges.add(e1_7);
        edges.add(e1_8);
    }

    final Graph<Integer> graph = new Graph<Integer>(
            verticies, edges);
}

@Order(1)
@Test
void testDepthFirstTraversal() {
    final UndirectedGraph undirected = new UndirectedGraph();

    final Graph.Vertex<Integer>[] result = GraphDepthFirstTraversal.
    depthFirstTraversal(undirected.graph, undirected.v2);

    assertTrue(result[0].getValue() == 2);
    assertTrue(result[1].getValue() == 1);
```

```
        assertTrue(result[2].getValue() == 3);
        assertTrue(result[3].getValue() == 4);
        assertTrue(result[4].getValue() == 5);
        assertTrue(result[5].getValue() == 6);
        assertTrue(result[6].getValue() == 7);
        assertTrue(result[7].getValue() == 8);
    }
}
```

上述示例遍历结果如下：

```
2, 1, 3, 4, 5, 6, 7, 8
```

13.6 图的Dijkstra算法实现

本节介绍图的 Dijkstra 算法实现。

13.6.1　实现Dijkstra算法

Dijkstra 算法实现如下：

```
package com.waylau.java.demo.datastructure;

import java.util.ArrayList;
import java.util.Collection;
import java.util.HashMap;
import java.util.Map;
import java.util.Queue;
import java.util.List;
import java.util.PriorityQueue;

public class GraphDijkstra {

    private GraphDijkstra() {

    }

    public static Map<Graph.Vertex<Integer>, Graph.CostPathPair<Integer>>
     getShortestPaths(
            Graph<Integer> graph,
            Graph.Vertex<Integer> start) {
        final Map<Graph.Vertex<Integer>, List<Graph.Edge<Integer>>> paths =
                new HashMap<Graph.Vertex<Integer>, List<Graph.Edge<Integer>>>();
        final Map<Graph.Vertex<Integer>, Graph.CostVertexPair<Integer>> costs =
```

```
                new HashMap<Graph.Vertex<Integer>, Graph.CostVertexPair
                    <Integer>>();

        getShortestPath(graph, start, null, paths, costs);

        final Map<Graph.Vertex<Integer>, Graph.CostPathPair<Integer>> map =
                new HashMap<Graph.Vertex<Integer>, Graph.CostPathPair
                    <Integer>>();

        for (Graph.CostVertexPair<Integer> pair : costs.values()) {
            int cost = pair.getCost();

            Graph.Vertex<Integer> vertex = pair.getVertex();
            List<Graph.Edge<Integer>> path = paths.get(vertex);

            map.put(vertex, new Graph.CostPathPair<Integer>(cost, path));
        }

        return map;
}

public static Graph.CostPathPair<Integer> getShortestPath(
        Graph<Integer> graph,
        Graph.Vertex<Integer> start,
        Graph.Vertex<Integer> end) {

    if (graph == null) {
        throw (new NullPointerException(
                "Graph must be non-NULL."));
    }

    // Dijkstra 的算法只适用于权值是正的图
    final boolean hasNegativeEdge = checkForNegativeEdges(
            graph.getVertices());

    if (hasNegativeEdge) {
        throw (new IllegalArgumentException(
                "Negative cost Edges are not allowed."));
    }

    final Map<Graph.Vertex<Integer>, List<Graph.Edge<Integer>>> paths =
            new HashMap<Graph.Vertex<Integer>, List<Graph.Edge
                <Integer>>>();

    final Map<Graph.Vertex<Integer>, Graph.CostVertexPair<Integer>> costs =
            new HashMap<Graph.Vertex<Integer>, Graph.CostVertexPair
                <Integer>>();

    return getShortestPath(graph, start, end, paths, costs);
```

```
    }

    private static Graph.CostPathPair<Integer> getShortestPath(
            Graph<Integer> graph,
            Graph.Vertex<Integer> start,
            Graph.Vertex<Integer> end,
            Map<Graph.Vertex<Integer>, List<Graph.Edge<Integer>>> paths,
            Map<Graph.Vertex<Integer>, Graph.CostVertexPair<Integer>> costs) {

        if (graph == null) {
            throw (new NullPointerException(
                    "Graph must be non-NULL."));
        }

        if (start == null) {
            throw (new NullPointerException(
                    "start must be non-NULL."));
        }

        // Dijkstra 算法只适用于权值是正的图
        boolean hasNegativeEdge = checkForNegativeEdges(
                graph.getVertices());

        if (hasNegativeEdge) {
            throw (new IllegalArgumentException(
                    "Negative cost Edges are not allowed."));
        }

        for (Graph.Vertex<Integer> v : graph
                .getVertices()) {
            paths.put(v,
                    new ArrayList<Graph.Edge<Integer>>());
        }

        for (Graph.Vertex<Integer> v : graph
                .getVertices()) {

            if (v.equals(start)) {
                costs.put(v,
                        new Graph.CostVertexPair<Integer>(0,
                                v));
            } else {
                costs.put(v,
                        new Graph.CostVertexPair<Integer>(
                                Integer.MAX_VALUE, v));
            }

        }
```

```
final Queue<Graph.CostVertexPair<Integer>> unvisited =
    new PriorityQueue<Graph.CostVertexPair<Integer>>();
unvisited.add(costs.get(start));

while (!unvisited.isEmpty()) {
    final Graph.CostVertexPair<Integer> pair = unvisited
            .remove();

    final Graph.Vertex<Integer> vertex = pair
            .getVertex();

    // Compute costs from current vertex to all reachable vertices
    // which haven't
    // been visited
    for (Graph.Edge<Integer> e : vertex
            .getEdges()) {

        final Graph.CostVertexPair<Integer> toPair = costs
                .get(e.getToVertex()); // O(1)

        final Graph.CostVertexPair<Integer> lowestCostToThisVertex = costs
                .get(vertex); // O(1)

        final int cost = lowestCostToThisVertex
                .getCost() + e.getCost();

        if (toPair.getCost() == Integer.MAX_VALUE) {
            // Haven't seen this vertex yet
            // Need to remove the pair and re-insert, so the priority
            // queue keeps it's
            // invariants
            unvisited.remove(toPair); // O(n)
            toPair.setCost(cost);
            unvisited.add(toPair); // O(log n)

            // Update the paths
            List<Graph.Edge<Integer>> set = paths
                    .get(e.getToVertex()); // O(log n)

            set.addAll(
                    paths.get(e.getFromVertex())); // O(log n)

            set.add(e);
        } else if (cost < toPair.getCost()) {
            // Found a shorter path to a reachable vertex
            // Need to remove the pair and re-insert, so the priority
            // queue keeps it's
            // invariants
            unvisited.remove(toPair); // O(n)
```

```
                    toPair.setCost(cost);
                    unvisited.add(toPair); // O(log n)

                    // Update the paths
                    List<Graph.Edge<Integer>> set = paths
                            .get(e.getToVertex()); // O(log n)
                    set.clear();
                    set.addAll(
                            paths.get(e.getFromVertex())); // O(log n)
                    set.add(e);
                }
            }

            // Termination conditions
            if (end != null && vertex.equals(end)) {
                // We are looking for shortest path to a specific vertex,
                // we found it
                break;
            }
        }

        if (end != null) {
            final Graph.CostVertexPair<Integer> pair = costs
                    .get(end);
            final List<Graph.Edge<Integer>> set = paths
                    .get(end);
            return (new Graph.CostPathPair<Integer>(
                    pair.getCost(), set));
        }

        return null;
    }

    private static boolean checkForNegativeEdges(
            Collection<Graph.Vertex<Integer>> vertitices) {
        for (Graph.Vertex<Integer> v : vertitices) {
            for (Graph.Edge<Integer> e : v.getEdges()) {
                if (e.getCost() < 0) {
                    return true;
                }
            }
        }

        return false;
    }
}
```

Dijkstra 算法的实现原理已经在前面章节做了介绍，这里不再赘述。

13.6.2　测试Dijkstra算法

本测试案例中构建了图 13-21 所示的无向图 UndirectedGraph 和图 13-22 所示的有向图 DirectedGraph。

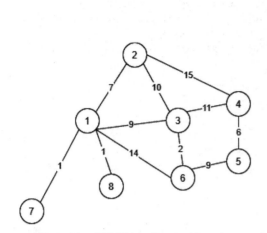

图 13-21　无向图 UndirectedGraph

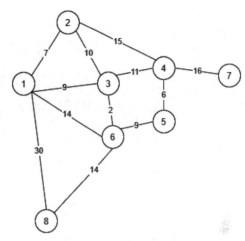

图 13-22　有向图 DirectedGraph

Dijkstra 算法测试用例如下：

```java
package com.waylau.java.demo.datastructure;

import java.util.List;
import java.util.Map;

import org.junit.jupiter.api.MethodOrderer;
import org.junit.jupiter.api.Order;
import org.junit.jupiter.api.Test;
import org.junit.jupiter.api.TestMethodOrder;

import static org.junit.jupiter.api.Assertions.assertNotNull;
import static org.junit.jupiter.api.Assertions.assertTrue;

import java.util.ArrayList;
import java.util.HashMap;

import com.waylau.java.demo.datastructure.Graph.Edge;
import com.waylau.java.demo.datastructure.Graph.Vertex;

/**
 * Graph Dijkstra Tests
 *
 * @since 1.0.0 2020 年 10 月 28 日
 * @author <a href="https://waylau.com">Way Lau</a>
 */
@TestMethodOrder(MethodOrderer.OrderAnnotation.class)
class GraphDijkstraTests {
```

```java
// 无向图
private static class UndirectedGraph {
    final List<Vertex<Integer>> verticies = new ArrayList<Vertex<Integer>>();
    final Graph.Vertex<Integer> v1 = new Graph.Vertex<Integer>(1);
    final Graph.Vertex<Integer> v2 = new Graph.Vertex<Integer>(2);
    final Graph.Vertex<Integer> v3 = new Graph.Vertex<Integer>(3);
    final Graph.Vertex<Integer> v4 = new Graph.Vertex<Integer>(4);
    final Graph.Vertex<Integer> v5 = new Graph.Vertex<Integer>(5);
    final Graph.Vertex<Integer> v6 = new Graph.Vertex<Integer>(6);
    final Graph.Vertex<Integer> v7 = new Graph.Vertex<Integer>(7);
    final Graph.Vertex<Integer> v8 = new Graph.Vertex<Integer>(8);
    {
        verticies.add(v1);
        verticies.add(v2);
        verticies.add(v3);
        verticies.add(v4);
        verticies.add(v5);
        verticies.add(v6);
        verticies.add(v7);
        verticies.add(v8);
    }

    final List<Edge<Integer>> edges = new ArrayList<Edge<Integer>>();
    final Graph.Edge<Integer> e1_2 = new Graph.Edge<Integer>(7, v1, v2);
    final Graph.Edge<Integer> e1_3 = new Graph.Edge<Integer>(9, v1, v3);
    final Graph.Edge<Integer> e1_6 = new Graph.Edge<Integer>(14, v1, v6);
    final Graph.Edge<Integer> e2_3 = new Graph.Edge<Integer>(10, v2, v3);
    final Graph.Edge<Integer> e2_4 = new Graph.Edge<Integer>(15, v2, v4);
    final Graph.Edge<Integer> e3_4 = new Graph.Edge<Integer>(11, v3, v4);
    final Graph.Edge<Integer> e3_6 = new Graph.Edge<Integer>(2, v3, v6);
    final Graph.Edge<Integer> e5_6 = new Graph.Edge<Integer>(9, v5, v6);
    final Graph.Edge<Integer> e4_5 = new Graph.Edge<Integer>(6, v4, v5);
    final Graph.Edge<Integer> e1_7 = new Graph.Edge<Integer>(1, v1, v7);
    final Graph.Edge<Integer> e1_8 = new Graph.Edge<Integer>(1, v1, v8);
    {
        edges.add(e1_2);
        edges.add(e1_3);
        edges.add(e1_6);
        edges.add(e2_3);
        edges.add(e2_4);
        edges.add(e3_4);
        edges.add(e3_6);
        edges.add(e5_6);
        edges.add(e4_5);
        edges.add(e1_7);
        edges.add(e1_8);
    }

    final Graph<Integer> graph = new Graph<Integer>(
            verticies, edges);
```

```
}

// 有向图
private static class DirectedGraph {
    final List<Vertex<Integer>> verticies = new ArrayList<Vertex<Integer>>();
    final Graph.Vertex<Integer> v1 = new Graph.Vertex<Integer>(1);
    final Graph.Vertex<Integer> v2 = new Graph.Vertex<Integer>(2);
    final Graph.Vertex<Integer> v3 = new Graph.Vertex<Integer>(3);
    final Graph.Vertex<Integer> v4 = new Graph.Vertex<Integer>(4);
    final Graph.Vertex<Integer> v5 = new Graph.Vertex<Integer>(5);
    final Graph.Vertex<Integer> v6 = new Graph.Vertex<Integer>(6);
    final Graph.Vertex<Integer> v7 = new Graph.Vertex<Integer>(7);
    final Graph.Vertex<Integer> v8 = new Graph.Vertex<Integer>(8);
    {
        verticies.add(v1);
        verticies.add(v2);
        verticies.add(v3);
        verticies.add(v4);
        verticies.add(v5);
        verticies.add(v6);
        verticies.add(v7);
        verticies.add(v8);
    }

    final List<Edge<Integer>> edges = new ArrayList<Edge<Integer>>();
    final Graph.Edge<Integer> e1_2 = new Graph.Edge<Integer>(7, v1, v2);
    final Graph.Edge<Integer> e1_3 = new Graph.Edge<Integer>(9, v1, v3);
    final Graph.Edge<Integer> e1_6 = new Graph.Edge<Integer>(14, v1, v6);
    final Graph.Edge<Integer> e2_3 = new Graph.Edge<Integer>(10, v2, v3);
    final Graph.Edge<Integer> e2_4 = new Graph.Edge<Integer>(15, v2, v4);
    final Graph.Edge<Integer> e3_4 = new Graph.Edge<Integer>(11, v3, v4);
    final Graph.Edge<Integer> e3_6 = new Graph.Edge<Integer>(2, v3, v6);
    final Graph.Edge<Integer> e6_5 = new Graph.Edge<Integer>(9, v6, v5);
    final Graph.Edge<Integer> e6_8 = new Graph.Edge<Integer>(14, v6, v8);
    final Graph.Edge<Integer> e4_5 = new Graph.Edge<Integer>(6, v4, v5);
    final Graph.Edge<Integer> e4_7 = new Graph.Edge<Integer>(16, v4, v7);
    final Graph.Edge<Integer> e1_8 = new Graph.Edge<Integer>(30, v1, v8);
    {
        edges.add(e1_2);
        edges.add(e1_3);
        edges.add(e1_6);
        edges.add(e2_3);
        edges.add(e2_4);
        edges.add(e3_4);
        edges.add(e3_6);
        edges.add(e6_5);
        edges.add(e6_8);
        edges.add(e4_5);
        edges.add(e4_7);
        edges.add(e1_8);
```

```
        }

        final Graph<Integer> graph = new Graph<Integer>(
                Graph.TYPE.DIRECTED, verticies, edges);
    }

    @Order(1)
    @Test
    void testDijkstraUndirected() {
        final UndirectedGraph undirected = new UndirectedGraph();
        final Graph.Vertex<Integer> start = undirected.v1;
        final Graph.Vertex<Integer> end = undirected.v5;
        { // UNDIRECTED GRAPH
            final Map<Graph.Vertex<Integer>, Graph.CostPathPair<Integer>> map1 =
             GraphDijkstra.getShortestPaths(undirected.graph, start);

            // Compare results
            for (Graph.Vertex<Integer> v : map1.keySet()) {
                final Graph.CostPathPair<Integer> path1 = map1.get(v);
                final Graph.CostPathPair<Integer> path2 = getIdealUndirectedPath(
                        undirected).get(v);
                assertTrue(path1.equals(path2));
            }

            final Graph.CostPathPair<Integer> pair1 = GraphDijkstra.getShortestPath
                    (undirected.graph, start, end);
            assertNotNull(pair1);
            assertTrue(
                    pair1.equals(getIdealUndirectedPathPair(undirected)));
        }
    }

    @Order(2)
    @Test
    void testDijkstraDirected() {
        final DirectedGraph directed = new DirectedGraph();
        final Graph.Vertex<Integer> start = directed.v1;
        final Graph.Vertex<Integer> end = directed.v5;
        final Map<Graph.Vertex<Integer>, Graph.CostPathPair<Integer>> map1 =
         GraphDijkstra.getShortestPaths(directed.graph, start);

        // Compare results
        for (Graph.Vertex<Integer> v : map1.keySet()) {
            final Graph.CostPathPair<Integer> path1 = map1.get(v);
            final Graph.CostPathPair<Integer> path2 = getIdealDirectedPath(
                    directed).get(v);
            assertTrue(path1.equals(path2));
        }

        final Graph.CostPathPair<Integer> pair1 = GraphDijkstra.getShortestPath
```

```
                (directed.graph, start, end);
        assertNotNull(pair1);


        // Compare pair
        assertTrue(
                pair1.equals(getIdealPathPair(directed)));
}

// Ideal undirected path
private Map<Graph.Vertex<Integer>, Graph.CostPathPair<Integer>>
 getIdealUndirectedPath(
        UndirectedGraph undirected) {
    final HashMap<Graph.Vertex<Integer>, Graph.CostPathPair<Integer>>
    idealUndirectedPath =
        new HashMap<Graph.Vertex<Integer>, Graph.CostPathPair<Integer>>();
    {
        final int cost = 11;
        final List<Graph.Edge<Integer>> list = new ArrayList<Graph.Edge
         <Integer>>();
        list.add(undirected.e1_3);
        list.add(undirected.e3_6);
        final Graph.CostPathPair<Integer> path = new Graph.CostPathPair
         <Integer>(cost, list);
        idealUndirectedPath.put(undirected.v6, path);
    }
    {
        final int cost = 20;
        final List<Graph.Edge<Integer>> list = new ArrayList<Graph.Edge
         <Integer>>();
        list.add(undirected.e1_3);
        list.add(undirected.e3_6);
        list.add(new Graph.Edge<Integer>(9,
                undirected.v6, undirected.v5));
        final Graph.CostPathPair<Integer> path = new Graph.CostPathPair
         <Integer>(cost, list);
        idealUndirectedPath.put(undirected.v5, path);
    }
    {
        final int cost = 9;
        final List<Graph.Edge<Integer>> list = new ArrayList<Graph.Edge
         <Integer>>();
        list.add(undirected.e1_3);
        final Graph.CostPathPair<Integer> path = new Graph.CostPathPair
         <Integer>(cost, list);
        idealUndirectedPath.put(undirected.v3, path);
    }
    {
        final int cost = 20;
        final List<Graph.Edge<Integer>> list = new ArrayList<Graph.Edge
         <Integer>>();
```

```
            list.add(undirected.e1_3);
            list.add(undirected.e3_4);
            final Graph.CostPathPair<Integer> path = new Graph.CostPathPair
              <Integer>(cost, list);
            idealUndirectedPath.put(undirected.v4, path);
        }
        {
            final int cost = 7;
            final List<Graph.Edge<Integer>> list = new ArrayList<Graph.Edge
              <Integer>>();
            list.add(undirected.e1_2);
            final Graph.CostPathPair<Integer> path = new Graph.CostPathPair
              <Integer>(cost, list);
            idealUndirectedPath.put(undirected.v2, path);
        }
        {
            final int cost = 0;
            final List<Graph.Edge<Integer>> list = new ArrayList<Graph.Edge
              <Integer>>();
            final Graph.CostPathPair<Integer> path = new Graph.CostPathPair
              <Integer>(cost, list);
            idealUndirectedPath.put(undirected.v1, path);
        }
        {
            final int cost = 1;
            final List<Graph.Edge<Integer>> list = new ArrayList<Graph.Edge
              <Integer>>();
            list.add(undirected.e1_7);
            final Graph.CostPathPair<Integer> path = new Graph.CostPathPair
              <Integer>(cost, list);
            idealUndirectedPath.put(undirected.v7, path);
        }
        {
            final int cost = 1;
            final List<Graph.Edge<Integer>> list = new ArrayList<Graph.Edge
              <Integer>>();
            list.add(undirected.e1_8);
            final Graph.CostPathPair<Integer> path = new Graph.CostPathPair
              <Integer>(cost, list);
            idealUndirectedPath.put(undirected.v8, path);
        }
        return idealUndirectedPath;
    }

    // Ideal directed path
    private Map<Graph.Vertex<Integer>, Graph.CostPathPair<Integer>>
      getIdealDirectedPath(
            DirectedGraph directed) {
        final Map<Graph.Vertex<Integer>, Graph.CostPathPair<Integer>>
        idealDirectedPath =
```

```
                    new HashMap<Graph.Vertex<Integer>, Graph.CostPathPair<Integer>>();
{
    final int cost = 11;
    final List<Graph.Edge<Integer>> list = new ArrayList<Graph.Edge
     <Integer>>();
    list.add(directed.e1_3);
    list.add(directed.e3_6);
    final Graph.CostPathPair<Integer> path = new Graph.CostPathPair
     <Integer>(cost, list);
    idealDirectedPath.put(directed.v6, path);
}
{

    final int cost = 20;
    final List<Graph.Edge<Integer>> list = new ArrayList<Graph.Edge
     <Integer>>();
    list.add(directed.e1_3);
    list.add(directed.e3_6);
    list.add(new Graph.Edge<Integer>(9, directed.v6,directed.v5));
    final Graph.CostPathPair<Integer> path = new Graph.CostPathPair
     <Integer>(cost, list);
    idealDirectedPath.put(directed.v5, path);
}
{
    final int cost = 36;
    final List<Graph.Edge<Integer>> list = new ArrayList<Graph.Edge
     <Integer>>();
    list.add(directed.e1_3);
    list.add(directed.e3_4);
    list.add(directed.e4_7);
    final Graph.CostPathPair<Integer> path = new Graph.CostPathPair
     <Integer>(cost, list);
    idealDirectedPath.put(directed.v7, path);
}
{

    final int cost = 9;
    final List<Graph.Edge<Integer>> list = new ArrayList<Graph.Edge
     <Integer>>();
    list.add(directed.e1_3);
    final Graph.CostPathPair<Integer> path = new Graph.CostPathPair
     <Integer>(cost, list);
    idealDirectedPath.put(directed.v3, path);
}
{
    final int cost = 20;
    final List<Graph.Edge<Integer>> list = new ArrayList<Graph.Edge
     <Integer>>();
    list.add(directed.e1_3);
    list.add(directed.e3_4);
    final Graph.CostPathPair<Integer> path = new Graph.CostPathPair
```

```
        <Integer>(cost, list);
        idealDirectedPath.put(directed.v4, path);
    }
    {
        final int cost = 7;
        final List<Graph.Edge<Integer>> list = new ArrayList<Graph.Edge
         <Integer>>();
        list.add(directed.e1_2);
        final Graph.CostPathPair<Integer> path = new Graph.CostPathPair
         <Integer>(cost, list);
        idealDirectedPath.put(directed.v2, path);
    }
    {
        final int cost = 0;
        final List<Graph.Edge<Integer>> list = new ArrayList<Graph.Edge
         <Integer>>();
        final Graph.CostPathPair<Integer> path = new Graph.CostPathPair
         <Integer>(cost, list);
        idealDirectedPath.put(directed.v1, path);
    }
    {
        final int cost = 25;
        final List<Graph.Edge<Integer>> list = new ArrayList<Graph.Edge
         <Integer>>();
        list.add(directed.e1_3);
        list.add(directed.e3_6);
        list.add(directed.e6_8);
        final Graph.CostPathPair<Integer> path = new Graph.CostPathPair
         <Integer>(cost, list);
        idealDirectedPath.put(directed.v8, path);
    }
    return idealDirectedPath;
}

// Ideal undirected PathPair
private Graph.CostPathPair<Integer> getIdealUndirectedPathPair(
        UndirectedGraph undirected) {
    final int cost = 20;
    final List<Graph.Edge<Integer>> list = new ArrayList<Graph.Edge
     <Integer>>();
    list.add(undirected.e1_3);
    list.add(undirected.e3_6);
    list.add(new Graph.Edge<Integer>(9, undirected.v6, undirected.v5));
    return (new Graph.CostPathPair<Integer>(cost, list));
}

// Ideal directed Path Pair
private Graph.CostPathPair<Integer> getIdealPathPair(
        DirectedGraph directed) {
```

```
        final int cost = 20;
        final List<Graph.Edge<Integer>> list = new ArrayList<Graph.Edge
         <Integer>>();
        list.add(directed.e1_3);
        list.add(directed.e3_6);
        list.add(new Graph.Edge<Integer>(9, directed.v6, directed.v5));
        return (new Graph.CostPathPair<Integer>(cost, list));
    }

}
```

上述用例，无论是无向图还是有向图，从 1 到 5，Dijkstra 算法查找所得最短路径结果都如下：

```
1->3->6->5
```

13.7 图的Kruskal算法实现

本节介绍图的 Kruskal 算法实现。

13.7.1　实现Kruskal算法

Kruskal 算法实现如下：

```
package com.waylau.java.demo.datastructure;

import java.util.ArrayList;
import java.util.HashMap;
import java.util.HashSet;
import java.util.List;
import java.util.PriorityQueue;

public class GraphKruskal {
    private GraphKruskal() {
    }

    public static Graph.CostPathPair<Integer> getMinimumSpanningTree(
            Graph<Integer> graph) {
        if (graph == null) {
            throw (new NullPointerException(
                    "Graph must be non-NULL."));
        }

        // Kruskal 算法只适用于无向图
        if (graph.getType() == Graph.TYPE.DIRECTED)
```

```
            throw (new IllegalArgumentException(
                    "Undirected graphs only."));
        int cost = 0;
        final List<Graph.Edge<Integer>> path = new ArrayList<Graph.Edge
         <Integer>>();

        // 准备数据，以存储给定顶点的树的部分
        HashMap<Graph.Vertex<Integer>, HashSet<Graph.Vertex<Integer>>>
         membershipMap =
                new HashMap<Graph.Vertex<Integer>, HashSet<Graph.
                 Vertex<Integer>>>();

        for (Graph.Vertex<Integer> v : graph
                .getVertices()) {
            HashSet<Graph.Vertex<Integer>> set = new HashSet<Graph.Vertex
             <Integer>>();
            set.add(v);
            membershipMap.put(v, set);
        }

        // 把边排成队列来考虑所有边，从权值最低的边开始
        PriorityQueue<Graph.Edge<Integer>> edgeQueue = new PriorityQueue
         <Graph.Edge<Integer>>(
                graph.getEdges());

        while (!edgeQueue.isEmpty()) {
            Graph.Edge<Integer> edge = edgeQueue.poll();
            // 如果从顶点和到顶点来自树的不同部分，则将此边添加到结果和并集顶点的部分
            if (!isTheSamePart(edge.getFromVertex(),
                    edge.getToVertex(), membershipMap)) {
                union(edge.getFromVertex(),
                        edge.getToVertex(), membershipMap);
                path.add(edge);
                cost += edge.getCost();
            }
        }

        return (new Graph.CostPathPair<Integer>(cost,path));
    }

    private static boolean is TheSamePart(
            Graph.Vertex<Integer> v1,
            Graph.Vertex<Integer> v2,

            HashMap<Graph.Vertex<Integer>, HashSet<Graph.Vertex<Integer>>>
             membershipMap) {
        return membershipMap.get(v1) == membershipMap.get(v2);
    }
```

```
private static void union(Graph.Vertex<Integer> v1,
        Graph.Vertex<Integer> v2,
        HashMap<Graph.Vertex<Integer>, HashSet<Graph.Vertex<Integer>>>
         membershipMap) {
    HashSet<Graph.Vertex<Integer>> firstSet = membershipMap.get(v1);
            // 第一个 set 最大

    HashSet<Graph.Vertex<Integer>> secondSet = membershipMap.get(v2);

    // 因为想把较小的集合包含在较大的集合中，所以第二集合不能大于第一集合
    if (secondSet.size() > firstSet.size()) {
        HashSet<Graph.Vertex<Integer>> tempSet = firstSet;
        firstSet = secondSet;
        secondSet = tempSet;
    }

    // 从较小的集合改变每个顶点的成员
    for (Graph.Vertex<Integer> v : secondSet) {
        membershipMap.put(v, firstSet);
    }

    // 把所有顶点从小集加到大集
    firstSet.addAll(secondSet);
    }
}
```

Kruskal 算法的实现原理已经在前面章节做了介绍，这里不再赘述。

13.7.2　测试Kruskal算法

本测试案例中构建了图 13-23 所示的无向图 UndirectedGraph。

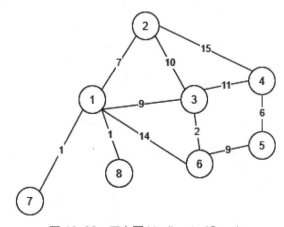

图 13-23　无向图 UndirectedGraph

Kruskal 算法测试用例如下：

```java
package com.waylau.java.demo.datastructure;

import java.util.List;
import java.util.Map;

import org.junit.jupiter.api.MethodOrderer;
import org.junit.jupiter.api.Order;
import org.junit.jupiter.api.Test;
import org.junit.jupiter.api.TestMethodOrder;

import static org.junit.jupiter.api.Assertions.assertNotNull;
import static org.junit.jupiter.api.Assertions.assertTrue;

import java.util.ArrayList;
import java.util.HashMap;

import com.waylau.java.demo.datastructure.Graph.Edge;
import com.waylau.java.demo.datastructure.Graph.Vertex;

@TestMethodOrder(MethodOrderer.OrderAnnotation.class)
class GraphKruskalTests {
    // 无向图
    private static class UndirectedGraph {
        final List<Vertex<Integer>> verticies = new ArrayList<Vertex<Integer>>();
        final Graph.Vertex<Integer> v1 = new Graph.Vertex<Integer>(1);
        final Graph.Vertex<Integer> v2 = new Graph.Vertex<Integer>(2);
        final Graph.Vertex<Integer> v3 = new Graph.Vertex<Integer>(3);
        final Graph.Vertex<Integer> v4 = new Graph.Vertex<Integer>(4);
        final Graph.Vertex<Integer> v5 = new Graph.Vertex<Integer>(5);
        final Graph.Vertex<Integer> v6 = new Graph.Vertex<Integer>(6);
        final Graph.Vertex<Integer> v7 = new Graph.Vertex<Integer>(7);
        final Graph.Vertex<Integer> v8 = new Graph.Vertex<Integer>(8);
        {
            verticies.add(v1);
            verticies.add(v2);
            verticies.add(v3);
            verticies.add(v4);
            verticies.add(v5);
            verticies.add(v6);
            verticies.add(v7);
            verticies.add(v8);
        }

        final List<Edge<Integer>> edges = new ArrayList<Edge<Integer>>();
        final Graph.Edge<Integer> e1_2 = new Graph.Edge<Integer>(7, v1, v2);
        final Graph.Edge<Integer> e1_3 = new Graph.Edge<Integer>(9, v1, v3);
        final Graph.Edge<Integer> e1_6 = new Graph.Edge<Integer>(14, v1, v6);
        final Graph.Edge<Integer> e2_3 = new Graph.Edge<Integer>(10, v2, v3);
```

```
        final Graph.Edge<Integer> e2_4 = new Graph.Edge<Integer>(15, v2, v4);
        final Graph.Edge<Integer> e3_4 = new Graph.Edge<Integer>(11, v3, v4);
        final Graph.Edge<Integer> e3_6 = new Graph.Edge<Integer>(2, v3, v6);
        final Graph.Edge<Integer> e5_6 = new Graph.Edge<Integer>(9, v5, v6);
        final Graph.Edge<Integer> e4_5 = new Graph.Edge<Integer>(6, v4, v5);
        final Graph.Edge<Integer> e1_7 = new Graph.Edge<Integer>(1, v1, v7);
        final Graph.Edge<Integer> e1_8 = new Graph.Edge<Integer>(1, v1, v8);
        {
            edges.add(e1_2);
            edges.add(e1_3);
            edges.add(e1_6);
            edges.add(e2_3);
            edges.add(e2_4);
            edges.add(e3_4);
            edges.add(e3_6);
            edges.add(e5_6);
            edges.add(e4_5);
            edges.add(e1_7);
            edges.add(e1_8);
        }

        final Graph<Integer> graph = new Graph<Integer>(
                verticies, edges);
    }

    // 有向图
    private static class DirectedGraph {
        final List<Vertex<Integer>> verticies = new ArrayList<Vertex<Integer>>();
        final Graph.Vertex<Integer> v1 = new Graph.Vertex<Integer>(1);
        final Graph.Vertex<Integer> v2 = new Graph.Vertex<Integer>(2);
        final Graph.Vertex<Integer> v3 = new Graph.Vertex<Integer>(3);
        final Graph.Vertex<Integer> v4 = new Graph.Vertex<Integer>(4);
        final Graph.Vertex<Integer> v5 = new Graph.Vertex<Integer>(5);
        final Graph.Vertex<Integer> v6 = new Graph.Vertex<Integer>(6);
        final Graph.Vertex<Integer> v7 = new Graph.Vertex<Integer>(7);
        final Graph.Vertex<Integer> v8 = new Graph.Vertex<Integer>(8);
        {
            verticies.add(v1);
            verticies.add(v2);
            verticies.add(v3);
            verticies.add(v4);
            verticies.add(v5);
            verticies.add(v6);
            verticies.add(v7);
            verticies.add(v8);
        }

        final List<Edge<Integer>> edges = new ArrayList<Edge<Integer>>();
        final Graph.Edge<Integer> e1_2 = new Graph.Edge<Integer>(7, v1, v2);
```

```java
        final Graph.Edge<Integer> e1_3 = new Graph.Edge<Integer>(9, v1, v3);
        final Graph.Edge<Integer> e1_6 = new Graph.Edge<Integer>(14, v1, v6);
        final Graph.Edge<Integer> e2_3 = new Graph.Edge<Integer>(10, v2, v3);
        final Graph.Edge<Integer> e2_4 = new Graph.Edge<Integer>(15, v2, v4);
        final Graph.Edge<Integer> e3_4 = new Graph.Edge<Integer>(11, v3, v4);
        final Graph.Edge<Integer> e3_6 = new Graph.Edge<Integer>(2, v3, v6);
        final Graph.Edge<Integer> e6_5 = new Graph.Edge<Integer>(9, v6, v5);
        final Graph.Edge<Integer> e6_8 = new Graph.Edge<Integer>(14, v6, v8);
        final Graph.Edge<Integer> e4_5 = new Graph.Edge<Integer>(6, v4, v5);
        final Graph.Edge<Integer> e4_7 = new Graph.Edge<Integer>(16, v4, v7);
        final Graph.Edge<Integer> e1_8 = new Graph.Edge<Integer>(30, v1, v8);
        {
            edges.add(e1_2);
            edges.add(e1_3);
            edges.add(e1_6);
            edges.add(e2_3);
            edges.add(e2_4);
            edges.add(e3_4);
            edges.add(e3_6);
            edges.add(e6_5);
            edges.add(e6_8);
            edges.add(e4_5);
            edges.add(e4_7);
            edges.add(e1_8);
        }

        final Graph<Integer> graph = new Graph<Integer>(
                Graph.TYPE.DIRECTED, verticies, edges);
    }

    @Order(1)
    @Test
    void testKruskalUndirected() {
        final UndirectedGraph undirected = new UndirectedGraph();
        final Graph.Vertex<Integer> start = undirected.v1;
        final Graph.Vertex<Integer> end = undirected.v5;
        { // UNDIRECTED GRAPH
            final Map<Graph.Vertex<Integer>, Graph.CostPathPair<Integer>> map1 =
            GraphKruskal.getShortestPaths
                    (undirected.graph, start);

            // Compare results
            for (Graph.Vertex<Integer> v : map1.keySet()) {
                final Graph.CostPathPair<Integer> path1 = map1.get(v);
                final Graph.CostPathPair<Integer> path2 = getIdealUndirectedPath(
                        undirected).get(v);
                assertTrue(path1.equals(path2));
            }
```

```java
        final Graph.CostPathPair<Integer> pair1 = GraphKruskal
                .getShortestPath(undirected.graph,
                        start, end);
        assertNotNull(pair1);
        assertTrue(
                pair1.equals(getIdealUndirectedPathPair(
                        undirected)));
    }
}

@Order(2)
@Test
void testKruskalDirected() {
    final DirectedGraph directed = new DirectedGraph();
    final Graph.Vertex<Integer> start = directed.v1;
    final Graph.Vertex<Integer> end = directed.v5;
    final Map<Graph.Vertex<Integer>, Graph.CostPathPair<Integer>> map1 =
     GraphKruskal.getShortestPaths(directed.graph, start);

    // Compare results
    for (Graph.Vertex<Integer> v : map1.keySet()) {
        final Graph.CostPathPair<Integer> path1 = map1.get(v);
        final Graph.CostPathPair<Integer> path2 = getIdealDirectedPath(
                directed).get(v);
        assertTrue(path1.equals(path2));
    }

    final Graph.CostPathPair<Integer> pair1 = GraphKruskal.getShortestPath
            (directed.graph, start, end);
    assertNotNull(pair1);

    // Compare pair
    assertTrue(
            pair1.equals(getIdealPathPair(directed)));
}

// Ideal undirected path
private Map<Graph.Vertex<Integer>, Graph.CostPathPair<Integer>>
 getIdealUndirectedPath(
        UndirectedGraph undirected) {
    final HashMap<Graph.Vertex<Integer>, Graph.CostPathPair<Integer>>
     idealUndirectedPath =
        new HashMap<Graph.Vertex<Integer>, Graph.CostPathPair<Integer>>();
    {
        final int cost = 11;
        final List<Graph.Edge<Integer>> list = new ArrayList<Graph.Edge
         <Integer>>();
        list.add(undirected.e1_3);
        list.add(undirected.e3_6);
        final Graph.CostPathPair<Integer> path = new Graph.CostPathPair
```

```
        <Integer>(cost, list);
        idealUndirectedPath.put(undirected.v6, path);
    }
    {
        final int cost = 20;
        final List<Graph.Edge<Integer>> list = new ArrayList<Graph.Edge
            <Integer>>();
        list.add(undirected.e1_3);
        list.add(undirected.e3_6);
        list.add(new Graph.Edge<Integer>(9,undirected.v6, undirected.v5));
        final Graph.CostPathPair<Integer> path = new Graph.CostPathPair
            <Integer>(cost, list);
        idealUndirectedPath.put(undirected.v5, path);
    }
    {
        final int cost = 9;
        final List<Graph.Edge<Integer>> list = new ArrayList<Graph.Edge
            <Integer>>();
        list.add(undirected.e1_3);
        final Graph.CostPathPair<Integer> path = new Graph.CostPathPair
            <Integer>(cost, list);
        idealUndirectedPath.put(undirected.v3, path);
    }
    {
        final int cost = 20;
        final List<Graph.Edge<Integer>> list = new ArrayList<Graph.Edge
            <Integer>>();
        list.add(undirected.e1_3);
        list.add(undirected.e3_4);
        final Graph.CostPathPair<Integer> path = new Graph.CostPathPair
            <Integer>(cost, list);
        idealUndirectedPath.put(undirected.v4, path);
    }
    {
        final int cost = 7;
        final List<Graph.Edge<Integer>> list = new ArrayList<Graph.Edge
            <Integer>>();
        list.add(undirected.e1_2);
        final Graph.CostPathPair<Integer> path = new Graph.CostPathPair
            <Integer>(cost, list);
        idealUndirectedPath.put(undirected.v2, path);
    }
    {
        final int cost = 0;
        final List<Graph.Edge<Integer>> list = new ArrayList<Graph.Edge
            <Integer>>();
        final Graph.CostPathPair<Integer> path = new Graph.CostPathPair
            <Integer>(cost, list);
        idealUndirectedPath.put(undirected.v1, path);
```

```
    }
    {
        final int cost = 1;
        final List<Graph.Edge<Integer>> list = new ArrayList<Graph.Edge
         <Integer>>();
        list.add(undirected.e1_7);
        final Graph.CostPathPair<Integer> path = new Graph.CostPathPair
         <Integer>(cost, list);
        idealUndirectedPath.put(undirected.v7, path);
    }
    {
        final int cost = 1;
        final List<Graph.Edge<Integer>> list = new ArrayList<Graph.Edge
         <Integer>>();
        list.add(undirected.e1_8);
        final Graph.CostPathPair<Integer> path = new Graph.CostPathPair
         <Integer>(cost, list);
        idealUndirectedPath.put(undirected.v8, path);
    }
    return idealUndirectedPath;
}

// Ideal directed path
private Map<Graph.Vertex<Integer>, Graph.CostPathPair<Integer>>
 getIdealDirectedPath(
        DirectedGraph directed) {
    final Map<Graph.Vertex<Integer>, Graph.CostPathPair<Integer>>
    idealDirectedPath =
        new HashMap<Graph.Vertex<Integer>, Graph.CostPathPair<Integer>>();
    {
        final int cost = 11;
        final List<Graph.Edge<Integer>> list = new ArrayList<Graph.Edge
         <Integer>>();
        list.add(directed.e1_3);
        list.add(directed.e3_6);
        final Graph.CostPathPair<Integer> path = new Graph.CostPathPair
         <Integer>(cost, list);
        idealDirectedPath.put(directed.v6, path);
    }
    {
        final int cost = 20;
        final List<Graph.Edge<Integer>> list = new ArrayList<Graph.Edge
         <Integer>>();
        list.add(directed.e1_3);
        list.add(directed.e3_6);
        list.add(new Graph.Edge<Integer>(9, directed.v6, directed.v5));
        final Graph.CostPathPair<Integer> path = new Graph.CostPathPair
         <Integer>(cost, list);
        idealDirectedPath.put(directed.v5, path);
```

```
    }
    {
        final int cost = 36;
        final List<Graph.Edge<Integer>> list = new ArrayList<Graph.Edge
         <Integer>>();
        list.add(directed.e1_3);
        list.add(directed.e3_4);
        list.add(directed.e4_7);
        final Graph.CostPathPair<Integer> path = new Graph.CostPathPair
         <Integer>(cost, list);
        idealDirectedPath.put(directed.v7, path);
    }
    {

        final int cost = 9;
        final List<Graph.Edge<Integer>> list = new ArrayList<Graph.Edge
         <Integer>>();
        list.add(directed.e1_3);
        final Graph.CostPathPair<Integer> path = new Graph.CostPathPair
         <Integer>(cost, list);
        idealDirectedPath.put(directed.v3, path);
    }
    {

        final int cost = 20;
        final List<Graph.Edge<Integer>> list = new ArrayList<Graph.Edge
         <Integer>>();
        list.add(directed.e1_3);
        list.add(directed.e3_4);
        final Graph.CostPathPair<Integer> path = new Graph.CostPathPair
         <Integer>(cost, list);
        idealDirectedPath.put(directed.v4, path);
    }
    {

        final int cost = 7;
        final List<Graph.Edge<Integer>> list = new ArrayList<Graph.Edge
         <Integer>>();
        list.add(directed.e1_2);
        final Graph.CostPathPair<Integer> path = new Graph.CostPathPair
         <Integer>(cost, list);
        idealDirectedPath.put(directed.v2, path);
    }
    {

        final int cost = 0;
        final List<Graph.Edge<Integer>> list = new ArrayList<Graph.Edge
         <Integer>>();
        final Graph.CostPathPair<Integer> path = new Graph.CostPathPair
         <Integer>(cost, list);
        idealDirectedPath.put(directed.v1, path);
    }
    {
```

```
            final int cost = 25;
            final List<Graph.Edge<Integer>> list = new ArrayList<Graph.Edge
             <Integer>>();
            list.add(directed.e1_3);
            list.add(directed.e3_6);
            list.add(directed.e6_8);
            final Graph.CostPathPair<Integer> path = new Graph.CostPathPair
             <Integer>(cost, list);
            idealDirectedPath.put(directed.v8, path);
        }
        return idealDirectedPath;
    }

    // Ideal undirected PathPair
    private Graph.CostPathPair<Integer> getIdealUndirectedPathPair(
            UndirectedGraph undirected) {
        final int cost = 20;
        final List<Graph.Edge<Integer>> list = new ArrayList<Graph.Edge
         <Integer>>();
        list.add(undirected.e1_3);
        list.add(undirected.e3_6);
        list.add(new Graph.Edge<Integer>(9, undirected.v6, undirected.v5));
        return (new Graph.CostPathPair<Integer>(cost, list));
    }

    // Ideal directed Path Pair
    private Graph.CostPathPair<Integer> getIdealPathPair(
            DirectedGraph directed) {
        final int cost = 20;
        final List<Graph.Edge<Integer>> list = new ArrayList<Graph.Edge
         <Integer>>();
        list.add(directed.e1_3);
        list.add(directed.e3_6);
        list.add(new Graph.Edge<Integer>(9, directed.v6, directed.v5));
        return (new Graph.CostPathPair<Integer>(cost, list));
    }

}
```

上述测试用例输出结果如下：

```
Cost = 35
    [ 1() ] -> [ 7() ] = 1
    [ 1() ] -> [ 8() ] = 1
    [ 3() ] -> [ 6() ] = 2
    [ 4() ] -> [ 5() ] = 6
    [ 1() ] -> [ 2() ] = 7
    [ 1() ] -> [ 3() ] = 9
    [ 5() ] -> [ 6() ] = 9
```

13.8 图的A星算法实现

本节介绍图的 A 星算法实现。

A 星算法是 A 星搜寻算法的俗称，是比较流行的启发式搜索算法之一，被广泛应用于路径优化领域。它的独特之处是在检查最短路径中每个可能的节点时引入了全局信息，对当前节点到终点的距离做出估计，并作为评价该节点处于最短路线上的可能性的量度。

A 星算法在游戏里有着广泛的应用。

13.8.1 A星算法原理

在游戏中应用 A 星算法时，地图会被划分为若干大小相同的方格，这些方格就是寻路的基本单元。

在确定了寻路的开始点、结束点的情况下，假定每个方块都有一个 F 值，该值代表在当前路线下选择走该方块的代价。A 星算法的思路很简单：从开始点，每一步都选择代价最小的格子走，直到达到结束点。图 13-24 就是一个 A 星算法的具体实现。

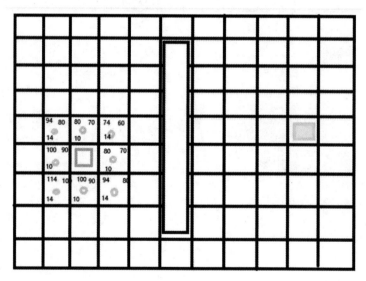

图 13-24　A 星算法

A 星算法的核心就是计算 F 值，公式如下：

$$F = G + H$$

其中：

（1） F 代表方块的总移动代价。

（2） G 代表开始点到当前方块的移动代价。

（3）H 代表当前方块到结束点的预估移动代价。

以下详细解释该公式，方便读者更好地理解它。

1. 计算 G 值

假设现在处在某一格子，邻近有 8 个格子可走，当往上、下、左、右这四个格子走时，移动代价为 10；当往左上、左下、右上、右下这四个格子走时，移动代价为 14，即走斜线的移动代价为走直线的 1.4 倍。这就是 G 值最基本的计算方式。

计算 G 值的基本公式如下：

$$G = 移动代价$$

当然，根据实际需要，G 值的计算可以进行拓展，如加上地形因素对寻路的影响等。格子地形不同，那么选择通过不同地形格子，移动代价肯定不同。同一段路，平地地形和丘陵地形虽然都可以走，但平地地形显然更易走。

可以给不同地形赋予不同代价因子，来体现出 G 值的差异。例如，给平地地形设置代价因子为 1，丘陵地形为 2，在移动代价相同情况下，平地地形的 G 值更低，因此算法就会倾向选择 G 值更小的平地地形。

因此，计算 G 值的拓展公式如下：

$$G = 移动代价 \times 代价因子$$

2. 计算 H 值

很显然，在只知道当前点、结束点，不知道这两者路径的情况下，无法精确地确定 H 值大小，而只能进行预估。有多种方式可以预估 H 值，如曼哈顿距离、欧式距离、对角线估价。其中，最常用最简单的方法就是使用曼哈顿距离进行预估，公式如下：

H ＝ 当前方块到结束点的水平距离 ＋ 当前方块到结束点的垂直距离

A 星算法之所以被认为是具有启发策略的算法，是因为其可通过预估 H 值降低走弯路的可能性，更容易找到一条更短的路径。其他不具有启发策略的算法没有做预估处理，只是穷举出所有可通行路径，然后从中挑选一条最短的路径。这也是 A 星算法效率更高的原因。

3. 计算每个方块的 G 值、H 值

每个方块的 G 值、H 值的计算公式如下：

$$G 值 = 父节点的 G 值 + 父节点到当前点的移动代价$$
$$H 值 = 当前点到结束点的曼哈顿距离$$

4. 两个列表

最后，A 星算法还需要用到两个列表：①开放列表，用于记录所有可考虑选择的格子；②封闭列表，用于记录所有不再考虑的格子。

13.8.2　A星算法过程

以上就是要完成 A 星算法所需要的内容，而算法的过程本身其实并不复杂。

A 星算法过程如下。

（1）将开始点记录为当前点 P。

（2）将当前点 P 放入封闭列表。

（3）搜寻点 P 所有邻近点，假如某邻近点没有在开放列表或封闭列表中，则计算出该邻近点的 F 值，并设父节点为 P，然后将其放入开放列表。

（4）判断开放列表是否已空，如果没有，则说明在达到结束点前已经找完了所有可能的路径点，寻路失败，算法结束；否则继续。

（5）从开放列表拿出一个 F 值最小的点，作为寻路路径的下一步。

（6）判断该点是否为结束点，如果是，则寻路成功，算法结束；否则继续。

（7）将该点设为当前点 P，跳回步骤（3）。

13.8.3　实现A星算法

A 星算法实现如下：

```java
package com.waylau.java.demo.datastructure;

import java.util.ArrayList;
import java.util.Collections;
import java.util.Comparator;
import java.util.HashMap;
import java.util.HashSet;
import java.util.List;
import java.util.Map;
import java.util.Set;

import com.waylau.java.demo.datastructure.Graph.Edge;
import com.waylau.java.demo.datastructure.Graph.Vertex;

public class GraphAStar<T extends Comparable<T>> {
    public GraphAStar() {

    }

    /**
     * 从开始点到结束点使用 A* 算法查找路径，如果不存在路径，则返回 NULL
     *
     * @param graph Graph to search.
     * @param start Start vertex.
     * @param goal  Goal vertex.
```

```
 *
 * @return 从开始点到结束点边的列表，如果不存在，则返回 NULL
 */
public List<Graph.Edge<T>> aStar(Graph<T> graph,
        Graph.Vertex<T> start, Graph.Vertex<T> goal) {
    final int size = graph.getVertices().size();
        // 用于适当调整数据结构的大小
    final Set<Graph.Vertex<T>> closedSet = new HashSet<Graph.Vertex<T>>(
            size); // 已评估的节点集
    final List<Graph.Vertex<T>> openSet = new ArrayList<Graph.Vertex<T>>(
            size); // 要评估的暂定节点的集合，最初包含起始节点
    openSet.add(start);
    final Map<Graph.Vertex<T>, Graph.Vertex<T>> cameFrom =
        new HashMap<Graph.Vertex<T>, Graph.Vertex<T>>(size); // 导航节点
    final Map<Graph.Vertex<T>, Integer> gScore =
        new HashMap<Graph.Vertex<T>, Integer>();
        // 从开始沿最知名的路径的权值
    gScore.put(start, 0);

    // 从开始到目标 y 的估计总权值
    final Map<Graph.Vertex<T>, Integer> fScore =
        new HashMap<Graph.Vertex<T>, Integer>();
    for (Graph.Vertex<T> v : graph.getVertices()) {
        fScore.put(v, Integer.MAX_VALUE);
    }

    fScore.put(start,
            heuristicCostEstimate(start, goal));

    final Comparator<Graph.Vertex<T>> comparator =
        new Comparator<Graph.Vertex<T>>() {
        /**
         * {@inheritDoc}
         */
        @Override
        public int compare(Vertex<T> o1, Vertex<T> o2) {
            if (fScore.get(o1) < fScore.get(o2)) {
                return -1;
            }

            if (fScore.get(o2) < fScore.get(o1)) {
                return 1;
            }

            return 0;
        }
    };

    while (!openSet.isEmpty()) {
        final Graph.Vertex<T> current = openSet.get(0);
```

427

```
        if (current.equals(goal)) {
            return reconstructPath(cameFrom, goal);
        }

        openSet.remove(0);
        closedSet.add(current);

        for (Graph.Edge<T> edge : current.getEdges()) {
            final Graph.Vertex<T> neighbor = edge
                    .getToVertex();

            if (closedSet.contains(neighbor)) {
                continue; // 忽略已评估的
            }

            final int tenativeGScore = gScore
                    .get(current)
                    + distanceBetween(current,
                            neighbor); // 路径长度

            if (!openSet.contains(neighbor)) {
                openSet.add(neighbor); // 发现新节点
            } else if (tenativeGScore >= gScore
                    .get(neighbor)) {
                continue;
            }

            // 这条路径到现在为止是最好的，记录下来
            cameFrom.put(neighbor, current);
            gScore.put(neighbor, tenativeGScore);
            final int estimatedFScore = gScore
                    .get(neighbor)
                    + heuristicCostEstimate(neighbor,
                            goal);

            fScore.put(neighbor, estimatedFScore);

            // fScore 改变，需要重新排序
            Collections.sort(openSet, comparator);
        }
    }

    return null;
}

/**
 * 默认距离为边的权值。如果开始和下一个之间没有边，则返回 Integer.MAX_VALUE
 */
protected int distanceBetween(Graph.Vertex<T> start,
        Graph.Vertex<T> next) {
```

```
    for (Edge<T> e : start.getEdges()) {
        if (e.getToVertex().equals(next)) {
            return e.getCost();
        }
    }

    return Integer.MAX_VALUE;
}

/**
 * 默认每个顶点的权值为1
 */
protected int heuristicCostEstimate(
        Graph.Vertex<T> start, Graph.Vertex<T> goal) {
    return 1;
}

private List<Graph.Edge<T>> reconstructPath(
        Map<Graph.Vertex<T>, Graph.Vertex<T>> cameFrom,
        Graph.Vertex<T> current) {

    final List<Graph.Edge<T>> totalPath = new ArrayList<Graph.Edge<T>>();

    while (current != null) {
        final Graph.Vertex<T> previous = current;
        current = cameFrom.get(current);

        if (current != null) {
            final Graph.Edge<T> edge = current
                    .getEdge(previous);
            totalPath.add(edge);
        }

    }

    Collections.reverse(totalPath);

    return totalPath;
}

}
```

A 星算法的实现原理已经在 13.8.1 节做了介绍，这里不再赘述。

13.8.4　测试A星算法

本测试案例中构建了图 13-25 所示的无向图 UndirectedGraph 和图 13-26 所示的有向图 DirectedGraph。

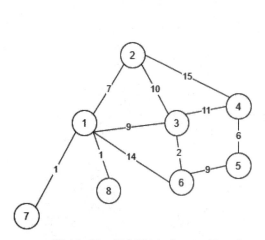

图 13-25　无向图 UndirectedGraph

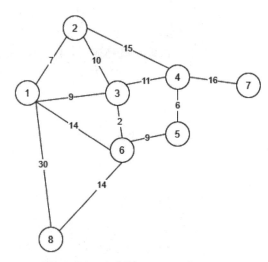

图 13-26　有向图 DirectedGraph

A 星算法测试用例如下：

```
package com.waylau.java.demo.datastructure;

import static org.junit.jupiter.api.Assertions.assertTrue;

import java.util.ArrayList;
import java.util.HashMap;
import java.util.List;
import java.util.Map;

import org.junit.jupiter.api.MethodOrderer;
import org.junit.jupiter.api.Order;
import org.junit.jupiter.api.Test;
import org.junit.jupiter.api.TestMethodOrder;

import com.waylau.java.demo.datastructure.Graph.Edge;
import com.waylau.java.demo.datastructure.Graph.Vertex;


@TestMethodOrder(MethodOrderer.OrderAnnotation.class)
class GraphAStarTests {
    // 无向图
    private static class UndirectedGraph {
        final List<Vertex<Integer>> verticies = new ArrayList<Vertex<Integer>>();
        final Graph.Vertex<Integer> v1 = new Graph.Vertex<Integer>(1);
        final Graph.Vertex<Integer> v2 = new Graph.Vertex<Integer>(2);
        final Graph.Vertex<Integer> v3 = new Graph.Vertex<Integer>(3);
        final Graph.Vertex<Integer> v4 = new Graph.Vertex<Integer>(4);
        final Graph.Vertex<Integer> v5 = new Graph.Vertex<Integer>(5);
        final Graph.Vertex<Integer> v6 = new Graph.Vertex<Integer>(6);
        final Graph.Vertex<Integer> v7 = new Graph.Vertex<Integer>(7);
```

```
    final Graph.Vertex<Integer> v8 = new Graph.Vertex<Integer>(8);
    {
        verticies.add(v1);
        verticies.add(v2);
        verticies.add(v3);
        verticies.add(v4);
        verticies.add(v5);
        verticies.add(v6);
        verticies.add(v7);
        verticies.add(v8);
    }

    final List<Edge<Integer>> edges = new ArrayList<Edge<Integer>>();
    final Graph.Edge<Integer> e1_2 = new Graph.Edge<Integer>(7, v1, v2);
    final Graph.Edge<Integer> e1_3 = new Graph.Edge<Integer>(9, v1, v3);
    final Graph.Edge<Integer> e1_6 = new Graph.Edge<Integer>(14, v1, v6);
    final Graph.Edge<Integer> e2_3 = new Graph.Edge<Integer>(10, v2, v3);
    final Graph.Edge<Integer> e2_4 = new Graph.Edge<Integer>(15, v2, v4);
    final Graph.Edge<Integer> e3_4 = new Graph.Edge<Integer>(11, v3, v4);
    final Graph.Edge<Integer> e3_6 = new Graph.Edge<Integer>(2, v3, v6);
    final Graph.Edge<Integer> e5_6 = new Graph.Edge<Integer>(9, v5, v6);
    final Graph.Edge<Integer> e4_5 = new Graph.Edge<Integer>(6, v4, v5);
    final Graph.Edge<Integer> e1_7 = new Graph.Edge<Integer>(1, v1, v7);
    final Graph.Edge<Integer> e1_8 = new Graph.Edge<Integer>(1, v1, v8);
    {
        edges.add(e1_2);
        edges.add(e1_3);
        edges.add(e1_6);
        edges.add(e2_3);
        edges.add(e2_4);
        edges.add(e3_4);
        edges.add(e3_6);
        edges.add(e5_6);
        edges.add(e4_5);
        edges.add(e1_7);
        edges.add(e1_8);
    }

    final Graph<Integer> graph = new Graph<Integer>(verticies, edges);
}

// 有向图
private static class DirectedGraph {
    final List<Vertex<Integer>> verticies = new ArrayList<Vertex<Integer>>();
    final Graph.Vertex<Integer> v1 = new Graph.Vertex<Integer>(1);
    final Graph.Vertex<Integer> v2 = new Graph.Vertex<Integer>(2);
    final Graph.Vertex<Integer> v3 = new Graph.Vertex<Integer>(3);
    final Graph.Vertex<Integer> v4 = new Graph.Vertex<Integer>(4);
    final Graph.Vertex<Integer> v5 = new Graph.Vertex<Integer>(5);
```

```java
        final Graph.Vertex<Integer> v6 = new Graph.Vertex<Integer>(6);
        final Graph.Vertex<Integer> v7 = new Graph.Vertex<Integer>(7);
        final Graph.Vertex<Integer> v8 = new Graph.Vertex<Integer>(8);
        {
            verticies.add(v1);
            verticies.add(v2);
            verticies.add(v3);
            verticies.add(v4);
            verticies.add(v5);
            verticies.add(v6);
            verticies.add(v7);
            verticies.add(v8);
        }

        final List<Edge<Integer>> edges = new ArrayList<Edge<Integer>>();
        final Graph.Edge<Integer> e1_2 = new Graph.Edge<Integer>(7, v1, v2);
        final Graph.Edge<Integer> e1_3 = new Graph.Edge<Integer>(9, v1, v3);
        final Graph.Edge<Integer> e1_6 = new Graph.Edge<Integer>(14, v1, v6);
        final Graph.Edge<Integer> e2_3 = new Graph.Edge<Integer>(10, v2, v3);
        final Graph.Edge<Integer> e2_4 = new Graph.Edge<Integer>(15, v2, v4);
        final Graph.Edge<Integer> e3_4 = new Graph.Edge<Integer>(11, v3, v4);
        final Graph.Edge<Integer> e3_6 = new Graph.Edge<Integer>(2, v3, v6);
        final Graph.Edge<Integer> e6_5 = new Graph.Edge<Integer>(9, v6, v5);
        final Graph.Edge<Integer> e6_8 = new Graph.Edge<Integer>(14, v6, v8);
        final Graph.Edge<Integer> e4_5 = new Graph.Edge<Integer>(6, v4, v5);
        final Graph.Edge<Integer> e4_7 = new Graph.Edge<Integer>(16, v4, v7);
        final Graph.Edge<Integer> e1_8 = new Graph.Edge<Integer>(30, v1, v8);
        {
            edges.add(e1_2);
            edges.add(e1_3);
            edges.add(e1_6);
            edges.add(e2_3);
            edges.add(e2_4);
            edges.add(e3_4);
            edges.add(e3_6);
            edges.add(e6_5);
            edges.add(e6_8);
            edges.add(e4_5);
            edges.add(e4_7);
            edges.add(e1_8);
        }

        final Graph<Integer> graph = new Graph<Integer>(
                Graph.TYPE.DIRECTED, verticies, edges);
    }

    @Order(1)
    @Test
    void testAStarUndirected() {
```

```java
        final UndirectedGraph undirected = new UndirectedGraph();
        final Graph.Vertex<Integer> start = undirected.v1;
        final Graph.Vertex<Integer> end = undirected.v8;
        { // UNDIRECTED GRAPH
            final GraphAStar<Integer> aStar = new GraphAStar<Integer>();
            final List<Graph.Edge<Integer>> path = aStar
                    .aStar(undirected.graph, start, end);
            final List<Graph.Edge<Integer>> ideal = getIdealUndirectedPath(
                    undirected).get(end).getPath();
            assertTrue(path.equals(ideal));
        }
    }

    @Order(2)
    @Test
    void testAStarDirected() {
        final DirectedGraph directed = new DirectedGraph();
        final Graph.Vertex<Integer> start = directed.v1;
        final Graph.Vertex<Integer> end = directed.v8;
        { // DIRECTED GRAPH
            final GraphAStar<Integer> aStar = new GraphAStar<Integer>();
            final List<Graph.Edge<Integer>> path = aStar
                    .aStar(directed.graph, start, end);
            final List<Graph.Edge<Integer>> ideal = getIdealDirectedPath(
                    directed).get(end).getPath();
            assertTrue(path.equals(ideal));
        }
    }

    // Ideal undirected path
    private Map<Graph.Vertex<Integer>, Graph.CostPathPair<Integer>>
     getIdealUndirectedPath(
            UndirectedGraph undirected) {
        final HashMap<Graph.Vertex<Integer>, Graph.CostPathPair<Integer>>
        idealUndirectedPath =
            new HashMap<Graph.Vertex<Integer>, Graph.CostPathPair<Integer>>();
        {
            final int cost = 11;
            final List<Graph.Edge<Integer>> list = new ArrayList<Graph.Edge
             <Integer>>();
            list.add(undirected.e1_3);
            list.add(undirected.e3_6);
            final Graph.CostPathPair<Integer> path = new Graph.CostPathPair
             <Integer>(cost, list);
            idealUndirectedPath.put(undirected.v6, path);
        }
        {
            final int cost = 20;
            final List<Graph.Edge<Integer>> list = new ArrayList<Graph.Edge
```

```
        <Integer>>();
    list.add(undirected.e1_3);
    list.add(undirected.e3_6);
    list.add(new Graph.Edge<Integer>(9,
            undirected.v6, undirected.v5));
    final Graph.CostPathPair<Integer> path = new Graph.CostPathPair
     <Integer>(cost, list);
    idealUndirectedPath.put(undirected.v5, path);
}
{
    final int cost = 9;
    final List<Graph.Edge<Integer>> list = new ArrayList<Graph.Edge
     <Integer>>();
    list.add(undirected.e1_3);
    final Graph.CostPathPair<Integer> path = new Graph.CostPathPair
     <Integer>(cost, list);
    idealUndirectedPath.put(undirected.v3, path);
}
{
    final int cost = 20;
    final List<Graph.Edge<Integer>> list = new ArrayList<Graph.Edge
     <Integer>>();
    list.add(undirected.e1_3);
    list.add(undirected.e3_4);
    final Graph.CostPathPair<Integer> path = new Graph.CostPathPair
     <Integer>(cost, list);
    idealUndirectedPath.put(undirected.v4, path);
}
{
    final int cost = 7;
    final List<Graph.Edge<Integer>> list = new ArrayList<Graph.Edge
     <Integer>>();
    list.add(undirected.e1_2);
    final Graph.CostPathPair<Integer> path = new Graph.CostPathPair
     <Integer>(cost, list);
    idealUndirectedPath.put(undirected.v2, path);
}
{
    final int cost = 0;
    final List<Graph.Edge<Integer>> list = new ArrayList<Graph.Edge
     <Integer>>();
    final Graph.CostPathPair<Integer> path = new Graph.CostPathPair
     <Integer>(cost, list);
    idealUndirectedPath.put(undirected.v1, path);
}
{
    final int cost = 1;
    final List<Graph.Edge<Integer>> list = new ArrayList<Graph.Edge
     <Integer>>();
```

```
        list.add(undirected.e1_7);
        final Graph.CostPathPair<Integer> path = new Graph.CostPathPair
         <Integer>(cost, list);
        idealUndirectedPath.put(undirected.v7, path);
    }
    {
        final int cost = 1;
        final List<Graph.Edge<Integer>> list = new ArrayList<Graph.Edge
         <Integer>>();
        list.add(undirected.e1_8);
        final Graph.CostPathPair<Integer> path = new Graph.CostPathPair
         <Integer>(cost, list);
        idealUndirectedPath.put(undirected.v8, path);
    }
    return idealUndirectedPath;
}

// Ideal directed path
private Map<Graph.Vertex<Integer>, Graph.CostPathPair<Integer>>
 getIdealDirectedPath(
        DirectedGraph directed) {
    final Map<Graph.Vertex<Integer>, Graph.CostPathPair<Integer>>
     idealDirectedPath =
        new HashMap<Graph.Vertex<Integer>, Graph.CostPathPair<Integer>>();
    {
        final int cost = 11;
        final List<Graph.Edge<Integer>> list = new ArrayList<Graph.Edge
         <Integer>>();
        list.add(directed.e1_3);
        list.add(directed.e3_6);
        final Graph.CostPathPair<Integer> path = new Graph.CostPathPair
         <Integer>(cost, list);
        idealDirectedPath.put(directed.v6, path);
    }
    {
        final int cost = 20;
        final List<Graph.Edge<Integer>> list = new ArrayList<Graph.Edge
         <Integer>>();
        list.add(directed.e1_3);
        list.add(directed.e3_6);
        list.add(new Graph.Edge<Integer>(9, directed.v6, directed.v5));
        final Graph.CostPathPair<Integer> path = new Graph.CostPathPair
         <Integer>(cost, list);
        idealDirectedPath.put(directed.v5, path);
    }
    {
        final int cost = 36;
        final List<Graph.Edge<Integer>> list = new ArrayList<Graph.Edge
         <Integer>>();
        list.add(directed.e1_3);
```

```
            list.add(directed.e3_4);
            list.add(directed.e4_7);
            final Graph.CostPathPair<Integer> path = new Graph.CostPathPair
             <Integer>(cost, list);
            idealDirectedPath.put(directed.v7, path);
        }
        {
            final int cost = 9;
            final List<Graph.Edge<Integer>> list = new ArrayList<Graph.Edge
             <Integer>>();
            list.add(directed.e1_3);
            final Graph.CostPathPair<Integer> path = new Graph.CostPathPair
             <Integer>(cost, list);
            idealDirectedPath.put(directed.v3, path);
        }
        {
            final int cost = 20;
            final List<Graph.Edge<Integer>> list = new ArrayList<Graph.Edge
             <Integer>>();
            list.add(directed.e1_3);
            list.add(directed.e3_4);
            final Graph.CostPathPair<Integer> path = new Graph.CostPathPair
             <Integer>(cost, list);
            idealDirectedPath.put(directed.v4, path);
        }
        {
            final int cost = 7;
            final List<Graph.Edge<Integer>> list = new ArrayList<Graph.Edge
             <Integer>>();
            list.add(directed.e1_2);
            final Graph.CostPathPair<Integer> path = new Graph.CostPathPair
             <Integer>(cost, list);
            idealDirectedPath.put(directed.v2, path);
        }
        {
            final int cost = 0;
            final List<Graph.Edge<Integer>> list = new ArrayList<Graph.Edge
             <Integer>>();
            final Graph.CostPathPair<Integer> path = new Graph.CostPathPair
             <Integer>(cost, list);
            idealDirectedPath.put(directed.v1, path);
        }
        {
            final int cost = 25;
            final List<Graph.Edge<Integer>> list = new ArrayList<Graph.Edge
             <Integer>>();
            list.add(directed.e1_3);
            list.add(directed.e3_6);
            list.add(directed.e6_8);
```

```
        final Graph.CostPathPair<Integer> path = new Graph.CostPathPair
          <Integer>(cost, list);
        idealDirectedPath.put(directed.v8, path);
    }
    return idealDirectedPath;
  }
}
```

上述用例中，无向图 UndirectedGraph 从 1 到 8，A 星算法查找最短路径结果如下：

```
1->8
```

有向图 DirectedGraph 从 1 到 8，A 星算法查找最短路径结果如下：

```
1->3->6->8
```

13.9 总结

本章学习了图，包括图的数据结构和图的实现。

同时，本章通过代码的方式演示了如何实现图的广度优先遍历和深度优先遍历。

本章也介绍了三种基于图的典型算法，包括 Dijkstra 算法、Kruskal 算法及 A 星算法。

13.10 习题

1. 简述图的概念。

2. 列举基于图的典型算法并简述其特点。

第14章
分而治之

从本章开始，将介绍算法的学习。本章介绍算法中最为常用的解题思想——分而治之。

14.1 算法思想及应用场景

分而治之（Divide and Conquer）的方法简称分治法。分治法是一种解决复杂问题的非常实用的策略，其本意是将一个较大的问题分解成若干个小问题，这样每个小问题都能被一一解决，从而最终将大问题解决。

在计算机科学中，分治法也是一种很重要的算法。把一个复杂的问题分成两个或更多的相同或相似的子问题，再把子问题分成更小的子问题……直到最后子问题可以简单地直接求解，原问题的解即子问题的解的合并。该技巧是很多高效算法的基础，如排序算法（快速排序、归并排序）、傅里叶变换（快速傅里叶变换）等。

14.1.1 基本思想及策略

分治法的设计思想是：将一个难以直接解决的大问题分割成一些规模较小的相同问题，以便各个击破，分而治之。

分治策略是对于一个规模为 n 的问题，若该问题可以容易地解决（如规模 n 较小），则直接解决；否则将其分解为 k 个规模较小的子问题，这些子问题互相独立且与原问题形式相同，递归地解决这些子问题，然后将各子问题的解合并得到原问题的解。这种算法设计策略即称为分治法。

如果原问题可分割成 k 个子问题，$1 < k \le n$，且这些子问题都可解并可利用这些子问题的解求出原问题的解，那么这种分治法就是可行的。由分治法产生的子问题往往是原问题的较小模式，这就为使用递归技术提供了方便。在这种情况下，反复应用分治手段，可以使子问题与原问题类型一致而规模却不断缩小，最终使子问题缩小到很容易直接求出其解。这自然导致递归过程的产生。分治与递归像是一对孪生兄弟，经常同时应用在算法设计之中，并由此产生许多高效算法。

例如，可使用分治法求解的经典问题有二分搜索、大整数乘法、Strassen 矩阵乘法、棋盘覆盖、合并排序、快速排序、线性时间选择、最接近点对问题、循环赛日程表、汉诺塔。

14.1.2 适用的场景

分治法所能解决的问题一般具有以下几个特征。

（1）该问题的规模缩小到一定程度就可以容易地解决。该特征是绝大多数问题可以满足的，因为问题的计算复杂性一般是随着问题规模的增加而增加的。

（2）该问题可以分解为若干个规模较小的相同问题，即该问题具有最优子结构性质。该特征是应用分治法的前提，同时也是大多数问题可以满足的，此特征反映了递归思想的应用。

（3）利用该问题分解出的子问题的解可以合并为该问题的解。这条特征是关键，能否利用分治法完全取决于问题是否具有该条特征。如果问题具备了第一条和第二条特征，而不具备第三条特征，则可以考虑用贪心法或动态规划法。

（4）该问题分解出的各个子问题是相互独立的，即子问题之间不包含公共的子问题。该条特征涉及分治法的效率，如果各子问题是不独立的，则分治法要做许多不必要的工作，重复地解公共的子问题，此时虽然可用分治法，但一般用动态规划法更好。

分治法的应用范围非常广泛，如 Google 的 MapReduce、JDK 的 Fork/Join 框架无一不是利用分治法来实现大规模数据运算、并行计算。

14.1.3　Fork/Join框架

本小节通过 Fork/Join 框架的使用来理解分治法。

Fork/Join 框架把任务求解分为两个阶段，一个阶段是任务分解，即 fork（类似于 MapReduce 中的 map），就是将任务迭代地分解为子任务，直到子任务可以直接计算出结果；另一个阶段是结果合并，即 join（类似于 MapReduce 中的 reduce），就是逐层合并子任务的执行结果，直到获取最终的结果。图 14-1 所示为 Fork/Join 框架说明。

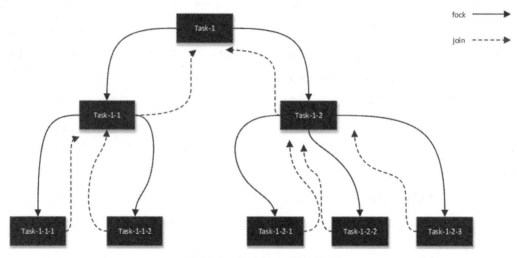

图 14-1　Fork/Join 框架说明

在 Fork/Join 框架里，任务分解后的子任务具有相似性，这种相似性往往体现在任务和子任务的算法是相同的，但是计算的数据规模是不同的。具备这种相似性的问题，我们往往采用递归算法进行求解。

14.1.4　实战：Fork/Join框架的使用

Fork/Join 框架主要包括两部分，一部分是分治任务的线程池 ForkJoinPool，另一部分是分治任务 ForkJoinTask。这两部分的关系类似于 Executor 和 Runnable 的关系，都可以理解为提交任务到线程池，只不过分治任务有自己独特的任务类型 ForkJoinTask。

ForkJoinTask 是一个抽象类，它的执行方法有很多，最核心的是 fork() 方法和 join() 方法，其中 fork() 方法会异步地执行一个子任务，而 join() 方法则会阻塞当前线程等子任务的执行结果。

ForkJoinTask 有两个子类：RecursiveAction 和 RecursiveTask，都是用递归方式处理分治问题，都定义了 compute() 方法。不同的是，前者的 compute() 方法没有返回值，后者有返回值。

1. 一个例子

下面使用 Fork/Join 实现斐波那契数列。

Fibonacci 类是一个用于实现斐波那契数列的任务类。代码如下：

```
package com.waylau.java.demo.algorithm;

import java.util.concurrent.RecursiveTask;

public class Fibonacci extends RecursiveTask<Integer> {
    private static final long serialVersionUID = 1L;

    final int n;

    Fibonacci(int n) {
        this.n = n;
    }

    protected Integer compute() {
        if (n <= 1) {
            return n;
        }

        Fibonacci f1 = new Fibonacci(n - 1);

        // 创建子任务
        f1.fork();
        Fibonacci f2 = new Fibonacci(n - 2);

        // 等待子任务结果，并合并结果
        return f2.compute() + f1.join();
    }

}
```

Fibonacci 类继承了 RecursiveTask。RecursiveTask 是 Fork/Join 框架的核心类之一。

FibonacciDemo 类是一个完整程序示例。代码如下：

```
package com.waylau.java.demo.algorithm;

import java.util.concurrent.ForkJoinPool;
```

```
public class FibonacciDemo {

    /**
     * @param args
     */
    public static void main(String[] args) {
        // 创建分治任务线程池
        ForkJoinPool fjp = new ForkJoinPool(4);

        // 创建分治任务
        Fibonacci fib = new Fibonacci(30);

        // 启动分治任务
        Integer result = fjp.invoke(fib);

        // 输出结果
        System.out.println(result);
    }

}
```

在上述 FibonacciDemo 类中，通过 ForkJoinPool 线程池的方式来创建多个分治任务。

运行上述程序，最终输出结果为 832040。

由此可以看出使用 ForkJoin 框架的基本模式，具体如下。

（1）定义分治任务 Fibonacci，实现 compute() 方法，在 compute() 方法中使用 fork 创建子任务，使用 join 等待结果，使用 compute 做递归。

（2）创建一个分治任务线程池，计算斐波那契数列的分治任务。

（3）创建分治任务，参数为任务的规模，通过 invoke() 方法将分任务提供给分治任务线程池进行计算。

2. ForkJoinPool的工作原理

Fork/Join 计算的核心组件是 ForkJoinPool，下面介绍 ForkJoinPool 的工作原理。

与 ThreadPoolExecutor 一样，ForkJoinPool 也是一个生产者－消费者模型实现。不同的是，ThreadPoolExecutor 中只有一个任务队列；ForkJoinPool 中有多个任务队列，ForkJoinPool 中的每个线程对应一个任务队列，当通过 invoke() 或 submit() 方法提交任务时，ForkJoinPool 根据一定的路由规则把任务提交到一个任务列表中，如果任务执行过程中创建出子任务，那么子任务会被提交到工作线程对应的任务队列中。

任务队列的路由没有负载均衡机制，join 也会阻塞线程，因此无法保证每个线程的工作量是一样的。ForkJoinPool 使用了任务窃取机制，保证了即使线程对应的任务队列为空，线程也不会空闲。简单来说，就是如果工作线程空闲了，那它可以"窃取"其他工作任务队列中的任务。

ForkJoinPool 中的任务队列采用双端队列，工作线程正常获取任务和"窃取任务"分别从任务队列不同的端消费，这样就可以避免数据竞争。

3. 模拟MapReduce统计单词数量

统计文件中的单词数量一直是 MapReduce 的入门示例，下面使用 Fork/Join 框架实现。

下面的示例程序用一个字符串数组 string[] fc 来模拟文件内容，fc 中的元素和文件中的行数据一一对应。在 compute() 方法里，前半部分数据 fork 一个递归任务去处理 (mr1.fork())，后半部分数据则在当前任务中递归处理 (mr2.compute())。

下面的类 MapReduce 实现了 MapReduce 思想的词频统计功能。代码如下：

```java
package com.waylau.java.demo.algorithm;

import java.util.HashMap;
import java.util.Map;
import java.util.concurrent.RecursiveTask;
public class MapReduce
        extends RecursiveTask<Map<String, Long>> {
    private static final long serialVersionUID = 1L;

    private String[] fc;
    private int start, end;

    // 构造函数
    MapReduce(String[] fc, int fr, int to) {
        this.fc = fc;
        this.start = fr;
        this.end = to;
    }

    @Override
    protected Map<String, Long> compute() {
        if (end - start == 1) {
            return calc(fc[start]);
        } else {
            int mid = (start + end) / 2;
            MapReduce mr1 = new MapReduce(fc, start, mid);
            mr1.fork();
            MapReduce mr2 = new MapReduce(fc, mid, end);

            // 计算子任务，并返回合并的结果
            return merge(mr2.compute(), mr1.join());
        }
    }

    // 合并结果
    private Map<String, Long> merge(Map<String, Long> r1,
            Map<String, Long> r2) {
        Map<String, Long> result = new HashMap<>();
```

```
        result.putAll(r1);

        // 合并结果
        r2.forEach((k, v) -> {
            Long c = result.get(k);
            if (c != null) {
                result.put(k, c + v);
            } else {
                result.put(k, v);
            }

        });
        return result;
    }

    // 统计单词数量
    private Map<String, Long> calc(String line) {
        Map<String, Long> result = new HashMap<>();

        // 分割单词
        String[] words = line.split("\\s+");

        // 统计单词数量
        for (String w : words) {
            Long v = result.get(w);
            if (v != null) {
                result.put(w, v + 1);
            } else {
                result.put(w, 1L);
            }

        }
        return result;
    }
}
```

MapReduceDemo 类是一个完整程序示例。代码如下：

```
package com.waylau.java.demo.algorithm;

import java.util.Map;
import java.util.concurrent.ForkJoinPool;

public class MapReduceDemo {
    public static void main(String[] args) {
        String[] fc = { "hello world", "hello me",
                "hello fork", "hello join",
                "fork join in world" };

        // 创建 ForkJoin 线程池
```

```
        ForkJoinPool fjp = new ForkJoinPool(3);

        // 创建任务
        MapReduce mr = new MapReduce(fc, 0, fc.length);

        // 启动任务
        Map<String, Long> result = fjp.invoke(mr);

        // 输出结果
        result.forEach(
                (k, v) -> System.out.println(k + ":" + v));
    }
}
```

运行上述示例后，控制台输出结果如下：

```
me:1
fork:2
world:2
join:2
hello:4
in:1
```

14.2 二分查找

二分查找（Binary Search）又称折半查找，优点是比较次数少，查找速度快，平均性能好；缺点是要求待查表为有序表，且插入、删除困难。因此，二分查找方法适用于不经常变动而查找频繁的有序列表。

14.2.1 查找伪币

查找伪币是一个非常经典的算法题，题目如下：假设有 16 个硬币，这 16 个硬币中有一个是伪造的。这些伪币从外观上看并无差异，只是那个伪造的硬币比真的硬币要轻一些。现在，我们手上只有一台可用来比较两组硬币质量的天平，利用天平可以知道两组硬币的质量是否相同。那么，怎样才能快速找出这个伪造的硬币？

1. 两两比较

第一种方法是两两比较硬币的质量。例如，先比较硬币 1 与硬币 2 的质量，假如硬币 1 比硬币 2 轻，则硬币 1 是伪造的；假如硬币 2 比硬币 1 轻，则硬币 2 是伪造的。这样就完成了任务。假如两硬币质量相等，则比较硬币 3 和硬币 4。同样，假如有一个硬币轻，则寻找伪币的任务完成；假如两硬币质量相等，则继续比较硬币 5 和硬币 6。按照这种方式，可以最多通过 8 次比较来判断伪币的存在并找出这一伪币。

2. 二分查找

第二种方法是采用二分查找。

首先，随机选择 8 个硬币作为 A 组，剩下的 8 个硬币作为 B 组。这样，就把 16 个硬币的问题分成两组 8 个硬币的问题来解决。其次，判断 A 和 B 组中是否有伪币。可以利用仪器来比较 A 组硬币和 B 组硬币的质量，假如两组硬币质量相等，则可以判断伪币不存在；假如两组硬币质量不相等，则存在伪币，并且可以判断它位于较轻的那一组硬币中。最后，用上一步的结果得出原先 16 个硬币问题的答案。若仅仅判断硬币是否存在，则该步非常简单。无论 A 组还是 B 组中有伪币，都可以推断这 16 个硬币中存在伪币。因此，仅仅通过一次质量的比较，就可以判断伪币是否存在。二分查找过程如图 14-2 所示。

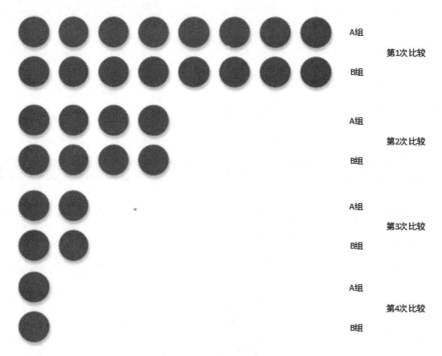

图 14-2　二分查找

如果利用二分查找来解决该问题，则每次比较都可以使下次的比较样本数量减半，故一共只需要比较 4 次。

二叉查找树本质上也就是使用了二分查找策略。

二分查找最差的时间复杂度是 $O(\log n)$，最好的时间复杂度是 $O(1)$，平均时间复杂度为 $O(\log n)$；最差的空间复杂度是 $O(1)$。

14.2.2　实现二分查找

使用 BinarySearch 类实现二分查找。代码如下：

```java
package com.waylau.java.demo.algorithm;

public class BinarySearch<T extends Comparable<? super T>> {

    /**
     * 值在数组中的索引
     *
     * @param value 待查找的值
     * @param array 假定数组已排序
     *
     * @return 值在数组中的索引
     */
    public static final <T> int find(T value, T[] array) {
        return recursiveFind(array, value, 0,
                array.length - 1);
    }

    // 递归查找元素
    @SuppressWarnings("unchecked")
    private static <T> int recursiveFind(T[] array, T value,
            int start, int end) {
        if (start == end) {
            T lastValue = array[start]; // start==end

            if (value == lastValue) {
                return start; // start==end
            }

            return Integer.MAX_VALUE;
        }

        final int low = start;
        final int high = end + 1; // 索引是从 0 开始的，所以加一个
        final int middle = low + ((high - low) / 2); // 取中间索引
        final T middleValue = array[middle];

        // 与中间值进行比较
        int compareResult = ((Comparable<? super T>) value)
                .compareTo(middleValue);

        if (compareResult == 0) { // 等于中间值，则查找结束
            return middle;
        } else if (compareResult > 0) {// 大于中间值，则往右查找
            return recursiveFind(array, value, middle + 1,
                    end);
```

```
        } else {// 小于中间值，则往左查找
            return recursiveFind(array, value, start,
                    middle - 1);
        }
    }
}
```

测试用例如下：

```
package com.waylau.java.demo.algorithm;

import static org.junit.jupiter.api.Assertions.assertTrue;
import org.junit.jupiter.api.MethodOrderer;
import org.junit.jupiter.api.Order;
import org.junit.jupiter.api.Test;
import org.junit.jupiter.api.TestMethodOrder;

@TestMethodOrder(MethodOrderer.OrderAnnotation.class)
public class BinarySearchTests {
    private static final int SIZE = 9999;

    private static Integer[] sortedArray = new Integer[SIZE];

    // 构造测试用的数组 [0,1,2,...,9998]
    static {
        for (int i = 0; i < SIZE; i++) {
            sortedArray[i] = i;
        }
    }

    // 待查找的值的索引
    private static int searchedValueIndex = SIZE
            - (SIZE / 4);

    // 待查找的值在数组中
    private static Integer searchedValueInArray = sortedArray[searchedValueIndex];

    // 待查找的值不在数组中
    private static Integer searchedValueNotInArray = 111111;

    @Order(1)
    @Test
    public void testBinarySearch() {
        // 测试查找的数据在数组内
        int index = BinarySearch.find(searchedValueInArray,
                sortedArray);

        assertTrue(index == searchedValueIndex);

        // 测试查找的数据不在数组内
```

```
        index = BinarySearch.find(searchedValueNotInArray,
                sortedArray);

        assertTrue(index == Integer.MAX_VALUE);
    }
}
```

14.3 合并排序

合并排序（Merge Sort）算法是首先将两个（或两个以上）有序表合并成一个新的有序表，即把待排序序列分为若干个子序列，每个子序列是有序的；然后把有序子序列合并为整体有序序列。将已有序的子序列合并，得到完全有序的序列，即先使每个子序列有序，再使子序列段间有序。将两个有序表合并成一个有序表，称为二路归并。因此，合并排序也称归并排序。

合并排序算法是采用分治法的一个非常典型的应用，其时间复杂度是 $O(n\log n)$，空间复杂度是 $O(n\log n)$。

14.3.1　算法思路

合并排序算法思路如下。

（1）将要排序的列表一分为二，直到分成每个列表只有一个数字为止。

（2）将两个有序列表进行比较排序，合成一个列表，直到其中一个列表遍历完成，再将另一个剩下的列表合并进去。

14.3.2　列表一分为二

例如，有这样一个序列：[88, 3, 5, 7, 5，9, 4, 6, 8, 99]，如果要进行合并排序，则采用如下步骤。

（1）先做一次一分为二，结果如下：

```
A[88, 3, 5, 7, 5]; B[9, 4, 6, 8, 99];
```

（2）再做一次一分为二，结果如下：

```
AA[88, 3]; AB[5, 7, 5]; BA[9, 4]; BB[6, 8, 99];
```

（3）再做一次一分为二，结果如下：

```
AAA[88]; AAB[3]; ABA[5]; ABB[7, 5];
BAA[9]; BAB[4]; BBA[6]; BBB[8, 99];
```

（4）最后做一次一分为二，结果如下：

```
AAA[88]; AAB[3]; ABA[5]; ABBA[7]; ABBB[5];
BAA[9]; BAB[4]; BBA[6]; BBBA[8]; BBBB[99];
```

14.3.3 列表合并排序

列表合并排序步骤如下。

（1）先做如下合并：

```
AAA + AAB = [3, 88]

ABBA + ABBB = [5, 7]

ABA + [5, 7] = [5, 5, 7]

a = [3, 88] + [5, 5, 7] = [3, 5, 5, 7, 88]
```

（2）再做如下合并：

```
BAA + BAB =[4, 9]

BBBA + BBBB = [8, 99]

BBA + [8, 99] = [6, 8, 99]

b = [4, 9] + [6, 8, 99] = [4, 6, 8, 9, 99]
```

（3）最后合并 a 和 b 结果如下：

```
a=[3, 5, 5, 7, 88]

b=[4, 6, 8, 9, 99]

c = [3, 4, 5, 5, 6, 7, 8, 9, 88, 99]
```

因此，最终结果为 [3, 4, 5, 5, 6, 7, 8, 9, 88, 99]。

14.3.4 算法实现

合并排序算法实现如下：

```java
package com.waylau.java.demo.algorithm;

@SuppressWarnings("unchecked")
public class MergeSort<T extends Comparable<T>> {

    public static enum SPACE_TYPE {
```

```
        IN_PLACE, NOT_IN_PLACE
    }

    private MergeSort() {
    }

    public static <T extends Comparable<T>> T[] sort(
            SPACE_TYPE type, T[] unsorted) {
        sort(type, 0, unsorted.length, unsorted);
        return unsorted;
    }

    private static <T extends Comparable<T>> void sort(
            SPACE_TYPE type, int start, int length,
            T[] unsorted) {
        if (length > 2) {
            int aLength = (int) Math.floor(length / 2);
            int bLength = length - aLength;
            sort(type, start, aLength, unsorted);
            sort(type, start + aLength, bLength, unsorted);

            if (type == SPACE_TYPE.IN_PLACE) {
                mergeInPlace(start, aLength,
                        start + aLength, bLength, unsorted);
            } else {
                mergeWithExtraStorage(start, aLength,
                        start + aLength, bLength, unsorted);
            }
        } else if (length == 2) {
            T e = unsorted[start + 1];

            if (e.compareTo(unsorted[start]) < 0) {
                unsorted[start + 1] = unsorted[start];
                unsorted[start] = e;
            }
        }
    }

    private static <T extends Comparable<T>> void mergeInPlace(
            int aStart, int aLength, int bStart,
            int bLength, T[] unsorted) {
        int i = aStart;
        int j = bStart;

        int aSize = aStart + aLength;
        int bSize = bStart + bLength;

        while (i < aSize && j < bSize) {
            T a = unsorted[i];
```

```
            T b = unsorted[j];

            if (b.compareTo(a) < 0) {
                // 把所有东西都移到正确的位置
                System.arraycopy(unsorted, i, unsorted,
                        i + 1, j - i);
                unsorted[i] = b;
                i++;
                j++;
                aSize++;
            } else {
                i++;
            }
        }
    }

    private static <T extends Comparable<T>> void mergeWithExtraStorage(
            int aStart, int aLength, int bStart,
            int bLength, T[] unsorted) {
        int count = 0;
        T[] output = (T[]) new Comparable[aLength
                + bLength];
        int i = aStart;
        int j = bStart;

        int aSize = aStart + aLength;
        int bSize = bStart + bLength;

        while (i < aSize || j < bSize) {
            T a = null;
            if (i < aSize) {
                a = unsorted[i];
            }

            T b = null;
            if (j < bSize) {
                b = unsorted[j];
            }

            if (a != null && b == null) {
                output[count++] = a;
                i++;
            } else if (b != null && a == null) {
                output[count++] = b;
                j++;
            } else if (b != null && b.compareTo(a) <= 0) {
                output[count++] = b;
                j++;
            } else {
```

```
            output[count++] = a;
            i++;
        }
    }
}

    int x = 0;
    int size = aStart + aLength + bLength;

    for (int y = aStart; y < size; y++) {
        unsorted[y] = output[x++];
    }
    }
}
```

单元测试如下：

```
package com.waylau.java.demo.algorithm;

import static org.junit.jupiter.api.Assertions.assertTrue;
import java.util.Random;
import org.junit.jupiter.api.MethodOrderer;
import org.junit.jupiter.api.Order;
import org.junit.jupiter.api.Test;
import org.junit.jupiter.api.TestMethodOrder;

@TestMethodOrder(MethodOrderer.OrderAnnotation.class)
public class MergeSortTests {

    private static final Random RANDOM = new Random();

    private static final int SIZE = 10000;

    private static Integer[] unsorted = null; // 未排序

    private static Integer[] sorted = null; // 已排序

    private static Integer[] reverse = null; // 反转

    static {
        unsorted = new Integer[SIZE];
        int i = 0;

        while (i < unsorted.length) {
            int j = RANDOM.nextInt(unsorted.length * 10);
            unsorted[i++] = j;
        }

        sorted = new Integer[SIZE];

        for (i = 0; i < sorted.length; i++) {
```

```
        sorted[i] = i;
    }

    reverse = new Integer[SIZE];

    for (i = (reverse.length - 1); i >= 0; i--) {
        reverse[i] = (SIZE - 1) - i;
    }
}

@Order(1)
@Test
public void testMergeSortsInPlace() {
    // Merge sort
    Integer[] result = MergeSort.sort(
            MergeSort.SPACE_TYPE.IN_PLACE,
            unsorted.clone());
    assertTrue(check(result));

    result = MergeSort.sort(
            MergeSort.SPACE_TYPE.IN_PLACE,
            sorted.clone());
    assertTrue(check(result));

    result = MergeSort.sort(
            MergeSort.SPACE_TYPE.IN_PLACE,
            reverse.clone());
    assertTrue(check(result));
}

@Order(2)
@Test
public void testMergeSortsNotInPlace() {
    // Merge sort
    Integer[] result = MergeSort.sort(
            MergeSort.SPACE_TYPE.NOT_IN_PLACE,
            unsorted.clone());
    assertTrue(check(result));

    result = MergeSort.sort(
            MergeSort.SPACE_TYPE.NOT_IN_PLACE,
            sorted.clone());
    assertTrue(check(result));

    result = MergeSort.sort(
            MergeSort.SPACE_TYPE.NOT_IN_PLACE,
            reverse.clone());
    assertTrue(check(result));
}
```

```
private static final boolean check(Integer[] array) {
    for (int i = 1; i < array.length; i++) {
        if (array[i - 1] > array[i]) {
            return false;
        }
    }

    return true;
}
```

14.4 快速排序

快速排序是由图灵奖得主 Hoare 于 1960 年提出来的一种排序算法。在平均状况下，排序 n 个项目要进行 $O(n\log n)$ 次比较；在最坏状况下则需要 $O(n^2)$ 次比较，但这种状况并不常见。事实上，快速排序通常明显比其他 $O(n\log n)$ 算法更快，因为它的内部循环（Inner Loop）可以在大部分架构上很有效率地被实现出来。

快速排序使用分治法策略把一个串行（List）分为两个子串行（Sub-Lists）。

快速排序是分而治之思想在排序算法上的一种典型应用。本质上来看，快速排序应该算是在冒泡排序基础上的递归分治法。

顾名思义，快速排序的特点就是快，而且效率高。快速排序是处理大数据极快的排序算法之一，虽然最坏的情况下其时间复杂度达到了 $O(n^2)$，但是在大多数情况下比平均时间复杂度为 $O(n\log n)$ 的排序算法表现要更好。这是为什么呢？

这是因为快速排序的最坏运行情况是 $O(n^2)$，如顺序数列的快排。但其平摊期望时间是 $O(n\log n)$，且 $O(n\log n)$ 记号中隐含的常数因子很小，比复杂度稳定等于 $O(n\log n)$ 的归并排序要小很多。所以，对绝大多数顺序性较弱的随机数列而言，快速排序总是优于归并排序。

14.4.1 算法思路

快速排序算法思路如下。

（1）从数列中挑出一个元素，称为基准（Pivot）。

（2）重新排序数列，所有元素比基准值小的摆在基准前面，所有元素比基准值大的摆在基准后面（相同的数可以到任一边）。在该分区退出之后，该基准就处于数列的中间位置。这称为分区（Partition）操作。

（3）递归地（Recursive）把小于基准值元素的子数列和大于基准值元素的子数列排序。

举例来说，现在对数据集 [85, 24, 63, 45, 17, 31, 96, 50] 进行排序。

（1）选择中间的元素 45 作为基准，如图 14-3 所示。

| 85 | 24 | 63 | **45** | 17 | 31 | 96 | 50 |

图 14-3　选择基准

（2）按照顺序，将每个元素与基准进行比较，形成两个子集，一个小于 45，另一个大于等于
45，如图 14-4 所示。

| 24 | 17 | 31 | **45** | 86 | 63 | 96 | 50 |

图 14-4　形成两个子集

（3）对两个子集不断重复第（1）步和第（2）步，直到所有子集只剩下一个元素为止，如
图 14-5 所示。

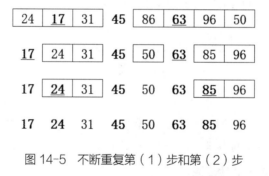

图 14-5　不断重复第（1）步和第（2）步

14.4.2　算法实现

快速排序算法实现如下：

```java
package com.waylau.java.demo.algorithm;

import java.util.Random;

public class QuickSort<T extends Comparable<T>> {

    private static final Random RAND = new Random();

    public static enum PIVOT_TYPE {
        FIRST, MIDDLE, RANDOM
    }
```

```
public static PIVOT_TYPE type = PIVOT_TYPE.RANDOM;

private QuickSort() {
}

public static <T extends Comparable<T>> T[] sort(
        PIVOT_TYPE pivotType, T[] unsorted) {
    int pivot = 0;

    if (pivotType == PIVOT_TYPE.MIDDLE) {
        pivot = unsorted.length / 2;
    } else if (pivotType == PIVOT_TYPE.RANDOM) {
        pivot = getRandom(unsorted.length);
    }

    sort(pivot, 0, unsorted.length - 1, unsorted);

    return unsorted;
}

private static <T extends Comparable<T>> void sort(
        int index, int start, int finish,
        T[] unsorted) {
    int pivotIndex = start + index;
    T pivot = unsorted[pivotIndex];
    int s = start;
    int f = finish;

    while (s <= f) {
        while (unsorted[s].compareTo(pivot) < 0) {
            s++;
        }

        while (unsorted[f].compareTo(pivot) > 0) {
            f--;
        }

        if (s <= f) {
            swap(s, f, unsorted);
            s++;
            f--;
        }
    }

    if (start < f) {
        pivotIndex = getRandom((f - start) + 1);
        sort(pivotIndex, start, f, unsorted);
    }
```

```
        if (s < finish) {
            pivotIndex = getRandom((finish - s) + 1);
            sort(pivotIndex, s, finish, unsorted);
        }
    }

    private static final int getRandom(int length) {
        if (type == PIVOT_TYPE.RANDOM && length > 0) {
            return RAND.nextInt(length);
        }

        if (type == PIVOT_TYPE.FIRST && length > 0) {
            return 0;
        }

        return length / 2;
    }

    private static <T extends Comparable<T>> void swap(
            int index1, int index2, T[] unsorted) {
        T index2Element = unsorted[index1];
        unsorted[index1] = unsorted[index2];
        unsorted[index2] = index2Element;
    }

}
```

测试用例如下：

```
package com.waylau.java.demo.algorithm;

import static org.junit.jupiter.api.Assertions.assertTrue;
import java.util.Random;
import org.junit.jupiter.api.MethodOrderer;
import org.junit.jupiter.api.Order;
import org.junit.jupiter.api.Test;
import org.junit.jupiter.api.TestMethodOrder;

@TestMethodOrder(MethodOrderer.OrderAnnotation.class)
public class QuickSortTests {
    private static final Random RANDOM = new Random();

    private static final int SIZE = 10000;

    private static Integer[] unsorted = null; // 未排序

    private static Integer[] sorted = null; // 已排序

    private static Integer[] reverse = null; // 反转
```

```
static {
    unsorted = new Integer[SIZE];
    int i = 0;

    while (i < unsorted.length) {
        int j = RANDOM.nextInt(unsorted.length * 10);
        unsorted[i++] = j;
    }

    sorted = new Integer[SIZE];

    for (i = 0; i < sorted.length; i++) {
        sorted[i] = i;
    }

    reverse = new Integer[SIZE];

    for (i = (reverse.length - 1); i >= 0; i--) {
        reverse[i] = (SIZE - 1) - i;
    }
}

@Order(1)
@Test
public void testQuickSorts() {
    // Quicksort
    Integer[] result = QuickSort.sort(
            QuickSort.PIVOT_TYPE.FIRST,
            unsorted.clone());
    assertTrue(check(result));

    result = QuickSort.sort(QuickSort.PIVOT_TYPE.FIRST,
            sorted.clone());
    assertTrue(check(result));

    result = QuickSort.sort(QuickSort.PIVOT_TYPE.FIRST,
            reverse.clone());
    assertTrue(check(result));

    result = QuickSort.sort(QuickSort.PIVOT_TYPE.MIDDLE,
            unsorted.clone());
    assertTrue(check(result));

    result = QuickSort.sort(QuickSort.PIVOT_TYPE.MIDDLE,
            sorted.clone());
    assertTrue(check(result));

    result = QuickSort.sort(QuickSort.PIVOT_TYPE.MIDDLE,
            reverse.clone());
```

```
    assertTrue(check(result));

    result = QuickSort.sort(QuickSort.PIVOT_TYPE.RANDOM,
            unsorted.clone());
    assertTrue(check(result));

    result = QuickSort.sort(QuickSort.PIVOT_TYPE.RANDOM,
            sorted.clone());
    assertTrue(check(result));

    result = QuickSort.sort(QuickSort.PIVOT_TYPE.RANDOM,
            reverse.clone());
    assertTrue(check(result));
}

private static final boolean check(Integer[] array) {
    for (int i = 1; i < array.length; i++) {
        if (array[i - 1] > array[i])
            return false;
    }

    return true;
}
}
```

14.5 总结

　　本章学习了分而治之的算法思想。分治法是一种解决复杂问题的非常实用的策略，其本意是将一个较大的问题分解成若干个小问题。

　　分而治之的典型应用有二分查找、合并排序、快速排序，这些都在本章通过代码示例进行了详细讲解。

14.6 习题

　　1. 简述分而治之的思想。

　　2. 列举分而治之的典型应用算法。

　　3. 实现一个具有分而治之思想的算法。

第15章
贪心算法

本章学习贪心算法。贪心算法是一种不从整体最优上考虑，而只求在某种意义上的局部最优解的算法。

15.1 算法思想及应用场景

贪心算法（Greedy Algorithm，又称贪婪算法）是指在对问题求解时，总是做出在当前看来是最好的选择。也就是说，不从整体最优上加以考虑，贪心算法做出的是在某种意义上的局部最优解。

贪心算法不是对所有问题都能得到整体最优解，关键是贪心策略的选择，选择的贪心策略必须具备无后效性，即某个状态以前的过程不会影响以后的状态，而只与当前状态有关。

15.1.1 算法思路

贪心算法"贪图"眼前局部的利益最大化，走一步看一步。其算法思路可以总结如下。

（1）从某个初始解出发。

（2）采用迭代过程，当可以向目标前进一步时，就根据局部最优策略（策略有很多种）得到一部分解，缩小问题规模。

（3）将所有解综合起来。

15.1.2 应用场景

贪心算法常用的应用场景有找零钱问题、0-1 背包问题、最优装载、Haffman 编码、单源最短路径（Dijkstra 算法）、求最小生成树的 Prim 算法和 Kruskal 算法、多机调度问题等。

下面通过找零钱问题和 0-1 背包问题来介绍贪心算法的使用。

1. 找零钱问题

钱柜里的货币只有 25 分、10 分、5 分和 1 分四种硬币，如果要找给客户 41 分钱的硬币，如何安排才能使找给客人的钱既正确且硬币的个数又最少？

如果采用贪心算法，则其解决思路如下：

（1）找给顾客 sum_money=41 分钱，可选择的是 25 分、10 分、5 分和 1 分四种硬币。本着能找 25 分硬币，不找 10 分硬币的原则，先找给顾客 25 分。

（2）还差顾客 sum_money=41-25=16。从 25 分、10 分、5 分和 1 分四种硬币选取局部最优的给顾客，即 10 分硬币，此时 sum_money=16-10=6。重复迭代过程，还需要 sum_money=6-5=1，sum_money=1-1=0。至此，顾客收到零钱，交易结束。

（3）此时 41 分分成了 1 个 25 分、1 个 10 分、1 个 5 分、1 个 1 分，共四枚硬币。

当然，如果不是采用贪心算法，而是给顾客 2 个 20 分加 1 个 1 分硬币，则三枚硬币即可。所以，贪心算法只是局部最优，不一定是整体最优。

2. 0-1背包问题

有一个背包，其最多能承载 150kg 的质量，现在有 7 个物品，质量分别为 [35, 30, 60, 50, 40, 10,

25]，它们的价值分别为 [10, 40, 30, 50, 35, 40, 30]，我们应该如何选择才能使背包装载最多价值的物品？7 个物品，每个物品只有 2 种选择，要么选择，要么丢弃，即常说的 0-1 背包问题。

> **策略思考**
> 策略 1：价值主导选择，每次都选择价值最高的物品放进背包。
> 策略 2：质量主导选择，每次都选择质量最小的物品放进背包。
> 策略 3：价值密度主导选择，每次都选择（价值 / 质量）最高的物品放进背包，这 7 件物品的价值密度分别为 [0.286, 1.333, 0.5, 1.0, 0.875, 4.0, 1.2]）。

针对策略 1，我们认为每次都选择当前价值最高的物品是"局部最优解"。按照制定的规则，选择的物品是 [4, 2, 6, 5]，这样最终的总质量是 130kg，最终的总价值是 165。

针对策略 2，我们认为每次都选择当前质量最小的物品是"局部最优解"。按照制定的规则，选择的物品是 [6, 7, 2, 1, 5]，这样最终的总质量是 140kg，最终的总价值是 155。

针对策略 3，我们认为每次都选择价值密度最高的物品，即价值 / 质量最高的物品是"局部最优解"。按照制定的规则，选择的物品是 [6, 2, 7, 4, 1]，这样最终的总质量是 150kg，最终的总价值是 170。

15.1.3 优缺点

贪心算法的优缺点如下。

（1）优点：简单、高效，省去了为了找最优解可能需要的穷举操作，通常作为其他算法的辅助算法来使用。

（2）缺点：不从总体上考虑其他可能情况，每次选取局部最优解后，不再进行回溯处理，所以很少情况下能得到最优解。

因为用贪心算法只能通过解局部最优解的策略来达到全局最优解，所以一定要注意判断问题是否适合采用贪心算法策略，找到的解是否一定是问题的最优解。

15.2 实战：Prim算法

Prim 算法是图论中的一种算法，可在加权连通图里搜索最小生成树。也就是说，由此算法搜索到的边子集所构成的树中，不但包括连通图里的所有顶点，且其所有边的权值之和最小。该算法于 1930 年由捷克数学家 Vojtěch Jarník 发现，并在 1957 年由美国计算机科学家 Robert C. Prim 独立发现，而在 1959 年 Edsger Wybe Dijkstra 再次发现了该算法。因此，在某些场合，Prim 算法又称为 DJP 算法。

15.2.1　算法描述

Prim 算法描述如下。

（1）输入：一个加权连通图，其中顶点集合为 V，边集合为 E。

（2）初始化：$V_{new} = \{x\}$，其中 x 为集合 V 中的任一节点，$E_{new} = \{\}$ 为空。

（3）重复下列操作，直到 $V_{new} = V$。

①在集合 E 中选取权值最小的边 $<u, v>$，其中 u 为集合 V_{new} 中的元素，而 v 不在 V_{new} 集合中，并且 $v \in V$（如果存在多条满足前述条件即具有相同权值的边，则可任意选取其中之一）。

②将 v 加入集合 V_{new} 中，将 $<u, v>$ 边加入集合 E_{new} 中。

（4）输出：使用集合 V_{new} 和 E_{new} 描述得到的最小生成树。

15.2.2　实现Prim算法

Prim 算法实现如下：

```
package com.waylau.java.demo.datastructure;

import java.util.ArrayList;
import java.util.HashSet;
import java.util.List;
import java.util.PriorityQueue;
import java.util.Queue;
import java.util.Set;

public class GraphPrim {
    private GraphPrim() {

    }

    public static Graph.CostPathPair<Integer> getMinimumSpanningTree(
            Graph<Integer> graph,
            Graph.Vertex<Integer> start) {
        if (graph == null) {
            throw (new NullPointerException(
                    "Graph must be non-NULL."));
        }

        // Prim 算法只适用于无向图
        if (graph.getType() == Graph.TYPE.DIRECTED) {
            throw (new IllegalArgumentException(
                    "Undirected graphs only."));
        }

        int cost = 0;
        final Set<Graph.Vertex<Integer>> unvisited = new HashSet<Graph.Vertex
```

```
        <Integer>>();
    unvisited.addAll(graph.getVertices());
    unvisited.remove(start); // O(1)

    final List<Graph.Edge<Integer>> path = new ArrayList<Graph.Edge
        <Integer>>();
    final Queue<Graph.Edge<Integer>> edgesAvailable = new PriorityQueue
        <Graph.Edge<Integer>>();
    Graph.Vertex<Integer> vertex = start;

    while (!unvisited.isEmpty()) {
        // 将所有边添加到未访问的顶点
        for (Graph.Edge<Integer> e : vertex
                .getEdges()) {
            if (unvisited.contains(e.getToVertex())) {
                edgesAvailable.add(e);
            }
        }

        // 删除最低开销边
        final Graph.Edge<Integer> e = edgesAvailable
                .remove();
        cost += e.getCost();
        path.add(e); // O(1)
        vertex = e.getToVertex();
        unvisited.remove(vertex); // O(1)
    }

    return (new Graph.CostPathPair<Integer>(cost,
            path));
    }

}
```

15.2.3 测试Prim算法

测试用例如下：

```
package com.waylau.java.demo.datastructure;

import static org.junit.jupiter.api.Assertions.assertTrue;

import java.util.ArrayList;
import java.util.List;

import org.junit.jupiter.api.Order;
import org.junit.jupiter.api.Test;

import com.waylau.java.demo.datastructure.Graph.Edge;
```

```
import com.waylau.java.demo.datastructure.Graph.TYPE;
import com.waylau.java.demo.datastructure.Graph.Vertex;

public class GraphPrimTests {
    // Undirected
    private static class UndirectedGraph {
        final List<Vertex<Integer>> verticies = new ArrayList<Vertex<Integer>>();
        final Graph.Vertex<Integer> v1 = new Graph.Vertex<Integer>(1);
        final Graph.Vertex<Integer> v2 = new Graph.Vertex<Integer>(2);
        final Graph.Vertex<Integer> v3 = new Graph.Vertex<Integer>(3);
        final Graph.Vertex<Integer> v4 = new Graph.Vertex<Integer>(4);
        final Graph.Vertex<Integer> v5 = new Graph.Vertex<Integer>(5);
        final Graph.Vertex<Integer> v6 = new Graph.Vertex<Integer>(6);
        final Graph.Vertex<Integer> v7 = new Graph.Vertex<Integer>(7);
        final Graph.Vertex<Integer> v8 = new Graph.Vertex<Integer>(8);
        {
            verticies.add(v1);
            verticies.add(v2);
            verticies.add(v3);
            verticies.add(v4);
            verticies.add(v5);
            verticies.add(v6);
            verticies.add(v7);
            verticies.add(v8);
        }

        final List<Edge<Integer>> edges = new ArrayList<Edge<Integer>>();
        final Graph.Edge<Integer> e1_2 = new Graph.Edge<Integer>(7, v1, v2);
        final Graph.Edge<Integer> e1_3 = new Graph.Edge<Integer>(9, v1, v3);
        final Graph.Edge<Integer> e1_6 = new Graph.Edge<Integer>(14, v1, v6);
        final Graph.Edge<Integer> e2_3 = new Graph.Edge<Integer>(10, v2, v3);
        final Graph.Edge<Integer> e2_4 = new Graph.Edge<Integer>(15, v2, v4);
        final Graph.Edge<Integer> e3_4 = new Graph.Edge<Integer>(11, v3, v4);
        final Graph.Edge<Integer> e3_6 = new Graph.Edge<Integer>(2, v3, v6);
        final Graph.Edge<Integer> e5_6 = new Graph.Edge<Integer>(9, v5, v6);
        final Graph.Edge<Integer> e4_5 = new Graph.Edge<Integer>(6, v4, v5);
        final Graph.Edge<Integer> e1_7 = new Graph.Edge<Integer>(1, v1, v7);
        final Graph.Edge<Integer> e1_8 = new Graph.Edge<Integer>(1, v1, v8);
        {
            edges.add(e1_2);
            edges.add(e1_3);
            edges.add(e1_6);
            edges.add(e2_3);
            edges.add(e2_4);
            edges.add(e3_4);
            edges.add(e3_6);
            edges.add(e5_6);
            edges.add(e4_5);
            edges.add(e1_7);
            edges.add(e1_8);
```

```
            }

        final Graph<Integer> graph = new Graph<Integer>(
                verticies, edges);
    }

    @Order(1)
    @Test
    public void testPrimUndirected() {
        final UndirectedGraph undirected = new UndirectedGraph();

        Graph.Vertex<Integer> start = undirected.v1;
        {
            final Graph.CostPathPair<Integer> resultMST = GraphPrim
                    .getMinimumSpanningTree(
                            undirected.graph, start);
            {
                final int cost = 35;
                final List<Graph.Edge<Integer>> list = new ArrayList<Graph.Edge
                 <Integer>>();
                list.add(undirected.e1_7);
                list.add(undirected.e1_8);
                list.add(undirected.e1_2);
                list.add(undirected.e1_3);
                list.add(undirected.e3_6);
                list.add(new Graph.Edge<Integer>(9,
                        undirected.v6, undirected.v5));
                list.add(new Graph.Edge<Integer>(6,
                        undirected.v5, undirected.v4));
                final Graph.CostPathPair<Integer> idealMST = new Graph.CostPathPair
                 <Integer>(
                        cost, list);
                assertTrue(resultMST.equals(idealMST));
            }

            // Prim 用于带循环的图
            final List<Vertex<Integer>> cyclicVerticies = new ArrayList
             <Vertex<Integer>>();
            final Graph.Vertex<Integer> cv1 = new Graph.Vertex<Integer>(1);
            cyclicVerticies.add(cv1);
            final Graph.Vertex<Integer> cv2 = new Graph.Vertex<Integer>(2);
            cyclicVerticies.add(cv2);
            final Graph.Vertex<Integer> cv3 = new Graph.Vertex<Integer>(3);
            cyclicVerticies.add(cv3);
            final Graph.Vertex<Integer> cv4 = new Graph.Vertex<Integer>(4);
            cyclicVerticies.add(cv4);
            final Graph.Vertex<Integer> cv5 = new Graph.Vertex<Integer>(5);
            cyclicVerticies.add(cv5);

            final List<Edge<Integer>> cyclicEdges = new ArrayList<Edge
```

```
            <Integer>>();
        final Graph.Edge<Integer> ce1_2 = new Graph.Edge<Integer>(
                3, cv1, cv2);
        cyclicEdges.add(ce1_2);
        final Graph.Edge<Integer> ce2_3 = new Graph.Edge<Integer>(
                2, cv2, cv3);
        cyclicEdges.add(ce2_3);
        final Graph.Edge<Integer> ce3_4 = new Graph.Edge<Integer>(
                4, cv3, cv4);
        cyclicEdges.add(ce3_4);
        final Graph.Edge<Integer> ce4_1 = new Graph.Edge<Integer>(
                1, cv4, cv1);
        cyclicEdges.add(ce4_1);
        final Graph.Edge<Integer> ce4_5 = new Graph.Edge<Integer>(
                1, cv4, cv5);
        cyclicEdges.add(ce4_5);

        final Graph<Integer> cyclicUndirected = new Graph<Integer>(
                TYPE.UNDIRECTED, cyclicVerticies, cyclicEdges);
        start = cv1;

        final Graph.CostPathPair<Integer> pair4 = GraphPrim
                .getMinimumSpanningTree(
                        cyclicUndirected, start);
        {
            final int cost = 7;
            final List<Graph.Edge<Integer>> list = new ArrayList<Graph.Edge
                <Integer>>();
            list.add(new Graph.Edge<Integer>(1, cv1, cv4));
            list.add(ce4_5);
            list.add(ce1_2);
            list.add(ce2_3);

            final Graph.CostPathPair<Integer> result4 = new Graph.CostPathPair
                <Integer>(cost, list);
            assertTrue(pair4.equals(result4));
        }
    }
}

}
```

15.3 实战：点餐员问题

    点餐员问题如下：在食堂高峰期，*N* 个餐线的收银台前都排了若干人的队伍，每支队伍的人数存放在数组 lst 中。为了加快速度，管理员计划在某几支队伍的末尾设置临时点餐员。

临时点餐员设置符合以下几个要求。

（1）处于最左与最右的队伍不能设置临时点餐员。

（2）设置临时点餐员的队伍人数必须大于左右相邻的两支队伍人数。

（3）若设置 k 位临时点餐员，则管理员希望每相邻两位临时点餐员之间至少相隔 $k-1$ 支队伍（相邻点餐员所处队伍在 lst 中的下标差值不小于 k）。

那么管理员最多可以设置多少位临时点餐员？

15.3.1　数据推演

针对上述问题，可以采用数据推演的方式。

1. 示例1

示例 1 如下：

```
输入：lst = [1, 3, 2]

输出：1
```

上述示例是根据要求（1）和（2），只能在人数为 3 的队伍设置 1 位临时点餐员，并不涉及要求（3）。

2. 示例2

示例 2 如下：

```
输入：lst = [10, 6, 9, 3, 7, 4, 1, 3, 2, 0, 11, 7]

输出：3
```

上述示例中，数组 lst 中排队人数为 9、7、3、11 的队伍符合设置临时点餐员的要求（1）和要求（2），它们在 lst 中对应的下标为 2、4、7、10。

如果这 4 个队伍都设置临时点餐员（k 为 4），则不满足要求（3）。

如果设置 3 位临时点餐员，分别设置于 lst[4]、lst[7] 与 lst[10]（或设置于 lst[2]、lst[7] 与 lst[10]），则可满足所有要求。所以，最后返回 3。

15.3.2　算法实现

采用贪心算法实现如下：

```
package com.waylau.java.demo.algorithm;

import java.util.ArrayList;
import java.util.List;
```

```java
public class GreedyAlgorithm {

    public static int maxNumber(int[] customers) {
        if (customers.length < 3) {
            return 0;
        }

        // 把符合条件的点餐员都取出来
        List<Integer> dealers = new ArrayList<>();

        for (int i = 1; i < customers.length - 1; i++) {
            if (customers[i - 1] < customers[i]
                    && customers[i] > customers[i + 1]) {
                dealers.add(i);
                i++;
            }
        }

        // 初始化 k 为最大数
        int k = dealers.size();

        // 等于 1 则直接返回
        if (k == 1) {
            return k;
        }

        // 大于 1 时进入循环
        while (k >= 1) {
            // 记录合规的点餐员数量
            int passed = 1;
            for (int i = 0; i < dealers.size() - 1; i++) {
                if (dealers.get(i + 1)
                        - dealers.get(i) >= k) {

                    // 相邻两个间隔合规
                    passed++;
                } else if (i < dealers.size() - 2
                        && dealers.get(i + 2)
                                - dealers.get(i) >= k) {
                    // 如果相邻两个不合规，则跳过一个看是否合规

                    passed++;
                    i++;
                }
            }

            // 如果合规个数等于 k，则返回
            if (k == passed) {
```

```
            break;
        }

        // 否则 k 减小, 再来一次
        k--;
    }

    return k;
    }
}
```

15.3.3 测试算法

贪心算法测试如下：

```java
package com.waylau.java.demo.algorithm;

import static org.junit.jupiter.api.Assertions.assertTrue;

import org.junit.jupiter.api.Order;
import org.junit.jupiter.api.Test;

public class GreedyAlgorithmTests {

    @Order(1)
    @Test
    public void testGreedyAlgorithm() {
        int[] array = {1, 3, 2};

        int result = GreedyAlgorithm.maxNumber(array);
        assertTrue(result == 1);

        int[] array2 = {10, 6, 9, 3, 7, 4, 1, 3, 2, 0, 11, 7};

        result = GreedyAlgorithm.maxNumber(array2);
        assertTrue(result == 3);
    }
}
```

15.4 总结

本章学习了贪心算法。贪心算法是一种不从整体最优上考虑，而只求在某种意义上的局部最优解的算法。

本章也列举了贪心算法的典型应用，如 Prim 算法、点餐员问题等。

15.5 习题

1. 简述贪心算法的特点。
2. 简述 Prim 算法的实现原理。

第16章
动态规划

本章学习动态规划。

第 15 章学习的贪心算法是一种局部最优解算法，而动态规划考虑的则是全局最优解。

16.1 算法思想及应用场景

动态规划（Dynamic Programming）是通过组合求解子问题的解而解决整个问题的算法。与分治法的区别在于，动态规划适用于子问题不是独立的情况，且对于每个子问题只求解一次，将其结果保存在一张表中，从而避免每次遇到各个子问题时重新计算答案。动态规划通常用于最优化问题。此类问题可能有很多种可行解，每个解有一个值，而我们希望找出一个具有最优（最大或最小）值的解。这样的解为该问题的"一个"最优解（而不是"确定的"最优解），因为可能存在多个取最优值的解。

动态规划建立在最优原则的基础上。采用动态规划方法，可以优雅而高效地解决许多用贪婪算法或分而治之算法无法解决的问题。

16.1.1　算法思路

动态规划设计可以分为如下四个步骤。

（1）描述最优解的结构。

（2）递归定义最优解的值。

（3）按自底向上的方式计算最优解的值。

（4）由计算出的结果构造一个最优解。

16.1.2　动态规划的使用场景

动态规划可以解决的问题有最优子结构和重叠子问题。

（1）如果问题的一个最优解中包含子问题的最优解，则该问题具有最优子结构。所以，必须确保考虑的子问题范围中，包含用于最优解的那些子问题。

（2）子问题的空间要"很小"，即用来解原问题的递归算法可反复地解同样的子问题，而不是总在产生新的子问题。典型的，不同的子问题数是输入规模的一个多项式。当一个递归算法不断地调用同一问题时，就说该最优问题包含重叠子问题。相反，适合用分治法解决的问题往往在递归的每一步都产生全新的问题。动态规划算法总是充分利用重叠子问题，即通过每个子问题只解一次，把解保存在一个在需要时就可以查看的表中，而每次查表的时间为常数。

第 13 章介绍的图中，查找最短路径就是动态规划的一个典型例子。

16.1.3　一个实际例子

首先从一个大家都很熟悉的斐波那契数列开始进行介绍。

斐波那契数列，又称黄金分割数列，是意大利数学家莱昂纳多·斐波那契（Leonardoda Fibonacci）在《计算之书》中提出的一个在理想假设条件下兔子成长率的问题而引入的数列，所以该数列也戏称为"兔子数列"。

斐波那契数列的特点是数列的前两个数都是 1，从第三个数开始，每个数都是它前面两个数的和，形如 1, 1, 2, 3, 5, 8, 13, 21, 34, 55, 89, 144, …。

斐波那契数列在现代物理、准晶体结构、化学等领域都有直接应用。

1. 基本递归实现

如果把自然数到斐波那契数列的映射看作一个函数 $F(n)$，那么有 $F(n) = F(n-1) + F(n-2)$。如果用编码实现，则首选递归。斐波那契数列的递归实现如下：

```java
package com.waylau.java.demo.algorithm;

public class FibonacciSequenceBasic {

    public static int fibonacci(int n) {

        if ((n == 1) || (n == 2)) {
            return 1;
        }

        // 递归
        return fibonacci(n - 1) + fibonacci(n - 2);
    }
}
```

上述实现方式看上去非常简洁、清晰，也符合一般人的思维。但是，该算法复杂度太高，为 $O(2^n)$。很容易发现，采用上述递归实现算法复杂度之所以高，是因为其做了太多重复计算。

2. 备忘录方法

斐波那契数列的基本实现的问题就是有太多重复计算，因此可以用缓存保存运算结果，用空间来换时间，这种方式称为备忘录方法。

斐波那契数列可以采用递归和去重复计算的备忘录方法来实现。代码如下：

```java
package com.waylau.java.demo.algorithm;

public class FibonacciSequenceWithCache {
    private static final int cache[] = new int[100000];

    public static int fibonacci(int n) {
        if ((n == 1) || (n == 2)) {
            return 1;
        } else if (0 != cache[n]) {
            return cache[n];
        }

        cache[n] = fibonacci(n - 1) + fibonacci(n - 2);
```

```
        return cache[n];
    }
}
```

其中，cache 数组用于缓存计算过的值。

3. 基本递归实现与备忘录方法的性能对比

分别对基本递归实现和使用备忘录方法实现的斐波那契数列计算耗时进行对比。测试用例如下：

```
package com.waylau.java.demo.algorithm;

import org.junit.jupiter.api.MethodOrderer;
import org.junit.jupiter.api.Order;
import org.junit.jupiter.api.Test;
import org.junit.jupiter.api.TestMethodOrder;


@TestMethodOrder(MethodOrderer.OrderAnnotation.class)
public class FibonacciSequenceBasicTests {
    @Order(1)
    @Test
    public void testFibonacciTiming() {
        int num = 45;
        long start = System.currentTimeMillis();
        int result = FibonacciSequenceBasic.fibonacci(num);
        long cost = System.currentTimeMillis() - start;
        System.out.println("num:" + num + "; result="
                + result + "; cost:" + cost);
    }
}
```

上述测试用例用于测试基本实现，耗时情况如下：

```
num:45; result=1134903170; cost:3437
```

下面的测试用例用于测试使用备忘录方法的实现：

```
package com.waylau.java.demo.algorithm;

import org.junit.jupiter.api.MethodOrderer;
import org.junit.jupiter.api.Order;
import org.junit.jupiter.api.Test;
import org.junit.jupiter.api.TestMethodOrder;

@TestMethodOrder(MethodOrderer.OrderAnnotation.class)
public class FibonacciSequenceWithCacheTests {
    @Order(1)
    @Test
```

```
public void testFibonacciTiming() {
    int num = 45;
    long start = System.currentTimeMillis();
    int result = FibonacciSequenceWithCache
            .fibonacci(num);
    long cost = System.currentTimeMillis() - start;

    System.out.println("num:" + num + "; result="
            + result + "; cost:" + cost);
    }
}
```

上述测试用例的耗时情况如下：

```
num:45; result=1134903170; cost:1
```

对比两者可以明显看到，使用备忘录方法之后，性能有了极大的提升，基本上不耗时。

使用备忘录方法的实现方法是以空间换时间，空间复杂度为 $O(n)$；对每个 $i<n$，$f(i)$ 都只需要计算 1 次，因此时间复杂度也为 $O(n)$。目测，其时间复杂度基本上已无优化空间，那么空间复杂度呢？静态数组 cache 是否必要？

再看递归关系：$F(n) = F(n-1) + F(n-2)$，即只要依次算出 $F(i)$，$1 \leqslant i<n$，就自然可以得到 $F(n)$，并且计算 $F(n)$ 时，只需要知道 $F(n-1)$ 和 $F(n-2)$ 的值即可。对于 $F(i)$，$i<n-2$ 的值都用不到，因此保存这些数据并无意义。由此出发，推演出代码的第三种实现方案 —— 正向计算。

4. 正向计算

正向计算的实现如下：

```
package com.waylau.java.demo.algorithm;

public class FibonacciSequenceForwardCalculation {
    public static int fibonacci(int n) {
        if ((n == 1) || (n == 2)) {
            return 1;
        }

        int fn = 0;
        int fn1 = 1;
        int fn2 = 1;
        int k = 3;

        while (k <= n) {
            fn = fn1 + fn2;
            fn1 = fn2;
            fn2 = fn;
            k++;
        }
```

```
        return fn;
    }

}
```

上述实现方式完全没有用到递归，看上去更加简洁。没有递归，就没有对中间结果的保存。

测试用例如下：

```
package com.waylau.java.demo.algorithm;

import static org.junit.jupiter.api.Assertions.assertTrue;

import org.junit.jupiter.api.MethodOrderer;
import org.junit.jupiter.api.Order;
import org.junit.jupiter.api.Test;
import org.junit.jupiter.api.TestMethodOrder;

@TestMethodOrder(MethodOrderer.OrderAnnotation.class)
public class FibonacciSequenceForwarCalculationTests {
    @Order(1)
    @Test
    public void testFibonacci() {
        int result = FibonacciSequenceForwardCalculation.fibonacci(1);
        assertTrue(result == 1);

        int result2 = FibonacciSequenceForwardCalculation.fibonacci(2);
        assertTrue(result2 == 1);

        int result3 = FibonacciSequenceForwardCalculation.fibonacci(3);
        assertTrue(result3 == 2);
    }

    @Order(2)
    @Test
    public void testFibonacciTiming() {
        int num = 45;
        long start = System.currentTimeMillis();
        int result = FibonacciSequenceForwardCalculation.fibonacci(num);
        long cost = System.currentTimeMillis() - start;

        System.out.println("num:" + num + "; result=" + result + "; cost:"
+ cost);
    }
}
```

上述测试用例的耗时情况如下：

```
num:45; result=1134903170; cost:0
```

可以看到整体的耗时也是非常小的。

16.1.4 动态规划与递归的关系

备忘录方法是动态规划方法的变形。与动态规划算法不同，备忘录方法的递归方式是自顶向下的，而动态规划算法则是自底向上的。正向计算就是自底向上的动态规划算法。

对于斐波那契数列而言，大多数程序员会按照递归方式来编写程序，很少有人会用备忘录方法或正向计算方式来实现，毕竟递归符合大多数人的思维模式。

备忘录方法实现方案相对正向计算实现方案要更符合我们的思维模式，因为只要注意到了递归的性能问题，问题就能迎刃而解。备忘录方法本质上来说也是动态规划，或者说与动态规划没有差别，只要有递推关系存在，本质上就是一样的。动态规划相对于递归，仅仅是减少了一些不必要的重复计算。递归当然也可以做得到，而且更符合我们的思维模式。

综上所述，涉及递推关系的算法问题，如果可以用动态规划思维解决，则用递归一样可以解决，关键在于要注意算法性能，通过矩阵数组保存中间过程运算结果，从而避免不必要的重复计算。简言之，去除了重复计算的递归就是动态规划。

16.1.5 动态规划与贪心算法的区别

动态规划与贪心算法的共同点是都具有最优子结构性质，其不同点如下。

（1）动态规划算法中，每步所做的选择往往依赖于相关子问题的解，因而只有在解出相关子问题时才能做出选择；而贪心算法仅在当前状态下做出最好选择，即局部最优选择，然后解做出该选择后产生的相应的子问题。

（2）动态规划算法通常以自底向上的方式解各子问题，而贪心算法则通常以自顶向下的方式进行。

16.2 实战：Floyd最短路径算法

Floyd 算法是解决任意两点间的最短路径的一种算法，可以正确处理有向图或负权的最短路径问题，同时也被用于计算有向图的传递闭包。

Floyd 算法的时间复杂度为 $O(N^3)$，空间复杂度为 $O(N^2)$。

Floyd 算法也是一个经典的动态规划算法。假设我们的目标是寻找从点 i 到点 j 的最短路径，那么从动态规划的角度来看，需要为该目标重新进行诠释。

16.2.1 算法思想

从任意节点 i 到任意节点 j 的最短路径不外乎两种：一种是直接从 i 到 j，另一种是从 i 经过若

干个节点 k 到 j。所以，假设 $\mathrm{Dis}(i,j)$ 为节点 u 到节点 v 的最短路径的距离，对于每一个节点 k，检查 $\mathrm{Dis}(i,k) + \mathrm{Dis}(k,j) < \mathrm{Dis}(i,j)$ 是否成立，如果成立，则证明从 i 到 k 再到 j 的路径比 i 直接到 j 的路径短，设置 $\mathrm{Dis}(i,j) = \mathrm{Dis}(i,k) + \mathrm{Dis}(k,j)$。这样一来，当遍历完所有节点 k 后，$\mathrm{Dis}(i,j)$ 中记录的便是 i 到 j 的最短路径的距离。

Floyd 算法实现原理如下。

（1）从任意一条单边路径开始，所有两点之间的距离是边的权。如果两点之间没有边相连，则权为无穷大。

（2）对于每一对顶点 u 和 v，看是否存在一个顶点 w，使得从 u 到 w 再到 v 比已知的路径更短。如果是，则更新它。

16.2.2　Floyd算法如何应用动态规划

在动态规划算法中，处于首要位置且也是核心理念之一的就是状态的定义。在这里，把 $d[k][i][j]$ 定义成只能使用第 1 号到第 k 号点作为中间媒介时，点 i 到点 j 之间的最短路径长度。

假设图中共有 n 个点，标号从 1 开始到 n。因此，在这里，k 可被看作是动态规划算法在进行时的一种层次，或者称为松弛操作。$d[1][i][j]$ 表示只使用 1 号点作为中间媒介时，点 i 到点 j 之间的最短路径长度；$d[2][i][j]$ 表示使用 1 号点到 2 号点中的所有点作为中间媒介时，点 i 到点 j 之间的最短路径长度；$d[n-1][i][j]$ 表示使用 1 号点到 $(n-1)$ 号点中的所有点作为中间媒介时，点 i 到点 j 之间的最短路径长度；$d[n][i][j]$ 表示使用 1 号点到 n 号点时，点 i 到点 j 之间的最短路径长度。有了状态的定义之后，就可以根据动态规划思想来构建动态转移方程。

动态转移的基本思想可以认为是建立起某一状态和之前状态的一种转移表示。按照前面的定义，$d[k][i][j]$ 是一种使用 1 号点到 k 号点的状态，可以想办法把该状态通过动态转移，规约到使用 1 号点到 $(k-1)$ 号点的状态，即 $d[k-1][i][j]$。对于 $d[k][i][j]$（使用 1 号点到 k 号点中的所有点作为中间媒介时，i 和 j 之间的最短路径），可以分为两种情况：① i 到 j 的最短路不经过 k；② i 到 j 的最短路经过 k。不经过点 k 的最短路径情况下，$d[k][i][j]=d[k-1][i][j]$；经过点 k 的最短路径情况下，$d[k][i][j]=d[k-1][i][k]+d[k-1][k][j]$。因此，综合上述两种情况，便可以得到 Floyd 算法的动态转移方程如下：

$$d[k][i][j] = \min(d[k-1][i][j],\, d[k-1][i][k]+d[k-1][k][j])\ (k,i,j \in [1,n])$$

最后，$d[n][i][j]$ 就是所要求的图中所有两点之间的最短路径长度。在这里，需要注意上述动态转移方程的初始（边界）条件，即 $d[0][i][j]=w(i,j)$。也就是说，在不使用任何点的情况下（松弛操作的最初），两点之间最短路径的长度就是两点之间边的权值（若两点之间没有边，则权值为 INF，且作者比较偏向在 Floyd 算法中把图用邻接矩阵的数据结构表示，因为便于操作）。当然，还有 $d[i][i]=0$（$i \in [1,n]$）。这样，可以编写出最为初步的 Floyd 算法代码。

16.2.3 算法实现

图的 Floyd 算法实现如下：

```java
package com.waylau.java.demo.datastructure;

import java.util.HashMap;
import java.util.List;
import java.util.Map;

public class GraphFloydWarshall {

    private GraphFloydWarshall() {

    }

    public static Map<Graph.Vertex<Integer>, Map<Graph.Vertex<Integer>,
     Integer>> getAllPairsShortestPaths(
            Graph<Integer> graph) {

        if (graph == null) {
            throw (new NullPointerException(
                    "Graph must be non-NULL."));
        }

        final List<Graph.Vertex<Integer>> vertices = graph
                .getVertices();
        final int[][] sums = new int[vertices
                .size()][vertices.size()];

        for (int i = 0; i < sums.length; i++) {
            for (int j = 0; j < sums[i].length; j++) {
                sums[i][j] = Integer.MAX_VALUE;
            }
        }

        final List<Graph.Edge<Integer>> edges = graph
                .getEdges();

        for (Graph.Edge<Integer> e : edges) {
            final int indexOfFrom = vertices
                    .indexOf(e.getFromVertex());
            final int indexOfTo = vertices
                    .indexOf(e.getToVertex());
            sums[indexOfFrom][indexOfTo] = e.getCost();
        }

        for (int k = 0; k < vertices.size(); k++) {
            for (int i = 0; i < vertices.size(); i++) {
```

```java
        for (int j = 0; j < vertices.size(); j++) {
            if (i == j) {
                sums[i][j] = 0;
            } else {
                final int ijCost = sums[i][j];
                final int ikCost = sums[i][k];
                final int kjCost = sums[k][j];
                final int summed = (ikCost != Integer.MAX_VALUE
                            && kjCost != Integer.MAX_VALUE)
                                    ? (ikCost + kjCost)
                                    : Integer.MAX_VALUE;

                if (ijCost > summed) {
                    sums[i][j] = summed;
                }
            }
        }
    }
}

final Map<Graph.Vertex<Integer>, Map<Graph.Vertex<Integer>, Integer>>
 allShortestPaths =
    new HashMap<Graph.Vertex<Integer>, Map<Graph.Vertex<Integer>,
    Integer>>();

for (int i = 0; i < sums.length; i++) {
    for (int j = 0; j < sums[i].length; j++) {
        final Graph.Vertex<Integer> from = vertices
                .get(i);
        final Graph.Vertex<Integer> to = vertices
                .get(j);

        Map<Graph.Vertex<Integer>, Integer> map = allShortestPaths
                .get(from);

        if (map == null) {
            map = new HashMap<Graph.Vertex<Integer>, Integer>();
        }

        final int cost = sums[i][j];

        if (cost != Integer.MAX_VALUE) {
            map.put(to, cost);
        }

        allShortestPaths.put(from, map);
    }
}
```

```
            return allShortestPaths;
    }
}
```

16.2.4　测试算法

测试用例如下：

```java
package com.waylau.java.demo.datastructure;

import java.util.ArrayList;
import java.util.HashMap;
import java.util.List;
import java.util.Map;

import static org.junit.jupiter.api.Assertions.assertTrue;

import org.junit.jupiter.api.MethodOrderer;
import org.junit.jupiter.api.Order;
import org.junit.jupiter.api.Test;
import org.junit.jupiter.api.TestMethodOrder;

import com.waylau.java.demo.datastructure.Graph.Edge;
import com.waylau.java.demo.datastructure.Graph.Vertex;

@TestMethodOrder(MethodOrderer.OrderAnnotation.class)
public class GraphFloydWarshallTests {
    // Directed with negative weights
    private static class DirectedWithNegativeWeights {
        final List<Vertex<Integer>> verticies = new ArrayList<Vertex<Integer>>();
        final Graph.Vertex<Integer> v1 = new Graph.Vertex<Integer>(1);
        final Graph.Vertex<Integer> v2 = new Graph.Vertex<Integer>(2);
        final Graph.Vertex<Integer> v3 = new Graph.Vertex<Integer>(3);
        final Graph.Vertex<Integer> v4 = new Graph.Vertex<Integer>(4);
        {
            verticies.add(v1);
            verticies.add(v2);
            verticies.add(v3);
            verticies.add(v4);
        }

        final List<Edge<Integer>> edges = new ArrayList<Edge<Integer>>();
        final Graph.Edge<Integer> e1_4 = new Graph.Edge<Integer>(
                2, v1, v4); // w->z
        final Graph.Edge<Integer> e2_1 = new Graph.Edge<Integer>(
                6, v2, v1); // x->w
        final Graph.Edge<Integer> e2_3 = new Graph.Edge<Integer>(
                3, v2, v3); // x->y
```

```java
        final Graph.Edge<Integer> e3_1 = new Graph.Edge<Integer>(
                4, v3, v1); // y->w
        final Graph.Edge<Integer> e3_4 = new Graph.Edge<Integer>(
                5, v3, v4); // y->z
        final Graph.Edge<Integer> e4_2 = new Graph.Edge<Integer>(
                -7, v4, v2); // z->x
        final Graph.Edge<Integer> e4_3 = new Graph.Edge<Integer>(
                -3, v4, v3); // z->y
        {
            edges.add(e1_4);
            edges.add(e2_1);
            edges.add(e2_3);
            edges.add(e3_1);
            edges.add(e3_4);
            edges.add(e4_2);
            edges.add(e4_3);
        }

        final Graph<Integer> graph = new Graph<Integer>(
                Graph.TYPE.DIRECTED, verticies, edges);

    }

    @Order(1)
    @Test
    void testFloydWarshallonDirectedWithNegWeights() {
        final DirectedWithNegativeWeights directedWithNegWeights =
                new DirectedWithNegativeWeights();
        {
            final Map<Vertex<Integer>, Map<Vertex<Integer>, Integer>> pathWeights =
                    GraphFloydWarshall
                    .getAllPairsShortestPaths(
                            directedWithNegWeights.graph);

            final Map<Vertex<Integer>, Map<Vertex<Integer>, Integer>> result =
                    new HashMap<Vertex<Integer>, Map<Vertex<Integer>,
                     Integer>>();
            {

                // Ideal weights
                { // Vertex 3
                    final Map<Vertex<Integer>, Integer> m = new HashMap
                      <Vertex<Integer>, Integer>();
                    {
                        // Vertex 3
                        m.put(directedWithNegWeights.v3, 0);

                        // Vertex 4
                        m.put(directedWithNegWeights.v4, 5);
```

```
            // Vertex 2
            m.put(directedWithNegWeights.v2,
                    -2);

            // Vertex 1
            m.put(directedWithNegWeights.v1, 4);
        }

        result.put(directedWithNegWeights.v3,
                m);

    }

    { // Vertex 4
        final Map<Vertex<Integer>, Integer> m = new HashMap
         <Vertex<Integer>, Integer>();
        {
            // Vertex 3
            m.put(directedWithNegWeights.v3, -4);

            // Vertex 4
            m.put(directedWithNegWeights.v4, 0);

            // Vertex 2
            m.put(directedWithNegWeights.v2, -7);

            // Vertex 1
            m.put(directedWithNegWeights.v1, -1);

        }

        result.put(directedWithNegWeights.v4, m);

    }

    { // Vertex 2
        final Map<Vertex<Integer>, Integer> m = new HashMap
         <Vertex<Integer>, Integer>();
        {
            // Vertex 3
            m.put(directedWithNegWeights.v3, 3);

            // Vertex 4
            m.put(directedWithNegWeights.v4, 8);

            // Vertex 2
            m.put(directedWithNegWeights.v2, 0);

            // Vertex 1
            m.put(directedWithNegWeights.v1, 6);
```

```
                }

                result.put(directedWithNegWeights.v2,
                        m);

        }

        { // Vertex 1
            final Map<Vertex<Integer>, Integer> m = new HashMap
             <Vertex<Integer>, Integer>();
            {
                // Vertex 3
                m.put(directedWithNegWeights.v3, -2);

                // Vertex 4
                m.put(directedWithNegWeights.v4, 2);

                // Vertex 2
                m.put(directedWithNegWeights.v2, -5);

                // Vertex 1
                m.put(directedWithNegWeights.v1, 0);

            }

            result.put(directedWithNegWeights.v1, m);
        }
    }

    // Compare results
    for (Vertex<Integer> vertex1 : pathWeights
            .keySet()) {

        final Map<Vertex<Integer>, Integer> m1 = pathWeights
                .get(vertex1);

        final Map<Vertex<Integer>, Integer> m2 = result
                .get(vertex1);

        for (Vertex<Integer> v : m1.keySet()) {
            final int i1 = m1.get(v);
            final int i2 = m2.get(v);

            assertTrue(i1 == i2);
        }
    }
  }
 }
}
```

上述测试案例构建了图 16-1 所示的带负权值的有向图 DirectedWithNegativeWeights。

针对节点 4 而言：

（1）到节点 4 的权值为 0。

（2）到节点 3 的权值为 -4。

（3）到节点 2 的权值为 -7。

（4）到节点 1 的权值为 -1。

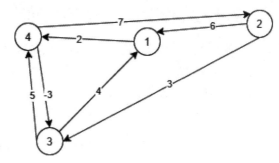

图 16-1 带负权值的有向图 DirectedWithNegativeWeights

针对节点 3 而言：

（1）到节点 4 的权值为 5。

（2）到节点 3 的权值为 0。

（3）到节点 2 的权值为 -2。

（4）到节点 1 的权值为 4。

针对节点 2 而言：

（1）到节点 4 的权值为 8。

（2）到节点 3 的权值为 3。

（3）到节点 2 的权值为 0。

（4）到节点 1 的权值为 6。

针对节点 1 而言：

（1）到节点 4 的权值为 2。

（2）到节点 3 的权值为 -2。

（3）到节点 2 的权值为 -5。

（4）到节点 1 的权值为 0。

16.3 实战：旅行推销员问题

旅行推销员问题（Traveling Salesman Problem，TSP）是一个经典的求解最短路径的算法题，非常适合采用动态规划的方式来求解。

16.3.1 旅行推销员问题概述

一个推销员必须访问 n 个城市，这 n 个城市是一个完全图（图 16-2），推销员需要恰好访问所有城市

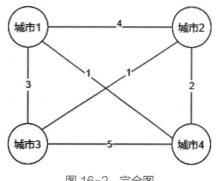

图 16-2 完全图

一次，并且回到最终的城市。城市与城市之间有旅行费用，推销员希望旅行费用之和最少。

16.3.2　动态规划解决旅行推销员问题

通过动态规划，把大问题分解成小问题。现在的大问题是使从 1 经过 2、3、4 回到 1 花费最少，下面对其进行分解。

推销员从 1 出发有三种方案。

1. 方案1

从 1 出发，到 2，再从 2 出发，经过 [3,4] 这几个城市，然后回到 1，使得花费最少（图 16-3）。

2. 方案2

从 1 出发，到 3，再从 3 出发，经过 [2,4] 这几个城市，然后回到 1，使得花费最少（图 16-4）。

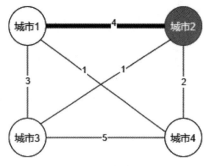

图 16-3　方案 1

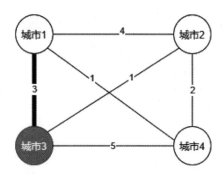

图 16-4　方案 2

3. 方案3

从 1 出发，到 4，然后从 4 出发，经过 [2, 3] 这几个城市，然后回到 1，使得花费最少（图 16-5）。

前面提到，最优结果通过表来保留：设置一个二维的动态规划表 dp，dp[1]{2，3，4} 表示从 1 号城市出发，经过 2、3、4 再回到 1 花费最少。因此，可以得出以下公式：

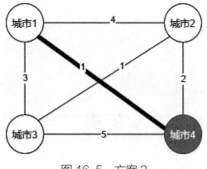

图 16-5　方案 3

$$dp[1][\{2,3,4\}] = min(D12+dp[2]\{3,4\}, D13+dp[3]\{2,4\}, D14+dp[4]\{2,3\})$$

由于 D12、D13、D14 是已知的，因此现在的目的就是求 dp[2]{3,4}、dp[3]{2,4}、dp[4]{2,3}。dp[2]{3,4} 的求解方式如下（dp[3]{2,4}、dp[4]{2,3} 的求解方式类似，这里不再列出）：

$$dp[2]\{3,4\} = min(D23+dp[3]\{4\}, D24+dp[4][3]$$

dp[3]{4} 的求解方式如下：

$$dp[3]\{4\}] = D43+dp[4]\{\}$$

dp4 的求解方式如下：

$$dp[4]\{\}=D41$$

经过逐步分解，即可知道从 4 到 1 的最小花费，那么就可以推出从 3 出发经过 4 回到 1 的花费，从而推出所要求的最优解。

16.4 总结

本章介绍了动态规划，其与分治法的区别在于，动态规划通常用于最优化问题。

本章也列举了贪心算法的典型应用，如斐波那契数列、Floyd 算法、旅行推销员问题等。

16.5 习题

1. 简述动态规划的特点。

2. 简述 Floyd 算法的实现原理。

第17章

回溯

本章介绍回溯方法，这种方法常被用来设计货箱装船、背包、最大完备子图、旅行商和电路板排列等问题的求解算法。

17.1 算法思想及应用场景

寻找问题的解的一种可靠的方法是首先列出所有候选解，然后依次检查每一个，在检查完所有或部分候选解后，即可找到所需要的解。理论上，当候选解数量有限并且通过检查所有或部分候选解能够得到所需解时，上述方法是可行的。不过，在实际应用中很少使用这种方法，因为候选解的数量通常都非常大（如指数级，甚至是大数阶乘），即便采用最快的计算机也只能解决规模很小的问题。

对候选解进行系统检查的方法有多种，其中回溯法和分支定界法是两种比较常用的方法。按照这两种方法对候选解进行系统检查，通常会使问题的求解时间大大减少（无论对于最坏情形还是对于一般情形）。事实上，这些方法可以使我们避免对很大的候选解集合进行检查，同时能够保证算法运行结束时可以找到所需要的解。因此，这些方法通常能够用来求解规模很大的问题。

回溯算法是一种选优搜索法，又称为试探法，按选优条件向前搜索，以达到目标。但当探索到某一步时，发现原先选择并不优或达不到目标，就退回一步重新选择。这种走不通就退回再走的技术为回溯法，而满足回溯条件的某个状态的点称为回溯点。

17.1.1 回溯算法的思路

回溯算法（Backtracking Algorithm）就是从一条路往前走，能进则进，不能进则退回来，换一条路再试。最早在 1960 年，Walker 在其论文 *An enumerative technique for a class of combinatorial problems* 中第一次尝试全面阐述回溯编程的范围和方法。

回溯算法本质上其实就是穷举法，但回溯算法使用剪枝函数，剪去一些不可能到达最终状态（答案状态）的节点，从而减少状态空间树节点的生成。回溯法是一个既带有系统性又带有跳跃性的搜索算法，它在包含问题的所有解的解空间树中，按照深度优先的策略，从根节点出发搜索解空间树。算法搜索至解空间树的任一节点时，总是先判断该节点是否肯定不包含问题的解。如果肯定不包含，则跳过对以该节点为根的子树的系统搜索，逐层向其祖先节点回溯。否则，进入该子树，继续按深度优先策略进行搜索；在用回溯法求问题的所有解时，要回溯到根，且根节点的所有子树都已被搜索遍才结束。而回溯法在用来求问题的任一解时，只要搜索到问题的一个解就可以结束。

用回溯算法解决问题的一般步骤如下：

（1）定义一个解空间，它包含问题的解。

（2）利用适于搜索的方法组织解空间。

（3）利用深度优先方法搜索解空间。

（4）利用限界函数避免移动到不可能产生解的子空间。

在用回溯算法求解问题，即在遍历状态空间树的过程中，如果采用非递归方法，则一般要用到栈的数据结构。这时，不仅可以用栈来表示正在遍历的树的节点，而且可以很方便地表示建立子节点和回溯的过程。

回溯算法常用的应用案例有组合问题、填字游戏、N 皇后问题、骑士游历、跳棋问题、中国象棋马行线等。

17.1.2　N 皇后问题

著名的 N 皇后问题就可以采用回溯算法来解决。

N 皇后问题是从八皇后问题演变而来的。八皇后问题是一个古老而著名的问题，是回溯算法的典型案例。该问题是国际象棋棋手马克斯·贝瑟尔于 1848 年提出的：在 8×8 格的国际象棋上摆放八个皇后，使其不能互相攻击，即任意两个皇后都不能处于同一行、同一列或同一斜线上，问有多少种摆法。

那么，其演变为 N 皇后问题后，该问题描述为：在 $n \times n$ 格的国际象棋上摆放 n 个皇后，使其不能互相攻击，即任意两个皇后都不能处于同一行、同一列或同一斜线上，问有多少种摆法。

N 皇后问题的解题思路是，用数组 $x[n]$ 表示皇后 i 在棋盘的第 i 列站的位置，索引 index 表示放置第几个皇后。

（1）当 index=n 时，表示全部放置完毕。

（2）从 0 开始遍历，尝试性放置皇后，放上第 index 个皇后，第 index+1 个皇后放置条件为与前面的皇后都不冲突：都不在同一行且不在同一斜线上。

17.2　实战：N 皇后问题

17.1 节介绍了 N 皇后问题的解题思路，本节介绍 N 皇后问题的实现过程。

17.2.1　算法实现

N 皇后问题的实现如下：

```java
package com.waylau.java.demo.algorithm;

import java.util.Arrays;
import java.util.LinkedList;
import java.util.List;

public class NQueens {
    private static List<List<String>> res = new LinkedList<>();

    public static List<List<String>> solveNQueens(int n) {
```

```
    char[][] board = new char[n][n];

    for (int i = 0; i < n; i++) {
        Arrays.fill(board[i], '.');
    }

    backtrack(0, board);

    return res;
}

/**
 * backtrack 为标准的回溯法模板
 *
 * @param index 索引，或者已做选择的路径
 * @param board
 */
private static void backtrack(int index,
        char[][] board) {
    // 结束条件为所有的皇后都已放置
    if (index == board.length) {
        res.add(chars2StrList(board));// 把可行解加入结果集

        return;
    }

    int cols = board[0].length;

    // 选择列表为每一列
    for (int i = 0; i < cols; i++) {
        if (!isValid(board, index, i)) {// 剪枝
            continue;
        }

        // 做选择，在当前位置放置皇后
        board[index][i] = 'Q';

        // 向纵深方向扩展一步
        backtrack(index + 1, board);

        // 撤销选择
        board[index][i] = '.';
    }
}

private static List<String> chars2StrList(
        char[][] board) {
    List<String> strList = new LinkedList<>();
```

```
        for (char[] row : board) {
            strList.add(String.valueOf(row));
        }

        return strList;
    }

    private static boolean isValid(char[][] board, int row,
            int col) {
        // 检查同一列有没有放置皇后
        for (int i = 0; i < row; i++) {
            if (board[i][col] == 'Q') {
                return false;
            }
        }

        // 检查左上角的对角线有没有放置皇后
        for (int i = row - 1, j = col - 1; i >= 0
                && j >= 0; i--, j--) {
            if (board[i][j] == 'Q') {
                return false;
            }
        }

        // 检查右上角的对角线有没有放置皇后
        for (int i = row - 1, j = col + 1; i >= 0
                && j < board.length; i--, j++) {
            if (board[i][j] == 'Q') {
                return false;
            }
        }

        return true;
    }
}
```

上述代码比较简单，此处不再赘述。

17.2.2　测试算法

测试算法代码如下：

```
package com.waylau.java.demo.algorithm;

import java.util.List;
import org.junit.jupiter.api.MethodOrderer;
import org.junit.jupiter.api.Order;
import org.junit.jupiter.api.Test;
```

```
import org.junit.jupiter.api.TestMethodOrder;

@TestMethodOrder(MethodOrderer.OrderAnnotation.class)
public class NQueensTests {

    @Order(1)
    @Test
    public void testMergeSortsInPlace() {
        List<List<String>> result = NQueens.solveNQueens(8);

        for (List<String> list : result) {
            System.out.println(list);
        }
    }
}
```

上述测试用例测试的是 8 皇后。执行上述测试用例，控制台输出如下内容：

```
[Q......., ....Q..., .......Q, .....Q.., ..Q....., ......Q., .Q......, ...Q....]
[Q......., ....Q..., .......Q, ..Q....., ......Q., ...Q...., .Q......, ...Q....]
[Q......., .....Q.., .Q......, ....Q..., .......Q, .Q......, ...Q...., .Q......]
[Q......., .....Q.., .......Q, ..Q....., .Q......, ...Q...., .Q......, ..Q.....]
[.Q......, ..Q....., ....Q..., .......Q, Q......., ...Q...., .Q......, ....Q...]
[.Q......, ...Q...., .....Q.., .......Q, ..Q....., Q......, ...Q...., .Q......]
[.Q......, ....Q..., ..Q....., Q......., ...Q...., .Q......, .Q......, ..Q.....]
[.Q......, ....Q..., .......Q, Q......., ...Q...., .Q......, .Q......, ..Q.....]
[.Q......, .....Q.., Q......., ...Q...., .Q......, ...Q...., ..Q....., ....Q...]
[.Q......, .....Q.., ..Q....., Q......., .......Q, ..Q....., .Q......, ....Q...]
[.Q......, .....Q.., .......Q, ..Q....., Q......., ...Q...., .Q......, ..Q.....]
[.Q......, .......Q, .....Q.., Q......., ..Q....., .Q......, ...Q...., ....Q...]
[..Q....., Q......., .....Q.., .......Q, .Q......, ....Q..., .Q......, ...Q....]
[..Q....., Q......., .....Q.., ...Q...., .Q......, .......Q, ..Q....., .Q......]
[..Q....., Q......., ......Q., ....Q..., .......Q, .Q......, .Q......, ..Q.....]
[..Q....., ....Q..., .Q......, .......Q, Q......., ...Q...., .Q......, ..Q.....]
[..Q....., ....Q..., .Q......, .......Q, .....Q.., ...Q...., Q......., ..Q.....]
[..Q....., ....Q..., ......Q., Q......., ...Q...., .Q......, .Q......, ..Q.....]
[..Q....., ....Q..., .Q......, .......Q, .....Q.., Q......., .Q......, ..Q.....]
[..Q....., .....Q.., .Q......, ....Q..., .......Q, Q......., ...Q...., .Q......]
[..Q....., .....Q.., .......Q, .Q......, ...Q...., Q......., ......Q., ....Q...]
[..Q....., .....Q.., ......Q., .Q......, ...Q...., .......Q, Q......., ....Q...]
[..Q....., ......Q., .Q......, .......Q, .....Q.., ...Q...., Q......., ....Q...]
[..Q....., ......Q., .Q......, ...Q...., .......Q, ....Q..., Q......., ..Q.....]
[..Q....., ......Q., .Q......, .......Q, ....Q..., Q......., ...Q...., .Q......]
[..Q....., .......Q, ...Q...., ......Q., Q......., ..Q....., .Q......, ....Q...]
[..Q....., .......Q, ...Q...., Q......., ......Q., .Q......, ....Q..., ..Q.....]
[...Q...., Q......., ....Q..., .......Q, .Q......, ......Q., ..Q....., .Q......]
[...Q...., Q......., ....Q..., .......Q, .....Q.., ..Q....., ......Q., .Q......]
[...Q...., .Q......, ....Q..., .......Q, Q......., ......Q., ..Q....., .Q......]
[...Q...., .Q......, ......Q., ..Q....., .....Q.., .......Q, .Q......, ...Q....]
```

```
[...Q...., .Q......, ......Q., ..Q....., .....Q.., ......Q, ...Q..., Q.......]
[...Q...., .Q......, ......Q., ...Q..., Q......., ......Q, ....Q.., ..Q.....]
[..Q....., .Q......, ......Q., ...Q..., ......Q, Q......., ...Q..., ..Q.....]
[..Q....., .Q......, ......Q., ...Q..., ......Q, ..Q....., ...Q..., ....Q..]
[...Q...., ...Q..., Q......., .Q......, ......Q, ..Q....., ...Q..., ....Q..]
[..Q....., ......Q, ...Q..., .Q......, ......Q, Q......., ...Q..., ....Q..]
[..Q....., ...Q..., ...Q..., ..Q....., Q......., ......Q, ...Q..., .Q.....]
[..Q....., ......Q, Q......., ......Q, ...Q..., ..Q....., ...Q..., ..Q....]
[..Q....., ......Q, ..Q....., ......Q, .Q......, ...Q..., Q......., ..Q...]
[..Q....., ......Q, ...Q..., .Q......, ...Q..., Q......., ...Q..., ...Q.Q]
[..Q....., ......Q, ..Q....., .Q......, ...Q..., Q......., ...Q..., .Q....]
[..Q....., ...Q..., Q......., .Q......, ..Q....., ...Q..., .Q......, ...Q..]
[..Q....., ...Q..., Q......., .Q......, ..Q....., ...Q..., ...Q..., ..Q...]
[..Q....., ......Q, ...Q..., ..Q....., ...Q..., Q......., .Q......, ...Q..]
[....Q.., Q......., ...Q..., ...Q..., ...Q..., ...Q..., ..Q....., ..Q....]
[....Q.., Q......., ......Q, ..Q....., ...Q..., ...Q..., .Q......, ..Q....]
[....Q.., Q......., ......Q, ...Q..., ...Q..., ..Q....., ...Q..., ..Q....]
[....Q.., .Q......, ...Q..., ...Q..., ......Q, ..Q....., Q......., ...Q.]
[....Q.., .Q......, ...Q..., ...Q..., .Q......, ...Q..., Q......., ..Q...]
[....Q.., ...Q..., ..Q....., Q......., ......Q, ...Q..., ..Q....., .Q....]
[....Q.., .Q......, ...Q..., Q......., ...Q..., ...Q..., ...Q..., ...Q.]
[....Q.., ..Q....., Q......., ......Q, ...Q..., .Q......, ...Q..., ..Q...]
[....Q.., ..Q....., Q......., ......Q, ...Q..., .Q......, ...Q..., ..Q..]
[....Q.., .Q......, ...Q..., ......Q, .Q......, ...Q..., ...Q..., .Q....]
[....Q.., Q......., ...Q..., .Q......, ...Q..., ...Q..., ..Q....., .Q....]
[....Q.., ..Q....., .Q......, ...Q..., ...Q..., ...Q..., ..Q....., .Q....]
[....Q.., ..Q....., Q......., ...Q..., ...Q..., ...Q..., ...Q..., ...Q.Q]
[....Q.., ......Q, ...Q..., .Q......, ...Q..., ...Q..., ..Q....., .Q....]
[....Q.., ......Q, ...Q..., ...Q..., ...Q..., ...Q..., ..Q....., .Q....]
[....Q.., Q......., ..Q....., ...Q..., ...Q..., ...Q..., .Q......, ...Q.]
[....Q.., Q......., ..Q....., ...Q..., ...Q..., ..Q....., .Q......, ...Q.]
[.....Q.., ...Q..., .Q......, ...Q..., ..Q....., ...Q..., ...Q..., ..Q...]
[.....Q.., .Q......, ......Q, ...Q..., ...Q..., ...Q..., ..Q....., ..Q...]
[.....Q.., .Q......, ...Q..., ...Q..., ...Q..., ...Q..., ..Q....., ..Q...]
[....Q.., ..Q....., ...Q..., ......Q, ...Q..., ...Q..., .Q......, ...Q.]
[....Q.., ..Q....., ...Q..., ......Q, ...Q..., ...Q..., ...Q..., ..Q...]
[....Q.., ..Q....., ...Q..., ......Q, ...Q..., ...Q..., ...Q..., ...Q.]
[....Q.., .Q......, ...Q..., ......Q, Q......., ...Q..., ...Q..., ...Q.Q]
[....Q.., .Q......, ...Q..., ...Q..., ...Q..., ...Q..., ...Q..., ..Q...]
[....Q.., .Q......, ...Q..., .Q......, ...Q..., ...Q..., Q......., ..Q...]
[....Q.., ..Q....., ...Q..., ...Q..., ...Q..., ...Q..., .Q......, ...Q.]
[....Q.., ...Q..., Q......., ...Q..., ...Q..., ...Q..., .Q......, ..Q...]
[....Q.., ...Q..., .Q......, ......Q, ...Q..., ...Q..., ...Q..., ...Q.Q]
[....Q.., ..Q....., ...Q..., ...Q..., ...Q..., ...Q..., ...Q..., ...Q.]
[.....Q.., Q......., ...Q..., ......Q, ....Q.., ...Q..., ...Q..., ..Q...]
```

```
[.....Q., .Q....., ..Q....., Q.......,  .......Q, ...Q...., ..Q....., ....Q..]
[.....Q., .Q....., ....Q..., .Q......, Q......., ....Q..., .......Q, ...Q...]
[.....Q., ...Q...., Q......., ....Q..., .......Q, ...Q...., ...Q...., ..Q...]
[.....Q., .......Q, .Q......, ....Q..., .Q......, .......Q, ....Q..., ..Q...]
[.....Q., .......Q, ...Q...., .Q......, ...Q...., Q......., ...Q...., ..Q...]
[.....Q., .....Q.., .Q......, .......Q, ..Q....., .....Q.., Q......., ..Q...]
[.....Q., ...Q...., ..Q....., ...Q...., ....Q..., .Q......, .....Q.., ..Q...]
[.....Q., .....Q.., ..Q....., ...Q...., .Q......, .....Q.., ....Q..., ..Q...]
[.....Q., ...Q...., .......Q, .Q......, ....Q..., .Q......, .....Q.., ..Q...]
[.....Q., ...Q...., .Q......, ....Q..., .......Q, .Q......, .....Q.., ..Q...]
[.....Q., ...Q...., ..Q....., .......Q, ....Q..., .Q......, .Q......, ..Q...]
```

17.3　实战：图着色问题

图着色问题（Graph Coloring Problem, GCP）又称着色问题，是著名的 NP（Non-deterministic Polynomial）完全问题之一。

17.3.1　问题描述

给定无向连通图和 m 种不同的颜色，用这些颜色为图 G 的各顶点着色，每个顶点着一种颜色。那么，是否有一种着色法使 G 中每条边的两个顶点有不同的颜色？该问题就是图的 m 可着色判定问题。

若一个图最少需要 m 种颜色才能使图中与每条边相连接的两个顶点着不同颜色，则称数 m 为该图的色数。

求一个图的色数 m 称为图的 m 可着色优化问题。给定一个图及 m 种颜色，请计算出涂色方案数。

17.3.2　算法描述

可以采用回溯算法来解决图着色问题。

color[n] 存储 n 个顶点的着色方案，可以选择的颜色为 1 到 m。

当 $t=1$ 时，对当前第 t 个顶点开始着色：若 $t>n$，则已求得一个解，输出着色方案即可；否则，依次对顶点 t 着色 1-m。若 t 与所有其他相邻顶点无颜色冲突，则继续为下一顶点着色；否则，回溯，测试下一颜色。

1. 算法分析

用 m 种颜色为一个具有 n 个顶点的无向图着色，共有 m^n 种可能的着色组合。因此，解空间是一棵完全 m 叉树，树中每一个节点都有 m 棵子树，最后一层有 m^n 个叶子节点，每个叶子节点代表一种可能着色，最坏情况下的时间性能是 $O(m^n)$。

2. 输入

第一行是顶点的个数 n（$2 \leq n \leq 10$）、颜色数 m（$1 \leq m \leq n$）。

接下来是顶点之间的相互关系：a b，表示 a 和 b 相邻。当 a、b 同时为 0 时表示输入结束。

3. 输出

输出所有着色方案，表示某个顶点涂某种颜色号，每个数字后面有一个空格。最后一行是着色方案总数。

17.3.3　算法实现

图着色问题实现如下：

```java
package com.waylau.java.demo.algorithm;

public class GraphColoringProblem {
    /**
     * 图着色: <br>
     *
     * @param graph 待着色图
     * @param n      图的节点数
     * @param m      限制需要涂的颜色种数
     *
     * @return 满足时返回图着色结果，否则返回空
     */
    public static int[] graphColor(int[][] graph, int n,
            int m) {
        if (m <= 0) {
            return null;
        }

        int[] color = initColor(n);// 初始化数组
        int index = 0;

        while (index >= 0) {
            color[index] += 1;// 填色

            while (color[index] <= m) {
                // 检验当前所涂颜色是否符合
                if (check(graph, color, index)) {
                    break;// 符合
                } else {
                    color[index] += 1;// 考察下一种颜色
                }
            }
```

```
            if (color[index] <= m && index == n - 1) {
                return color;
            }

            if (color[index] > m) {
                color[index--] = 0;// 回溯
            } else {
                index++;// 填下一个节点
            }
        }

        return null;
}


/**
 * 检测当前考察节点的颜色是否符合要求：<br>
 *
 * @param graph 图
 * @param color 图的每个节点的颜色组成的数组
 * @param index 索引，用于考察当前节点的颜色是否符合
 *
 * @return 符合或不符合
 */
public static boolean check(int[][] graph, int[] color,
        int index) {
    for (int i = 0; i < index; i++) {
        // 判断当前节点所涂的颜色是否与前面重复

        if (graph[index][i] == 1
                && color[i] == color[index]) {
            return false;
        }
    }

    return true;
}

/**
 * 初始化颜色数组：<br>
 *
 * @param n 节点的个数
 * @return 初始化后的数组
 */

public static int[] initColor(int n) {
    int[] color = new int[n];

    for (int i = 0; i < n; i++) {
        color[i] = 0;
```

```
    }

    return color;
    }
}
```

17.3.4　测试算法

测试用例如下：

```
package com.waylau.java.demo.algorithm;

public class GraphColoringProblemTests {

    public static void main(String[] args) {
        int n = 5; // 节点数
        int m = 3; // 限制涂多少种颜色

        // 初始化图。节点之间的关系：0 表示不相邻，1 表示相邻
        int[][] graph = { { 0, 1, 1, 0, 0 },
                { 1, 0, 1, 1, 1 }, { 1, 1, 0, 0, 1 },
                { 0, 1, 0, 0, 1 }, { 0, 1, 1, 1, 0 } };

        int[] result = GraphColoringProblem
                .graphColor(graph, n, m);// 获取图着色结果

        // 输出结果
        if (result == null)
            System.out.println(
                    m + " 种颜色无法给 " + n + " 个节点的图上色 ");
        else {
            for (int i = 0; i < n; i++) {
                System.out.print(result[i] + " ");
            }

            System.out.println();
        }
    }
}
```

在上述测试用例中，输入的图含五个节点，如图 17-1 所示。其用邻接矩阵表示，如图 17-2 所示。上述无向图三着色的问题，在解空间树中的搜索过程如图 17-3 所示。

最终涂色结果如下：

```
1 2 3 3 1
```

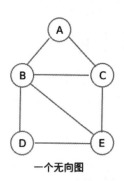

图 17-1 输入的图

一个无向图

```
    A B C D E
A | 0 1 1 0 0 |
B | 1 0 1 1 1 |
C | 1 1 0 0 1 |
D | 0 1 0 0 1 |
E | 0 1 1 1 0 |
```

邻接矩阵

图 17-2 邻接矩阵表示

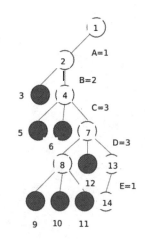

图 17-3 解空间树中的搜索过程

17.4 总结

本章介绍了回溯算法。回溯算法是一种选优搜索法，又称为试探法，按选优条件向前搜索，以达到目标。

本章也列举了回溯算法的典型应用，如 N 皇后问题、图着色问题等。

17.5 习题

1. 简述回溯的特点。

2. 简述 N 皇后问题的解题原理。

3. 简述图着色问题的解题原理。

第18章
遗传算法

　　本章介绍遗传算法。在求解较为复杂的组合优化问题时，相较一些常规的优化算法，遗传算法通常能够较快地获得较好的优化结果。遗传算法已被人们广泛地应用于组合优化、机器学习、信号处理、自适应控制和人工智能等领域。

18.1 算法思想及应用场景

遗传算法（Genetic Algorithms，GA）是一种元启发式自然选择的过程，属于进化算法（Evolutionary Algorithm，EA）大类。遗传算法通常是利用生物启发算子，如变异、交叉和选择来生成高质量的优化和搜索问题的解决方案。

遗传算法最早由美国的 John Holland 于 20 世纪 70 年代提出。该算法是根据大自然中生物体进化规律设计提出的，是模拟达尔文生物进化论的自然选择和遗传学机理的生物进化过程的计算模型，是一种通过模拟自然进化过程搜索最优解的方法。该算法通过数学方式，利用计算机仿真运算，将问题的求解过程转换成类似生物进化中的染色体基因的交叉、变异等过程。在求解较为复杂的组合优化问题时，相对于一些常规的优化算法，遗传算法通常能够较快地获得较好的优化结果。遗传算法已被人们广泛地应用于组合优化、机器学习、信号处理、自适应控制和人工智能等领域。

借鉴生物进化理论，遗传算法将问题模拟成一个生物进化过程，通过遗传、交叉、突变、自然选择等操作产生下一代的解，并逐步淘汰适应度函数值低的解，增加适应度函数高的解，这样进化 N 代后就很有可能会进化出适应度函数值很高的个体。

18.1.1 从一个例子入手

有一部科学纪录片记录了研究人员驯化狐狸的实验。实验中，研究人员首先挑选了一批比较温和的狐狸来做初始代，让它们繁殖后代，看能否繁殖出家禽般温驯的动物。看狐狸是否温和，这就是个体评价；选择出来作为初始代，这就是第一次运行运算；公狐和母狐被圈养在一起，温和的公狐和母狐之间会进行交配，这就是交叉运算；母狐怀孕后生出小狐狸，小狐狸继承了父母的个性，但会变得更加温和，这就是变异运算。通过几代选择、繁殖以后，最新一代的狐狸居然变得和狗一样温驯，容易与人接触、交流，达成了研究人员的初始目标。

虽然世界上所有的狐狸中本来就有可能存在完全像狗一样温驯的品种，但如果在全世界采用广播式的搜索，然后将全世界的狐狸集中起来逐个进行比较，即通过穷举法来筛选符合要求的品种，成本未免过高。而采用遗传算法，也能得到近似最温驯的一个解，但成本相对少得多。这就是遗传算法的魅力所在。

18.1.2 核心概念

遗传算法包含以下核心概念。

1. 染色体

生物由细胞组成，每一个细胞中都有一套相同的染色体（Chromosome）。一条染色体由若干基因（Gene）组成，每个基因控制一种特定的蛋白质，从而决定生物的某种特征。所有染色体合称为基因组（Genome），基因组完全决定了一个生物个体。该个体在微观（基因）层次的表现称为基因型（Genotype），在宏观（特征）层次的表现称为显型（Phenotype）。在简单的遗传算法中，将基因组中的若干条染色体看作一整条染色体。

2. 个体复制

在复制过程中，父母的染色体通过交叉（Crossover）产生子女的染色体。染色体还可以以一定的小概率变异（Mutate）。

遗传算法本质上是一种搜索算法，搜索算法的共同特征如下。

（1）组成一组候选解。

（2）依据某些适应性条件测算这些候选解的适应度。

（3）根据适应度保留某些候选解，放弃其他候选解。

（4）对保留的候选解进行某些操作，生成新的候选解。

基本遗传算法的过程如图 18-1 所示。

针对图 18-1 操作的具体描述如下。

（1）种群初始化。根据问题特性设计合适的初始化操作（初始化操作应尽量简单，时间复杂度不宜过高），对种群中的 N 个个体进行初始化操作。

（2）个体评价。根据优化的目标函数计算种群中个体的适应值（Fitness Value）。

（3）迭代设置。设置种群最大迭代次数 g_{max}，并令当前迭代次数 $g=1$。

（4）个体选择。设计合适的选择算子来对

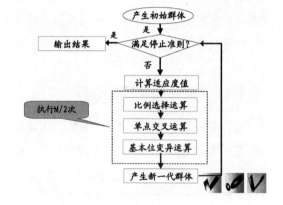

图 18-1 基本遗传算法的过程

种群 P(g) 个体进行选择，被选择的个体将进入交配池中组成父代种群 FP(g)，用于交叉变换以产生新的个体。选择策略要基于个体适应值来进行，假如要优化的问题为最小化问题，那么具有较小适应值的个体被选择的概率相应应该大一些。常用的选择策略有轮盘赌选择、锦标赛选择等。

（5）交叉算子。根据交叉概率 pm（预先指定，一般为 0.9）来判断父代个体是否需要进行交叉操作。交叉算子要根据被优化问题的特性来设计，它是整个遗传算法的核心，其被设计得好坏将直接决定整个算法性能的优劣。

（6）变异算子。根据变异概率 pc（预先指定，一般为 0.1）来判断父代个体是否需要进行变异操作。变异算子的主要作用是保持种群的多样性，防止种群陷入局部最优，所以其一般被设计为一种随机变换。

通过交叉变异操作以后，父代种群 FP(g) 生成了新的子代种群 P(g+1)，令种群迭代次数 $g=g+1$，进行下一轮的迭代操作 [跳转到步骤（4）]，直至迭代次数达到最大。

3. 交叉

交叉是指两条染色体交换部分基因，来构造下一代的两条新染色体的过程。

例如，基因序列在交叉前为：

```
00000|011100000000|10000
11100|000001111110|00101
```

那么交叉后，基因序列变为：

```
00000|000001111110|10000
11100|011100000000|00101
```

染色体交叉是以一定的概率发生的，将该概率记为 P_c。

4. 变异

在繁殖过程中，新产生的染色体中的基因会以一定的概率出错，称为变异。将变异发生的概率记为 P_m。

例如，基因序列在变异前为

```
000001110000000010000
```

变异后，基因序列变为

```
000001110000100010000
```

5. 适应度函数

适应度函数（Fitness Function）用于评价某个染色体的适应度，用 $f(x)$ 表示。有时需要区分染色体的适应度函数与问题的目标函数。例如，0-1 背包问题的目标函数是所取得的物品价值，但将物品价值作为染色体的适应度函数可能并不一定适合。适应度函数与目标函数是正相关的，可对目标函数做一些变形来得到适应度函数。

18.1.3 常用基因选择法

选择策略有很多，常用的有轮盘赌法、精英保留法、锦标赛法等，不同的策略对遗传算法的交叉设计、变异设计和整体性能都将产生影响。

18.1.4 遗传算法求解最大值

遗传算法参照达尔文的进化论，认为物种都是向好的方向发展（适者生存）。因此，可以认为到足够的代数之后，得到的最值与实际的最值很接近。

遗传算法的求解步骤如下。

（1）随机产生一个种群。

（2）计算种群的适应度、最好适应度、最差适应度、平均适应度等指标。

（3）验证种群代数是否达到自己设置的阈值，如果达到结束计算，否则继续下一步计算。

（4）采用转盘赌法选择可以产生下一代的父代，产生下一代种群（种群中个体数量不变）。

（5）种群发生基因突变。

（6）重复第（2）~（5）步。

18.2 实战：实现基因

基因部分算法实现如下。

18.2.1 种群个体

种群个体（染色体）需要两个属性：个体的基因和基因对应的适应度（函数得分）。代码如下：

```java
public class Chromosome {

    private boolean[] genes;// 基因序列

    private double score;// 对应的函数得分

}
```

18.2.2 随机生成基因序列

基因的每一个位置是 0 还是 1，这里采用完全随机的方式实现。代码如下：

```java
/**
* 随机生成基因序列
*
* @param size 基因序列长度
*/
public Chromosome(int size) {
    if (size <= 0) {
        return;
    }

    initGeneSize(size);

    for (int i = 0; i < size; i++) {
        genes[i] = Math.random() >= 0.5;
    }
```

```
}

/**
 * 初始化基因长度
 *
 * @param size 基因序列长度
 */
private void initGeneSize(int size) {
    if (size <= 0) {
        return;
    }

    genes = new boolean[size];
}
```

18.2.3 把基因转化为对应的值

例如，101 对应的数字是 5，这里采用位运算来实现。代码如下：

```
/**
 * 将基因转化为对应的数字
 *
 * @return 基因转化成对应的数字
 */
public int getNum() {
    if (genes == null) {
        return 0;
    }

    int num = 0;

    for (boolean bool : genes) {
        num <<= 1;
        if (bool) {
            num += 1;
        }
    }

    return num;
}
```

18.2.4 基因发生变异

对于变异的位置，这里完全采取随机方式实现，变异原则是由 1 变为 0，由 0 变为 1。代码如下：

```
/**
 * 基因 num 个位置发生变异
```

```
*
* @param num 突变的位置
*/
public void mutation(int num) {
    // 允许变异
    int size = genes.length;

    for (int i = 0; i < num; i++) {
        // 寻找变异位置
        int at = ((int) (Math.random() * size)) % size;

        // 变异后的值
        boolean bool = !genes[at];
        genes[at] = bool;
    }
}
```

18.2.5   克隆基因

克隆基因用于产生下一代，这一步就是将已存在的基因复制一份。代码如下：

```
/**
* 克隆染色体
*
* @param c 被克隆染色体
*
* @return 克隆染色体
*/
public static Chromosome clone(final Chromosome c) {
    if (c == null || c.genes == null) {
        return null;
    }

    Chromosome clonedChromosome = new Chromosome();
    clonedChromosome.initGeneSize(c.genes.length);

    for (int i = 0; i < c.genes.length; i++) {
        clonedChromosome.genes[i] = c.genes[i];
    }

    return clonedChromosome;
}
```

18.2.6   遗传产生下一代

这里两个个体产生两个个体子代，具体哪段基因发生交叉则完全随机。代码如下：

```
/**
 * 遗传产生下一代染色体
 *
 * @param c1
 * @param c2
 */
public static List<Chromosome> genetic(Chromosome p1,
        Chromosome p2) {
    if (p1 == null || p2 == null) { // 染色体有一个为空，不产生下一代
        return null;
    }

    if (p1.genes == null || p2.genes == null) {
        // 染色体有一个没有基因序列，不产生下一代
        return null;
    }

    if (p1.genes.length != p2.genes.length) {
        // 染色体基因序列长度不同，不产生下一代
        return null;
    }

    Chromosome c1 = clone(p1);
    Chromosome c2 = clone(p2);

    // 随机产生交叉互换位置
    int size = c1.genes.length;
    int a = ((int) (Math.random() * size)) % size;
    int b = ((int) (Math.random() * size)) % size;
    int min = a > b ? b : a;
    int max = a > b ? a : b;

    // 对位置上的基因进行交叉互换
    for (int i = min; i <= max; i++) {
        boolean t = c1.genes[i];
        c1.genes[i] = c2.genes[i];
        c2.genes[i] = t;
    }

    List<Chromosome> list = new ArrayList<Chromosome>();

    list.add(c1);
    list.add(c2);

    return list;
}
```

18.2.7　完整代码

完整代码如下：

```java
package com.waylau.java.demo.algorithm;

import java.util.ArrayList;
import java.util.List;

public class Chromosome {
    private boolean[] genes;// 基因序列

    private double score;// 对应的函数得分

    public double getScore() {
        return score;
    }

    public void setScore(double score) {
        this.score = score;
    }

    /**
     * 限制无参构造函数的使用
     */
    private Chromosome() {
    }

    /**
     * 随机生成基因序列
     *
     * @param size 基因序列长度
     */
    public Chromosome(int size) {
        if (size <= 0) {
            return;
        }

        initGeneSize(size);

        for (int i = 0; i < size; i++) {
            genes[i] = Math.random() >= 0.5;
        }
    }

    /**
     * 初始化基因长度
     *
     * @param size 基因序列长度
```

```
     */
    private void initGeneSize(int size) {
        if (size <= 0) {
            return;
        }

        genes = new boolean[size];
    }

    /**
     * 将基因转化为对应的数字
     *
     * @return 基因转化成对应的数字
     */
    public int getNum() {
        if (genes == null) {
            return 0;
        }

        int num = 0;

        for (boolean bool : genes) {
            num <<= 1;
            if (bool) {
                num += 1;
            }
        }

        return num;
    }

    /**
     * 基因 num 个位置发生变异
     *
     * @param num 突变的位置
     */
    public void mutation(int num) {
        // 允许变异
        int size = genes.length;

        for (int i = 0; i < num; i++) {
            // 寻找变异位置
            int at = ((int) (Math.random() * size)) % size;

            // 变异后的值
            boolean bool = !genes[at];
            genes[at] = bool;
        }
    }
```

```
/**
 * 克隆染色体
 *
 * @param c 被克隆染色体
 *
 * @return 克隆染色体
 */
public static Chromosome clone(final Chromosome c) {
    if (c == null || c.genes == null) {
        return null;
    }

    Chromosome clonedChromosome = new Chromosome();
    clonedChromosome.initGeneSize(c.genes.length);

    for (int i = 0; i < c.genes.length; i++) {
        clonedChromosome.genes[i] = c.genes[i];
    }

    return clonedChromosome;
}

/**
 * 遗传产生下一代染色体
 *
 * @param c1
 * @param c2
 */
public static List<Chromosome> genetic(Chromosome p1,
        Chromosome p2) {
    if (p1 == null || p2 == null) { // 染色体有一个为空，不产生下一代
        return null;
    }

    if (p1.genes == null || p2.genes == null) {
     // 染色体有一个没有基因序列，不产生下一代
        return null;
    }

    if (p1.genes.length != p2.genes.length) {
     // 染色体基因序列长度不同，不产生下一代
        return null;
    }

    Chromosome c1 = clone(p1);
    Chromosome c2 = clone(p2);

    // 随机产生交叉互换位置
```

```
        int size = c1.genes.length;
        int a = ((int) (Math.random() * size)) % size;
        int b = ((int) (Math.random() * size)) % size;
        int min = a > b ? b : a;
        int max = a > b ? a : b;

        // 对位置上的基因进行交叉互换
        for (int i = min; i <= max; i++) {
            boolean t = c1.genes[i];
            c1.genes[i] = c2.genes[i];
            c2.genes[i] = t;
        }

        List<Chromosome> list = new ArrayList<Chromosome>();

        list.add(c1);
        list.add(c2);

        return list;
    }
}
```

18.3 实战：实现遗传算法

遗传算法实现如下。

18.3.1 成员变量

对于遗传算法，需要有对应的种群及设置一些常量，如种群数量、基因长度、基因突变个数、基因突变率等，具体参照如下代码：

```
public abstract class GeneticAlgorithm {

    private List<Chromosome> population = new ArrayList<Chromosome>();

    private int popSize = 100;// 种群数量

    private int geneSize;// 基因最大长度

    private int maxIterNum = 500;// 最大迭代次数

    private double mutationRate = 0.01;// 基因变异的概率
```

```
private int maxMutationNum = 3;// 最大变异步长

private int generation = 1;// 当前遗传到第几代

private double bestScore;// 最好得分

private double worstScore;// 最坏得分

private double totalScore;// 总得分

private double averageScore;// 平均得分

private double x; // 记录历史种群中最好的 X 值

private double y; // 记录历史种群中最好的 Y 值

private int geneI;// x y 所在代数

}
```

18.3.2　初始化种群

在遗传算法开始时，需要初始化一个原始种群，这就是原始的第一代。代码如下：

```
/**
* 初始化种群
*/
private void init() {
    for (int i = 0; i < popSize; i++) {
        population = new ArrayList<Chromosome>();
        Chromosome chro = new Chromosome(geneSize);
        population.add(chro);
    }

    caculteScore();
}
```

18.3.3　计算种群的适应度

在初始种群存在后，需要计算种群的适应度及最好适应度、最坏适应度和平均适应度等。代码
如下：

```
/**
* 计算种群适应度
*/
private void caculteScore() {
```

```
    setChromosomeScore(population.get(0));
    bestScore = population.get(0).getScore();
    worstScore = population.get(0).getScore();
    totalScore = 0;

    for (Chromosome chro : population) {
        setChromosomeScore(chro);

        if (chro.getScore() > bestScore) { // 设置最好基因值
            bestScore = chro.getScore();
            if (y < bestScore) {
                x = changeX(chro);
                y = bestScore;
                geneI = generation;
            }
        }

        if (chro.getScore() < worstScore) { // 设置最坏基因值
            worstScore = chro.getScore();
        }

        totalScore += chro.getScore();
    }

    averageScore = totalScore / popSize;

    // 因为精度问题导致平均值大于最好值，将平均值设置成最好值
    averageScore = averageScore > bestScore ? bestScore
            : averageScore;
}
```

18.3.4　计算Y值

在计算个体适应度时，需要根据基因计算对应的 Y 值，这里设置两个抽象方法，代码如下：

```
/**
 * 设置染色体得分
 */
private void setChromosomeScore(Chromosome chro) {
    if (chro == null) {
        return;
    }

    double x = changeX(chro);
    double y = caculateY(x);

    chro.setScore(y);
```

```
}
/**
* 将二进制转化为对应的 X
*
* @param chro 染色体
* @return X 值
*/
public abstract double changeX(Chromosome chro);

/**
* 根据 X 计算 Y 值，Y=F(X)
*
* @param x
* @return Y 值
*/
public abstract double caculateY(double x);
```

18.3.5 选取可以产生下一代的个体

在计算完种群适应度之后，需要使用转盘赌法选取可以产生下一代的个体。这里有一个条件，即只有个人的适应度不小于平均适应度才会产生下一代（适者生存）。代码如下：

```
/**
* 轮盘赌法选择可以遗传下一代的染色体
*/
private Chromosome getParentChromosome() {
    double slice = Math.random() * totalScore;
    double sum = 0;

    for (Chromosome chro : population) {
        sum += chro.getScore();

        if (sum > slice
                && chro.getScore() >= averageScore) {
            return chro;
        }
    }

    return null;
}
```

18.3.6 产生下一代

选择可以产生下一代的个体之后，就要交配产生下一代。代码如下：

```
/**
 * 种群进行遗传
 */
private void evolve() {
    List<Chromosome> childPopulation = new ArrayList<Chromosome>();

    // 生成下一代种群

    while (childPopulation.size() < popSize) {
        Chromosome p1 = getParentChromosome();
        Chromosome p2 = getParentChromosome();
        List<Chromosome> children = Chromosome
                .genetic(p1, p2);

        if (children != null) {
            for (Chromosome chro : children) {
                childPopulation.add(chro);
            }
        }
    }

    // 新种群替换旧种群
    List<Chromosome> t = population;

    population = childPopulation;
    t.clear();
    t = null;

    // 基因突变
    mutation();

    // 计算新种群的适应度
    caculteScore();
}
```

18.3.7　基因变异

在产生下一代的过程中，可能会发生基因变异。代码如下：

```
/**
 * 基因突变
 */
private void mutation() {
    for (Chromosome chro : population) {
        if (Math.random() < mutationRate) { // 发生基因突变
            int mutationNum = (int) (Math.random()
                    * maxMutationNum);
            chro.mutation(mutationNum);
```

```
        }
    }
}
```

18.3.8　重复执行

将上述步骤一代一代重复执行。代码如下：

```
public void caculte() {
    // 初始化种群
    generation = 1;

    init();

    while (generation < maxIterNum) {
        // 种群遗传
        evolve();
        print();

        generation++;
    }
}
```

18.3.9　完整代码

完整代码如下：

```
package com.waylau.java.demo.algorithm;

import java.util.ArrayList;
import java.util.List;

public abstract class GeneticAlgorithm {

    private List<Chromosome> population = new ArrayList<Chromosome>();

    private int popSize = 100;// 种群数量

    private int geneSize;// 基因最大长度

    private int maxIterNum = 500;// 最大迭代次数

    private double mutationRate = 0.01;// 基因变异的概率

    private int maxMutationNum = 3;// 最大变异步长

    private int generation = 1;// 当前遗传到第几代
```

```
private double bestScore;// 最好得分

private double worstScore;// 最坏得分

private double totalScore;// 总得分

private double averageScore;// 平均得分

private double x; // 记录历史种群中最好的 x 值

private double y; // 记录历史种群中最好的 y 值

private int geneI;// x y 所在代数

public GeneticAlgorithm(int geneSize) {
    this.geneSize = geneSize;
}

public void caculte() {
    // 初始化种群
    generation = 1;

    init();

    while (generation < maxIterNum) {
        // 种群遗传
        evolve();
        print();

        generation++;
    }
}

/**
 * 初始化种群
 */
private void init() {
    for (int i = 0; i < popSize; i++) {
        population = new ArrayList<Chromosome>();
        Chromosome chro = new Chromosome(geneSize);
        population.add(chro);
    }

    caculteScore();
}

/**
 * 计算种群适应度
```

```java
    */
    private void caculteScore() {
        setChromosomeScore(population.get(0));
        bestScore = population.get(0).getScore();
        worstScore = population.get(0).getScore();
        totalScore = 0;

        for (Chromosome chro : population) {
            setChromosomeScore(chro);

            if (chro.getScore() > bestScore) { // 设置最好基因值
                bestScore = chro.getScore();
                if (y < bestScore) {
                    x = changeX(chro);
                    y = bestScore;
                    geneI = generation;
                }
            }

            if (chro.getScore() < worstScore) { // 设置最坏基因值
                worstScore = chro.getScore();
            }

            totalScore += chro.getScore();
        }

        averageScore = totalScore / popSize;

        // 因为精度问题导致平均值大于最好值，将平均值设置成最好值
        averageScore = averageScore > bestScore ? bestScore
                : averageScore;
    }

    /**
     * 设置染色体得分
     */
    private void setChromosomeScore(Chromosome chro) {
        if (chro == null) {
            return;
        }

        double x = changeX(chro);
        double y = caculateY(x);

        chro.setScore(y);
    }

    /**
     * 将二进制转化为对应的 x
```

```
 *
 * @param chro 染色体
 * @return X 值
 */
public abstract double changeX(Chromosome chro);

/**
 * 根据 X 计算 Y 值，Y=F(X)
 *
 * @param x
 * @return Y 值
 */
public abstract double caculateY(double x);

/**
 * 轮盘赌法选择可以遗传下一代的染色体
 */
private Chromosome getParentChromosome() {
    double slice = Math.random() * totalScore;
    double sum = 0;

    for (Chromosome chro : population) {
        sum += chro.getScore();

        if (sum > slice
                && chro.getScore() >= averageScore) {
            return chro;
        }
    }

    return null;
}

/**
 * 种群进行遗传
 */
private void evolve() {
    List<Chromosome> childPopulation = new ArrayList<Chromosome>();

    // 生成下一代种群

    while (childPopulation.size() < popSize) {
        Chromosome p1 = getParentChromosome();
        Chromosome p2 = getParentChromosome();
        List<Chromosome> children = Chromosome
                .genetic(p1, p2);

        if (children != null) {
            for (Chromosome chro : children) {
```

```
                    childPopulation.add(chro);
            }
        }
    }

    // 新种群替换旧种群
    List<Chromosome> t = population;

    population = childPopulation;
    t.clear();
    t = null;

    // 基因突变
    mutation();

    // 计算新种群的适应度
    caculteScore();
}

/**
 * 基因突变
 */
private void mutation() {
    for (Chromosome chro : population) {
        if (Math.random() < mutationRate) { // 发生基因突变
            int mutationNum = (int) (Math.random()
                    * maxMutationNum);
            chro.mutation(mutationNum);
        }
    }
}

/**
 * 输出结果
 */
private void print() {
    System.out.println(
            "--------------------------------");

    System.out
            .println("the generation is:" + generation);

    System.out.println("the best y is:" + bestScore);

    System.out.println(
            "the worst fitness is:" + worstScore);

    System.out.println(
            "the average fitness is:" + averageScore);
```

```java
        System.out.println(
                "the total fitness is:" + totalScore);

        System.out.println(
                "geneI:" + geneI + "\tx:" + x + "\ty:" + y);

    }

    public void setPopulation(List<Chromosome> population) {
        this.population = population;
    }

    public void setPopSize(int popSize) {
        this.popSize = popSize;
    }

    public void setGeneSize(int geneSize) {
        this.geneSize = geneSize;
    }

    public void setMaxIterNum(int maxIterNum) {
        this.maxIterNum = maxIterNum;
    }

    public void setMutationRate(double mutationRate) {
        this.mutationRate = mutationRate;
    }

    public void setMaxMutationNum(int maxMutationNum) {
        this.maxMutationNum = maxMutationNum;
    }

    public double getBestScore() {
        return bestScore;
    }

    public double getWorstScore() {
        return worstScore;
    }

    public double getTotalScore() {
        return totalScore;
    }

    public double getAverageScore() {
        return averageScore;
    }
```

```
public double getX() {
    return x;
}

public double getY() {
    return y;
}

}
```

18.4 实战：编写实现类

由于上述遗传算法的类是一个抽象类，因此需要针对特定的事例编写实现类。本节假设计算 $Y=100-\log(X)$ 在 [6, 106] 上的最值。

18.4.1 实现类

假设基因的长度为 num（基因的长度由要求结果的有效长度确定），因此对应的二进制最大值为 1<<num，这里做如下设置：

```
public class GeneticAlgorithmMaxValue
        extends GeneticAlgorithm {

    private final int num;

    /**
     * 构造函数
     *
     * @param geneSize
     */
    public GeneticAlgorithmMaxValue(int geneSize) {
        super(geneSize);

        num = 1 << geneSize;
    }

}
```

18.4.2 对X值的抽象方法进行实现

对 X 值的抽象方法进行实现，代码如下：

```
@Override
public double changeX(Chromosome chro) {
    return ((1.0 * chro.getNum() / num) * 100) + 6;
}
```

18.4.3　对Y的抽象方法进行实现

对 Y 的抽象方法进行实现，代码如下：

```
@Override
public double caculateY(double x) {
    return 100 - Math.log(x);
}
```

18.4.4　编写测试类

假设基因长度为 24（基因的长度由要求结果的有效长度确定），因此对应的二进制最大值为 1<<24。代码如下：

```
package com.waylau.java.demo.algorithm;

import org.junit.jupiter.api.MethodOrderer;
import org.junit.jupiter.api.Order;
import org.junit.jupiter.api.Test;
import org.junit.jupiter.api.TestMethodOrder;

@TestMethodOrder(MethodOrderer.OrderAnnotation.class)
public class GeneticAlgorithmMaxValueTest {

    @Order(1)
    @Test
    public void testGeneticAlgorithm() {
        int num = 24;

        // 创建遗传算法驱动对象
        GeneticAlgorithmMaxValue ga = new GeneticAlgorithmMaxValue(
                num);

        ga.caculte();
    }
}
```

执行上述程序，控制台输出结果如下：

```
...

the generation is:497
```

```
the best y is:98.20824053077195

the worst fitness is:98.20824053077195

the average fitness is:98.20824053077195

the total fitness is:9820.824053077195

geneI:122    x:6.0    y:98.20824053077195

--------------------------------

the generation is:498

the best y is:98.20824053077195

the worst fitness is:98.20824053077195

the average fitness is:98.20824053077195

the total fitness is:9820.824053077195

geneI:122    x:6.0    y:98.20824053077195

--------------------------------

the generation is:499

the best y is:98.20824053077195

the worst fitness is:98.20824053077195

the average fitness is:98.20824053077195

the total fitness is:9820.824053077195

geneI:122    x:6.0    y:98.20824053077195
```

限于篇幅，输出内容只展示部分。

18.5 总结

本章介绍了遗传算法。相对一些常规的优化算法，遗传算法通常能够较快地获得较好的优化结果。

本章也详细介绍了遗传算法的实现。

18.6 习题

1. 简述遗传算法的概念。
2. 简述遗传算法的实现原理。

第19章
蚂蚁算法

　　本章介绍蚂蚁算法，该算法通过正反馈、分布式协作来寻找最优路径。这是一种基于种群寻优的启发式搜索算法，在人工智能领域有着广泛的应用。

19.1 算法思想及应用场景

蚂蚁是地球上非常常见、数量也非常多的昆虫种类之一，常成群结队地出现在人类的日常生活环境中。蚂蚁的群体生物智能特征引起了一些学者的注意。意大利学者 Dorigo、Maniezzo 等人在观察蚂蚁的觅食习性时发现，蚂蚁总能找到巢穴与食物源之间的最短路径。经研究发现，蚂蚁的这种群体协作功能是通过一种遗留在其来往路径上的被称为信息素（Pheromone）的挥发性化学物质来进行通信和协调的。化学通信是蚂蚁采取的基本信息交流方式之一，在蚂蚁的生活习性中起着重要的作用。通过对蚂蚁觅食行为的研究，他们发现，整个蚁群就是通过这种信息素进行相互协作，形成正反馈，从而使多个路径上的蚂蚁都逐渐聚集到最短的那条路径上。

Dorigo 等人于 20 世纪 90 年代首先提出了蚁群算法（Ant Colony Optimization，ACO）。蚁群算法又称蚂蚁算法，其主要特点就是通过正反馈、分布式协作来寻找最优路径。这是一种基于种群寻优的启发式搜索算法，它充分利用了生物蚁群能通过个体间简单的信息传递，搜索从蚁巢至食物间最短路径的集体寻优特征，以及该过程与旅行商问题求解之间的相似性，得到了具有 NP 难度的旅行商问题的最优解答。蚂蚁群算法最初用于解决旅行商问题，经过多年的发展，其已经陆续渗透到其他领域中，如图着色问题、大规模集成电路设计、通信网络中的路由问题及负载平衡问题、车辆调度问题、人工智能等。

19.1.1　蚂蚁觅食

蚂蚁究竟是怎么找到食物的呢？在没有蚂蚁找到食物时，环境没有有用的信息素，那么蚂蚁为什么能相对有效地找到食物呢？这要归功于蚂蚁的移动规则，尤其是在没有信息素时的移动规则。首先，蚂蚁要能尽量保持某种惯性，这样使得蚂蚁尽量向前方移动（这个前方是随机固定的一个方向），而不是原地打转或震动。其次，蚂蚁要有一定的随机性。虽然有了固定的方向，但蚂蚁也不能像粒子一样直线运动下去，而是有一个随机的干扰，这样就使得蚂蚁运动起来具有了一定的目的性，尽量保持原来的方向，但又有新的试探，尤其当遇到障碍物时它会立即改变方向。这可以看成一种选择的过程，即环境的障碍物让蚂蚁的某个方向正确，而其他方向不正确。这就解释了为什么单个蚂蚁在复杂的诸如迷宫的地图中仍然能找到隐蔽得很好的食物。

当然，在有一只蚂蚁找到了食物时，大部分蚂蚁会沿着信息素很快找到食物。但不排除会出现这样的情况：在最初时，一部分蚂蚁随机选择了同一条路径，随着这条路径上蚂蚁释放的信息素越来越多，更多的蚂蚁也选择这条路径。但这条路径并不是最优（最短）的，所以导致迭代次数完成后，蚂蚁找到的不是最优解，而是次优解，这种情况下的结果可能对实际应用的意义不大。

蚂蚁是如何找到最短路径的？这一要归功于信息素，二要归功于环境。信息素多的地方显然经过的蚂蚁会多，因而会有更多的蚂蚁聚集过来。假设有两条路从窝通向食物，开始时走这两条路的蚂蚁数量同样多（或较长的路上蚂蚁多，这无关紧要）。当蚂蚁沿着一条路到达终点以后会马上返回，这样短的路蚂蚁来回一次的时间就短，这也意味着重复的频率快，因而在单位时间里走过的蚂蚁数目就多，洒下的信息素自然较多，也就会有更多的蚂蚁被吸引过来，从而洒下更多的信息素；而长的路正相反。因此，越来越多的蚂蚁聚集到较短的路径上，此时最短的路径就近似找到了。也许有读者会问局部最短路径和全局最短路径的问题，实际上蚂蚁是逐渐接近全局最短路径的，为什么？这源于蚂蚁会犯错误，即它会按照一定的概率不向信息素高的地方走而另辟蹊径，这可以理解为一种创新。这种创新如果能缩短路途，那么根据前面叙述的原理，更多的蚂蚁会被吸引过来。

19.1.2　蚂蚁和互联网

相对于拥有创造性思维的人类，蚂蚁看起来不过是依赖于本能的生物。但事实上，蚂蚁比我们想象得要聪明得多，虽然它们没有发明互联网，但是却懂得互联网中的算法。

生物学教授 Deborah Gordon 和计算机科学家 Balaji Prabhakar 发现，蚂蚁的行为和互联网中的文件传输非常相似。Prabhaker 认为，蚂蚁用来了解可获得食物数量的算法，从本质上来说和 TCP（Transmission Control Protocol，传输控制协议）中使用的算法一样。

TCP 是互联网非常重要的协议之一，用于管理互联网上的数据拥塞。正是由于 TCP 协议，网络才能从最早的几十个节点发展到今天的上亿个节点。TCP 的工作原理如下：作为数据源的 A 将文件传送到终点 B，文件被分解成无数的数据包。当 B 接收到一个数据包后，向 A 发送一条确认信息，以表示数据包已经送达。

这样做的好处是可以避免数据拥塞。如果 B 确认速度慢，证明此时带宽不够，A 可以根据情况减缓数据传输；如果 B 确认速度快，A 则会加快传输速度。通过该过程可以确定可使用的带宽，并相应增减传输速度。

Gordon 发现农田蚁的规律行为。它们派出觅食蚁前去觅食，如果食物多，觅食蚁会很快回来，然后更多的蚂蚁离开巢穴去觅食；如果觅食蚁"空手"回来，则蚁群的觅食行为将减少，甚至停止。

根据这种情况，Probkahar 编写了一个算法，即根据食物的数量来预测蚁群的觅食行为，而Gordon 通过实验来进行证实。他们发现，以 TCP 为基础的算法几乎准确地预测了蚂蚁的行为。

他们还发现了蚂蚁遵循 TCP 算法的另两个规则。一是慢启动，在数据传输开始时，数据源会发出大量的数据包来估测带宽；同样，当蚁群开始觅食之前，他们会放出觅食蚁去侦测食物数量。

二是超时。当数据传输的链接中断或被干扰时，数据源会停止发送数据包；同样，当觅食蚁超过 20min 没有回巢时，其他的觅食蚁将不会离开巢穴。

Gordon 则认为，在蚁群行为如何帮助我们设计网络系统上，科学家们刚刚接触到了表层部分。目前有 1 万 1 千种蚂蚁生活在各种环境中，处理着各种不同的生态问题，各种蚂蚁做事的方式是我们所料想不到的，但是可能被用于计算机系统中。每个蚂蚁的能力有限，但是蚁群能够完成复杂的任务。蚂蚁的算法必定是简单、分布式、可扩展的，这正是我们在设计庞大的人工分布式系统时所需要的特性。

19.1.3　蚂蚁算法的核心概念

蚂蚁算法的核心概念如下。

1. 范围

蚂蚁观察到的范围是一个方格世界，蚂蚁有一个参数为速度半径（一般是 3），那么它能观察到的范围就是 3×3 个方格世界，并且能移动的距离也在该范围之内。

2. 环境

蚂蚁所在的环境是一个虚拟的世界，其中有障碍物，有其他蚂蚁，还有信息素。信息素有两种，一种是找到食物的蚂蚁洒下的食物信息素，另一种是找到窝的蚂蚁洒下的窝的信息素。每个蚂蚁都仅能感知它范围内的环境信息。环境以一定的速率让信息素消失。

3. 觅食规则

在每只蚂蚁能感知的范围内寻找是否有食物，如果有就直接过去；否则看是否有信息素，并且比较在能感知的范围内哪一点的信息素最多。这样，蚂蚁就朝信息素多的地方走，并且每只蚂蚁都会以小概率犯错误，而并不是向信息素最多的点移动。蚂蚁找窝的规则和前面一样，只不过它会对窝的信息素做出反应，而对食物信息素没有反应。

4. 移动规则

每只蚂蚁都朝向信息素最多的方向移动，并且当周围没有信息素指引时，蚂蚁会按照自己原来运动的方向惯性地运动下去。另外，在运动的方向上有一个随机的小的扰动。为了防止蚂蚁原地转圈，它会记住刚才走过了哪些点，如果发现要走的下一点已经在之前走过，它就会尽量避开。

5. 避障规则

如果蚂蚁要移动的方向有障碍物挡住，它会随机地选择另一个方向。另外，如果有信息素指引，它会按照觅食的规则行动。

6. 信息素规则

每只蚂蚁在刚找到食物或窝时散发的信息素最多，并随着它走的距离变远，播散的信息素越来越少。

根据这几条规则，蚂蚁之间并没有直接的关系，但是每只蚂蚁都和环境发生交互，而通过信息素这个纽带，实际上把各个蚂蚁之间关联起来。例如，当一只蚂蚁找到了食物后，它并没有直接告诉其他蚂蚁这里有食物，而是向环境播散信息素。当其他蚂蚁经过它附近时，就会感觉到信息素的存在，进而根据信息素的指引找到食物。

19.1.4 蚂蚁算法的特点

通过上面的原理叙述和实际操作，不难发现蚂蚁之所以具有智能行为，完全归功于它的简单行为规则，而这些规则综合起来具有以下特点。

（1）多样性。

（2）正反馈。

多样性保证了蚂蚁在觅食时不至走进死胡同而无限循环，正反馈机制则保证了相对优良的信息能够被保存下来。我们可以把多样性看成一种创造能力，而正反馈是一种学习强化能力。正反馈的力量也可被比喻成权威的意见，而多样性是打破权威体现的创造性。正是这两点小心翼翼地巧妙结合，才使得智能行为涌现出来。

引申来说，大自然的进化、社会的进步、人类的创新实际上都离不开这两个方面，多样性保证了系统的创新能力，正反馈保证了优良特性能够得到强化，两者要恰到好处地结合。如果多样性过剩，即系统过于活跃，这相当于蚂蚁会过多地随机运动，就会陷入混沌状态；相反，如果多样性不够，正反馈机制过强，那么系统就好比一潭死水，这在蚁群中就会表现为蚂蚁的行为过于僵硬，当环境变化后，蚁群不能适当地调整。

19.2 蚂蚁算法在旅行商问题中的应用

旅行商问题可以采用蚂蚁算法解决。假如蚁群中所有蚂蚁的数量为 m，所有城市之间的信息素用矩阵 pheromone 表示，最短路径为 bestLength，最佳路径为 bestTour。每只蚂蚁都有自己的内存，内存中用一个禁忌表（tabu）来存储该蚂蚁已经访问过的城市，表示其在以后的搜索中将不能访问这些城市；用另外一个允许访问的城市表（allowedCities）来存储它还可以访问的城市；用一个矩阵（delta）来存储它在一个循环（或迭代）中给所经过的路径释放的信息素；另外，还有一些数据，如一些控制参数、该蚂蚁行走完全程的总成本或距离（tourLength）等。假定算法总共运行maxGen 次，运行时间为 t。

蚁群算法计算过程如下。

1. 初始化

设 t=0，初始化 bestLength 为一个非常大的数（正无穷），bestTour 为空。初始化所有蚂蚁的delta 矩阵所有元素为 0，tabu 表清空，allowedCities 表中加入所有城市节点。随机选择蚂蚁的起始位置（也可以人工指定）。在 tabu 中加入起始节点，在 allowedCities 中删除该起始节点。

2. 为每只蚂蚁选择下一个节点

为每只蚂蚁选择下一个节点，该节点只能从 allowedCities 中以某种概率搜索到，每搜到一个，就将该节点加入 tabu 中，并且从 allowedCities 中删除该节点。该过程重复 $n-1$ 次，直到所有城市都遍历一次。遍历完所有节点后，将起始节点加入 tabu 中。此时 tabu 表元素数量为 $n+1$（n 为城市数量），allowedCities 元素数量为 0。接下来计算每个蚂蚁的 delta 矩阵值。最后计算最佳路径，比较每个蚂蚁的路径成本，并和 bestLength 比较。若它的路径成本比 bestLength 小，则将该值赋予 bestLength，并将其 tabu 赋予 bestTour。

3. 更新信息素矩阵

更新信息素矩阵 phermone。

4. 检查终止条件

如果达到最大代数 maxGen，则算法终止，转到第 5 步；否则，重新初始化所有蚂蚁的 delta 矩阵，使其所有元素为 0，tabu 表清空，allowedCities 表中加入所有城市节点。随机选择蚂蚁的起始位置（也可以人工指定）。在 tabu 中加入起始节点，在 allowedCities 中删除该起始节点，重复执行第 2~4 步。

5. 输出最优值

bestTour 为最优值的结果集。

19.3 实战：Ant类

Ant 类表示蚂蚁，其实现过程如下。

19.3.1 成员变量

成员变量代码如下：

```java
public class Ant implements Cloneable {

    private Vector<Integer> tabu; // 禁忌表

    private Vector<Integer> allowedCities; // 允许搜索的城市

    private float[][] delta; // 信息数变化矩阵

    private int[][] distance; // 距离矩阵

    private float alpha;

    private float beta;
```

```java
    private int tourLength; // 路径长度

    private int cityNum; // 城市数量

    private int firstCity; // 起始城市

    private int currentCity; // 当前城市

    public Ant() {
        cityNum = 30;
        tourLength = 0;
    }

    /**
     * Constructor of Ant
     *
     * @param num 蚂蚁数量
     */
    public Ant(int num) {
        cityNum = num;
        tourLength = 0;
    }
}
```

19.3.2　初始化蚂蚁

初始化蚂蚁，随机选择起始位置。代码如下：

```java
/**
 * 初始化蚂蚁，随机选择起始位置
 *
 * @param distance 距离矩阵
 * @param a        alpha
 * @param b        beta
 */
public void init(int[][] distance, float a, float b) {
    alpha = a;
    beta = b;

    // 初始允许搜索的城市集合
    allowedCities = new Vector<Integer>();

    // 初始禁忌表
    tabu = new Vector<Integer>();

    // 初始距离矩阵
    this.distance = distance;
```

```
    // 初始信息数变化矩阵为 0
    delta = new float[cityNum][cityNum];

    for (int i = 0; i < cityNum; i++) {
        allowedCities.add(i);
        for (int j = 0; j < cityNum; j++) {
            delta[i][j] = 0.f;
        }
    }

    // 随机挑选一个城市作为起始城市
    Random random = new Random(
            System.currentTimeMillis());
    firstCity = random.nextInt(cityNum);

    // 允许搜索的城市集合中移除起始城市
    for (Integer i : allowedCities) {
        if (i.intValue() == firstCity) {
            allowedCities.remove(i);
            break;
        }
    }

    // 将起始城市添加至禁忌表
    tabu.add(Integer.valueOf(firstCity));

    // 当前城市为起始城市
    currentCity = firstCity;
}
```

19.3.3 选择下一个城市

选择下一个城市，代码如下：

```
/**
 * 选择下一个城市
 *
 * @param pheromone 信息素矩阵
 */
public void selectNextCity(float[][] pheromone) {
    float[] p = new float[cityNum];
    float sum = 0.0f;

    // 计算分母部分
    for (Integer i : allowedCities) {
        sum += Math.pow(
```

```
                    pheromone[currentCity][i.intValue()],
                    alpha)

                    * Math.pow(1.0 / distance[currentCity][i
                            .intValue()], beta);
    }

// 计算概率矩阵
for (int i = 0; i < cityNum; i++) {
    boolean flag = false;

        for (Integer j : allowedCities) {
            if (i == j.intValue()) {
                p[i] = (float) (Math.pow(
                        pheromone[currentCity][i],
                        alpha)

                        * Math.pow(1.0
                                / distance[currentCity][i],
                                beta))
                        / sum;

                flag = true;
                break;
            }
        }

    if (flag == false) {
        p[i] = 0.f;
    }
}

// 轮盘赌选择下一个城市
Random random = new Random(
        System.currentTimeMillis());

float sleectP = random.nextFloat();
int selectCity = 0;
float sum1 = 0.f;

for (int i = 0; i < cityNum; i++) {
    sum1 += p[i];
    if (sum1 >= sleectP) {
        selectCity = i;
        break;
    }
}

// 从允许选择的城市中去除 selectCity
```

```
for (Integer i : allowedCities) {
    if (i.intValue() == selectCity) {
        allowedCities.remove(i);
        break;
    }
}

// 在禁忌表中添加 selectCity
tabu.add(Integer.valueOf(selectCity));

// 将当前城市改为选择的城市
currentCity = selectCity;
}
```

19.3.4　计算路径长度

计算路径长度，代码如下：

```
/**
 * 计算路径长度
 *
 * @return 路径长度
 */
private int calculateTourLength() {
    int len = 0;

    // 禁忌表 tabu 最终形式：起始城市 , 城市 1, 城市 2,…, 城市 n, 起始城市
    for (int i = 0; i < cityNum; i++) {
        len += distance[this.tabu.get(i)
                .intValue()][this.tabu.get(i + 1)
                        .intValue()];
    }

    return len;
}
```

19.3.5　完整代码

完整代码如下：

```
package com.waylau.java.demo.algorithm;

import java.util.Random;
import java.util.Vector;
```

```java
public class Ant implements Cloneable {

    private Vector<Integer> tabu; // 禁忌表

    private Vector<Integer> allowedCities; // 允许搜索的城市

    private float[][] delta; // 信息数变化矩阵

    private int[][] distance; // 距离矩阵

    private float alpha;

    private float beta;

    private int tourLength; // 路径长度

    private int cityNum; // 城市数量

    private int firstCity; // 起始城市

    private int currentCity; // 当前城市

    public Ant() {
        cityNum = 30;
        tourLength = 0;
    }

    /**
     * Constructor of Ant
     *
     * @param num 蚂蚁数量
     */
    public Ant(int num) {
        cityNum = num;
        tourLength = 0;
    }

    /**
     * 初始化蚂蚁，随机选择起始位置
     *
     * @param distance 距离矩阵
     * @param a        alpha
     * @param b        beta
     */
    public void init(int[][] distance, float a, float b) {
        alpha = a;
        beta = b;

        // 初始允许搜索的城市集合
```

```java
        allowedCities = new Vector<Integer>();

        // 初始禁忌表
        tabu = new Vector<Integer>();

        // 初始距离矩阵
        this.distance = distance;

        // 初始信息数变化矩阵为 0
        delta = new float[cityNum][cityNum];

        for (int i = 0; i < cityNum; i++) {
            allowedCities.add(i);
            for (int j = 0; j < cityNum; j++) {
                delta[i][j] = 0.f;
            }
        }

        // 随机挑选一个城市作为起始城市
        Random random = new Random(
                System.currentTimeMillis());
        firstCity = random.nextInt(cityNum);

        // 允许搜索的城市集合中移除起始城市
        for (Integer i : allowedCities) {
            if (i.intValue() == firstCity) {
                allowedCities.remove(i);
                break;
            }
        }

        // 将起始城市添加至禁忌表
        tabu.add(Integer.valueOf(firstCity));

        // 当前城市为起始城市
        currentCity = firstCity;
    }

    /**
     * 选择下一个城市
     *
     * @param pheromone 信息素矩阵
     */
    public void selectNextCity(float[][] pheromone) {
        float[] p = new float[cityNum];
        float sum = 0.0f;

        // 计算分母部分
        for (Integer i : allowedCities) {
```

```java
            sum += Math.pow(
                    pheromone[currentCity][i.intValue()],
                    alpha)

                    * Math.pow(1.0 / distance[currentCity][i
                            .intValue()], beta);
        }

        // 计算概率矩阵
        for (int i = 0; i < cityNum; i++) {
            boolean flag = false;

            for (Integer j : allowedCities) {
                if (i == j.intValue()) {
                    p[i] = (float) (Math.pow(
                            pheromone[currentCity][i],
                            alpha)

                            * Math.pow(1.0
                                    / distance[currentCity][i],
                                    beta))
                            / sum;

                    flag = true;
                    break;
                }
            }

            if (flag == false) {
                p[i] = 0.f;
            }
        }

        // 轮盘赌选择下一个城市
        Random random = new Random(
                System.currentTimeMillis());

        float sleectP = random.nextFloat();
        int selectCity = 0;
        float sum1 = 0.f;

        for (int i = 0; i < cityNum; i++) {
            sum1 += p[i];
            if (sum1 >= sleectP) {
                selectCity = i;
                break;
            }
        }
```

```java
        // 从允许选择的城市中去除 select city
        for (Integer i : allowedCities) {
            if (i.intValue() == selectCity) {
                allowedCities.remove(i);
                break;
            }
        }

        // 在禁忌表中添加 select city
        tabu.add(Integer.valueOf(selectCity));

        // 将当前城市改为选择的城市
        currentCity = selectCity;
}

/**
 * 计算路径长度
 *
 * @return 路径长度
 */
private int calculateTourLength() {
    int len = 0;

    // 禁忌表 tabu 最终形式：起始城市 , 城市 1, 城市 2,…, 城市 n, 起始城市
    for (int i = 0; i < cityNum; i++) {
        len += distance[this.tabu.get(i)
                .intValue()][this.tabu.get(i + 1)
                        .intValue()];
    }

    return len;
}

public Vector<Integer> getAllowedCities() {
    return allowedCities;
}

public void setAllowedCities(
        Vector<Integer> allowedCities) {
    this.allowedCities = allowedCities;
}

public int getTourLength() {
    tourLength = calculateTourLength();
    return tourLength;
}

public void setTourLength(int tourLength) {
    this.tourLength = tourLength;
```

```
    }

    public int getCityNum() {
        return cityNum;
    }

    public void setCityNum(int cityNum) {
        this.cityNum = cityNum;
    }

    public Vector<Integer> getTabu() {
        return tabu;
    }

    public void setTabu(Vector<Integer> tabu) {
        this.tabu = tabu;
    }

    public float[][] getDelta() {
        return delta;
    }

    public void setDelta(float[][] delta) {
        this.delta = delta;
    }

    public int getFirstCity() {
        return firstCity;
    }

    public void setFirstCity(int firstCity) {
        this.firstCity = firstCity;
    }

}
```

19.4 实战：AntColonyOptimization类

AntColonyOptimization 类表示蚂蚁算法，其实现过程如下。

19.4.1 成员变量

成员变量代码如下：

```java
public class AntColonyOptimization {

    private Ant[] ants; // 蚂蚁

    private int antNum; // 蚂蚁数量

    private int cityNum; // 城市数量

    private int maxGen; // 运行代数

    private float[][] pheromone; // 信息素矩阵

    private int[][] distance; // 距离矩阵

    private int bestLength; // 最佳长度

    private int[] bestTour; // 最佳路径

    // 三个参数
    private float alpha;

    private float beta;

    private float rho;

    /**
     * constructor of AntColonyOptimization
     *
     * @param cityNum  城市数量
     * @param antNum   蚂蚁数量
     * @param maxGen   运行代数
     * @param alpha    alpha
     * @param beta     beta
     * @param rho      rho
     **/
    public AntColonyOptimization(int cityNum, int antNum,
            int maxGen, float alpha, float beta,
            float rho) {

        this.cityNum = cityNum;
        this.antNum = antNum;
        this.ants = new Ant[antNum];
        this.maxGen = maxGen;
        this.alpha = alpha;
        this.beta = beta;
        this.rho = rho;
    }
}
```

19.4.2 初始化数据

初始化的样本数据是从文件中读取的。代码如下：

```java
public void initDataFromFile(String filename)
        throws IOException {
    // 读取数据
    int[] x;
    int[] y;
    String strbuff;

    try (BufferedReader data = new BufferedReader(
            new InputStreamReader(this.getClass()
                    .getClassLoader()
                    .getResourceAsStream(filename)))) {

        distance = new int[cityNum][cityNum];
        x = new int[cityNum];
        y = new int[cityNum];

        for (int i = 0; i < cityNum; i++) {
            // 读取一行数据，数据格式 1 6734 1453
            strbuff = data.readLine();

            // 字符分割
            String[] strcol = strbuff.split(" ");
            x[i] = Integer.valueOf(strcol[1]);// x 坐标
            y[i] = Integer.valueOf(strcol[2]);// y 坐标
        }
    }

    init(x, y);
}

/**
 * 初始化 AntColonyOptimization 算法类
 *
 * @param filename 数据文件名，该文件存储所有城市节点的坐标数据
 *
 * @throws IOException
 */
private void init(int[] x, int[] y) throws IOException {
    // 计算距离矩阵
    // 针对具体问题，距离计算方法也不一样，此处以 att48 作为案例
    // 它有 48 个城市，距离计算方法为伪欧氏距离，最优值为 10628
    for (int i = 0; i < cityNum - 1; i++) {
        distance[i][i] = 0; // 对角线为 0

        for (int j = i + 1; j < cityNum; j++) {
```

```
                double rij = Math.sqrt(((x[i] - x[j])
                        * (x[i] - x[j])
                        + (y[i] - y[j]) * (y[i] - y[j]))
                        / 10.0);

                // 四舍五入，取整
                int tij = (int) Math.round(rij);

                if (tij < rij) {
                    distance[i][j] = tij + 1;
                    distance[j][i] = distance[i][j];
                } else {
                    distance[i][j] = tij;
                    distance[j][i] = distance[i][j];
                }
            }
        }

        distance[cityNum - 1][cityNum - 1] = 0;

        // 初始化信息素矩阵
        pheromone = new float[cityNum][cityNum];

        for (int i = 0; i < cityNum; i++) {
            for (int j = 0; j < cityNum; j++) {
                pheromone[i][j] = 0.1f; // 初始化为0.1
            }
        }

        bestLength = Integer.MAX_VALUE;
        bestTour = new int[cityNum + 1];

        // 随机放置蚂蚁
        for (int i = 0; i < antNum; i++) {
            ants[i] = new Ant(cityNum);
            ants[i].init(distance, alpha, beta);
        }
    }
```

19.4.3 执行计算

执行算法的计算由 solve() 方法承担，代码如下：

```
public void solve() {
    // 迭代 MAX_GEN 次
    for (int g = 0; g < maxGen; g++) {
```

```java
// antNum 只蚂蚁
for (int i = 0; i < antNum; i++) {
    // i 这只蚂蚁走 cityNum 步，完成了一个 TSP
    for (int j = 1; j < cityNum; j++) {
        ants[i].selectNextCity(pheromone);
    }

    // 把这只蚂蚁起始城市加入其禁忌表中
    // 禁忌表最终形式：起始城市，城市 1，城市 2，…，城市 n，起始城市
    ants[i].getTabu()
            .add(ants[i].getFirstCity());

    // 查看这只蚂蚁行走路径距离是否比当前距离优秀
    if (ants[i].getTourLength() < bestLength) {
        // 比当前优秀，则复制优秀 TSP 路径
        bestLength = ants[i].getTourLength();

        for (int k = 0; k < cityNum + 1; k++) {
            bestTour[k] = ants[i].getTabu()
                    .get(k).intValue();
        }
    }

    // 更新这只蚂蚁的信息数变化矩阵，对称矩阵
    for (int j = 0; j < cityNum; j++) {
        ants[i].getDelta()[ants[i].getTabu()
                .get(j).intValue()][ants[i]
                        .getTabu().get(j + 1)
                        .intValue()] =

                            (float) (1.
                                / ants[i].getTourLength());

        ants[i].getDelta()[ants[i].getTabu()
                .get(j + 1).intValue()][ants[i]
                        .getTabu().get(j)
                        .intValue()] =

                            (float) (1.
                                / ants[i].getTourLength());
    }
}

// 更新信息素
updatePheromone();

// 重新初始化蚂蚁
for (int i = 0; i < antNum; i++) {
```

```
                ants[i].init(distance, alpha, beta);
        }
    }

    // 输出最佳结果
    printOptimal();
}
```

19.4.4　更新信息素

更新信息素，代码如下：

```
// 更新信息素
private void updatePheromone() {
    // 信息素挥发
    for (int i = 0; i < cityNum; i++)
        for (int j = 0; j < cityNum; j++)
            pheromone[i][j] = pheromone[i][j]
                    * (1 - rho);

    // 信息素更新
    for (int i = 0; i < cityNum; i++) {
        for (int j = 0; j < cityNum; j++) {
            for (int k = 0; k < antNum; k++) {
                pheromone[i][j] += ants[k]
                        .getDelta()[i][j];
            }
        }
    }
}
```

19.4.5　输出最佳结果

输出最佳结果，代码如下：

```
private void printOptimal() {
    System.out.println(
            "The optimal length is: " + bestLength);

    System.out.println("The optimal tour is: ");

    for (int i = 0; i < cityNum + 1; i++) {
        System.out.print(bestTour[i] + " ");
    }
}
```

19.4.6　完整代码

完整代码如下：

```java
package com.waylau.java.demo.algorithm;

import java.io.BufferedReader;
import java.io.IOException;
import java.io.InputStreamReader;

public class AntColonyOptimization {

    private Ant[] ants; // 蚂蚁

    private int antNum; // 蚂蚁数量

    private int cityNum; // 城市数量

    private int maxGen; // 运行代数

    private float[][] pheromone; // 信息素矩阵

    private int[][] distance; // 距离矩阵

    private int bestLength; // 最佳长度

    private int[] bestTour; // 最佳路径

    // 三个参数
    private float alpha;

    private float beta;

    private float rho;

    /**
     * constructor of AntColonyOptimization
     *
     * @param cityNum  城市数量
     * @param antNum   蚂蚁数量
     * @param maxGen   运行代数
     * @param alpha    alpha
     * @param beta     beta
     * @param rho      rho
     **/
    public AntColonyOptimization(int cityNum, int antNum,
            int maxGen, float alpha, float beta,
            float rho) {
```

```java
        this.cityNum = cityNum;
        this.antNum = antNum;
        this.ants = new Ant[antNum];
        this.maxGen = maxGen;
        this.alpha = alpha;
        this.beta = beta;
        this.rho = rho;
    }

    public void initDataFromFile(String filename)
            throws IOException {
        // 读取数据
        int[] x;
        int[] y;
        String strbuff;

        try (BufferedReader data = new BufferedReader(
                new InputStreamReader(this.getClass()
                        .getClassLoader()
                        .getResourceAsStream(filename)))) {

            distance = new int[cityNum][cityNum];
            x = new int[cityNum];
            y = new int[cityNum];

            for (int i = 0; i < cityNum; i++) {
                // 读取一行数据，数据格式1 6734 1453
                strbuff = data.readLine();

                // 字符分割
                String[] strcol = strbuff.split(" ");
                x[i] = Integer.valueOf(strcol[1]);// x坐标
                y[i] = Integer.valueOf(strcol[2]);// y坐标
            }
        }

        init(x, y);
    }

    public void solve() {
        // 迭代MAX_GEN次
        for (int g = 0; g < maxGen; g++) {

            // antNum只蚂蚁
            for (int i = 0; i < antNum; i++) {
                // i这只蚂蚁走cityNum步，完成了一个TSP
                for (int j = 1; j < cityNum; j++) {
                    ants[i].selectNextCity(pheromone);
                }
```

```java
            // 把这只蚂蚁起始城市加入其禁忌表中
            // 禁忌表最终形式：起始城市，城市 1, 城市 2,…, 城市 n, 起始城市
            ants[i].getTabu()
                    .add(ants[i].getFirstCity());

            // 查看这只蚂蚁行走路径距离是否比当前距离优秀
            if (ants[i].getTourLength() < bestLength) {
                // 比当前优秀，则复制优秀 TSP 路径
                bestLength = ants[i].getTourLength();

                for (int k = 0; k < cityNum + 1; k++) {
                    bestTour[k] = ants[i].getTabu()
                            .get(k).intValue();
                }
            }

            // 更新这只蚂蚁的信息数变化矩阵，对称矩阵
            for (int j = 0; j < cityNum; j++) {
                ants[i].getDelta()[ants[i].getTabu()
                        .get(j).intValue()][ants[i]
                                .getTabu().get(j + 1)
                        .intValue()] =

                                (float) (1.
                                        / ants[i].getTourLength());

                ants[i].getDelta()[ants[i].getTabu()
                        .get(j + 1).intValue()][ants[i]
                                .getTabu().get(j)
                        .intValue()] =

                                (float) (1.
                                        / ants[i].getTourLength());
            }
        }

        // 更新信息素
        updatePheromone();

        // 重新初始化蚂蚁
        for (int i = 0; i < antNum; i++) {
            ants[i].init(distance, alpha, beta);
        }
    }

    // 输出最佳结果
    printOptimal();
}
```

```java
/**
 * 初始化 AntColonyOptimization 算法类
 *
 * @param filename 数据文件名，该文件存储所有城市节点的坐标数据
 *
 * @throws IOException
 */
private void init(int[] x, int[] y) throws IOException {
    // 计算距离矩阵
    // 针对具体问题，距离计算方法也不一样，此处以 att48 作为案例
    // 它有 48 个城市，距离计算方法为伪欧氏距离，最优值为 10628
    for (int i = 0; i < cityNum - 1; i++) {
        distance[i][i] = 0; // 对角线为 0

        for (int j = i + 1; j < cityNum; j++) {
            double rij = Math.sqrt(((x[i] - x[j])
                    * (x[i] - x[j])
                    + (y[i] - y[j]) * (y[i] - y[j]))
                    / 10.0);

            // 四舍五入，取整
            int tij = (int) Math.round(rij);

            if (tij < rij) {
                distance[i][j] = tij + 1;
                distance[j][i] = distance[i][j];
            } else {
                distance[i][j] = tij;
                distance[j][i] = distance[i][j];
            }
        }
    }

    distance[cityNum - 1][cityNum - 1] = 0;

    // 初始化信息素矩阵
    pheromone = new float[cityNum][cityNum];

    for (int i = 0; i < cityNum; i++) {
        for (int j = 0; j < cityNum; j++) {
            pheromone[i][j] = 0.1f; // 初始化为 0.1
        }
    }

    bestLength = Integer.MAX_VALUE;
    bestTour = new int[cityNum + 1];

    // 随机放置蚂蚁
    for (int i = 0; i < antNum; i++) {
```

```java
        ants[i] = new Ant(cityNum);
        ants[i].init(distance, alpha, beta);
    }
}

// 更新信息素
private void updatePheromone() {
    // 信息素挥发
    for (int i = 0; i < cityNum; i++)
        for (int j = 0; j < cityNum; j++)
            pheromone[i][j] = pheromone[i][j]
                    * (1 - rho);

    // 信息素更新
    for (int i = 0; i < cityNum; i++) {
        for (int j = 0; j < cityNum; j++) {
            for (int k = 0; k < antNum; k++) {
                pheromone[i][j] += ants[k]
                        .getDelta()[i][j];
            }
        }
    }
}

private void printOptimal() {
    System.out.println(
            "The optimal length is: " + bestLength);

    System.out.println("The optimal tour is: ");

    for (int i = 0; i < cityNum + 1; i++) {
        System.out.print(bestTour[i] + " ");
    }
}
}
```

19.5 实战：AntColonyOptimizationTest测试类

AntColonyOptimizationTest 测试类用于测试 AntColonyOptimization 类。

19.5.1 编写测试

AntColonyOptimizationTest 测试类代码如下：

```
package com.waylau.java.demo.algorithm;

import java.io.IOException;
import org.junit.jupiter.api.MethodOrderer;
import org.junit.jupiter.api.Order;
import org.junit.jupiter.api.Test;
import org.junit.jupiter.api.TestMethodOrder;

@TestMethodOrder(MethodOrderer.OrderAnnotation.class)
public class AntColonyOptimizationTest {
    @Order(1)
    @Test
    public void testAntColonyOptimization()
            throws IOException {
        AntColonyOptimization AntColonyOptimization = new AntColonyOptimization(
            48, 10, 100, 1.f, 5.f, 0.5f);

        AntColonyOptimization.initDataFromFile("att48.tsp");

        AntColonyOptimization.solve();
    }
}
```

19.5.2　准备测试数据

测试数据文件 att48.tsp 来自 http://comopt.ifi.uni-heidelberg.de/software/TSPLIB95/tsp，下载 att48. tsp.gz，如图 19-1 所示。

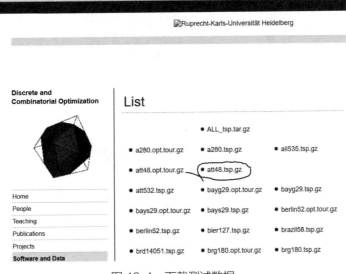

图 19-1　下载测试数据

将 att48.tsp.gz 解压到工程的 resource 目录下即可，如图 19-2 所示。

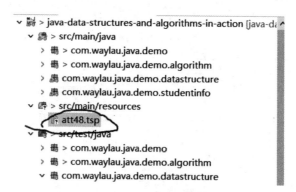

图 19-2　解压下载包

删除 att48.tsp 文件的描述信息，只保留数据备份。待删除的文件描述信息如下：

```
NAME : att48
COMMENT : 48 capitals of the US (Padberg/Rinaldi)
TYPE : TSP
DIMENSION : 48
EDGE_WEIGHT_TYPE : ATT
NODE_COORD_SECTION
```

19.5.3　执行测试

运行测试程序，控制台输出结果如下：

```
The optimal length is: 12247

The optimal tour is:

41 9 23 44 34 3 25 1 28 4 47 38 31 16 42 26 18 36 5 29 35 27 6 17 43 30 37
7 0 8 39 11 14 45 32 19 46 20 12 24 13 33 40 15 21 2 22 10 41
```

19.6 总结

本章介绍了蚂蚁算法，这是一种基于种群寻优的启发式搜索算法，在人工智能领域有着广泛的应用。

本章也详细介绍了蚂蚁算法的实现及其在旅行商问题中的应用。

19.7 习题

1. 简述蚂蚁算法的概念。

2. 简述蚂蚁算法的实现原理。

第20章

汉诺塔游戏

本节将通过游戏的方式来演示如何解决汉诺塔问题。

20.1 实战：汉诺塔问题

汉诺塔问题源于印度一个古老传说中的益智玩具。大梵天创造世界时做了三根金刚石柱子，在一根柱子上从下往上按照大小顺序摆着 64 片黄金圆盘。大梵天命令婆罗门把圆盘从下面开始按大小顺序重新摆放在另一根柱子上，并且规定在小圆盘上不能放大圆盘，在三根柱子之间一次只能移动一个圆盘。

假如每秒移动一次，共需多长时间？据统计，移完这些黄金圆盘需要 5800 多亿年。如果真的过了 5845.54 亿年，那么地球上的一切生命，连同汉诺塔、庙宇等，恐怕都早已经灰飞烟灭。

20.1.1　算法描述

汉诺塔的解法本质是递归。如果柱子标为 A、B、C，要由 A 搬至 C，在只有一个盘子时，就将它直接搬至 C；当有两个盘子时，就将 B 当作辅助柱；如果盘数超过两个，则将第三个以下的盘子遮起来，每次处理两个盘子，即 A → B、A → C、B → C 这三个步骤，而被遮住的部分进入程式的递归处理。事实上，若有 n 个盘子，则移动完毕所需次数为 2^n-1，所以当盘数为 64 时，所需移动次数为 $2^{64}-1 = 18446744073709551615$，以每秒钟搬一个盘子计算，用时 5800 多亿年。

20.1.2　算法实现

用 Java 实现汉诺塔问题，代码如下：

```java
package com.waylau.java.demo.hannotta;

public class Hannotta {

    private int amountOfDisc = 3;

    private char[] towerNames;

    private int count = 0;

    /**
     * 构造函数
     */
    public Hannotta(int amountOfDisc, char[] towerNames) {
        this.amountOfDisc = amountOfDisc;
        this.towerNames = towerNames;
    }

    public int solve() {
```

```
        solve(amountOfDisc, towerNames[0], towerNames[1],
                towerNames[2]);
        return count;
    }

    private void solve(int num, char a, char b, char c) {
        count++;

        if (num == 1) {
            System.out.println(
                    "第1个盘从 " + a + " -> " + c + "");
                    // 如果只剩下一个盘，直接从 A 移动到 C
        } else {
            solve(num - 1, a, c, b);
             // 把最上面的所有盘从 A 移动到 B，中间会用到 C
            System.out.println(" 第" + num + "个盘从 " + a
                    + " -> " + c + "");
            solve(num - 1, b, a, c);
             // 把最上面的所有盘从 B 移动到 C，中间会用到 A
        }
    }
}
```

上述代码比较简单，这里不再赘述。

20.1.3　测试算法

上述算法测试用例如下：

```
package com.waylau.java.demo.hannotta;

import org.junit.jupiter.api.MethodOrderer;
import org.junit.jupiter.api.Order;
import org.junit.jupiter.api.Test;
import org.junit.jupiter.api.TestMethodOrder;

@TestMethodOrder(MethodOrderer.OrderAnnotation.class)
public class HannottaTest {
    @Order(1)
    @Test
    void testSovle() {
        int amountOfDisc = 3;
        char[] towerNames = { 'A', 'B', 'C' };

        Hannotta hannotta = new Hannotta(amountOfDisc,
                towerNames);
        hannotta.solve();
    }
}
```

运行测试用例，控制台输出结果如下：

```
第 1 个盘从 A -> C
第 2 个盘从 A -> B
第 1 个盘从 C -> B
第 3 个盘从 A -> C
第 1 个盘从 B -> A
第 2 个盘从 B -> C
第 1 个盘从 A -> C
```

本节的汉诺塔问题本身解法并不复杂，从 20.2 节开始，将用游戏的方式重新实现汉诺塔。

20.2 实战：汉诺塔核心类

从本节开始，将采用 Java Swing 库来实现汉诺塔游戏界面。图 20-1 所示是汉诺塔游戏的界面效果。

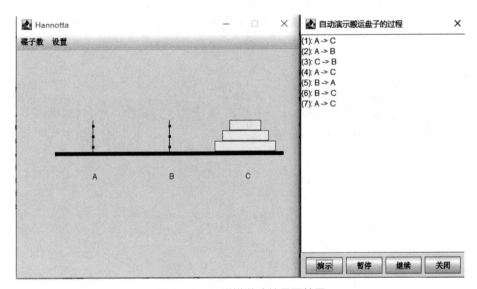

图 20-1　汉诺塔游戏的界面效果

20.2.1　Tower类

Tower 类继承自 JPanel，代码如下：

```java
package com.waylau.java.demo.hannotta;

import java.awt.Color;
```

```java
import java.awt.Graphics;
import javax.swing.JPanel;


public class Tower extends JPanel {

    private static final long serialVersionUID = 1L;

    private int amountOfDisc = 3;

    private int maxDiscWidth, minDiscWidth, discHeight;

    private char[] towerNames;

    private TowerPoint[] pointA, pointB, pointC;

    private MouseHandler mouseHandler;

    private AutoMoveDisc autoMoveDisc;

    Tower(char[] towerNames) {
        mouseHandler = new MouseHandler(this);
        this.towerNames = towerNames;
    }

    public void setAutoMoveDisc(int number) {
        if (number <= 1) {
            amountOfDisc = 1;
        } else {
            amountOfDisc = number;
        }
    }

    public void putDiscOnTower() {
        removeDisc();
        int n = (maxDiscWidth - minDiscWidth)
                / amountOfDisc;
        Disc[] disc = new Disc[amountOfDisc];

        for (int i = 0; i < disc.length; i++) {
            disc[i] = new Disc();
            disc[i].setNumber(i);
            int discwidth = minDiscWidth + i * n;
            disc[i].setSize(discwidth, discHeight);
            disc[i].addMouseListener(mouseHandler);
            disc[i].addMouseMotionListener(mouseHandler);
        }
```

```
    pointA = new TowerPoint[amountOfDisc];
    pointB = new TowerPoint[amountOfDisc];
    pointC = new TowerPoint[amountOfDisc];

    int vertialDistance = discHeight;

    for (int i = 0; i < pointA.length; i++) {
        pointA[i] = new TowerPoint(maxDiscWidth,
                vertialDistance + 100);
        vertialDistance = vertialDistance + discHeight;
    }

    vertialDistance = discHeight;

    for (int i = 0; i < pointB.length; i++) {
        pointB[i] = new TowerPoint(2 * maxDiscWidth,
                vertialDistance + 100);
        vertialDistance = vertialDistance + discHeight;
    }

    vertialDistance = discHeight;

    for (int i = 0; i < pointC.length; i++) {
        pointC[i] = new TowerPoint(3 * maxDiscWidth,
                vertialDistance + 100);
        vertialDistance = vertialDistance + discHeight;
    }

    for (int i = 0; i < pointA.length; i++) {
        pointA[i].putDisc(disc[i], this);
    }

    mouseHandler.setPointA(pointA);
    mouseHandler.setPointB(pointB);
    mouseHandler.setPointC(pointC);

    autoMoveDisc = new AutoMoveDisc(this);
    autoMoveDisc.setTowerName(towerNames);
    autoMoveDisc.setAmountOfDisc(amountOfDisc);
    autoMoveDisc.setPointA(pointA);
    autoMoveDisc.setPointB(pointB);
    autoMoveDisc.setPointC(pointC);

    validate();

    repaint();

}
```

```java
public void removeDisc() {
    if (pointA != null) {
        for (int i = 0; i < pointA.length; i++) {
            pointA[i].removeDisc(
                    pointA[i].getDiscOnPoint(), this);
            pointB[i].removeDisc(
                    pointB[i].getDiscOnPoint(), this);
            pointC[i].removeDisc(
                    pointC[i].getDiscOnPoint(), this);
        }

    }

}

public void paintComponent(Graphics g) {
    super.paintComponent(g);
    int x1, y1, x2, y2;

    x1 = pointA[0].getX();
    y1 = pointA[0].getY() - discHeight / 2;
    x2 = pointA[amountOfDisc - 1].getX();
    y2 = pointA[amountOfDisc - 1].getY()
            + discHeight / 2;
    g.drawLine(x1, y1, x2, y2);
    x1 = pointB[0].getX();
    y1 = pointB[0].getY() - discHeight / 2;
    x2 = pointB[amountOfDisc - 1].getX();
    y2 = pointB[amountOfDisc - 1].getY()
            + discHeight / 2;
    g.drawLine(x1, y1, x2, y2);
    x1 = pointC[0].getX();
    y1 = pointC[0].getY() - discHeight / 2;
    x2 = pointC[amountOfDisc - 1].getX();
    y2 = pointC[amountOfDisc - 1].getY()
            + discHeight / 2;

    g.drawLine(x1, y1, x2, y2);
    g.setColor(Color.blue);

    x1 = pointA[amountOfDisc - 1].getX()
            - maxDiscWidth / 2;
    y1 = pointA[amountOfDisc - 1].getY()
            + discHeight / 2;
    x2 = pointC[amountOfDisc - 1].getX()
            + maxDiscWidth / 2;
    y2 = pointC[amountOfDisc - 1].getY()
```

```
                        + discHeight / 2;

    int length = x2 - x1, height = 6;

    g.fillRect(x1, y1, length, height);

    int size = 5;

    for (int i = 0; i < pointA.length; i++) {
        g.fillOval(pointA[i].getX() - size / 2,
                pointA[i].getY() - size / 2, size,
                size);
        g.fillOval(pointB[i].getX() - size / 2,
                pointB[i].getY() - size / 2, size,
                size);
        g.fillOval(pointC[i].getX() - size / 2,
                pointC[i].getY() - size / 2, size,
                size);
    }

    g.drawString(towerNames[0] + "",
            pointA[amountOfDisc - 1].getX(),
            pointA[amountOfDisc - 1].getY() + 50);

    g.drawString(towerNames[1] + "",
            pointB[amountOfDisc - 1].getX(),
            pointB[amountOfDisc - 1].getY() + 50);

    g.drawString(towerNames[2] + "",
            pointC[amountOfDisc - 1].getX(),
            pointC[amountOfDisc - 1].getY() + 50);

}

public void setAmountOfDisc(int number) {
    if (number <= 1) {
        amountOfDisc = 1;
    } else {
        amountOfDisc = number;
    }
}

public void setMaxDiscWidth(int maxDiscWidth) {
    this.maxDiscWidth = maxDiscWidth;
}

public void setMinDiscWidth(int minDiscWidth) {
    this.minDiscWidth = minDiscWidth;
```

```
    }

    public void setDiscHeight(int discHeight) {
        this.discHeight = discHeight;
    }

    public void setAutoMoveDisc(AutoMoveDisc autoMoveDisc) {
        this.autoMoveDisc = autoMoveDisc;
    }

    public AutoMoveDisc getAutoMoveDisc() {
        return autoMoveDisc;
    }

}
```

20.2.2 TowerPoint类

TowerPoint 类代码如下：

```
package com.waylau.java.demo.hannotta;

import java.awt.Component;
import java.awt.Container;

public class TowerPoint {

    private int x, y;

    private boolean haveDisc;

    private Disc disc = null;

    public boolean equals(TowerPoint p) {
        if (p.getX() == this.x && p.getY() == this.getY()) {
            return true;
        } else {
            return false;
        }
    }

    public void putDisc(Component com, Container con) {
        disc = (Disc) com;

        con.setLayout(null);
        con.add(disc);
```

```
        int w = disc.getBounds().width;
        int h = disc.getBounds().height;

        disc.setBounds(x - w / 2, y - h / 2, w, h);
        haveDisc = true;
        disc.setPoint(this);

        con.validate();
    }

    public Disc getDiscOnPoint() {
        return disc;
    }

    public void removeDisc(Component com, Container con) {
        if (com != null) {
            con.remove(com);
        }

        con.validate();
    }

    public TowerPoint(int x, int y) {
        super();
        this.x = x;
        this.y = y;
    }

    public int getX() {
        return x;
    }

    public void setX(int x) {
        this.x = x;
    }

    public int getY() {
        return y;
    }

    public void setY(int y) {
        this.y = y;
    }

    public boolean isHaveDisc() {
        return haveDisc;
    }

    public void setHaveDisc(boolean haveDisc) {
```

```
        this.haveDisc = haveDisc;
    }

    public void setDisc(Disc disc) {
        this.disc = disc;
    }

}
```

20.2.3　Disc类

Disc 类代码如下：

```
package com.waylau.java.demo.hannotta;

import java.awt.Color;
import javax.swing.JButton;

public class Disc extends JButton {

    private static final long serialVersionUID = 1L;

    private int number;

    private TowerPoint point;

    Disc() {
        setBackground(Color.YELLOW);
    }

    public int getNumber() {
        return number;
    }

    public void setNumber(int number) {
        this.number = number;
    }

    public TowerPoint getPoint() {
        return point;
    }

    public void setPoint(TowerPoint point) {
        this.point = point;
    }
}
```

20.2.4　MouseHandler类

MouseHandler 类代码如下：

```java
package com.waylau.java.demo.hannotta;

import java.awt.Container;
import java.awt.Rectangle;
import java.awt.event.MouseEvent;
import java.awt.event.MouseListener;
import java.awt.event.MouseMotionListener;


public class MouseHandler
        implements MouseListener, MouseMotionListener {

    private TowerPoint[] pointA, pointB, pointC;

    private TowerPoint startPoint = null, endPoint = null;

    private int leftX, leftY, x0, y0;

    private boolean move = false;

    private Container con;

    MouseHandler(Container con) {
        this.con = con;
    }

    public TowerPoint[] getPointA() {
        return pointA;
    }

    public void setPointA(TowerPoint[] pointA) {
        this.pointA = pointA;
    }

    public TowerPoint[] getPointB() {
        return pointB;
    }

    public void setPointB(TowerPoint[] pointB) {
        this.pointB = pointB;
    }

    public TowerPoint[] getPointC() {
        return pointC;
    }
```

```java
public void setPointC(TowerPoint[] pointC) {
    this.pointC = pointC;
}

@Override

public void mouseDragged(MouseEvent e) {
    Disc disc = null;

    disc = (Disc) e.getSource();
    leftX = disc.getBounds().x;
    leftY = disc.getBounds().y;

    int x = e.getX();
    int y = e.getY();

    leftX = leftX + x;
    leftY = leftY + y;

    if (move == true) {
        disc.setLocation(leftX - x0, leftY - y0);
    }

}

@Override
public void mouseMoved(MouseEvent e) {
}

@Override
public void mouseClicked(MouseEvent e) {
}

@Override
public void mousePressed(MouseEvent e) {
    move = false;

    Disc disc = null;
    disc = (Disc) e.getSource();
    startPoint = disc.getPoint();

    x0 = e.getX();
    y0 = e.getY();

    int m = 0;

    for (int i = 0; i < pointA.length; i++) {
        if (pointA[i].equals(startPoint)) {
```

```
                    m = i;
                    if (m > 0 && (pointA[m - 1]
                            .isHaveDisc() == false)) {
                        move = true;
                        break;
                    } else if (m == 0) {
                        move = true;
                        break;
                    }
                }
            }

        for (int i = 0; i < pointB.length; i++) {
            if (pointB[i].equals(startPoint)) {
                m = i;
                if (m > 0 && (pointB[m - 1]
                        .isHaveDisc() == false)) {
                    move = true;
                    break;
                } else if (m == 0) {
                    move = true;
                    break;
                }
            }
        }

        for (int i = 0; i < pointC.length; i++) {
            if (pointC[i].equals(startPoint)) {
                m = i;
                if (m > 0 && (pointC[m - 1]
                        .isHaveDisc() == false)) {
                    move = true;
                    break;
                } else if (m == 0) {
                    move = true;
                    break;
                }
            }
        }
    }
}

@Override
public void mouseReleased(MouseEvent e) {
    Disc disc = null;

    disc = (Disc) e.getSource();

    Rectangle rect = disc.getBounds();
```

```
boolean location = false;

int x = -1, y = -1;

for (int i = 0; i < pointA.length; i++) {
    x = pointA[i].getX();
    y = pointA[i].getY();

    if (rect.contains(x, y)) {
        endPoint = pointA[i];
        if (i == pointA.length - 1
                && endPoint.isHaveDisc() == false) {
            location = true;
            break;
        } else if (i < pointA.length - 1
                && pointA[i + 1]
                        .isHaveDisc() == true
                && endPoint.isHaveDisc() == false

                && pointA[i + 1].getDiscOnPoint()
                        .getNumber() > disc
                                .getNumber()) {

            location = true;
            break;
        }

    }

}

for (int i = 0; i < pointB.length; i++) {
    x = pointB[i].getX();
    y = pointB[i].getY();

    if (rect.contains(x, y)) {
        endPoint = pointB[i];

        if (i == pointB.length - 1
                && endPoint.isHaveDisc() == false) {
            location = true;
            break;
        } else if (i < pointB.length - 1
                && pointB[i + 1]
                        .isHaveDisc() == true
                && endPoint.isHaveDisc() == false

                && pointB[i + 1].getDiscOnPoint()
                        .getNumber() > disc
```

```
                                          .getNumber()) {
                        location = true;
                        break;
                    }
                }
            }

        for (int i = 0; i < pointC.length; i++) {
            x = pointC[i].getX();
            y = pointC[i].getY();

            if (rect.contains(x, y)) {
                endPoint = pointC[i];
                if (i == pointC.length - 1
                        && endPoint.isHaveDisc() == false) {
                    location = true;
                    break;
                } else if (i < pointC.length - 1
                        && pointC[i + 1]
                                .isHaveDisc() == true
                        && endPoint.isHaveDisc() == false

                        && pointC[i + 1].getDiscOnPoint()
                                .getNumber() > disc
                                        .getNumber()) {
                    location = true;
                    break;
                }
            }
        }

        if (endPoint != null && location == true) {
            endPoint.putDisc(disc, con);
            startPoint.setHaveDisc(false);
        } else {
            startPoint.putDisc(disc, con);
        }
    }

    @Override
    public void mouseEntered(MouseEvent e) {
    }

    @Override
    public void mouseExited(MouseEvent e) {
    }
}
```

20.2.5 AutoMoveDisc类

AutoMoveDisc 类代码如下：

```java
package com.waylau.java.demo.hannotta;

import java.awt.BorderLayout;
import java.awt.Container;
import java.awt.FlowLayout;
import java.awt.event.ActionEvent;
import java.awt.event.ActionListener;
import java.awt.event.WindowAdapter;
import java.awt.event.WindowEvent;
import javax.swing.JButton;
import javax.swing.JDialog;
import javax.swing.JFrame;
import javax.swing.JPanel;
import javax.swing.JScrollPane;
import javax.swing.JTextArea;
import javax.swing.Timer;

public class AutoMoveDisc extends JDialog
        implements ActionListener {

    private static final long serialVersionUID = 1L;

    private int amountOfDisc = 3;

    private TowerPoint[] pointA, pointB, pointC;

    private char[] towerName;

    private Container con;

    private StringBuffer moveStep;

    private JTextArea showStep;

    private JButton bStart, bStop, bContinue, bClose;

    private Timer time;

    private int i = 0, number = 0;

    AutoMoveDisc(Container con) {
        setModal(true);
        setTitle(" 自动演示搬运盘子的过程 ");
        this.con = con;
        moveStep = new StringBuffer();
```

```
        time = new Timer(100, this);
        time.setInitialDelay(10);
        showStep = new JTextArea(10, 12);
        bStart = new JButton(" 演示 ");
        bStop = new JButton(" 暂停 ");
        bContinue = new JButton(" 继续 ");
        bClose = new JButton(" 关闭 ");
        bStart.addActionListener(this);
        bStop.addActionListener(this);
        bContinue.addActionListener(this);
        bClose.addActionListener(this);

        JPanel south = new JPanel();
        south.setLayout(new FlowLayout());
        south.add(bStart);
        south.add(bStop);
        south.add(bContinue);
        south.add(bClose);

        add(new JScrollPane(showStep), BorderLayout.CENTER);
        add(south, BorderLayout.SOUTH);
        setDefaultCloseOperation(
                JFrame.DO_NOTHING_ON_CLOSE);

        towerName = new char[3];

        addWindowListener(new WindowAdapter() {
            public void windowClosing(WindowEvent e) {
                time.stop();
                setVisible(false);
            }
        });
    }

    @Override
    public void actionPerformed(ActionEvent e) {
        if (e.getSource() == time) {
            number++;
            char cStart, cEnd;

            if (i <= moveStep.length() - 2) {
                cStart = moveStep.charAt(i);
                cEnd = moveStep.charAt(i + 1);
                showStep.append("(" + number + "): "
                        + cStart + " -> " + cEnd + "\n");

                autoMoveDisc(cStart, cEnd);
            }
```

```
                i = i + 2;
                if (i >= moveStep.length() - 1) {
                    time.stop();
                }
        } else if (e.getSource() == bStart) {
            if (moveStep.length() == 0) {
                if (time.isRunning() == false) {
                    i = 0;
                    moveStep = new StringBuffer();
                    setMoveStep(amountOfDisc, towerName[0],
                            towerName[1], towerName[2]);
                    number = 0;
                    time.start();
                }
            }
        } else if (e.getSource() == bStop) {
            if (time.isRunning() == true) {
                time.stop();
            }
        } else if (e.getSource() == bContinue) {
            if (time.isRunning() == false) {
                time.restart();
            }
        } else if (e.getSource() == bClose) {
            time.stop();
            setVisible(false);
        }
    }

    private void setMoveStep(int mountOfDisc, char one,
            char two, char three) {
        if (mountOfDisc == 1) {
            moveStep.append(one);
            moveStep.append(three);
        } else {
            setMoveStep(mountOfDisc - 1, one, three, two);
            moveStep.append(one);
            moveStep.append(three);
            setMoveStep(mountOfDisc - 1, two, one, three);
        }
    }

    private void autoMoveDisc(char cStart, char cEnd) {
        Disc disc = null;

        if (cStart == towerName[0]) {
            for (int i = 0; i < pointA.length; i++) {
                if (pointA[i].isHaveDisc() == true) {
                    disc = pointA[i].getDiscOnPoint();
```

```
                pointA[i].setHaveDisc(false);
                break;
            }
        }
    }

    if (cStart == towerName[1]) {
        for (int i = 0; i < pointB.length; i++) {
            if (pointB[i].isHaveDisc() == true) {
                disc = pointB[i].getDiscOnPoint();
                pointB[i].setHaveDisc(false);
                break;
            }
        }
    }

    if (cStart == towerName[2]) {
        for (int i = 0; i < pointC.length; i++) {
            if (pointC[i].isHaveDisc() == true) {
                disc = pointC[i].getDiscOnPoint();
                pointC[i].setHaveDisc(false);
                break;
            }
        }
    }

    TowerPoint endPoint = null;

    int i = 0;

    if (cEnd == towerName[0]) {
        for (i = 0; i < pointA.length; i++) {
            if (pointA[i].isHaveDisc() == true) {
                if (i > 0) {
                    endPoint = pointA[i - 1];
                    break;
                } else if (i == 0) {
                    break;
                }
            }
        }

        if (i == pointA.length) {
            endPoint = pointA[pointA.length - 1];
        }
    }

    if (cEnd == towerName[1]) {
        for (i = 0; i < pointB.length; i++) {
```

```
                    if (pointB[i].isHaveDisc() == true) {
                        if (i > 0) {
                            endPoint = pointB[i - 1];
                            break;
                        } else if (i == 0) {
                            break;
                        }
                    }
                }

                if (i == pointB.length) {
                    endPoint = pointB[pointB.length - 1];
                }
            }

            if (cEnd == towerName[2]) {
                for (i = 0; i < pointC.length; i++) {
                    if (pointC[i].isHaveDisc() == true) {
                        if (i > 0) {
                            endPoint = pointC[i - 1];
                            break;
                        } else if (i == 0) {
                            break;
                        }
                    }
                }

                if (i == pointC.length) {
                    endPoint = pointC[pointA.length - 1];
                }
            }

            if (endPoint != null && disc != null) {
                endPoint.putDisc(disc, con);
                endPoint.setHaveDisc(true);
            }
        }

public TowerPoint[] getPointA() {
    return pointA;
}

public void setPointA(TowerPoint[] pointA) {
    this.pointA = pointA;
}

public TowerPoint[] getPointB() {
    return pointB;
}
```

```java
public void setPointB(TowerPoint[] pointB) {
    this.pointB = pointB;
}

public TowerPoint[] getPointC() {
    return pointC;
}

public void setPointC(TowerPoint[] pointC) {
    this.pointC = pointC;
}

public char[] getTowerName() {
    return towerName;
}

public void setTowerName(char[] name) {
    if (name[0] == name[1] || name[0] == name[2]
            || name[1] == name[2]) {
        towerName[0] = 'A';
        towerName[1] = 'B';
        towerName[2] = 'C';
    } else {
        towerName = name;
    }
}

public Container getCon() {
    return con;
}

public StringBuffer getMoveStep() {
    return moveStep;
}

public void setMoveStep(StringBuffer moveStep) {
    this.moveStep = moveStep;
}

public void setShowStep(JTextArea showStep) {
    this.showStep = showStep;
}

public void setbStart(JButton bStart) {
    this.bStart = bStart;
}

public void setbStop(JButton bStop) {
```

```
        this.bStop = bStop;
    }

    public void setbContinue(JButton bContinue) {
        this.bContinue = bContinue;
    }

    public void setbClose(JButton bClose) {
        this.bClose = bClose;
    }

    public void setTime(Timer time) {
        this.time = time;
    }

    public void setI(int i) {
        this.i = i;
    }

    public void setNumber(int number) {
        this.number = number;
    }

    public void setAmountOfDisc(int amountOfDisc) {
        this.amountOfDisc = amountOfDisc;
    }
}
```

20.3 汉诺塔应用主窗口

本节对各个核心类进行组装。

20.3.1 HannottaWindow类

HannottaWindow 是主窗口类，代码如下：

```
package com.waylau.java.demo.hannotta;

import java.awt.BorderLayout;
import java.awt.event.ActionEvent;
import java.awt.event.ActionListener;
import javax.swing.JFrame;
import javax.swing.JMenu;
```

```java
import javax.swing.JMenuBar;
import javax.swing.JMenuItem;

public class HannottaWindow extends JFrame
        implements ActionListener {

    private static final long serialVersionUID = 1L;

    private static final int MAX_DISCS = 10; // 最大盘子数量

    private static final char[] towerNames = { 'A', 'B',
        'C' }; // 塔名

    private final Tower tower;

    private int amountOfDisc = 3; // 盘子数量

    public HannottaWindow() {

        tower = new Tower(towerNames);

        tower.setAmountOfDisc(amountOfDisc);

        tower.setMaxDiscWidth(120);

        tower.setMinDiscWidth(50);

        tower.setDiscHeight(16);

        tower.putDiscOnTower();

        add(tower, BorderLayout.CENTER);

        JMenuBar menuBar = new JMenuBar();

        JMenu amountOfDiscMenu = new JMenu("盘子数");

        for (int i = 1; i <= MAX_DISCS; i++) {
            JMenuItem gradeItem = new JMenuItem(i + "",
                    MenuTypeEnum.DISC.getValue());

            gradeItem.addActionListener(this);

            amountOfDiscMenu.add(gradeItem);
        }

        JMenu settingMenu = new JMenu("设置");

        JMenuItem renewMenuItem = new JMenuItem("重新开始",
```

```
                        MenuTypeEnum.RENEW.getValue());

    renewMenuItem.addActionListener(this);

    settingMenu.add(renewMenuItem);

    JMenuItem autoMenuItem = new JMenuItem(" 自动演示 ",
            MenuTypeEnum.AUTO.getValue());

    autoMenuItem.addActionListener(this);

    settingMenu.add(autoMenuItem);

    menuBar.add(amountOfDiscMenu);

    menuBar.add(settingMenu);

    setTitle("Hannotta");

    setJMenuBar(menuBar);

    setResizable(false);

    setVisible(true);

    setBounds(60, 60, 460, 410);

    validate();

    setDefaultCloseOperation(JFrame.EXIT_ON_CLOSE);

}

/**
 * 事件处理
 */
@Override
public void actionPerformed(ActionEvent e) {
    if (e.getSource() instanceof JMenuItem) {
        // 盘子数
        JMenuItem menuItem = (JMenuItem) e.getSource();

        int menuTypeValue = menuItem.getMnemonic();

        if (MenuTypeEnum.DISC
                .getValue() == menuTypeValue) { // 盘子数
            String menuItemName = menuItem.getText();
            amountOfDisc = Integer
                    .valueOf(menuItemName);
```

```
                tower.setAmountOfDisc(amountOfDisc);
                tower.putDiscOnTower();
            } else if (MenuTypeEnum.RENEW
                    .getValue() == menuTypeValue) {// 重新开始

                tower.setAmountOfDisc(amountOfDisc);
                tower.putDiscOnTower();
            } else if (MenuTypeEnum.AUTO
                    .getValue() == menuTypeValue) { // 自动演示

                tower.setAmountOfDisc(amountOfDisc);
                tower.putDiscOnTower();

                int x = this.getBounds().x
                        + this.getBounds().width;
                int y = this.getBounds().y;

                tower.getAutoMoveDisc().setLocation(x, y);
                tower.getAutoMoveDisc().setSize(280,
                        this.getBounds().height);
                tower.getAutoMoveDisc().setVisible(true);
            }

            validate();
        }
    }
}
```

20.3.2　MenuTypeEnum类

MenuTypeEnum 类用于定义各种 JMenuItem 的类型，代码如下：

```
package com.waylau.java.demo.hannotta;

public enum MenuTypeEnum {

    /**
     * 盘子数
     */
    DISC(0),

    /**
     * 重新开始
     */
    RENEW(1),

    /**
```

```
 *  自动演示
 */
AUTO(2);

private int value;

MenuTypeEnum(int value) {
    this.value = value;
}

public int getValue() {
    return value;
}
}
```

20.3.3　App类

App 类是应用主入口，代码如下：

```
package com.waylau.java.demo.hannotta;

public class App {
    public static void main(String[] args) {
        new HannottaWindow();
    }
}
```

运行该类，可以启用整个游戏应用，其界面如图 20-2 所示。

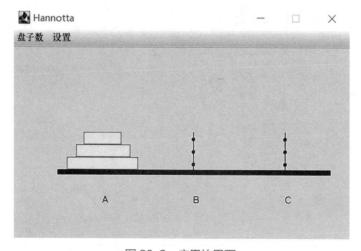

图 20-2　应用的界面

20.4 总结

本章介绍了汉诺塔问题的背景及解题算法，同时通过游戏的方式演示了如何解决汉诺塔问题。

20.5 习题

1. 简述汉诺塔问题的解题思路。
2. 通过游戏方式实现汉诺塔。

参考文献

［1］ Wirth N. Algorithms + Data Structures = Programs[M]. New Jersey：Prentice Hall，1975.

［2］ 柳伟卫 . Java 核心编程 [M]. 北京：清华大学出版社，2020.

［3］ Sedgewick R，Wayne K. 算法：第 4 版 [M]. 谢路云，译 . 北京：人民邮电出版社，2012.

［4］ 邓俊辉 . 数据结构与算法：Java 语言描述 [M]. 北京：机械工业出版社，2006.

［5］ 萨尼 . 数据结构、算法与应用：C++ 语言描述：原书第 2 版 [M]. 王立柱，刘志红，译 . 北京：机械工业出版社，2015.

［6］ Sparse Matrix Storage Formats[EB/OL]. https://software.intel.com/en-us/mkl-developer-reference-c，2020-05-05.

［7］ Pugh W. Skip lists: A probabilistic alternative to balanced trees[J]. Work Shop on Algorithms and Data Structures，1989，382：437-449.

［8］ Antonin G. R-trees: a dynamic index structure for spatial searching[J]. ACM，1984，4：47–57.

［9］ Bayer R，Mccreight E. Organization and Maintenance of Large Ordered Indices[J]. ACM，1970，107–141.

［10］ Walker R J. An enumerative technique for a class of combinatorial problems[J]. AMS，1960，10：91–94.